수학자는 어떻게 사고하는가

수학자는 어떻게 사고하는가

지은이　윌리엄 바이어스
옮긴이　고중숙
펴낸이　조경희
펴낸곳　경문사
펴낸날　2011년　4월　2일　1판 1쇄
펴낸날　2016년　9월　1일　1판 2쇄
등　록　1979년 11월　9일　제313-1979-23호
주　소　04057, 서울특별시 마포구 와우산로 174
전　화　(02)332-2004　팩스 (02)336-5193
이메일　kyungmoon@kyungmoon.com
facebook　facebook.com/kyungmoonsa

값 32,000원

ISBN 978-89-6105-379-2
ISBN 89-7282-390-2 (세트)

★ 잘못된 책은 바꿔드립니다.

수학자는 어떻게 사고하는가

윌리엄 바이어스 지음

고중숙 옮김

경문사

일러두기

- 인명, 지명, 작품명의 표기는 국립국어원의 《외래어 표기 용례집》에 따랐으며, 브리태니커 백과사전을 참조했다. 단 외래어 표기법에 따르면 알기 어려운 인명은 상용하는 용어를 사용하였다.
- 원어를 병기하지 않았으나, 책명이나 원어를 밝혀야 하는 경우는 병기하였다.
- 본문에 사용한 부호의 뜻은 다음과 같다.
  - 저서 · 신문 · 잡지 : 《 》
  - 기사 · 논문 : 〈 〉
  - 강조와 인용 : ‘ ’, “ ”

옮긴이의 말

수학사상 가장 널리 알려진 명언은 무엇일까? 아마 이는 고대 그리스의 수학자 유클리드(Euclid, 기원전 330?~275?)가 말했다고 전해지는 "기하에는 왕도가 없다"일 것이다. 이 말은 당시 이집트를 지배하던 프톨레마이오스 1세(Ptolemaeos I, 기원전 367~283)가 자신의 왕국을 찾아온 이 저명한 학자를 환대하면서 기하를 쉽게 배우는 방법을 물었을 때 했던 대답이라고 한다. 그런데 이보다 한 세대 전의 알렉산더 대왕(Alexander the Great, 기원전 356~323)에 대해서도 거의 똑같은 일화가 있다(알렉산드리아는 알렉산더 대왕이 건설하고 자기 이름을 붙인 도시였고, 프톨레마이오스 1세는 알렉산더 대왕의 부하 장수로서 대왕이 죽은 후 이집트를 차지하고 그곳의 왕이 되었다). 알렉산더 대왕은 대학자 아리스토텔레스로부터 여러 가지 학문을 배웠는데 기하는 메나이크모스(Menaikhmos, 기원전 380?~320?)라는 수학자에게서 배웠다. 학생으로서 왕이 기하를 정복할 지름길을 물었을 때 그는 "일반 백성과 나라를 다스리는 임금의 길은 다르지만, 기하에는 모든 사람에게 단 하나의 길이 있을 뿐입니다"라고 대답했다고 한다. 이런 점에서 볼 때 유클리드의 일화는 메나이크모스의 일화를 후세에 더욱 유명한 유클리드에게 맞추어 각색한 것으로 여겨지기도 한다.

한편 수학사상 최고의 명언은 무엇일까? '가장 널리 알려진 명언'

과 달리 '최고의 명언'에 대해서는 각자의 주관적 판단이 다르므로 쉽게 합의하기 어려울 것이다. 옮긴이의 생각에는 독일의 천재 수학자 게오르크 칸토어(Georg Cantor, 1845~1918)가 남긴 "수학의 본질은 자유에 있다"는 말을 최고로 꼽는다. 칸토어의 업적은 대략 '집합론'과 '초한수론' 두 가지인데, 모두 탁월한 독창성이 큰 특징이다. 다른 분야들처럼 수학에서도 앞서간 선현들의 업적을 토대로 새로운 이론을 세우는 경우가 대부분이다. 하지만 칸토어의 이론은 너무나 혁신적이어서 수학사를 통틀어서도 둘째가라면 서러울 창의적 업적으로 꼽힌다. 따라서 당시의 수학계에서 쉽게 받아들이지 않았고 오히려 일부 유력한 수학자들로부터 통렬한 공격을 받았다. 칸토어는 그의 이론이 한창 거센 공격을 받는 1883년 무렵 거기에 담긴 놀라운 창의성과 가치를 옹호하기 위하여 이 말을 했다. 이는 수학에서도 사고의 자유야말로 진리의 가장 소중한 원천임을 간결한 표현 속에 강한 설득력으로 잘 일깨워주는데, 실제로 칸토어는 자신의 삶과 이론을 통해 이를 직접 시현해 보였다는 점에서 그를 '자유의 천재'라고 불러도 좋을 것이다.

유클리드와 칸토어의 업적이 수학에 미친 영향은 사뭇 대조적이다.

먼저 유클리드는 그의 업적을 통해 수학이 엄밀한 논리 위에서 구축되어야 한다는 점을 명확히 보여주었다. 그의 저서 ≪원론≫(原論, Elements)은 19세기 말까지만 하더라도 인류 역사상 성경 다음의 베스트셀러라고 일컬어질 정도로 널리 읽혔다. 그는 여기에서 10가지의 공리를 제시하고 이로부터 유도되는 정리들을 수록했는데 그 수는 465개에 이른다. 물론 그 혼자서 이 모두를 이룬 것은 아니고 그때까지 전해 내려온 수학적 성과를 집대성한 것이기는 하지만 어쨌든 참으로 유례를 찾기 어려운 진귀한 '논리적 구조물'이라고 하지 않을 수 없다.

반면 칸토어는 위에서 말했다시피 수학사를 통틀어서도 둘째가라면 서러울 정도의 놀라운 창의성을 발휘하여 그의 이론을 펼쳤다. 그의 집합론은 처음에는 그다지 주목을 받지 못했지만 오늘날에는 수학의 전 분야가 그 안에서 공연되는 광대한 무대의 역할을 하고 있다. 또한 초한수론은 이전까지 누구도 감히 범접할 수 없는 신의 영역으로만 여겨졌던 무한의 세계를 인간 사고의 영역으로 끌어들여 탐구할 수 있는 길을 열었다. 이러한 칸토어의 업적들은 예전부터 내려오는 수학적 전통과 관습에 얽매였다면 이루기 어려웠을 것이다.

유클리드의 ≪원론≫은 발표되자마자 이전의 비슷한 책들을 완전히 제압했으며 이후의 수학자들에게 큰 영향을 미쳤다. 유클리드가 채택한 체계는 '공리적 방법론(axiomatic approach)'이라 부르는데, 오늘날에도 수학적 사고의 전형으로 간주되고 있으며, 나아가 수학 전반뿐 아니라 다른 학문들에도 깊이 스며들어 있다. 하지만 칸토어는 당시의 수학적 분위기로는 감당하기 어려운 혁신적인 이론을 펼쳤기 때문에 많은 고초를 겪어야 했다. 그리하여 힘겨운 나날을 보내면서 서서히 정신병이 심해져 교수직과 정신병원을 여러 차례 오갔고, 마침내 생애의 마지막 일곱 달을 한 정신병원에서 쓸쓸히 보내다가 심장마비로 세상을 떴다.

여기서 강조하고자 하는 것은 유클리드가 자유로운 창의성을 무시하거나 칸토어가 논리적 엄밀성을 무시한 것은 결코 아니라는 점이다. 다만 유클리드가 세운 논리 체계는 이후 많은 사람들이 더욱 연구하고 발전시켜 다른 분야들로 널리 확산된 반면 칸토어가 보여준 것과 같은 창의성의 세계에 대해서는 이전에는 물론 이후에도 크게 두드러진 성과가 나타나지 않았다는 점에 주목하고자 한다.

그런데 이러한 차이가 나타나는 이유는 무엇일까? 그 이유는 무엇보다도 논리의 세계는 그 구성 요소들을 명확하게 규정한다는 게 가능하다는 점, 더 나아가서는 그렇게 규정하고 합리적 체계를 구축해간다는 게 그 본질이라는 데에서 찾을 수 있다고 여겨진다. 반면 창의성의 세계는 자유가 본질이므로 이를 어떻게든 규정한다는 것 자체가 모순이다. 이 때문에 이에 대해 어떤 체계적 접근을 하기가 곤란하며, 따라서 이 분야에 대한 성과가 미흡한 것은 어느 정도 필연적이라고 볼 수도 있다. 하지만 그렇다고 이를 마냥 무시하거나 방치할 수도 없다. 위에서는 유클리드와 칸토어를 대표적인 예로 들었지만 이와 같은 대조적 국면은 다른 분야들에서도 수없이 찾아볼 수 있고, 심지어 어떤 한 분야나 한 개인 안에서도 함께 혼재해 있기 때문이다.

예를 들어 어떤 신천지에서 금광을 개발한다고 생각해보자. 그러면 우리는 신천지의 모든 곳에서 금광이 있을 가능성을 인정하는 열린 마음으로 탐사에 나서야 할 것이다. 그러나 일단 어느 한 곳에서 금광이 실제로 발견되면 상황은 크게 달라진다. 그때부터는 광맥의 위치나 규모 등을 정확히 파악하고, 광도를 파고 들어갈 계획을 면밀히 세우며, 실제로 광도를 파고 들어가는 과정에서는 튼튼하고 안전한 광도를 구축하면서 최대한의 성과를 거두도록 노력해야 한다.

이러한 '금광의 비유'는 수학에도 그대로 적용된다. 곧 '탐사'와 '발굴'이라는 국면은 바로 '창의성'과 '논리 체계 구축'이라는 국면에 상응한다. 또한 이 비유는 수학은 물론, 과학, 음악, 미술, 문학 등에서도 충분히 적용될 수 있다. 예를 들어 음악의 경우, 어떤 주제에 대한 악상은 끈질긴 탐사 과정의 어느 순간 번갯불처럼 뇌리를 스치며 나타나는데, 이후에는 이 악상을 구체화하는 면밀한 작업이 이어져야 최종적인 작품이 완성된다. 더 나아가 이런 과정은 우리의 일상생활에서도 쉽게 찾아볼 수 있다. 단적인 예로 지금 내가 쓰고 있는 이 글도 그 실마리는 "이 글을 어떻게 써야 할까?"라는 탐색의 과정에서 불현듯 떠올랐지만, 그렇게 떠오른 아이디어를 실제의 글로 옮기려면 여러 가지의 요소들을 잘 결합하는 면밀한 작업이 이어져야 한다.

위에서 지적했다시피 논리의 세계는 규정이 본질이지만 창의성의 세계는 자유가 본질이다. 그래서 역사를 통해서 잘 알 수 있듯 논리의 세계는 그런 대로 깊고 넓게 밝혀졌지만 창의성의 세계는 대부분 아직도 신비로운 미지의 영역으로 남아 있다. 이 책은 이와 같은 창의성의 세계에 주목한다. 그리하여 어떤 이유에서건 지금껏 상대적으로 소홀히 다루어졌던 이 분야에 많은 관심을 기울일 것을 촉구한다. 한 가지 특기할 것은 지은이의 관점이다. 지은이는 자신의 삶이 크게 '수학' 과 '선불교' 라는 두 갈래로 이루어졌다고 밝히면서 '수학적 창의성' 의 세계를 밝히는 데에 이 두 갈래에서의 경험을 융합하고자 한다. 사람에 따라서는 지은이의 이런 시도가 '자칫 비과학적인 방향으로 흐르지 않을까?' 라고 우려할 수도 있다. 하지만 전체적으로 너무 지나친 비약은 없다고 여겨진다. 아무튼 지은이의 이런 관점의 배경에는 논리와 창의성이 언뜻 상충되고 모순적인 역설처럼 보이지만 실제로는 상호보완은 물론 더 나아가 효과적인 상승작용이 필수적이라는 생각이 깔려 있다. 사실 단적으로 말해서 "세상이 온통 논리적이라면 얼마나 숨막힐 듯 삭막할 것이며, 반대로 온통 자유롭기만 하다면 얼마나 혼란스러울 것인가?" 그러고 보면 사고의 자유와 논리는 인류의 모든 과업을 엮어내는 씨줄과 날줄이다. 따라서 이에 대한 균형 잡힌 이해가 절실하며, 이런 뜻에서 이 책을 통해 우리 인간의 창의성에 대한 전반적 관심과 이해가 한층 드높아지기를 기대한다.

향림골에서

옮긴이 고중숙

머리말

불 켜기

몇 년 전 미국의 공영방송 PBS(Public Broadcasting Service)는 노바(Nova) 프로그램을 통해 앤드루 와일스(Andrew Wiles, 1953~)와의 인터뷰를 방영했다. 영국 출신 수학자로 미국 프린스턴 대학교(Princeton University)에 자리잡고 있는 그는 아마 역사상 가장 유명했던 수학 문제라고 할 페르마의 마지막 정리(Fermat's Last Theorem)를 증명한 사람이다. 와일스는 이 정리의 증명을 필생의 과업으로 여겼다. "그는 7년의 세월 동안 상상하기 어려운 고도의 결단력과 집중력을 동원하여 이 문제에 몰입한 끝에 1993년 여름 마침내 그 증명을 이루었다."[1] 그 자신은 이 기간 동안의 생활에 대해 다음과 같이 말했다. "이에 대한 생각은 사실상 한시도 내 머리를 떠난 적이 없었다. 아침이면 맨 먼저 이것을 생각하며 잠에서 깨어났고, 낮에도 줄곧 생각했으며, 잠자리에 들 때도 생각했다. 나는 조금도 흐트러짐 없이 이런 생각의 흐름이 언제나 내 마음속을 맴돌게 했다."[2] 노바와의 인터뷰에서 와일스는 수학적 연구의 과정에 대해 다음과 같이 회상했다.

> 제 자신의 수학적 연구 경험은 아마 어두운 미지의 대저택에 대한 탐사로 가장 잘 설명할 수 있을 것 같습니다. 이 대저택의 첫 방에 들어서면 완전히 암흑입니다. 그래서 처음에는 가구에 부딪치며 헤매야 하지만 그러다 보면 차츰 그 위치를 파악하게 됩니다. 그렇

게 여섯 달쯤 지내면 조명 스위치를 찾게 되며, 이것을 켜면 갑자기 모든 게 환해집니다. 그러면 그동안 우리가 어디에 있었는지를 정확히 알게 됩니다. 이제 우리는 다음 방으로 옮겨가 다시 어둠 속에서 여섯 달 정도를 보냅니다. 이와 같은 돌파구들은 어떤 때는 순간적이고 어떤 때는 하루나 이틀까지 지속되지만, 어둠 속에서 좌충우돌하며 몇 달 동안 헤매다가 맞이하는 절정의 기쁨은 그런 고생 없이는 얻을 수 없습니다.

수학은 바로 이렇다! 이게 바로 수학을 최고의 수준에서 행하는 모습이다. 하지만 사람들은 수학에 대해 말할 때 와일스의 묘사에 나온 한 요소를 간파하지 못한다. 그것은 수학의 창의성으로, 이것은 수학에 있어서 필수적인 측면이다. 사람들에게 수학에 대해 물어보면 산술, 기하, 통계, 그리고 그들이 배웠던 수학적 기법이나 정리들에 대해 이야기한다. 또한 수학의 논리적 구조와 수학적 논증의 본질에 대해서도 말한다. 나아가 그들은 수학의 정확성, 옳고 그름을 가름하는 수학적 방법으로부터 감동을 받았을 수 있다. 심지어 수학이 어느 시대 어느 사람들에게나 똑같고, 개인적인 편견이나 미신을 초월하는 '진리'를 포착하는 측면을 감지했을 수도 있다. 하지만 수학에 대해 말할 때 '수학을 어찌 행하는지'에 대해 말하는 사람은 거의 없다.

불행하게도 많은 사람들은 그들을 위한 조명 스위치가 결코 켜진 적이 없었음에도 불구하고 수학에 대해 이야기하고 이용한다. 그들은 와일스의 비유에 따르면, 가구들의 위치를 알고 있기는 하지만 여전히 암흑 속에 있다. 수학에 관한 대부분의 책들은 독자들에게 가구가 어찌 배치되어 있는지를 보여주기 위해 쓰였다. 이 책들은 조명 스위치를 켜본 사람의 관점에서 쓰였지만, 이 사람은 독자들이 스스로 이를 켜보기 전에는 언제까지나 암흑 속에 머물 것이라는 사실을 거의 알아차리지 못한다. 물론 불을 켜지 않고도 가구들의 배치를 파악할 수 있기는 하다. '가구들의 위치 파악하기'는 비교적 단순하고 기계적인 작업이기 때문이다. 그러나 '불을 켜기'는 전혀 다른 차원의 이야기다. 이를테면 우리는 불을 켜기 위한 준비도 하고 차례로 진행시켜 나갈 수도 있다. 하지만 모든 것들을 밝히는 그 순간을 미리 예측하거나 프로그램할 수는 없다. 이 책은 어떤 의미로 볼 때 수학이 광명뿐 아니라 암흑을 이해하는 데에도 필요하며, 암흑을 광명으로 바꿀 조명 스위치를 켤 때 작용하는 신비로운 과정을 이해하는 데에도 필요하다는 믿음 아래 쓰였다.

거의 모든 사람들이 일상생활에서 어떤 종류의 수학을 쓰고 있다. 그러나 이들 대부분에게 수학의 경험은 운전의 경험과 같다. 곧 가속 페달을 밟으면 앞으로 간다는 사실은 아는데 왜 그런지는 모른다. 그러므로 대부분의 사람들은 자신들이 사용하는 수학과 관련하여 암흑 속에 있다. 이런 사람들에는 초등학교와 중고등학교와 대학교에서 수학을 배우는 학생들이 포함된다. 하지만 직업적으로 상당히 복잡한 수학을 사용하는 지적인 사람들도 여기에 포함될 수 있다. 날마다 사용하는 수학을 두고 볼 때 이들의 처지는 어두운 방에 들어선 사람과 같다. 이들은 거기에 이런저런 가구들이 있다는 사실은 알지만 불을 켜지는 못했다. 어쩌면 이들은 조명 스위치가 있다는 사실조차 모를 수도 있다. 조명 스위치를 켤 때 맛보는 '아하 경험(aha experience)'은 창의적인 수학 연구자들의 몫만은 아니다. 모든 이해에는 불 켜기가 결부되어 있다. 따라서 역으로 불이 켜지지 않는다면 참된 이해는 사실상 없다고 말할 수 있다.

수학이 창의성과 이해를 포함하는 활동이라고 말하고자 한다면 수학과 과학에 관한 대부분의 책들이 취하는 것과 다른 관점을 받아들일 준비를 갖춰야 한다. 우리는 이 새로운 관점으로 옛 수학을 이해하고 새 수학을 창조하는 과정을 검토할 것이다. 수학을 그 내용과 동일시한다면 시간과 무관하게 보인다. 하지만 새 관점은 수학이 어떻게 만들어지고 어떻게 발전하는지와 같은 동적 특성을 강조한다. 새 관점에 이르려면 수학에서의 논리와 엄밀성의 역할을 다시 검토할 필요가 있다. 그 이유는 이와 같은 형식적 측면들이 수학에 초시간적 속성을 부여하기 때문이다. 수학의 발전적 측면은 수학의 위대한 창의적 진보들을 낳았던 상황을 점검하는 데에서 밝힐 수 있다. 이런 진보의 배경에 깔린 메커니즘들은 무엇일까? 이것들은 형식적 구조에서 나왔을까, 아니면 다른 요인들도 작용했을까?

이 새 관점은 우리의 주의를 수학의 위대한 이론들로부터 미해결 상태의 유동적이고 미심쩍은 의문들로 돌린다. 수학적 창의성은 어딘지 미심쩍은 데에서 싹튼다. 사람들은 답을 찾는 데에 너무 흥미를 느낀 나머지 때로 아직 충분히 해결되지 않거나 답보다 문제가 더 큰 의미를 가진 경우 등에 처할 때에야 비로소 이미 알려진 것들의 경계를 무시하곤 한다. 이 책은 이런 상황을 뒤집는다. 여기에서는 미심쩍은 것들이 동적 과정의 핵심으로 여겨진다. 그 결과 수학을 보는 전통적 관점의 많은 것들이 근본적으로 바뀌는데, 수학의 실제적 내용은 변하지 않지만 이 내용들과 관련하여 발전된 관점은 크게 변한다. 이와 같은 관점의 변화는 수학과 과학에 엄청난 영향을 미치며, 수학으로부터 직접 또는 간접적으로 그들의 세계관을 이끌어내는 모든 문화적 작업들에 대해서도 마찬가지다.

다만 모든 사람들이 이러한 관점의 변화가 필요하고 나아가 바람직하다고 여기지는 않는다. 저명한 인물들 가운데도 반대 입장을 대변하는 사람들이 있으며, 그중 한 사람은 "수학의 궁극적 목표는 지적 사고의 필요성을 완전히 없애는 데에 있다"는 주장을 견지한다.[3] 인공지능 분야에서 아주 영향력 있는 이런 견해에 따르면 창의적 사고를 알고리듬(algorithm)화하면 진보가 가능하므로 더 이상의 창의성은 필요 없다. 그런데 알고리듬은 무엇일까? ≪웹스터 뉴 컬리지트 사전≫(*Webster's New Collegiate Dictionary*)에는 "수학 문제를 반복 연산이 흔히 포함된 유한한 수의 단계 안에 풀어내는 과정"이라고 풀이되어 있다. 이에 의하면 알고리듬은 어떤 복잡한 수학 문제를 더 많지만 기초적인 일련의 문제들로 나누고 수많은 반복 연산이 흔히 포함된 기초적 과정들을 단계적으로 적용하여 풀어간다. 사실 우리들은 모두 초등학교에서 배웠던 덧셈이나 곱셈을 통해 단순한 수학적 알고리듬에 대해서는 이미 잘 알고 있다. 그런데 이러한 알고리듬들이 구글(Google)의 검색으로부터 아마존(Amazon)의 고객 추천 등에 이르기까지 모든 컴퓨터 프로그램들에서 필수적으로 쓰이고 있다.

오늘날 문제 해결을 위한 알고리듬을 만드는 일은 금융, 통신, 분자생물학과 같은 다양한 분야들에서 극히 널리 행해지다. 따라서 위 문단에서 인용한 사람들은 수학에서 행해지고 있는 일들의 핵심은 조명 스위치를 켤 필요가 없도록 하는 알고리듬의 창조라고 믿는다. 인간 문명의 위대한 진보 가운데 일부는 계산을 기계적 활동으로 바꾼 알고리듬의 창조 덕분이라는 점에는 의문의 여지가 없다. 알고리듬의 관념이 모든 컴퓨터 프로그램의 배경에 깔려 있으므로 컴퓨터와 다른 계산 장비들에서는 알고리듬에 물리적 존재성까지 부여하고 있다. 컴퓨터 혁명은 너무나 뚜렷한 성공을 보여주었기에 사람들의 관심은 알고리듬을 창조한 컴퓨터 과학자나 관련 인물들의 창의적 업적으로부터 이 업적의 결과들로 옮겨갔다. 우리는 이 신기술이 제공하는 선물에 현혹된 나머지 정보기술에 관한 '어떻게'와 '왜'에 대해서는 길을 잃어버렸으며, 이 눈부신 위업의 인간적 측면에는 눈을 뜨지 못한 채 여기에는 인간의 이해나 창의성과 무관한 나름의 생명이 있다고 여기게 되고 말았다.

이하의 논의에서 취할 관점은 와일스가 기술한 경험이 수학의 요체라는 것이다. 인간에 대한 우리의 이해를 높이기 위해서는, 단순히 수학적 경험의 결과를 형식화한 것뿐 아니라 그 경험 전체를 포괄하는 수학적 논의의 방법을 개발해야 한다. 이러한 사실은 수학이나 과학은 물론 그 너머의 모든 영역에서도 극히 중요하다. 수학적 이론의 내용을 그것을 개발하고 이해하는 과정과 분리함으로써 인류 문화에서 차지하는 중요성을 설명하거나 그렇게 하는 게 수학적으로도 정당하다고 주장하는 일은 도무지 불가능하다.

마음의 다른 용법들

우리가 수학을 좋아하든 싫어하든 또 얼마나 많이 사용하느냐에 상관없이 수학은 우리 모두에게 모종의 도움과 가르침을 준다. 그중 가르침은 우리가 우리의 마음을 동원하여 우리를 둘러싼 세계에 대해 생각하고 어떤 결론을 이끌어내고자 할 때의 사고법과 관련된다. 많은 사람들은 수학을 생각할 때 수학의 논리에 대해 생각한다. 이들은 수학이란 게 마음을 사용하는 어떤 일정한 방식으로 규정된다고 보는데, 이하에서는 이 방식을 '알고리듬적' 인 것이라고 부르겠다. 나는 '알고리듬적' 이라는 말을 규칙으로 정한 절차에 따라 이미 알고 있는 진리로부터 새로운 진리를 향해 단계적으로 나아가는 과정을 가리키는 것으로 사용하고자 한다. 그런데 이것이 우리가 수학에서 활용하는 유일한 사고법일까? 이게 바로 새로운 수학적 진리를 낳는 길일까? 대부분의 사람들은 수학에서 이와 다른 방식으로 마음을 사용하는 방법이 있음을 알고 있다. 하지만 그렇다 하더라도 새로운 아이디어는 과연 어디서 올까? 논리에서 올까, 알고리듬적 과정에서 올까? 수학의 연구에서 논리는 가능한 산출물의 범위를 정하는 제한, 창의성을 이끄는 지침, 일종의 증명 수단, 어떤 추측의 진위를 가리는 방법 등으로 아주 복잡하게 쓰인다. 하지만 그럼에도 불구하고 조명 스위치를 켜는 것에 해당하는 수학적 창의성은 어떤 논리적 구조물로 꾸며지지 않는다.

수학적 창의성은 어디에서 올까? 이 책은 창의적 통찰을 낳는 몇몇 상황을 향하여 나아갈 것이다. 이런 상황을 나는 '불명(ambiguity)'* 이라 부르고자 하는데, 이는 창의적 활동을 이끄는 메커니즘의 하나다. '불명하다(ambiguous)' 는 말은 '추론적 · 연역적이다(deductive)' 는 말과 대조시킬 수 있지만 이 둘이 서로 배타적인 것은 아니다. 엄밀히 말하면 '논리적(logical)' 이란 말은 '직관적(intuitive)' 이란 말과 대조적이다. 불명한 상황은 논리적이면서도 직관적인 요소를 포함할 수 있지만 반드시 그런 요소들에 국한되지 않는다. 불명한 상황에는 심지어 모순적(contradictory)인 것도 관련될 수 있지만 불명하다고 해서 반드시 비논리적이라고 볼 수는 없다.

물론 나의 의도는 창의성에 대한 어떤 처방을 내리려는 것은 아니다. 오히려 이와 반대로 나는 그런 처방이 있을 수 없다는 점을 밝히고자 한다. 이 책은 우리의 주의를 미심쩍고 불명한 방향으로 이끌어가는데, 이런 상황들에서 창의적 통찰들의 흐름이 매우 자주 도출되기 때문이다.

정상적인 경우 수학의 발전은 가정에서 결론으로 이어지는 합리적 흐름으로 재구성된다. 이 재구성 과정에서 미심쩍은 것은 배제되거나 삭제되며, 포함된다 하더라도 최소화된다. 이 책의 접근법에서 혁신적인 점은 이해와 창의성이 내가 '불명하다' 고 말하는 미심쩍은 상황에

* 옮긴이의 말: 이 책의 핵심적인 용어는 "ambigulity(ambiguous)" 이다. 그런데 이를 우리말로 옮겼을 때 무난하다고 여길 용어를 찾기 어려웠다. "모호 · 모호성 · 모호함(모호하다)" 이 언뜻 좋을 듯 싶었지만 책의 부제목에 쓰인 "모순" 과 "역설" 이라는 두 글자 단어와의 관계 등 여러 가지를 고려한 끝에 "불명 · 불명성(불명하다)" 을 택했다. 영어와 우리말의 차이 때문에 좀 어색한 느낌이 있지만 번역상의 어려움을 감안하여 널리 양해해주길 바란다.)

서 떠오른다고 주장한다는 것이다. 논리는 불명하고 역설적이고 특히 모순되는 것을 싫어하지만 창의적인 수학자는 도리어 미심쩍은 상황을 환영하는데, 그 이유는 "도대체 어찌된 거지?"와 같은 의문이 이런 곳에서 제기되기 때문이다. 그러므로 탐구할 만한 가치가 있는 것은 미심쩍은 신호를 방출하는 상황이다. 어떤 사람이 미심쩍은 것에 대해 어찌 대응하는지를 보면 그 사람에 대해 많은 것을 알 수 있다. 그는 이것을 도전의 대상으로 보는가, 회피의 대상으로 보는가? 이 사람이 성공적인 학생이나 연구자가 될 것인가의 여부는 그의 타고난 지성이 아니라 이 의문에 대한 답에 의하여 결정된다.

수학에 관한 논의의 중요성

이 책의 '머리말'을 준비하면서 나는 ≪수학적 경험≫(*The Mathematical Experience*)이라는 놀랍고도 영향력 있는 책에 쓰인 머리말을 다시 읽어보았는데, 그중 다음 구절에서 새삼스런 감명을 받았다.

> 다른 수학자들과 증명과 지식과 수학에서의 실체 등에 관해 이야기를 나누기 시작하면서 나는 혼란스럽고 불확실한 나의 처지가 전형적이라는 사실을 깨달았다. 또한 이에 따라 나는 우리의 사적인 경험과 내적인 신념에 대한 대화와 토론을 참으로 애타게 갈구하고 있다는 사실도 깨달았다.

나도 같은 경험을 했다. 사람들은 수학에 대해 이야기하고 싶어하지만 그렇게 하지 않는다. 어찌 해야 하는지도 모른다. 어쩌면 적당한 언어가 없어서 그런 것도 같고 다른 이유가 있는 것도 같다. 많은 수학자들은 수학에 대해 별로 이야기하지 않는데, 그 이유는 그들이 하는 일은 수학을 '하는' 것이지 말하는 게 아니기 때문이다. 교육자들은 수학을 가르치는 데에 대해서는 이야기하지만 수학 자체에 대해서는 하지 않는다. 과학자나 기술자와 같은 교육자들, 그리고 수학을 사용하는 다른 많은 전문가들도 스스로 수학에 관해 지성적으로 이야기할 만한 전문적 소양을 갖지 못했다고 여기기 때문에 역시 수학에 대한 이야기는 별로 하지 않는다. 그러므로 수학이 어찌 이루어지는지에 대한 논의는 거의 찾아볼 수 없다. 그러나 아래에서 이야기하겠지만, 수학의 본질에 대해 생각해볼 필요성은 매우 크다.

수학을 '하는' 것과 그 '내용'의 융합에 대해 다룬 책의 독자들은 누구일까? 여기에 관심 있는 몇몇 수학자들과 과학철학자들이 고작일까? 이 책은 수학에서 무엇이 이루어지고 있는지의 문제가 훨씬 넓은 범위의 사람들, 아니 실제로는 어떤 방식으로든 현대사회의 '수학화'에 의한 영향을 받는 모든 사람들에게 중요하다는 신념 아래 쓰였다. 기술의 터전 위에 세워진 현대 문화가 그 자체와 이를 둘러싼 세계를 이해하는 주된 방법들 가운데 하나는 바로 수학이다. 이에 대해서는 디지털 혁명과 컴퓨터의 출현만 봐도 충분하다. 이 새 기술들은 세상을 재구성했을 뿐 아니라 세상을 이해하는 우리의 관점도 재구성했다. 그리고 이 모든 새 기술들은 수학적 토대 위에 세워져 있다.

물론 문화의 '수학화'는 적어도 고대 그리스 이래 수천 년 이상 계속되어 왔다. 수학화는 산술과 기하와 통계 등을 실용적으로 사용하는 것 이상이다. 이는 세상을 보는 관점의 하나로 문화라고밖에 부를 수 없는 것을 포괄한다. 예를 들어 수학은 '진리'의 의미나 '사고란 무엇인가?'와 같은 물음에 대해 주된 영향력을 미쳤다. 수학은 과학과 기술의 세계를 특징짓는 문화적 맥락의 상당한 부분을 제공했다. 이 문화적 맥락의 많은 부분은 거기에 사용된 수학 자체뿐 아니라 그 수학에 결부된 가정들과 세계관에도 의존한다.

수학에 관한 논의의 한 방법으로, 주제의 기술적 어려움에 의해 논점이 흐려지지 않는 방법을 찾는 게 중요하다는 점은 아마 물리학이나 생물학에 관한 비슷한 논의에 비유하면 가장 잘 설명할 수 있을 것이다. 물리학자가 아닌 사람이 왜 양자역학의 내용을 알아야 할까? 명백한 이유는 이 이론이 현대적 기술의 배경에 매우 중요하게 자리잡고 있다는 사실 때문이다. 하지만 다른 이유도 있다. 물리적 실체에 관한 양자역학의 관점은 너무나 기이하여 우리의 직관이 바탕을 두고 있는 고전적 관념과 배치되므로 우리의 선입관을 재점검해야 한다는 게 그것이다. 말하자면 양자역학은 새로운 눈으로 세상을 바라보도록 하며, 이는 언제나 중요한 일이다. 앞으로 보겠지만 양자역학에 따르면 우리는 상보성(相補性, complementarity)의 관점에서 이 세상을 바라보아야 하는데, 이는 이 책에서 제시하는 수학적 관점과도 아주 많은 공통성이 있다.

이와 비슷하게 현대의 유전학은 세계를 바꾸는 생물공학의 기초가 된다는 점뿐 아니라 인간의 본질에 대한 새로운 관점을 제시한다는 점에서도 지성인들에게 이에 대해 조금이나마 이해할 필요가 있다는 의무를 지운다. 이 점을 "우리는 우리의 DNA이다"라고 요약할 수 있는데, 좀더 분명히 말하면 "DNA는 청사진에 지나지 않는다"는 것이며, 더 정확히 말하면 "DNA는 살아 숨쉬고 생각하는 인간을 만드는 알고리듬이나 지침서에 해당한다"는 뜻이다.[4] 그렇다면 인간은 과연 어느 정도나 그 자신의 유전적 청사진을 갖고 사는 생물학적 기계에 지나지 않는 것일까? 이와 같은 새로운 과학 및 기술적 진보에 암시된 초과학적 의문에 대답할 길을 찾는 것은 과학자든 과학자가 아니든 사려 깊은 사람들에게는 매우 중요한 일이다. 그렇지 않으면 인류사회는 아무런 생각 없이 기술적 진보의 가속적인 물결에 마냥 휩쓸려 떠다닐 위험에 처하게 된다. "인간 존재가 DNA라는 청사진에 의해 기계적으로 결정되는가?"라는 의문은, 예를 들어 "수학적 사고는 알고리듬적인가?" 또는 "컴퓨터는 수학을 할 수 있는가?"라는 의문에서 알 수 있다시피, 수학에 대한 우리의 접근법이 제기하는 의문과 많은 공통점을 가진다.

물리학과 분자생물학의 가정을 면밀히 점검할 필요성이 있다는 점을 밝히는 데에 적용될 수 있었던 논리는 수학에 대해서도 적용될 수 있다. 수학은 우리에게 '증명'과 '알고리듬'이라는 관념을 주었다. 오늘날 이 추상적인 아이디어는 우리 사회에 넘실거리는 정보기술의 파도와 컴퓨터의 형태로 굳건한 기술적 구체화를 이루었다. 이 기술적 수단들은 온갖 수준에서 우리 사회에 커다란 영향을 미쳤다. 양자역학이나 분자생물학과 마찬가지로 정보기술의 직접적 충격뿐 아니라 인간의 본질에 관한 우리의 관념에 이 기술적 혁명이 얼마나 큰 영향을 미쳤는가 하는 점도 중요한 문제다. 우리는 의식과 창의성과 사고에 대해 어찌 생각해야 할까? 우리 모두는 뇌라는 하드웨어와 마음이라는 소프트웨어로 구성된 생물학적 컴퓨터에 지나지 않는 것일까? 수학의 본질에 관한 숙고는 이와 같은 중요한 논의에 커다란 기여를 할 수 있을 것이다.

위에서 살펴본 현대과학의 세 분야는 모두 서로 긴밀히 엮인 의문들을 제기한다. 이 문제들은 이런저런 방식으로 현대과학의 문화 속에 암시된 지적 모델(지적 비유라고 불러도 좋다)과 관련되어 있다. 그리하여 이 비유들은 오늘날 인간의 몇몇 근본 속성에 대한 우리의 관념을 새롭게 형성하고 있다. 이 모델들을 구축하는 데에 동원된 초과학적 가정들을 깨어 있는 의식으로 불러들여 사람들이 어느 정도 합리적으로 판단할 수 있도록 하는 게 중요하다. 어떤 기계, 심지어 컴퓨터처럼 정교한 기계라도 사람으로 여기기에 적절한 모델일까? 가장 지성적인 사람이라도 이런 문제에 대해 숙고하기를 꺼리는데, 그 이유는 이에 필요한 과학적 전문 소양의 장벽이 너무 높다고 느끼기 때문이다. 이 때문에 이런 논의는 '전문가'들에게 맡긴다. 하지만 이 전문가들도 두 가지 이유 때문에 이런 의문에 대해 깊이 생각해보려고 하지 않는다. 첫째, 그들은 각자의 분야에서 가속적으로 진행되는 과학 발전을 따라잡기에도 너무 바빠서 이와 같은 '철학적' 의문에 바칠 시간이 없다. 둘째, 그들은 자기들 분야의 '내부'에서 활동하는 사람들이므로 굳이 이를 벗어나 바깥쪽에서 살펴보고 싶은 마음이 거의 떠오르지 않는다. 그러므로 어떤 과학 분야에 암시된 세계관에 대해 어느 정도라도 논의를 하고자 한다면 내부 및 외부의 두 가지 관점을 동시에 가질 필요가 있다. 수학의 경우 이는 수학의 실행, 곧 수학을 실제로 '하는' 측면에서 유래하는 관점과 (어떤 특정한 수학 이론이 아니라) 수학을 하나의 전체로 보는 데에서 유래하는 관점을 함께 취하는 것에 해당한다.

'이성의 빛'인가 '불명의 빛'인가?

수학을 수학답게 하는 것은 무엇일까? 도대체 어떤 특성들이 수학을 모든 진보된 문명들, 특히 오늘날 우리의 문명에서 그토록 핵심적인 학문이 되도록 한 것일까? 이에 대해 많은 설명들이 시도되었는데, 그중 한 가지는 수학을 궁극적인 이성적 표현으로 보는 것이다. 사실 '이성의 빛(light of reason)'이란 표현은 수학을 가리키는 데에 쓸 수 있다. 이 관점에서 볼 때 수학의 특출한 측면은 그 개념들의 정확성과 이것들을 가장 엄격한 논리적 기준 아래 체계적으로 사용한다는 점이다. 이런 뜻에서 수학은 순수한 논리적 세계의 관념을 제시한다. 이런 관점은 자연계가 논리적 법칙을 따르는데, 수학은 가장 완전한 논리적 학문이므로 수학이 실제의 묘사를 그토록 충실히 해낼 수 있다는 것은 전혀 놀랄 일이 아니라는 식의 표현에 잘 드러나 있다. 하지만 이 책이 취하는 관점은 수학의 가장 깊은 진리들이 연역적이고 형식적인 구조 속에 담겨져 있다는 게 결코 아니다. 이와 반대로 이 책은 논리적 구조가 중요하기는 하지만 수학의 실행에서 무엇이 실제로 이루어지고 있는지에 대한 설명을 시작하는 데에조차도 불충분하며 나아가 인간 사고의 거의 모든 영역에서 수학의 응용이 엄청난 성공을 거두었다는 점을 설명하는 데에는 훨씬 더 부족하다는 입장에 서 있다.

이 책은 수학의 새로운 관점을 제시한다. 이 관점에서 논리는 커다란 그림의 한 측면에 지나지 않는다. 이 큰 그림은 수학의 전통적 묘사들에서는 빠져 있던 여러 가지 요소들을 담고 있으므로 초논리적이라고 해야 하는데, 이는 논리를 초월한다는 뜻이기는 하지만 비논리적이란 뜻은 아니다. 따라서 여기에는 불명, 모순, 역설과 같은 것들에 대한 논의가 나오며, 게다가 놀랍게도 이것들은 수학의 실행에서 필수적인 역할을 한다. 이는 수학의 역할이 자연과 사고의 세계를 올바로 묘사하는 과정에서 불명과 같은 것들을 제거하는 데에 있다고 보는 전통적인 지혜에 정면으로 맞선다. 이 책은 형식적 구조에 중점을 두지 않고 공리와 정의와 증명 대신 수학의 핵심적 아이디어에 초점을 맞추고 이를 수학의 기본 단위로 삼으며, 이런 관점에 서면 수학이 어떻게 보이는지 살펴보고자 한다.

불명현상(phenomenon of ambiguity)은 이 책에서 전개할 수학의 서술에서 핵심 역할을 한다. 앨런 라이트먼(Alan Lightman, 1948~)은 자신의 개인적 발전을 기술하는 도중에 다음과 같이 말했다. "수학은 인간의 불명과 모순을 강하게 대조시킨다. 인간계에는 확실성과 논리가 없다."[5] 그에게 수학은 확실성과 논리의 영역이다. 반면 소설가이기도 했던 그는 다음과 같이 쓰기도 했다. "나는 인간 마음의 불명성과 복잡성이 소설, 나아가 어쩌면 모든 예술의 원동력임을 깨달았다." 이것이 흔히 사람들이 과학과 예술을 나누는 근거다. 과학은 분명하고 예술은 불명하다. 하지만 나는 수학도 인간의 창의적 활동이라고 말하고자 한다. 그렇다면 불명은 예술에서 그랬듯 수학에서도 어떤 역할을 한다. 곧 불명은 수학에 깊이와 힘을 부여한다.

불명성은 창의성과 본질적으로 얽혀 있다. 이 점을 내세우기 위해 나는 창의성의 연구에서 도출된 불명(성)의 정의를 제시할 것이다.[6] 이 책에서 개략적으로 전개할 수학에 대한 묘사는 수학자들이 실제로 행하는 수학적 실행에 근거를 두고 있으므로 수학의 위대한 창의성에 대한 설명을 반드시 포함해야 한다. 앞으로 우리는 수학의 수많은 창의적 통찰이 불명에서 떠올랐음을 보게 된다. 나아가 어떤 의미로 볼 때 가장 심오하고 혁명적인 아이디어는 가장 근원적인 불명에서 유래한다. 심지어 수학적 아이디어는 모순과 역설에서 나오기도 한다. 그러므로 오직 논리적 구조에만 집중하여 수학으로부터 불명을 없애려는 시도는 수학의 창의적 측면에 대한 서술을 불가능하게 한다는 바람직하지 못한 결과를 초래한다. 수학에서 자유롭고 창의적인 차원이 사라진다면 수학은 그 논리적 구조와 동일시될 것이며, 이에 따라 수학은 엄격하고 경직되고 변하지 않는 것이라는 관점이 지배하게 될 것이다. 수학의 진리가 오직 엄격한 연역적 구조에서만 도출된다는 생각은 오해다. 수학을 이렇게 여기면 이런 엄격성이 수학을 응용하고 가르치는 영역에도 전파되어 모두가 우려하는 불행한 결과로 이어진다.

그러므로 수학에 대해서는 정면으로 맞서는 듯한 두 관점이 있다. 그중 하나는 '이성의 빛(light of reason)' 이라고 특징지을 수 있으며 논리적 구조가 가장 중요하다는 점을 강조한다. 반면 다른 하나는 와일스가 말한 창의의 빛으로, 나는 이게 흔히 불명에서 나온다고 본다(창의의 빛이란 말 자체가 불명이다!). 내가 할 일은 수학이 어떻게 두 대립적인 관점을 초월하는가를 밝히는 것으로, 논리와 불명을 포괄하는 수학의 새 그림을 그리는 것이다. 이 새로운 관점은, 극도로 정교한 질서로 구성된 방대한 연역계(deductive system)의 발전과, 세계 자체는 물론 세계에 대한 우리의 이해까지 변화시킨 특출한 창의적 도약의 탄생 사이에서 균형을 이룬다.

이 책은 수학에 관한 책이다. 하지만 통상적인 수학책은 아니다. 이 책에도 많은 수학이 담겨 있지만 어떤 특정한 수학적 주제를 체계적으로 다루지는 않는다. 이 책의 주제는 수학 전체로서, 방법론과 결론들은 물론 문화까지 다룬다. 이 책은 수학이 도대체 무엇인지에 관한 새로운 수학관을 제시한다. 이 새 수학관은 수학의 문화를 그 자체적 중요성 때문에도 다루지만 더 나아가 광범위한 과학 및 일반 문화에서의 수학의 지위와 관련해서도 다룬다.

여기서 전개될 관점은 수학의 엄밀성, 곧 논리적 및 연역적 사고에 대한 올바른 사고방식을 찾는 데에 달려 있다. 왜 이와 같은 사고방식이 그토록 매력적일까? 이성을 두고보자면 우리는 그리스의 수학자와 철학자들의 참된 계승자들이다. 그들과 마찬가지로 우리들에게도 이성적 사고는 너무 흔히 혼란과 혼돈과 미신으로 에워싸진 이 세계와 선명한 대조를 이룬다. '이성의 꿈(dream of reason)' 은 질서와 예측가능성의 꿈이며, 따라서 자연계를 지배할 능력에 대한 꿈이다. 이 꿈을 실현하기 위해 우리가 시도하는 수단들은 수학과 과학과 기술이다. 그리고 원하는 목표는 전 우주의 조직적 원리로서의 이성과 명확성의 도래이며, 여기의 우주에는 물론 인간의 마음도 포함된다. 이런 세계관을 신봉하는 사람은 수학의 역할이 이성의 성공에 장애가 되는 불명과 모순과 역설을 제거하는 데에 있다고 여길 것이다. 또한 그런 관점은 수학을 그 형식적이고 연역적인 구조와 동일시할 것이다. 하지만 이 관점은 너무 단순하고 불완전하여, 이 세상에 전반적으로 적용할 경우 오도할 수 있을 뿐 아니라 위험할 수도 있다. 이게 위험할 수 있는 까닭은 인간의 가장 근본적인 측면에 속하는 미학적 속성과 창의성과 혁신의 능력을 무시한 때문인데, 이런 측면들은 수학은 물론 다른 어느 곳에서나 찾아볼 수 있다. 유명한 음악가 레너드 번스타인(Leonard Bernstein, 1918~1990)이 했어야 했던 다음 말은 이상의 맥락에 비춰 볼 때 우리의 주목을 받을 만하다. "불명성은 … 예술에 담긴 가장 큰 잠재력을 가진 미학적 기능 가운데 하나다. 불명할수록 표현력은 커진다."[7] 놀랍게도 이 말은 음악이나 예술뿐 아니라 과학이나 수학에도 적용된다. 이것을 수학으로 옮겨 쓰면 다음과 같을 것이다. "불명할수록 독창성과 창의성의 잠재력은 커진다."

수학을 이해하고 그 깊이를 헤아리고자 한다면 우리는 (제1장에서 내릴 정의에 따라) 불명한 것들, 심지어 모순적인 것들을 향한 우리의 위치를 재평가해야 한다. 불명과 수학에서 그 역할을 이해하면 수학과 과학의 새로운 조직원리에 대한 암시를 얻을 수 있는데, 이 원리는 고전적 논리를 포괄하면서 이를 초월할 것이다. 이 새 원리는 발생적이어서 수학의 역동적 전개를 가능하게 한다. 절대적 이분법에 근거한 논리의 정적 본질과 달리 발생적 원리는 연구에서든 개인적 이해에서든 수학적 창의성의 존재를 허용한다. 따라서 불명은 우리로 하여금 수학의 핵심을 재평가하도록 한다.

수학의 재고가 왜 중요한가? 그 이유는 수학의 내부적인 것들로부터 외부적인 것들, 그리고 다른 분야에 대한 수학의 응용에 영향을 미치는 것들에 이르기까지 다양하다. 내부적 이유에는 수학의 서술법을 개발하는 것도 포함되는데, 이것은 이를테면 수리철학이라고 부를 수도 있는 것으로, 단순한 선험적 신념들의 모음이 아니라 수학적 실행과 잘 부합되는 것을 가리킨다. 수학은 인간의 활동으로, 억압이 아니라 환희를 위한 것이다. 그러므로 수학은 거의 모든 사람이 접근할 수 있는 것이어야 한다. 음악을 즐길 능력과 마찬가지로 거의 모든 사람이 수학을 감상할 능력도 갖고 있다. 하지만 대부분의 사람들은 수학을 보면 겁에 질려 위축된다. 대체 왜 그럴까? 수학 자체가 그토록 무서운 것일까, 아니면 수학을 보는 관점에 문제가 있는 것일까?

수학의 본질을 재고해보는 데에는 이처럼 정당한 내부적 이유들도 있지만 더욱 설득력 있는 것은 외부적 이유들이다. 수학은 이런저런 방식으로 현대 세계의 거의 모든 분야에 영향을 미친다. 수학이 문화의 전반에서 핵심적 지위를 차지하므로 수학이 무엇인지를 재평가하는 일은 과학은 물론 이를 넘어선 영역들에도 많은 점들을 시사하는데, 인간 마음의 본질에 대한 우리의 관념도 그 한 예이다. 수학은 우리에게 이성의 전형을 제시했다. 이것은 사고란 무엇이라는 것 또는 무엇이어야 한다는 것을 보여주는 한 모델이며, 따라서 심지어 인간의 전형을 제시한 것이기도 하다. 그러므로 수학의 실행과 역사를 면밀히 검토하면 철학, 교육, 인지과학 그리고 과학 전반에 걸쳐 제기되는 문제에 대해 많은 것을 알 수 있다. 나는 주로 수학의 범주 안에 머물고자 하지만 이와 같은 광범위한 암시를 결코 무시해서는 안 된다.

수학은 인간의 마음이 창조해낸 가장 근본적인 것들 가운데 하나다. 수천 년 동안 수학 이론들은 자연계의 본질에 대해 뭔가 심원한 것들을 이야기해주었는데, 이는 수학 이외의 다른 방법으로는 표현될 수 없는 것들이었다. 피타고라스(Pythagoras, 기원전 569?~475?)로부터 갈릴레오(Galileo Galilei, 1564~1642)와 가우스(Karl Friedrich Gauss, 1777~1855)를 거쳐 아인슈타인(Albert Einstein, 1879~1955)에 이르기까지 수많은 위대한 지성들이 "신은 수학자다"라는 믿음을 품었다. 이런 태도는 수학에 대한 존경심을 나타내주는데, 이는 때로 자연이 비밀스런 암호를 통해 숨겨진 질서를 드러낸다는 의미로 받아들여진다. 자연계에서 곧바로 얻는 인상은 아무런 내적 질서가 없는 혼돈인 듯하지만 수학은 자연계의 겉모습 뒤에 숨은 특출한 아름다움과 질서가 예상치 못한 단순성으로 꾸려져 있음을 보여준다. 이것은 수많은 위대한 과학자들이 궁금히 여겼던 미스터리이기도 하다. 수학은 인간 지성의 산물인데 어찌하여 자연계에 그토록 정교하게 대응할 수 있단 말일까? 수학의 이 놀라운 효용성을 어떻게 설명할 수 있을까?

수학의 내용을 넘어선 곳에 수학의 현실이 있다. 수학은 무엇인가? 무엇보다 수학은 이 세계에 대한 완전히 독특한 접근법이다. 화학은 물리학으로 환원될 수 있다고 하지만 수학은 더 이상 근본적인 다른 것으로 환원될 수 없다. 한 마디로 수학은 환원불능이다. 다른 학문들은 수학을 사용하기도 하고 어쩌면 완전히 수학적인 형태로 표현될 수도 있을 것이다. 하지만 수학에는 다른 학문과 수학 사이의 관계에 해당하는 수학 이외의 다른 체계가 없다. 수학은 앎의 한 방식이지만 다른 대안이 없는 독특한 방식이다. 지금 이 말을 쓰면서 나는 "독특한 인간적 앎의 방식"이란 뜻을 나타내고자 했다. 하지만 오늘날 인간의 많은 특성들이 여러 동물들에게서도 발견된다는 사실이 알려져 있다.[8] 우리가 세상을 수학적으로 보려는 경향은 우리의 뇌 속에 하드웨어적으로 구축된 진화적 구조에 담겨져 있다는 주장을 펼 수도 있다. 곧 이런 경향은 DNA 속의 유전자들에 암시되어 있는 셈이며, 그렇다면 수학은 자연계의 가장 기본적 요소들 가운데 하나다.

인간은 생물학적 뿌리로부터 수학을 모든 시대와 모든 문명에 걸치는 방대한 문화적 과업으로 개발해왔다. 수학의 본질은 수학이 직접 및 간접적으로 인간에게 어떤 의미를 갖는지에 대해 많은 정보를 준다. 수학을 이런 식으로 본다는 것은 단순히 개별적인 수학 이론들의 내용이 아니라 수학 전체를 생각해본다는 뜻이다. 수학의 본질을 광역적으로 보면 우리는 인간과 우리의 사고방식과 우리가 창조한 문명의 본질에 대해 어떤 이야기를 할 수 있을까? 물론 수학의 광역적 관점은 개별적 관점의 토대 위에 설 때 비로소 선명히 드러난다. 수학에 대해 이야기하려면 수학의 실제 주제들을 거론하지 않을 수 없기 때문이다. 그러므로 이 책에는 상당한 양의 실제적인 내용들이 나오는데, 어떤 것들은 아주 기초적이지만 어떤 것들은 그렇지 않다. 만일 읽어가다가 어떤 내용이 애매하게 여겨진다면 그 부분은 건너뛰고 넘어가기를 권한다. 각각의 내용을 가능한 한 독립적이고 자족적이 되도록 최선을 다했지만 어쨌든 이것은 수학 교재가 아니므로 이런 내용들을 완전히 체계적으로 다룰 수는 없다. 이 책에서 다루는 주제들은 기본적으로 두 가지 이유에서 선택되었다. 첫째는 본래적으로 흥미롭다는 것이고, 둘째는 수학의 본질을 전반적으로 논의하기에 적절하다는 것이다. 그러므로 한 곳에서 소개된 주제가 다른 곳에서 또 다루어질 수도 있다.

인간은 자의식이 있으며 따라서 자연계와 자기 자신에 대해 이해할 필요를 느끼는 (어떤 사람은 저주라고 말할 수도 있겠지만) 축복받은 존재다. 하지만 수학에 대한 이야기가 이와 같은 인간이 된다는 게 어떤 의미인지에 대한 이야기는 아니라고 보는 사람들도 있다. 많은 사람들은 이러한 인간적 수학관이 어떤 의미에서 수학의 품위를 떨어뜨리며, 수학이 절대적이고 객관적인 진리를 드러내는 학문이라는 관념에 손상을 입힌다고 여긴다. 제8장에서 다루겠지만 이에 대해 나는 수학적 진리가 존재하기는 하지만 그것은 어떤 특정한 정리 또는 정리들의 모음에서 발견되는 것은 아니라고 주장한다. 수학이 진리에 다가선다는 직관은 옳지만 그 방식은 흔히 이해하고 있는 것과 같지는 않다. 진리는 수학의 내용이 아니라 그 현실에서 더 많이 발견된다. 그러므로 내 생각에는 수학의 진리와 수학에 수반되는 부수적 사항들을 함께 이야기하는 게 좋을 것으로 여긴다.

수학의 진리는 인간적 차원에서 발견되며 이를 외면해서는 찾을 수 없다. 이러한 인간적 이야기는 한계를 초월할 길을 찾는 사람들의 이야기이며, 언뜻 불가능하게 보이고 보통의 합리적 기준으로는 분명 불가능한 것에 과감히 도전하고자 나서는 사람들에 대한 이야기이다. 불가능은 천재의 행위에 의해 가능해진다. 이것이 바로 천재의 행위에 대한 정의이며, 수학은 이런 천재들이 넘친다고 자랑한다. 이러한 천재들의 위업에 의해 한때 불가능하게 여겼던 것들이 이제는 너무나 명백하고 단순하여 학교에서 아이들에게도 가르친다. 이런 방식으로는 물론 다른 많은 방식으로 수학은 인간의 조건을 들여다 볼 창문이 된다. 그러므로 수학은 이를 처음 개척한 사람에게 한정되지 않고 거기에 열광하면서 인간의 보편적 잠재력을 탐구하는 모든 사람들에게 열려 있다.

사실상 현대 생활의 모든 국면에서 수학이 중요하다는 점을 보기 위해서는 그다지 멀리 내다볼 필요가 없다. 무엇보다 먼저 수학은 대다수 과학의 언어다. 그런데 이 말에는 이중의 의미가 있다. 첫 번째의 통상적 의미는 우리가 흔히 과학적 법칙이라고 부르는 자연계에 담긴 패턴이나 규칙성들이 수학이라는 편리한 언어에 의해 잘 표현된다는 것이다. 여기서는 수학의 기술적이고 묘사적인 역할이 두드러진다. 하지만 많은 사람들은 이밖에도 "자연과학 분야에 대한 불가사의할 정도로 놀라운 수학의 효용성"과 관련하여 뭔가 심오한 게 있는 것 같다고 여긴다.[9] 과학의 기본 체계들 가운데 어떤 것들은 원칙적으로 그 수학적 표현과 분리될 수 없다. 전자는 슈뢰딩거 방정식(Schrödinger equation)으로 드러나는 수학적 표현 그 자체다. 이런 점에서 우리는 수학이 보여주는 것보다 더 깊은 의미는 찾을 수 없다. 이와 같은 관점은 저기 어딘가에 우리가 보는 현실 세계에 대응하는 수학적이고 플라톤적인 실체가 존재한다고 믿는 세계관과 가깝다. 수학적 단계는 실체의 가장 깊은 단계이므로 우리는 실체에 이보다 더 가까이 다가갈 수 없다. 이 심원한 단계는 앞서 열거했던 위대한 지성들이 넌지시 내비쳤던 단계이며, 또한 내가 수학은 환원불능이라고 말하면서 의미했던 단계이기도 하다.

현대문명은 수학의 토대 위에 세워져 있다. 컴퓨터, 인터넷, CD, DVD 등은 모두 이 세계를 재구성하는 디지털 혁명의 측면들이다. 이 모든 기술들은 우리가 보고 듣는 것들, 우리의 지식, 통신 내용들을 디지털 방식으로 표현하는 것, 곧 우리 삶의 이런 측면들을 평범한 수치적 자료로 환원시키는 것과 관련된다. 의약, 정치, 사회정책들도 갈수록 더욱 많이 수학과 통계학의 언어로 표현되고 있다. 현대 생활의 어떤 분야도 이와 같은 세계의 수학화로부터 벗어날 수 없다.

현대 세계가 수학의 토대 위에 세워져 있다면 사려 깊고 교양 있는 모든 사람들은 수학의 세계에 어느 정도 친숙해지도록 노력해야 할 의무가 있다고 말할 수 있다. 수학의 어떤 특정 주제들뿐 아니라 수학의 문화, 그리고 수학자들이 사고하는 방식과 그들이 스스로 창조한 세계를 바라보는 방식들에 대해서 말이다.

나는 왜 이 책을 쓰는가?

내가 이 책을 쓰는 목적은 무엇일까? 여기의 아이디어들은 어디에서 올까? 분명 나는 이 아이디어들이 중요하다고 보는데, 그 이유는 이것들을 기술하는 관점이 독특하기 때문이다. 하지만 이런 것들 외에 개인적으로 중요한 이유도 있다. 이 책은 내 삶의 가장 중요한 두 갈래를 한데 엮어준다. 그 한 갈래는 수학이다. 나는 지난 40년 세월의 많은 부분을 대학의 수학자들이 수학과 관련하여 한 강의, 연구, 행정 등의 일에 바쳐왔다. 내가 수학을 택한 동기를 돌이켜보면 나는 수학이 요구하는 사고의 정확성과 선명성 때문에 수학에 이끌렸다. 하지만 선명성만으로는 연구의 충분조건으로 부족하다. 연구에는 다른 것이 필요한데, 그것은 이해다. 이해의 필요성은 가끔씩 나를 모호하고 미심쩍은 영역으로 데려간다. 그러면 나는 스스로에게 "과연 우리는 형식 수학의 논리적 선명성과 수학을 배우거나 연구할 때 그토록 두드러지게 출현하는 모호한 느낌을 한데 통합할 새로운 수학의 그림을 찾을 수 있는가?"라고 묻곤 했다.

다른 하나의 갈래는 끈질기게 이어온 선불교의 수행이다. 선(禪)은 내가 내 삶 가운데 논리와 수학을 초월한 측면들에 맞설 때 도움이 되었다. 선은 반논리적이라는 평을 받고 있지만 내 경험에 따르면 그렇지 않다. 내 경험에 의하면 선은 논리에 얽매이지 않으며, 논리가 궁극적 결론을 얻는 것이라고 여기지 않는다. 선은 보통의 합리적 관점에 비춰보면 미심쩍고 갈등적인 상황에도 대처할 길이 있음을 보여준다. 선의 관점에서 보면 이성은 하나의 관점에 지나지 않는다. 선에서 모순은 마음을 언어 이전의 단계로 인도하는 길과 같이 건설적으로 활용되며, 창의성은 바로 그런 단계에서 샘솟는다.

나는 선이 수학에 대해 직접 말해줄 게 있지는 않지만 수학에 적용하면 흥미로울 수 있는 관점을 가졌다고 본다. 그 관점은 우리의 문화에서 일어나는 수많은 흥미로운 것들과 잘 어울린다. 이것들은, 이상적인 모든 것에 대한 불신을 뜻하든 '절대적이고 객관적이고 초시간적인 진리'의 거부를 뜻하든, 모두 '절대주의자'의 입장과는 멀어지는 것들이다. 내가 볼 때 이는 불명과 모순과 역설이 수학의 핵심적 부분들이란 뜻이며, 이에 의해 수학은 발전하고 변한다. 요컨대 이것들은 끝없는 창의성의 원천이다.

결과적으로 나는 내 삶의 중요한 두 갈래인 수학과 선이 실제로 아주 잘 어울린다는 사실을 깨달았다. 나는 독자 여러분이 이성의 한계를 넘어서는 이 항해가 도전적이란 점을 이해하게 되기 바란다. 그 이유는 여기에 관점의 변화가 필요하며, 바로 이 이유 때문에 나는 이게 아주 흥미롭게 여겨지기를 바란다. 불명성은 결코 따분할 수 없는 세계를 펼쳐주는데, 이는 그 세계가 끊임없는 변화와 창의성이 넘치는 세계이기 때문이다.

이 책의 구성

이 책은 세 부로 나뉘어 있다. 제1부 '불명의 빛'은 핵심적 관념인 불명에 대한 소개로 시작한다. 사실 이 책 전체는 불명이라는 모호한 개념을 확실히 이해하고자 하는 시도이므로 수학에서의 불명의 역할에 대한 탐사라고 봐도 좋다. 불명은 언제나 미심쩍은 요소를 포함하고 있다는 나의 주장을 강조하기 위하여 나는 몇 개의 장을 통해 수학의 모순과 역설들을 다룬다. 나는 또한 이 장들에서 상당한 수학적 성과들을 설명함으로써 이를테면 수학에 대한 감각을 많이 상실한 독자들이라도 이를 통해 충분히 따라올 수 있도록 배려하고자 했다.

제2부 '아이디어의 빛'은 수학에서의 아이디어의 본질, 특히 불명의 상황에서 솟아나는 아이디어들에 대해 다룬다. 물론 창의적 과정은 수학적 아이디어의 탄생과 전개에 밀접히 관련되어 있다. 그러므로 아이디어가 수학의 근본적 구성 요소라고 여기는 관점은 (예를 들어 수학이 논리적 구조라고 보는 관점과 달리) 우리로 하여금 수학이 과연 무엇인지에 대해 다시 생각해보도록 한다. 제2부에서는 심지어 역설처럼 미심쩍은 것조차도 생산적인 아이디어의 원천이 될 수 있음을 보여준다. 나아가 나는 수학의 가장 근본적인 아이디어들 가운데 일부는 논리적 조화가 아니라 극도의 부조화로 특징지어진 상황에서 창출된다고 주장한다. 나는 이처럼 극단적인 상황에서 창출되는 아이디어를 '위대한 아이디어'라고 부르며, 많은 부분에서 이처럼 생산성이 풍부한 아이디어들을 다루었다.

제3부 '빛과 관찰자의 눈'은 제1부와 제2부에서 구축했던 새로운

관점의 귀결들에 대해 다룬다. 이 가운데 한 장은 수학적 진리의 본질에 대해 이야기한다. 수학은 어떤 객관적 의미에서 절대적으로 참인가? 이와 관련하여 수학에서 객관성이란 무엇을 뜻하는가? 모든 시대의 사색가들은 수학과 진리의 관계에는 그 핵심에 미스터리가 있음을 증언해왔다. 나의 '불명한' 접근법은 이 미스터리를 약간 예외적인 관점에서 살펴볼 수 있게 한다. 끝으로 마지막 장에서는 "컴퓨터가 이 책에서 다룬 수학적 활동의 합리적인 모델이 될 수 있는가?"라는 근본적이고도 매력적인 의문에 대해 이야기한다. 과연 수학적 사고의 본질은 알고리듬적인가? 수학자의 마음은 뇌라고 부르는 하드웨어에 심어진 소프트웨어의 일종이라고 볼 수 있는가? 또는 근본적이고 환원불능인 인간의 창의성, 곧 우리가 이해해야 할 깊은 필요에서 유래하는 창의성 위에 세워진 수학적 활동은 우리의 삶과 주위의 환경으로부터 의미를 창출하는 것일까? 의미를 찾는 이러한 욕구는 필연적으로 갈등과 투쟁을 수반하며, 이는 바로 불명의 상황에서 우리가 목격하게 되는 요소들이다.

차례

제3부 빛과 관찰자의 눈 _ 377

01

불명의 빛

사고는 무엇일까? 사고를 논리의 질서 있는 선형적 전개라고 본다면 수학의 증명이나 컴퓨터 프로그램에서 보는 엄밀한 사고야말로 가장 고도의 사고일 것이다. 이게 유일한 사고법일까? 더 적절히 말하자면 이게 수학자의 사고법일까? 제1부에서 나는 논리적 사고와 정반대의 관계에 있는 상황, 곧 수학에서 불명에 대해 살펴본다. 이상한 일이지만 불명은 도처에서 발견될 뿐 아니라 가까운 사촌이라 할 모순과 역설도 그렇다. 수학은 참으로 기이한 학문이다. 이성의 전형 그 자체로 보이는 학문, 이에 따라 다른 학문들이 모델로 삼고 흉내내고자 하는 이 학문에 이성이 인간의 담화로부터 제거하고자 하는 바로 그런 것들이 환원불능의 요소로서 들어 있다니 말이다!

불명은 수학에 존재할 뿐 아니라 필수적이다. 새로운 수학적 아이디어는 상충하는 다수의 기준계가 공존한다는 사실을 암시하는 불명의 상황에서 싹튼다. 수학의 창의성은 알고리듬적 사고에서 나오지 않으며, 오히려 알고리듬이 창의성의 소산이다. 그런데 흔히 창의적 통찰의 핵심에는 이전의 이해를 따르지 않는 미심쩍은 갈등이 도사리고 있다. 많은 사람들은 수학을 선명성과 개념의 정확성으로 특징지으며, 따라서 어떤 수학적 상황이나 개념을 이해하는 올바른 길은 하나밖에 없다고 여긴다. 하지만 이와 반대로 나는 중요한 아이디어는 여러 가지로 이해할 수 있다는 특징을 가지며, 이 점이 어떤 아이디어의 풍부함을 가늠할 척도가 된다고 생각한다.

불명은 이 책의 중심 주제다. 처음부터 끝까지 불명은 상충하는 여러 주제들을 통합하는 유일한 가닥이다. 우리 각자는 아마 불명과 친숙하며 잘 이해하고 있다고 여길 것이다. 하지만 수학에서의 불명을 탐사하는 과정에서 우리는 겉으로 드러나는 것 이상의 것이 있음을 알게 된다. 불명은 아주 풍성하다. 따라서 불명의 새로운 국면이 드러날 때마다 우리는 수학뿐 아니라 (최소한 이 책에서 쓰이는 바로서의) 불명 자체에 대해서도 더 깊이 이해하게 된다. 어떤 의미로 볼 때 이 책 전체가 '수학에서의 불명'의 의미를 전개하는 것이므로 나는 독자 여러분이 너무 일찍 불명과의 관계를 끊지 않기를 바란다.

물론 처음에는 각자의 직관으로부터 시작한다. 하지만 이것을 마음에 간직하되 열린 태도로 불명에 내포된 여러 요소들이 펼쳐지는 것에 대비해야 한다. 불명은 비유와 비슷하다. 따라서 우리는 수학의 많은 측면, 심지어 가장 단순하고 기초적인 측면들에서도 이 비유적 요소들을 발견할 수 있다.

예를 들어 '0'이라는 수를 보자. 이보다 기초적인 게 또 있을까? 많은 사람들이 0은 잘 알고 있고 그것으로 그만이라고 생각한다. 이에 대해 더 말할 게 뭐가 있을까? 하지만 최근 몇 해만 하더라도 이에 대해 여러 책들이 출간됐다(Barrow 2000, Kaplan, Seife). 이 책들은 모두 수학과 과학적 사고에서의 0의 중요성과 함께 그 불명한 본질을 강조했다(위 저자 중 한 사람은 0을 '존재하는 무(the nothing that is)'라고 표현했다). 일반적으로 과학과 수학에서의 불명은 극복해야 할 대상이며, 이해의 오류에서 생기는 것이므로 이 오류를 바로잡아 제거해야 할 대상으로 여겨진다. 이처럼 불명 자체에 뭔가 가치가 있다고 보는 경우는 거의 없다. 하지만 때로 불명의 존재 바로 그것에 의해 수학과 과학의 어떤 특정한 진보를 자극한다. 과연 이성과 불명, 그리고 수학과 불명 사이의 관계는 무엇일까? 불명은 수학의 필수적 요소일까, 아니면 과학과 수학의 역할은 불명이라는 악령을 몰아내는 것일까? 0에 얽힌 미심쩍은 국면들은 0을 수학의 필수적 개념으로 받아들인 뒤에도 완전히 제거되지 않았다. 내가 보기에 0의 중요성은 그 미심쩍은 본질에도 불구하고 바로 이 미심쩍은 정도에 직접적으로 비례한다.

0에 대해 진실인 것은 수많은 수학적 아이디어들에 대해서도 진실이다. 아이디어들의 힘은 그 불명에 달려 있다. 따라서 수학에서 불명을 제거하려는 시도는 수학을 파괴할 것이다. 수학은 이해하고자 하는 동기에서 유래된 것이므로 선명함을 추구한다는 것은 사실이다. 하지만 수학이 창의적이기를 바란다면 앞으로도 끊임없이 수학이 태어난 바로 그곳, 곧 불명과 모호함과 미심쩍음으로 돌아가야 한다. 불명과 모순과 역설, 그리고 그 귀결로서의 갈등과 위기와 미심쩍음은 수학에서 오려낼 수 없다. 그것들은 수학의 살아 있는 심장이다.

제1장
수학과 불명

나는 사람들이 선명이 실체이고, 불명은 단순히 불확실함에 지나지 않는다고 말하는 것은 앞뒤가 뒤바뀐 것이라고 본다. 이것을 다시 뒤바꿔 보면 불명이 실체이다. 선명은 그 특수한 경우로서 어떤 아주 특별한 측면을 마침내 확연히 파악한 것을 가리킨다.

—데이비드 봄(David Bohm, 1917~1992)

머리말

이 장은 수학이 무엇이고 수학자는 무엇을 하는지에 대해 서술할 새로운 길을 찾고 펼쳐간다. 그런데 이런 문제는 어떤 수학자에게 물어보면 될 것이므로 쉬운 일이라고 보는 사람도 있을 것이다. 하지만 그렇지 않다. 수학자의 업무는 수학의 실행인데, 이것은 그들이 하는 일을 그 주제들에 반영시키는 게 아니기 때문이다. 데이비스(Davis)와 허시(Hersh)는 "수학자의 실제적 연구와 활동, 그리고 이 연구와 활동에 대한 수학자 자신의 인식 사이에는 불일치가 있다"는 점에 주목했다.[1] 내가 할 수 있는 유일한 것은 여러 가지의 수학적 개념과 실행을 면밀히 검토하고, 거기서 내가 실제로 본 것을 내 수학적 서술의 토대로 삼는 것이다.

수학에 관한 가장 뿌리깊은 신화는 논리가 수학의 핵심이므로 수학의 논리적 구조는 결정적이라는 것이다. 이것은 많은 수학자들이 자신들의 일에 대한 질문을 받고 이를 정당화할 때 마지막 보루로 삼는 입장에 해당한다. 이런 때 그들은 "나는 단지 정리를 증명할 따름입니다"라고 대답한다. 다시 말해서 궁지에 몰리면 많은 수학자들은 형식주의자(formalist)의 입장으로 물러난다. 하지만 실제로 수학적 활동을 하는 많은 수학자들은 형식주의자가 아니다. "수학자가 정말로 바라는 것은 '해답' 들의 모음이 아니다. 그것은 '이해' 다."[2] 또한 통계학자 데이비드 블랙웰(David Blackwell, 1919~)도 "기본적으로 나는 연구에 흥미가 없고 지금껏 언제나 그래왔다. 나의 관심은 이해하는 데에 있는데, 이는 사뭇 별개의 것이다"라고 말했다.[3] 그런데 이해라는 것에 대해 이야기하기는 어렵다. 먼저 이해에는 주관적 요소가 담겨 있는 반면 논리적 추론은 객관적 작업으로 여겨 충분히 정교하다면 기계도 할 수 있을 것 같다. 하지만 그럼에도 불구하고 수학적 실행의 깊이를 정확히 헤아려보고자 한다면 수학을 '정의-정리-증명' 이라는 삼위일체와 동일시하는 형식주의자적 접근법을 넘어설 필요가 있다.

논리는 수학에서 필수적이다. 무엇보다 논리는 수학적 성과들의 세계를 안정화시켜 우리의 마음에 전통적인 방식, 곧 영원하고 절대적인 진리 체계로 제시해준다. 하지만 논리는 수학의 핵심이 아니며 수학이 논리로 환원되지도 않는다. 수학은 논리를 초월한다. 수학은 인간의 창의성이 발휘되는 곳 가운데 가장 근본적인 영역의 하나다. 그러나 수학이 논리를 초월한다는 말은 증거로 뒷받침되어야 한다. 이를 위해서는 논리로부터 도출되지 않는 수학의 여러 특성들이 제시되어야 한다. 여기에는 수학적 불명의 어떤 형태들은 물론 이와 관련된 모순과 역설의 관념들도 포함된다.

불명은 중요한 개념이므로 나는 내가 수학의 불명이란 말로 무엇을 뜻하는지에 대해 설명하기 위하여 상당한 시간을 바칠 생각이다. 수학에서 얻는 수많은 예들과 다른 분야에서 얻는 몇몇 예들을 섭렵함으로써 나는 내가 뜻하는 바로서의 불명이 수학적 이론과 실행에서 핵심적인 현상이란 점이 잘 이해되기를 바란다. 불명은 "논리와 수학의 관계는 무엇인가?", "수학에서 창의성의 본질은 무엇인가?", "수학에서 이해의 의미는 무엇이며, 이해와 창의성의 관계는 무엇인가?"라는 의문들에 접근할 길을 열어준다. 나아가 "수학은 발명인가, 발견인가?", "과학에서 보는 '놀라운 수학의 효용성'은 어찌 설명할 수 있을까?"와 같은 해묵은 의문들에 대해서도 마찬가지다. 불명은 수학적 경관을 정적인 것으로부터 동적인 것으로 바꿔주며 아이디어들의 운행으로 특징짓는다.

내가 시도하고자 하는 것은 바로 수학적 과업의 본질에 대한 우리의 이해에서 패러다임의 전환(paradigm shift)을 이루려는 것이다. 여기의 당면한 상황에서 새로운 '불명의 관점'으로 쳐다보면 많은 것들이 갑자기 새로운 모습으로 드러난다. 분명 여기에는 수학적 실행은 물론 수학의 교육과 학습도 포함된다. 또한 이 관점은 과학적 과업 전반에 대한 관점과도 관련이 있다. 그리하여 이 관점은 "(수학적) 진리란 무엇인가?", "지식은 무엇인가?"와 같은 가장 근본적인 의문들에까지 손길을 뻗쳐간다.

조금은 너무 들뜬 듯하지만 어쨌든 이런 생각들을 배경에 깔고 나는 이제부터 (이 책을 위한) 불명의 의미에 관한 기본적 관념을 살펴보고 수학에서의 불명의 역할에 대한 논의로 나아가고자 한다.

내가 말하는 '불명'의 의미

이 책의 핵심 개념인 불명의 의미를 제대로 파악하려면 상당한 시간과 노력이 필요하다. 내게는 예를 들어 '1+1=2'와 같은 단순한 등식도 불명하다. 도대체 이 말은 무슨 뜻일까? 분명 나는 '1+1=2'라는 식이 명확하지 않거나 틀렸다고 주장하지는 않는다. 흔히 사람들은 불명하다는 말을 애매하거나 불가사의하다는 말과 동의어로 여긴다. 물론 이렇게 여길 수도 있기는 하지만 어쨌든 이는 여기서 내가 쓰고자 하는 의미는 아니다. 나는 불명이란 말을 씀으로써 아주 단순한 수학적 상황에도 그 어떤 비유적 속성이 본질적으로 내재한다는 점을 가리키고자 한다. '1+1=2' 라는 식을 볼 때 우리의 첫 느낌은 이 명제가 명확하고 정확하다는 것이다. 우리는 이것을 완전히 이해하므로 더 이상 말할 게 없다고 생각한다. 하지만 이게 정말로 참일까? 제5장에서 보겠지만 사실 '1' 과 '2' 라는 수는 아주 중요하고도 심오한 아이디어다. 이 수들은 과학과 종교는 물론 지각과 인식에도 기본적인 개념이다. '1' 은 단일성을 뜻하고 '2' 는 이중성을 뜻한다. 이보다 더 근본적인 게 또 뭐가 있을까? 또한 이 수식에는 등호가 들어 있다. 제5장에서는 또 수학에서 '같음(상등, 相等, equality)' 을 이해할 여러 가지 방법에 대해 이야기한다. 상등도 매우 기본적인 아이디어의 하나이며 생각하면 할수록 많은 의미가 샘솟는다. 그러고 보면 이 식은 단일성과 이중성 사이에 어떤 관계가 있으며, 이 관계는 등식으로 나타난다는 사실을 보여주는데, 이에 따르면 단일성에 이중성이 있고 이중성에 단일성이 있다. 이처럼 등식에 함의된 깊은 구조는 전형적인 불명의 상황이다. 그러므로 가장 기초적인 수학적 표현이라도 겉보기에는 뚜렷하지 않은 심오함을 품고 있을 수 있다. 그리고 이 심오함은 바로 내가 말하는 불명과 직결되어 있다.

여기서 '불명' 이란 말을 쓰는 중요한 이유로는 두 가지를 들 수 있다. 첫째로 불명하다는 말은 뭔가 논리적인 것과 대조를 이룬다고 여기기 때문이다. 둘째 이유는 ≪옥스퍼드 영어사전≫(*Oxford English Dictionary*)에 나오는 '불명' 의 정의에서 찾을 수 있다. 이에 따르면 불명은 "이중적인 뜻이 있거나 이중적인 것을 가리킴으로써 둘 이상의 해석이나 설명이 가능한 상황"이다. 여기서의 "이중적 의미"는 'ambidextrous'나 'ambivalent'와 같은 단어에서 보듯 'ambi'라는 접두어에서 도출되는 관념이다. 하지만 내가 이제 제시하려는 정의는 작가 아서 쾨스틀러(Arthur Koestler, 1905~1983)가 내놓은 창의성의 정의에서 이끌어낸 것이다.[4] 쾨스틀러는 "창의성은 자기일관적이지만 상충하는 두 기준계 사이에서 단일한 상황이나 아이디어가 감지될 때 나타난다"고 말했다. 나는 이것을 불명의 정의로 삼고자 하는데, 다시 풀어쓰면 다음과 같다.

> 불명은 자기일관적이지만 상충하는 두 기준계에서 감지되는 단일한 상황이나 아이디어에 관련된다.

나는 서둘러 여기에 제1장의 서두에서 이처럼 정확한 정의를 내놓았다고 해서 독자들이 불명의 개념이 완벽하게 규정되었다고 여겨서는 안 된다는 말을 덧붙이고자 한다. 이와 반대로 나는 불명이 '1'이나 '2'나 '같음(상등)'이라는 것들처럼 항상 뭔가 더 배우고 말할 게 있는 개념이란 점을 강조한다. 심지어 나는 불명이란 게 실제로는 어떤 개념도 아니라고 말하고 싶은 유혹까지 느낀다. 이런 뜻에서 불명은 개념이라기보다 개념을 낳는 조건 또는 맥락에 더 가깝다. 하지만 불명이 이처럼 보통의 개념이 아니라면 나는 도대체 이것을 어떻게 묘사하려고 할까? 나의 전략은 불명의 뼈대를 위와 같이 일단 기술해둔 뒤, 그것의 여러 국면을 살펴볼 수 있는 일련의 예를 제시하면서 살을 입혀가고자 하는 것이다.

이 책은 수학의 불명에 대한 탐사다. 불행하게도 수학은 흔히 간단한 것에서 복잡한 것으로, 가정에서 결론으로 이어지는 선형적인 방식으로 서술된다. 나는 수학 자체는 물론 이 책에서 제시하는 수학도 일종의 탐사로 본다. 그런데 수학에서의 탐사라는 것은 무엇일까? ≪변환선형대수≫(*Transform Linear Algebra*)라는 교재를 쓴 프랭크 울릭(Frank Uhlig)은 책의 서문에 다음과 같이 썼다.

> 선형대수는 순환적 주제다. 선형대수를 공부하면 어떤 도시나 나라를 처음으로 여행하는 느낌을 받는다. 이 첫 만남에서 언뜻 기가 질리도록 수많은 개념들이 온통 이리저리 이어지고 엮여서 제시된다. 여기서 우리는 새로운 도시에서처럼 천천히 차근차근 상황을 파악해간다. 큰 도움이 되는 것은 선형대수가 기하와 친밀하다는 점으로, 기하에서처럼 많은 지혜들이 그 안에 영원토록 우리와 함께 있다. 우리는 단지 둘러보고 탐사하면서 그 수학적 지역의 실체에 대해 직관의 눈을 일깨우기만 하면 된다.[5]

이는 수학의 배움과 실행의 정신을 고취하는 참으로 시적인 표현이라 하겠다! 나는 바로 이런 정신으로 독자들이 수학의 탐사에 나서도록 초대한다. 나는 불명의 렌즈를 통해 수학을 바라보고자 하는데, 그렇게 하면서 우리는 불명의 본질 자체도 함께 탐사할 것이다. 울릭이 말했듯 수많은 기본적 지혜들은 우리와 함께 이미 그 안에 있다. 하지만 이를 발견하려면 습관적인 관점을 버리고 새로운 관점을 갖도록 마음을 열어야 한다.

자기일관성, 불일치, 창의성

위에서 제시한 불명의 정의는 이중성을 동반한다. 곧 여기에는 두 기준계가 있어야 한다. 그런데 이중성은 수학에서 낯익은 관념이다. 예를 들어 사영기하(projective geometry)의 모든 명제에는 이중성이 있어서 '점'과 '직선'을 서로 바꿀 수 있다. 구체적인 예로 '두 직선은 하나의 점을 규정한다(두 직선은 한 점에서 만난다)'는 명제는 '두 점은 하나의 직선을 규정한다'로 고쳐 쓸 수 있다. 이와 같은 구조적 이중성은 내가 말하는 불명에 내포된 속성의 (전부는 아니지만) 일부를 보여준다.

여기에 쓰인 불명은 단순한 이중성이 아니다. 두 기준계는 상충하기는 하지만 개별적으로는 자기일관적이어야 한다. 그런데 이러한 불일치에도 불구하고 여기에는 이를 초월하는 통합 상황 또는 아이디어가 존재한다. 한편으로 모든 것은 일관성의 조화 속에서 평화로운 평형을 이루지만 다른 한편으로는 불일치의 무질서에 있다. 수학에서는 불일치가 용납되지 않으므로 반드시 해소되어야 한다. 그리고 바로 이런 불일치를 해소할 필요에 의해 불명은 그토록 역동적이고 잠재력이 큰 창의성을 띠게 된다. 어떤 상황을 보는 두 기준계는 자체로는 모두 완벽하게 조화롭지만 함께 두고보면 서로 대립한다. 그러므로 평형을 되찾으려면 이 대립을 해소해야 한다. 이러한 평형의 회복은 이를테면 각 기준계가 있던 곳보다 높은 수준에서만 이루어질 수 있다. 이런 평형조건은 아직 존재하지 않을 수 있으며, 본래 상황의 불일치를 해소시킬 필요에 의해서만 실체를 갖추게 될 것이다. 따라서 불명의 상황은 창의적 가능성의 상황이다.

불명은 언뜻 복잡하게 보일 수 있지만 그 핵심은 아주 단순하게 나타낼 수 있다. 아래에 불명의 예로 볼 수 있는 한 조크가 있는데, 아주 흥미롭지는 않지만 수학적 관련이 있으며 불명의 본질을 드러내준다.

한 수학자가 에어트랜새트(Air Transat)의 비행기를 타고 논스톱으로 에드먼턴(Edmonton)에서 프랑크푸르트(Frankfurt)까지 날아가는 데 예정된 비행시간은 9시간이었다. 이륙하고 얼마 정도 지나

조종사는 기계적 결함 때문에 엔진 중 하나를 꺼야 한다고 방송했다. "염려하지 마십시오. 우리는 안전합니다. 눈에 띌 만한 차이는 비행시간이 9시간에서 10시간으로 늘어난다는 것뿐입니다." 몇 시간이 지난 뒤 조종사는 기계적 결함 때문에 엔진을 하나 더 꺼야 한다고 방송했다. "하지만 안심하십시오. 우리는 여전히 안전합니다. 단지 비행시간만 12시간으로 늘어날 뿐입니다." 몇 시간이 지난 뒤 셋째 엔진도 꺼야 했는데 이번에도 조종사는 승객들을 안심시켰다. "안심하십시오. 엔진 하나만으로도 우리는 안전합니다. 단지 프랑크푸르트까지 16시간이 걸릴 따름입니다." 그러자 수학자가 동료 승객에게 말했다. "마지막 엔진까지 꺼진다면 비행시간이 24시간이 되겠군요."

여기서 우리는 긴장으로부터 초래되어 상충하는 두 기준계를 보는데(그중 하나는 암시되어 있다), 결국 창의적으로 해소되어 웃음이 터진다. 물론 수학의 경우 이 해소는 새로운 아이디어나 상황을 바라보는 새로운 관점을 통해 이루어지지만 그 양상은 이러한 유머러스한 상황의 전개와 아주 비슷하다. 이처럼 조크는 불명과 창의성의 한 예인데, 이런 뜻에서 우리는 *조크*가 필요하다.

불명한 상황은 두 가지로 드러날 수 있다. 첫째는 두 가지의 상충하는 관점이 있는 경우이며, 이것들은 결국 단일한 상황이나 아이디어를 통해 조화될 수도 있다. 둘째는 어떤 단일한 또는 통합된 관점이 있는데 보기에 따라서는 서로 다른 두 가지의 모습으로 보이는 경우이다. 이처럼 불명에 대해 이야기할 경우 자기지시적인 요소가 개입되며, 따라서 불명의 정의 자체가 불명한 셈이다.

서스턴과 곱셈

미국의 수학자 윌리엄 서스턴(William Thurston, 1946~)은 다음과 같은 말을 했다. "초등학교 5학년의 꼬마 시절에 나는 134를 29로 나눈 게 134/29가 된다는 것 등을 깨달으며 경이로워했다. 이 얼마나 수고를 덜어주는 표기법인가! "134 나누기 29"를 볼 때는 어떤 지겨운 작업으로 느껴지지만 134/29는 어떤 작업도 암시되지 않은 단순한 대상이다. 흥분한 나는 아버지께 달려가 이 놀라운 발견을 설명했다. 아버지는 이게 당연한 것으로, '*a* 나누기 *b*'와 '*a*/*b*'는 동의어에 지나지 않는다고 말씀하셨다. 아버지에게 이것은 조그만 표기법의 변화에 불과했던 것이다."[6]

우와! 134/29는 하나의 수다! 실제로 나누기를 하지 않더라도 이 수는 이어지는 계산에서 그대로 쓸 수 있다. 좀더 산뜻하게는 "나누기라는 과정이 구상화(具象化)되었다(reified)", 곧 "나누기가 대상에 포함되었다"고 말할 수 있다. 여기의 초점은 나누기에 두 관점이 있다는 것이다. 하나는 과정이고 다른 하나는 수다. 워릭 대학교(University of Warwick)의 수학자이자 수학교육자인 데이비드 톨(David Tall)은 동료인 에디 그레이(Eddie Gray)와 함께 이 상황에 대해 과정(process)과 개념(concept)을 합쳐서 '과념(過念, procept)'이라고 이름 붙였다. 우리의 관점에 따르면 나누기는 불명한데, 서스턴의 경우 이 불명을 깨달음으로써 그의 지적 발전에서 중요한 도약을 했다.

$E = mc^2$

몇 해 전에 데이비드 보더니스(David Bodanis)는 하나의 등식에 대해 한 권의 책을 쓰겠다는 빛나는 아이디어를 품었다. 그 등식은 말 그대로 세상을 뒤바꾼 유명한 $E = mc^2$이었다. 이 식은 우리의 세계관을 근본적으로 변화시켰을 뿐 아니라 핵무기는 말할 것도 없고 핵을 산업으로 이끄는 데에 필요한 이론적 근거를 확립하는 아주 실질적인 성과이기도 하다. 보더니스는 등식이 무엇인지를 설명하면서 시작한다.[7] 이 책의 주제에 대한 그가 접근한 방법의 핵심은 등식의 중요성에 대한 독창적인 해석에 담겨 있다.

> 좋은 등식은 단순히 계산을 위한 식이 아니다. 또한 우리가 거의 같지 않을까 여겼던 두 대상이 실제로는 정확히 같음을 확인시켜 주는 저울에 불과한 것도 아니다. 과학자들은 등호(=)를 새로운 아이디어를 향한 망원경과 같은 도구로 사용한다. 이런 도구는 우리의 주의를 예상하지 못했던 신선한 방향으로 돌려준다. 등식은 우연히 말이 아니라 기호로 쓰였을 뿐이다.
>
> 아인슈타인이 1905년에 그의 등식에서 '=' 을 쓴 것도 이런 취지에서였다. 빅토리아 시대의 사람들은 화학에너지, 열에너지, 자기에너지 등등 모든 종류의 에너지를 이미 다 발견했다고 여겼다. 하지만 1905년에 아인슈타인은 이를 부정하면서 볼 수 있고 찾을 수 있는 곳이 또 있다고 말했다. 그의 등식은 그곳으로 인도하는 망원경과 같았다. … 그는 아무도 살펴보려 하지 않았던 한 장소에서 엄청난 에너지의 원천을 발견했다. 그곳은 물체 자체에 가려져 있었다.

앞서 말했던 불명의 정의에 "두 개의 자기일관적이지만 상충하는 기준계"라는 말이 있었음을 상기하자. 물질과 에너지보다 더 자기일관적인 기준계가 또 어디에 있을까? 그러면서도 물질과 에너지만큼 상충하는 것은 또 어디에 있을까? 두 용어는 사실상 서로 대립한다. 또한 개념적으로 거의 적대적이다. ≪옥스퍼드 영어사전≫에 따르면 물질은 "질량과 공간을 차지한다." 그리고 "일반적으로 정신이나 마음 등에 대립하는 물질적 실체를 가리킨다." 독자 여러분은 원한다면 이 구절에 '에너지' 도 덧붙일 수 있다. 반면 에너지는 '힘 또는 활력', 곧 활동 또는 활동을 위한 잠재력을 가리킨다. 에너지의 과학적 정의도 이와 비슷해서 "물체가 일을 할 수 있는 능력"이라고 말한다. 이러한 차이는 너무나 기본적이어서 언어 자체의 근본 구조 속에 반영되어 있다. 물질은 사물 또는 대상이다. 언어는 명사를 어떤 사물을 가리키는 데에 쓴다. 어떤 활동 또는 활동의 잠재력, 곧 에너지와 같은 것을 가리킬 때 언어는 동사를 사용한다. 그러므로 물질과 에너지라는 이분법은 이미 언어 안에 구축되어 있다.[8]

이 둘 사이의 간극을 어떻게 메워야 할까? 가장 분명한 첫째 방법은 물질과 에너지를 상보적으로 보는 것이다. 다시 말해서 물질과 에너지는 자연계를 구성하는 필수적인 두 측면으로 풀이되며, 자연계에 대한 완전한 묘사는 두 측면과 이를 지배하는 법칙을 묘사하는 것으로 이루어진다. 그러면 우리는 물질과 에너지 사이의 관계를 묘사하면 된다. 따라서 움직이는 물체는 질량에 속도의 제곱을 곱한 것에 비례하는 운동에너지를 가진다. 하지만 세상을 이렇게 보면 아인슈타인의 등식에 감춰진 혁신적인 지혜를 놓치게 된다. $E=mc^2$ 은 물질이 곧 에너지라고 말한다. 이 등식은 실체를 묘사하는 서로 배타적인 두 방법이 실제로는 하나라고 말한다. 다시 말해서 하나의 실체만 존재하는데, 한 맥락에서 보면 물체, 다른 맥락에서 보면 에너지로 풀이할 수 있을 뿐이다.

그러므로 등식은 과학적 비유라고 부를 수 있다. 셰익스피어(William Shakespeare, 1564~1616)의 "세상은 무대이고 모든 남자와 여자는 배우에 지나지 않는다"라는 문학적 비유는 서로 다른 두 영역의 비교로서, 일상적인 삶과 무대 사이를 연결하는 일종의 사상(寫像, mapping)과도 같다. 그러나 비유는 상이한 두 영역 사이의 단순한 대웅 이상을 요구한다. 비유를 '얻는' 데에는 세상을 새로운 방식으로 바라보는 통찰이 필요하다. 이런 점에서 아인슈타인의 통찰은 참으로 특출하다. 그 귀결인 원자폭탄은 그 자체로 아이디어의 위력에 대한 비유다. 이 등식은 이 책에서 쓰이는 '불명'에 내포된 의미를 완전히 포괄하고 있다. 여기에는 두 기준계가 있는데 그 불일치로부터 엄청난 힘이 발휘된다. 그리고 이 힘은 $E=mc^2$이라는 등식에 의해 단일한 아이디어로 꾸려진다.

수학의 불명한 상황들

이제 수학의 불명한 상황들을 체계적으로 탐사해보자. 사뭇 높은 수준의 수학에도 많은 예들이 있지만 여기서는 여러 가지 기초적인 예로부터 시작하는데, 사실 이것들은 정말로 기초적이다. 이런 예들을 포함하는 이유는 누구나 쉽게 다가설 수 있기 때문이다. 또한 이런 예들은 수학의 어떤 부분도 정말로 사소하지 않다는 점을 보여준다. 아주 초보적인 산술, 대수, 기하의 영역도 신선한 관점에서 바라보면 놀라운 모습들이 드러난다.

산술의 등식들

'2+3=5'와 같은 가장 기초적인 등식부터 살펴보자. 여기에 무슨 불명이 있는가? 나는 초등학교 시절에 저울의 비유를 통해 등식을 배운 게 기억난다. 한쪽에 2킬로그램과 3킬로그램의 추를 올리고 다른 쪽에 5킬로그램의 추를 올리면 저울은 균형을 이루며, 이로부터 우리는 '같음(상등)'은 '균형'이라고 배운다. 이처럼 저울은 상등을 설명하는 좋은 방법이다. 하지만 과연 이게 유일한 방법일까? 저울의 비유로부터 우리는 '2+3'과 '5'가 같은 것을 묘사하는 서로 다른 두 방법이란 점을 알게 된다. 곧 '2+3'과 '5'는 본질적으로 같은 것이며, 이와 같은 상등은 등호로 나타난다. 하지만 앞서 이야기한 보더니스의 지적에서 보듯 등호는 상등만을 뜻하지 않는다. 등식을 언뜻 다르게 보이는 같은 대상 둘을 단순히 이어주는 것으로만 본다면 반드시 본질적으로 같을 필요가 없는 대상들 사이의 예상치 못한 관계를 드러내 보여주는 등식의 위력을 제대로 설명할 수 없다.

'2+3=5'의 창의적 요소는 어디에 있는가? '아하 경험'의 가능성을 열어주는 통찰은 어디에 있을까? 여기서 무엇이 이루어지고 있는지를 살펴보려면 우리는 우리보다 좀 덜 영리한 사람들, 예를 들어 어린이들에게 귀를 기울일 필요가 있다. 수학교육의 여러 연구자들에 따르면[예를 들어 키렌(Kieren, 1981)] 어린이들은 등호를 이해할 때 실행적 관점에서 이해하는 경향을 보인다. 그들은 '2+3=5'의 경우 '2에 3을 더하면 5가 된다'는 활동적 맥락에서 파악한다는 뜻이다. 이때 2+3은 과정이며 동사이다. 어린이들은 덧셈을 헤아리기의 과정으로 배운다. 하지만 이 등식의 우변은 5라는 수로서의 대상이다. 그러므로 '2+3=5'라는 등식이 하는 일은 좌변의 실행을 우변의 대상과 동일시하는 것이다. 이 관점은 서스턴의 이야기와 상통한다. 그는 나누기라는 과정을 수라는 대상으로 파악했던 것이다. 이처럼 과정을 대상으로 볼 수 있고, 반대로 대상을 과정으로 볼 수 있다는 생각은 불연속적인 도약을 낳는데, 이에 따르면 이해라는 활동은 본질적으로 창의적 행위다. 사실 우리 모두 오래 전에 이와 같은 창의적 도약을 이루었지만 그렇게 했던 것을 기억하지 못한다. 하지만 이것은 우리 모두의 발전에 핵심적인 단계다. 그런데 이 이해라는 활동의 핵심은 무엇일까? 그것은 과정과 대상이 하나의 불명한 아이디어라는 사실이다. 그러므로 여기서의 불명은 과정과 대상이라는 두 맥락이 하나의 아이디어로 통합되는 것을 목격하는 것이며, 이는 '2+3=5'라는 등식 속에 상징적으로 담겨 있다. 이 예는 매우 단순하지만 놀랍게도 불명의 모든 요소들이 여기에 제시되어 있다. 서로 대립하는 두 맥락이 존재하는데, 이 대립은 이해라는 활동에 의해 해소된다. 그리고 이해라는 활동에 이어서 한때 대립했던 것들은 유연한 관점으로 변하며, 이를 통해 우리는 어떤 수를 과정으로 또는 대상으로 자유롭게 선택하며 살펴볼 수 있다. 이 관점에 대해서는 나중에 무한소수에 대해 이야기하면서 다시 생각해보기로 한다.

2의 제곱근

오늘날의 이해에 따르면 2의 제곱근은 전혀 미스터리가 아니다. 이것은 완전히 잘 정의된 수다. 그렇다면 $\sqrt{2}$는 어떤 면에서 불명하다고 말할 수 있을까? 우리의 정의에 따르면 불명은 '단일한 상황이나 아이디어'를 필요로 하는데 $\sqrt{2}$가 완전히 잘 정의되었다는 사실이 이에 해당한다. 하지만 이 정의는 또한 $\sqrt{2}$가 자기일관적이면서도 상충하는 두 가지의 상이한 맥락으로 인식될 것을 요구한다.

두 번째의 요구사항은 역사적 관점에서 가장 잘 이해될 수 있는데, 사실 $\sqrt{2}$의 역사는 아주 흥미롭다. 유클리드 기하(Euclidean geometry)에 의하면 $\sqrt{2}$는 피타고라스 정리에 따라 직각을 낀 양변의 길이가 1인 직각삼각형의 빗변의 길이로 볼 수 있다.

그러므로 고대 그리스인의 관점에 따르면 $\sqrt{2}$는 뚜렷한 기하적 실체로 여겨진다. 그런데 이들은 이 기하적인 수가 유리수(rational number)가 아니라는 사실, 곧 이 수가 2/3나 127/369과 달리 두 정수의 비율로 나타낼 수 없다는 사실을 증명하게 되었다. 이처럼 분수로 나타낼 수 없는 수는 무리수(irrational number)라고 불렸는데,

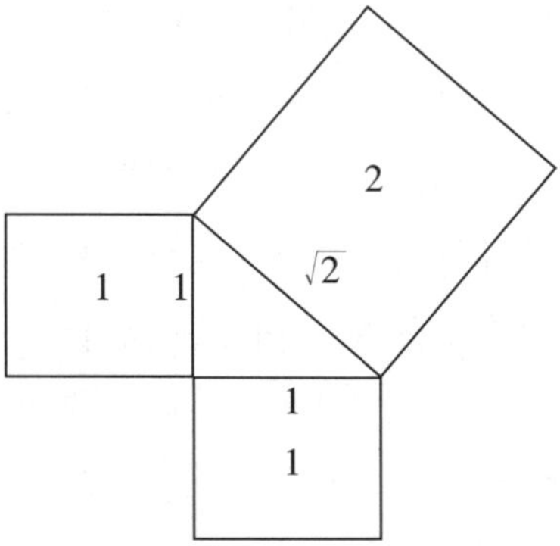

그림 1.1 기하적 대상으로서의 $\sqrt{2}$

'irrational' 이란 말에는 '이성적이지 않은' 이라는 식의 미묘한 감정적 반응이 담겨 있다.

$\sqrt{2}$가 유리수가 아니라는 사실이 하나의 위기를 초래했다는 점에는 의문의 여지가 없다.[9] 하지만 이 위기에 대해서는 나중에 이야기할 것이므로 여기서는 우선 이게 당시 사람들의 세계관, 곧 비밀스런 피타고라스 학파의 철학이 의심의 눈초리를 받게 되었다는 점만 말해둔다. 오늘날 우리는 $\sqrt{2}$가 무리수라고 말한다. 그러나 19세기의 독일 수학자 레오폴트 크로네커(Leopold Kronecker, 1823~1891)는 "무리수는 전혀 수가 아니다. … 이는 완전히 인간의 창조물이다. 따라서 철학적으로 볼 때 그 의의는 사뭇 의문스럽다"라고 말했다.[10] 과연 $\sqrt{2}$는 수인가 아닌가? 어쨌든 일단 우리 모두는 이게 산술적인 수, 곧 정수나 분수와는 아주 다른 종류의 수라는 데에는 동의할 수 있다.

미국의 수학저술가 윌리엄 던햄(William Dunham)은 이러한 논의에 아주 적절한 말을 했다. "$\sqrt{2}$가 유리수가 아니라는 사실은 수학의 역사에서 유구히 이어져온 긴장 … 기하와 산술 사이의 팽팽한 긴장의 한 예다."[11] 수학에는 두 가지의 주요 원천이 있는데, 그중 하나는 헤아리기로서 산술과 대수로 이어졌고, 다른 하나는 측정으로서 기하로 이어졌다. 두 원천은 여기의 논의에 비춰볼 때 상충하는 두 가지의 자기일관적 맥락이라고 말할 수 있다. 처음에는 두 영역을 같다고 여겼다. 하지만 $\sqrt{2}$가 무리수라는 사실이 증명되자 내재되었던 갈등이 겉으로 드러났다. 유리수들은 두 맥락 모두에서 아무 문제없이 잘 이해된다. 그러나 $\sqrt{2}$는 기하의 맥락에서는 아무 문제가 없지만 유리수만 다루는 분야로 여겼던 산술의 맥락에서는 문제를 일으킨다. 미국의 작가 거트루드 스타인(Gertrude Stein, 1874~1946)의 표현에 따르면 수는 그냥 수다. 하지만 기하적 수도 정말로 수일까? 최소한 여기에는 기하와 산술 사이의 불일치와 긴장이 존재한다. 이 불일치가 피타고라스 학파에게 불명을 안겨주었다. 하지만 이는 이 수가 애매하다거나 부정확한 수라는 뜻이 아니다. 불명이란 용어는 고대 그리스인들이 $\sqrt{2}$에서 발견한 미심쩍은 측면을 가리킨다.

이와 같은 불명한 상황에 대한 반응으로는 두 가지를 생각해볼 수 있다. 하나는 문제의 소지가 있는 맥락을 버리는 것이고, 다른 하나는 불일치를 해소할 수 있는 넓은 맥락을 새로 개발하는 것이다. 두 반응 모두 새로운 수학의 길을 열 수 있는데,[12] 당시 그리스인들은 첫째를 택함으로써 사실상 기하에 관한 대수를 포기해버렸다. 하지만 그렇더라도 $\sqrt{2}$의 '무리성'은 피타고라스 학파처럼 자연계의 (유리수 또는 분수의 의미에서의) '유리성'에 근거한 철학을 가진 사람들에게는 커다란 충격이었다(제7장 참조). 실제로 (비율과 비례에 관한) 유클리드 기하의 많은 부분은 어떤 두 길이든 공측가능(commensurable)이라는 가정 위에서 전개되어야 했다. 여기서 공측가능이라 함은 어떤 두 선분이든 그것들보다 더 작은 어떤 단위 길이의 선분의 배수로 나타낼 수 있다는 뜻이며, 바꿔말하면 두 선분의 길이가 유리수의 비율로 비교될 수 있다는 뜻이다. 따라서 이 가정과 관계가 있는 모든 명제들의 증명은 이를 위반하지 않는 방식으로 재구성되어야 했는데, 여기에는 피타고라스 정리도 포함되었다. 그런데 다행인지 불행인지 이 작업 자체는 모두 성공적으로 이루어졌다. 그리고 이로부터 우리는 불명에 의해 제기된 불일치를 해소하는 데에서 불명은 새로운 수학적 활동의 원천으로 기능한다는 점을 깨달을 수 있다.

여기서 잠시 비율과 비례에 대한 이론을 둘러보는 것도 재미있을 것이다. 비율은 두 수를 나눈 값이다. 이 두 수를 x와 y라고 부르면, 비율은 두 수를 나눈 값이라고 했으므로, 오늘날 우리는 이것을 x/y로 쓸 수 있다. 하지만 고대 그리스인들은 이렇게 하지 않았으며, 나아가 이로부터 2천년이 지나도록 마찬가지였다. 여기서의 문제는 서스턴이 134/29를 두고 고민했던 것과 같다. 과연 나누기라는 과정이 그 결과로서의 수와 같은 것일까? 예를 들어 공측가능인 두 수 x와 y를 어떤 두 정수 m과 n을 이용하여 nz와 mz로 나타냈다고 하자. 그러면 x/y는 n/m과 같다고 여길 수 있다. 하지만 x와 y가 1과 $\sqrt{2}$처럼 공측불능일 때는 어찌해야 할까? 이런 비율을 과연 수라고 부를 수 있을까? 바로 이게 비율과 비례에 대해 완전히 새로운 이론을 꾸며내도록 한 그 문제였다. 그런데 이에 대해 그리스인들이 내놓은 대답은 사뭇 우리의 눈길을 끈다.

여기서의 문제는 x/y라는 비율에 의미를 부여하는 일이다. 유클리드(Euclid, 기원전 330?~375?)는 자신이 쓴 ≪원론≫(原論, *Elements*)의 제5권에서 두 비율 x/y와 z/w가 같다는 것, 곧 "y에 대한 x의 관계는 w에 대한 z의 관계와 같다"는 게 무슨 의미인지를 정의했는데, 그 내용은 사실상 다음과 같다. "$x/y=z/w$는 모든 정수 m과 n에 대하여 $mz>nw$일 때는 언제나 $mx>ny$라는 뜻이다." 바꿔말하면 이는 x/y는 z/w가 n/m보다 큰(또는 작은) 것과 정확히 마찬가지로 n/m보다 크다(작다)는 것으로, 주어진 두 관계를 모든 가능한 유리수들에 대해 검토할 때 항상 같은 결과가 나오면 비율도 같다는 뜻이다. 따라서 만일 x/y와 z/w를 수직선 위에 있는 점들로 생각하면 유클리드는 설령 이 점들이 유리수에 해당하는 점들이 아니더라도 유리수들 사이의 관계로 규정되는 위치에 있게 된다고 주장하는 것과 같다. 이처럼 유리수가 실수를 '결정'한다는 사실은 유리수와 무리수의 관계에 대한 현대적 관념과 매우 비슷하다. 유리수를 이용하여 실수를 엄밀히 정의하는 '데데킨트 절단(Dedekind cut)'의 배경에 깔린 생각이 바로 이와 같기 때문이다. 이런 생각이 그리스 수학에도 존재한다는 사실, 그리고 이것이 $\sqrt{2}$의 무리성으로부터 초래된 위기에 대처할 필요에서 산출되었다는 사실은 아주 흥미롭다고 하겠다.

어떤 의미로 볼 때 그리스인들은 $\sqrt{2}$의 불명을 결코 완전히 해명하지는 못했다. 실수계가 19세기에 들어 엄밀하게 수립되었을 때에서야 비로소 이 문제가 만족스럽게 해결되었다고 말할 수 있기 때문이다. 실수는 $\sqrt{2}$의 산술적 및 기하적 의미가 한데 융합될 맥락을 제공해주었다. 수직선 위에서 $\sqrt{2}$는 단순히 하나의 수로서의 위치를 차지하며, 따라서 −5나 2/3와 같은 유리수와 하등 다를 게 없다. 데카르트 평면(Cartesian plane), 곧 데카르트 기하(Cartesian geometry)의 관점에서 볼 때 기하와 대수는 둘 다 타당하고 일관된 기준계다. 따라서 예를 들어 점 (0, 0)과 점 (3, 3)을 잇는 직선은 $y=x$라는 등식과 동등하다. 이것은 불명의 해소에 대한 고전적인 예의 하나로, 새롭게 창조된 맥락은 본래의 기준계들을 모두 포괄하는 더 높은 수준의 기준계를 이룬다.

좀더 넓은 의미에서 볼 때 대수와 기하 사이의 불명은 수학에서 지칠 줄 모르고 이어져 온 주제다. 이 주제의 한 변형으로는 연속과 불연속 사이의 불명을 들 수 있다. 불연속은 연속에 대한 어림인가, 아니면 반대로 연속은 본질적으로 불연속적인 세계의 이상화인가? 이 문제는 여전히 중요한 문제로 남아 있다. 한 예로 독일 출생의 수학자 알렉산드르 그로텐디에크(Alexandre Grothendieck, 1928∼)는 자신의 연구가 다음과 같은 두 세계의 통합에 대한 것이라고 말했다. "대수의 세계에는 연속의 관념이 없지만 이를테면 공간이라고 부를 수 있는 게 살고 있다. 반대로 연속적인 크기가 있는 세계에는 해석학적 방법으로 접근할 수 있는 본래적 의미의 공간이 살고 있다."[13][수학의 해석학(解析學, analysis)과 철학의 해석학(解釋學, hermeneutics)은 별개의 분야임에 유의. – 옮긴이)]

$\sqrt{2}$의 이야기는 여러 모로 우리의 논의에 적절하다. 이것은 수학에 존재하는 불명의 한 예에 해당한다. 역사적으로 볼 때 불명한 상황의 미심쩍은 국면은 한 맥락에서 다른 맥락으로 자유롭게 옮겨갈 수 있도록 하는 새로운 맥락을 발견함으로써 해소되었다. 하지만 그렇더라도 $\sqrt{2}$의 불명이 과거에만 있었고 현재는 없다고 생각하는 것은 잘못이다. 불명한 상황은 이전이나 이후나 변함 없이 언제나 함께 존재한다. 우리가 이 상황을 깨닫기 전에 두 기준계는 상충하는 것처럼 보인다. 깨달은 다음에는 한 관점에서 다른 관점으로 자유롭게 넘나들 수 있지만 그럼에도 불구하고 본래의 상황은 여전히 같다. 내가 $\sqrt{2}$의 불명에 대해 이야기할 때는 이런 상황까지 모두 아우른다. 과거에 미심쩍었던 국면은 오늘날 이에 대해 배우는 학생들의 어려움 속에서 다시 나타난다. $\sqrt{2}$는 과거나 현재나 불명이다. 불명은 수학의 발전에 자극이 되었던 것과 마찬가지로 학생들의 수학적 발전에도 잠재적인 자극이 된다.

소수

우리의 다음 예는 실수의 세계에서 온다. 그것은 실수의 소수 표현인데, 한 예로 우리 모두는 학교에서 1/3은 0.333…으로 쓰는 것과 같다고 배운다.

$$\frac{1}{3} = 0.33333\cdots$$

여기의 양변에 3을 곱하면 다음 식이 나온다.

$$1 = 0.999\cdots$$

그런데 이 식들의 의미는 무엇일까? 여기에 쓰인 등호의 정확한 뜻은 무엇일까? 분명 여기의 등호는 1이라는 수가 0.999…라는 표기가 뜻하는 바와 동일하다는 뜻은 아니다. 여기에는 미심쩍은 게 있는데, 내 경험에 따르면 대부분의 수학 전공 대학생들이 이 명제를 잘 믿지 않는다는 사실이 이를 잘 보여준다. 나는 실해석학(real analysis)의 수업시간에 "1=0.999…가 옳은가?"라는 의문을 학생들에게 제시했던 때를 기억한다. 이 표현의 뭔가가 그들의 신경을 거슬렀다. 그들은 0.999…가 1과 같다는 대답을 할 준비가 되지 못했다. 하지만 그들 모두는 이게 1에 '매우 가깝다'는 데에는 동의했다. 얼마나 가까운가? 어떤 학생들은 '무한히 가깝다'고 대답하기도 했는데, 이 말이 무엇을 뜻하는지는 아무도 확실히 몰랐다. 이 학생들은 어떤 면에서는 이미 사뭇 높은 수준까지 오르기는 했지만 이 명제는 여전히 장애물이었다.[14] 도대체 무엇이 장애일까? 내 생각에 그것은 무한소수를 정수와 같다고 놓은 데에 내포된 불명이다.

0.999…는 다음과 같은 무한합을 뜻한다.

$$0.999\cdots = \frac{9}{10} + \frac{9}{100} + \frac{9}{1000} + \cdots$$

무한합은 유한합보다 조금 더 까다로운데, 이 까다로움은 의도적으로 불명하게 쓰인 표기에서 드러난다. 무한소수의 표기는 이 특정한 분수 무한수열의 덧셈과 이 과정의 결과로서의 수를 함께 나타낸다. 앞서 보았던 산술식에서처럼 불명의 정의에 언급된 두 가지 맥락은 여기서도 과정과 대상이다. 1은 분명 수학적 대상인 수다. 그러므로 1=0.999…라는 식은 혼란스러운데, 왜냐하면 이것은 어떤 과정이 어떤 대상과 같다(본질적으로 동일하다?)고 말하는 듯하기 때문이다. 이는 마치 일종의 분류오류(category error)처럼 보인다. 어떻게 동사인 과정이 명사인 대상과 같을 수 있단 말일까? 동사와 명사는 상충하는 맥락이며, 따라서 이 등식은 불명하다. 이와 비슷하게 모든 무한소수도 불명하다. 학생들은 0.999…를 과정으로만 보기 때문에 장애를 넘지 못한다. 그들은 실제로 이 무한수열의 항들을 낱낱이 더한다고 상상하면서 이 과정이 결코 끝나지 않음을 목격한다. 그러므로 어떤 유한한 단계에서든 그 합은 1에 아주 가까울망정 일치하지는 않는다. 그들은 이 무한 과정을 하나의 단일한 수로 이해할 수 있다는 사실을 이해하지 못하는 것이다.

나아가 우리는 심지어 아래와 같이 증명할 수도 있다.

$x=0.999\cdots$라 하자.

그러면 $10x=9.999\cdots$이다.

따라서 $9x=10x-x=9.999\cdots-0.999\cdots=9$이다.

그러므로 $x=1$이다.

이에 대한 반응은 재미있다. 대부분의 학생들은 이제 1이 정말로 0.999…와 같다는 데에 동의한다. 이처럼 이제는 학생들이 이를 받아들이지만 내가 보기에는 아직도 뭔가 당혹스런 게 남아 있다. 그것은 그들이 아직 불명을 해소하지 못했다는 것으로, 이는 무한소수의 표현을 '이해' 하지 못한 데에서 나온다. 이해는 어떤 명제의 타당성을 받아들이는 것과 다르다. 이해에는 창의적 활동이 필요하며 내가 불명의 해소라고 말할 때는 바로 이를 가리킨다.

나는 우선 서둘러 이런 불명이 무한소수 표현의 단점이 아니라 장점임을 지적하고자 한다. 무한소수 표현을 이해하려면 한 관점에서 다른 관점으로 자유롭게 넘나들 수 있어야 한다. 다시 말해서 이에 대한 이해는 1로도 0.999…로도 표현될 수 있는, 무한수열의 합 또는 무한한 어림이라는 과정을 하나의 수라는 실체로 이해할 수 있는 '단일한 아이디어'를 구현하는 데에 있다. 어떤 사람이 실수의 무한소수 표현을 이해했다고 말할 수 있으려면 그에 앞서 이와 같은 창의적 도약이 필요하다.

변수

수학의 가장 근본적인 국면의 하나는 무한을 유한으로 환원하는 것이다. 수학은 무한의 과학이라고 불려왔지만 수학자는 사람이므로 본래적으로 유한의 제약을 받는다. 그러므로 수학의 가장 큰 미스터리 가운데 하나는 무한을 유한으로 환원하는 방법에 관한 것이다. 먼저 '변수'라는 개념을 생각해보자. 대부분의 사람들은 이것을 예를 들어 '$3x+2$'와 같은 표현을 다루는 고등학교의 대수 과정에서 처음 마주친다. 이때 그들은 x가 하나의 수가 아니며 어떤 수라도 나타낼 수 있다고 배운다. 다만 대부분의 경우 x는 자연수, 정수, 유리수, 실수, 복소수들 가운데 어느 한 집합으로 제한되며, 나아가 이런 것들의 부분집합으로 제한되기도 한다. 또한 변수의 영역은 문맥에서 암시만 될 뿐 분명히 주어지지 않는 때도 많다. 이런 뜻에서 변수라는 관념은 약간 불명하다.

하지만 변수의 아이디어에는 이것 외에 더욱 심각한 불명이 있다.

예를 들어 양의 정수에 대해 이야기한다고 생각해보자. 그러면 $3x+2$라는 표현은 $3(1)+2=5$, $3(2)+2=8$, $3(3)+2=11$, 14, 17, 20, …의 수를 모두 나타낸다. 따라서 $3x+2$라는 표현은 {5, 8, 11, …}이라는 집합의 모든 수들을 간략히 나타낸 것이다. 그러나 우리가 $3x+2$라는 표현을 쓸 때는 이 잠재적인 대상들을 모두 머릿속에 담고 다니지는 않는다. 우리는 $3x+2$가 어떤 특정한 수이지만 아직 특정되지는 않는 수로 여기며, 따라서 우리는 x를 선택될 대상으로 본다. 이것은 어떤 (하나의) 특정한 수로서 $3x+2$라고 쓸 수는 있지만 x의 값이 양의 정수라는 것 외에는 아무것도 모른다. 그러므로 우리는 x를 일반적이면서도 특정한 것으로 생각한다. 가능한 모든 수라는 무한집합이 유한집합(여기서는 하나의 값)으로 대치되는 것이다. 물론 이 하나의 값은 특정되지 않았지만 그럼에도 불구하고 뭔가 얻어진다.

예를 들어 다음 방정식을 보자.

$$3x+2=8$$

그 답은 아래와 같다.

$$x=2$$

'$3x+2=8$' 에서의 x는 임의의 수를 나타내는가, 아니면 2라는 수를 나타내는가? 이에 대한 답은 모두이기도 하고 모두 아니기도 하다. 처음 시작할 때의 x는 무엇이라도 될 수 있었지만 끝에 가서는 2일 뿐이다. 물론 처음에도 x는 (암시적으로) 2일 뿐이었다. 하지만 끝에 가서는 $x\neq2$인 모든 수는 답이 아니라고 말하며, 따라서 이것 또한 모든 수에 관한 식이다. 그러므로 모든 단계에서 x는 모든 수를 가리키기도 하고 2라는 특정한 수를 가리키기도 한다. 우리는 이 방정식을 푸는 전체 과정에서 이 불명을 항상 안고 가야 한다. 처음에는 무엇이라도 될 수 있는 어떤 것으로 시작했지만 나중에는 다른 어느 것도 될 수 없는 특정한 수로 끝났다. 이 얼마나 미묘한 지적 체조의 한 연습인가! 어떻게 이런 사고방식을 단순히 기계적이라고 부를 수 있을까? 어린이들이 대수에 어려움을 겪는 것은 놀라운 일이 아니며, 그 어려움은 불명이다. 방정식을 풀어서 이 불명을 해소하는 것은 이중의 맥락을 제거하는 데에 있는 게 아니라 오히려 이 두 맥락을 함께 마음속에 품고 이중의 맥락 속에서 작업하는 것으로, 상황이 허용하는 범위 안에서 한 관점에서 다른 관점으로 자유롭게 넘나드는 것이다.

변수는 동시에 일반적이기도 하고 특정적이기도 하다. 이는 모든 값이기도 하고 특정되지 않은 '전형적인' 값이기도 하다. 변수의 힘은 바로 이 불명에 있다. 수학의 마지막 조각에 이를 때까지 이 불명을 해소하지 않음으로써 우리는 불명을 생산적으로 사용할 수 있다. $f(x)=3x^2+2$ 라는 함수의 경우 우리는 x를 전형적인 실수로 본다. 그러나 우리는 또한 이 함수 전체를 포물선 그래프와 동일시하며, 그럼으로써 우리는 예를 들어 이것의 도함수가 $6x$라는 함수라고 말할 수 있다. 우리는 이 도함수도 두 가지로 생각한다. 첫째로 이것은 x의 모든 값에 대해 타당한 어떤 수식이다($x=2$에서의 도함수의 값은 6 곱하기 2, 곧 12이다). 둘째로 이것은 그래프 위의 어떤 특정한 (하나의) 점으로, 거기서의 접선의 기울기는 $6x$라는 특정한 수다.

이와 같은 이중의 또는 불명한 관점이 없었다면 현대수학은 결코 이루어질 수 없었을 것이다. 고대 그리스의 수학은 대수적이 아니라 기하적이었다는 사실을 상기하자. 대수적 사고는 변수의 아이디어를 사용해야 하는데, 고대 그리스에서는 이를 몰랐고 나중에야 가능해졌다. 이에 대해 우리는 당시 그리스인들은 조화와 분명함을 존중하고 불명을 불신하고 경멸했기에 그들의 수학이 이런 방향으로 발전하는 게 차단되었지 않나 추측할 따름이다.

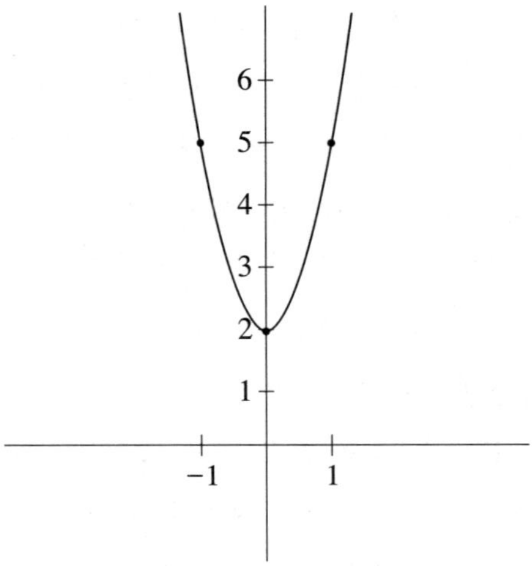

그림 1.2 $f(x) = 3x^2 + 2$**의 그래프**

$3x+2=8$이라는 대수식은 다른 면에서도 불명하다. 이 방정식을 풀면서 우리가 실제로 선언하는 것은 다음과 같다. "$3x+2=8$을 만족하는 수 x가 존재한다고 가정하면 그 수는 2여야 한다." 이처럼 우리는 해의 존재를 당연시하면서 방정식을 풀기 시작한다. 다시 말해서 해는 알려져 있지 않으면서 동시에 (암시적으로) 알려져 있다. 이와 같이 알려져 있음과 알려져 있지 않음 사이의 불명은 방정식에서 필수적이며 앞서 보았던 변수의 불명과 비슷하다.

위에서 나는 $3x+2=8$과 관련하여 우리는 해가 존재한다고 가정하면서 시작한 다음에 그것을 결정한다고 말했다. 만일 해가 존재하지 않는다면 어떨까? 이런 때의 불명은 어찌 될까? 예를 들어 음이 아닌 정수(0, 1, 2, 3, ⋯)만 고려하면서 $x+1=0$이라는 방정식을 푼다고 생각해보자. 이 방정식의 답은 $x=-1$이지만 우리가 사용하는 수의 집합에는 이게 없다. 그러면 어찌 되나? 앞서 불명한 상황은 역동적이라고 말했던 것을 상기하자. 불명한 상황의 상충하는 맥락들은 고유의 창의적 해결을 창출할 수도 있다. 여기서의 불명은 이 방정식이 암시적으로는 해가 존재한다는 형태로 주어졌지만(모든 항들이 우리가 알고 있는 음이 아닌 정수 체계에 속한다) 실제로는(음이 아닌 정수 체계 안에서는) 해가 존재하지 않는다는 사실에 있다. 이 딜레마의 창의적 해결은 원하는 해를 창출해낸다. 이것을 우리는 $x+1=0$이라는 방정식에 음수가 존재한다고 말할 수도 있다! 음이 아닌 정수만 가진 상황에서 $x+1=0$(일반적으로 $x+n=0$)이라는 방정식에 의미를 부여하려면 새로운 종류의 수를 발명해야 한다. 이 얼마나 흥미로운 일인가! 이와 비슷하게 $x^2+1=0$이라는 방정식은 복소수를 창출한다.[15]

이러한 불명에는 해의 존재가 보장되지 않더라도 나름의 힘이 있다. 실제로 이 경우 우리는 불명의 힘에 의해 새로운 아이디어가 창의적으로 생겨나는 것을 볼 수 있다. 방정식은 비유로 볼 수 있는데, 이러한 관점이 새로운 상황에서 새로운 구조를 만들어내는 수학의 창조력을 설명해준다. 물론 더 넓은 수계(數界, number system)를 만드는 데에는 다른 방법들도 있다. 하지만 그렇다 하더라도 방정식이 새로운 상황을 열어주는 능력을 낮게 평가할 필요는 없다. $x^2+1=0$이라는 방정식은 우리가 정수만 갖고 있더라도 완벽한 의의를 가진다. 그러나 방정식으로서의 $x^2+1=0$에 내재된 불명은 그 해의 존재를 위한 새로운 수계를 발명해내서라도 이를 찾을 수 있도록 해달라고 외치고 있다.

함수

함수의 관념은 불명하다. 그 정의에는 여러 가지가 있지만 여기서는 두 가지에 초점을 맞춘다. 첫째는 순서쌍(ordered pair)을 이용한 그래프 정의(graphical definition)이다. 이것은 정적인 정의로서, 함수를 순서쌍의 집합이나 그래프나 표로 본다(그림 1.3a 참조). 둘째는 사상 정의(mapping definition)인데, 블랙박스를 이용하는 입출력 정의

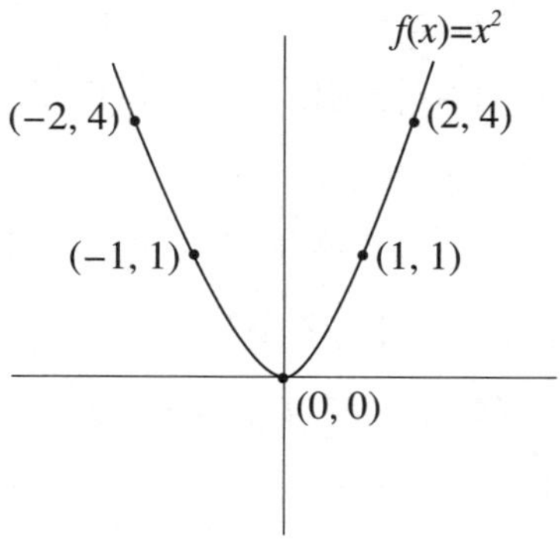

그림 1.3a $f(x) = x^2$의 그래프 모델(순서쌍)

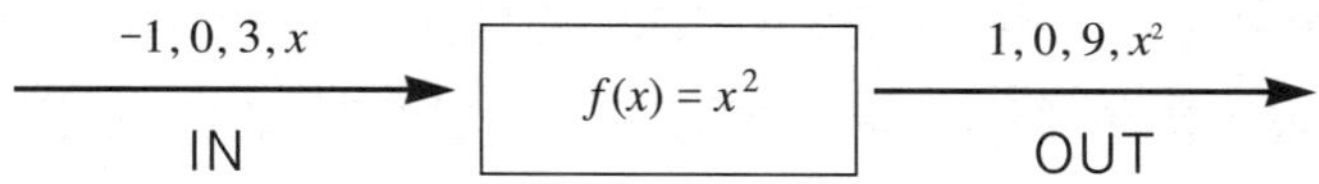

그림 1.3b 입출력 모델

(input-output definition)이다(그림 1.3b 참조). 이것은 동적인 정의로서, x가 y로 바뀐다. 이 둘째 정의는 기계나 역동계(力動界, dynamical system)에서 함수를 반복적 과정으로 여기는 데에 사용한다.

수학자들은 이 정의들을 자유롭게 넘나든다. "함수의 개념이 완전히 파악되기 전인 17세기에 도입되었던 대부분의 함수들은 곡선에 관한 것으로서 연구되었다."[16] 평면 위의 곡선은 변수들 사이의 암시적 관계에 대한 표현이지만 이런 그림만으로는 변수들 사이의 의존관계가 반드시 확실히 드러나지는 않는다.[17] 그러나 함수를 곡선으로 여김에 따라 함수가 기하적 대상이란 관념을 낳게 되었고, 이러한 함수와 대상의 통합은 이후에도 당분간 지속되었다. 그러다가 함수를 수식으로도 여기는 정의가 나왔는데, 예를 들어 제임스 그레고리(James Gregory, 1638~1675)는 "함수는 어떤 양들에 일련의 대수적 연산을 행했을 때 얻는 양이다"라고 생각했다.[18] 이렇게 하여 함수는 그래프라는 기하적 대상이기도 하고 수식이라는 대수적 대상이기도 하다는 이중성을 갖게 되었지만, 이후 수식이 멱급수(冪級數, power series)나 푸리에 급수(Fourier series)와 같은 무한한 연산도 포함하게 됨에 따라 기하적 표현을 쉽게 얻기가 어려워지는 경우도 생겼다. 그리고 집합론이 발전함에 따라 함수는 마침내 순서쌍의 집합이라는 추상적 관념이 되었는데, 여기서의 그래프는 사실 기하적 대상이라고 말할 수도 없다.[19] 하지만 이 추상적 정의가 바로 '단일한 아이디어'로서, 기하적 접근법과 해석적 접근법이 여기에 모두 포괄된다.

20세기에 들어서자 집합론적으로 통합한 아이디어조차 새로운 관점의 조명을 받게 되었다. 수학의 새로운 발전은 때로 개념들의 재구성을 요구하기 때문이다. 함수의 입출력 모델은 함수를 과정의 생성기(generator)로 보는 데에 핵심적 역할을 한다. 새 관점은 컴퓨터와 계산기의 발전에 의해 이루어졌다. 간단한 계산기는 'sin*x*', 'cos*x*', 'exp*x*'와 같은 이름들이 새겨진 일련의 '기능 버튼(function button)'들을 갖고 있다. 우리가 계산기에 어떤 수를 넣고(입력 x) 이 버튼들 가운데 하나를 누르면 그 수는 다른 수(출력 y)로 바뀌어 나타난다. 따라서 예를 들어 계산기의 exp 버튼은 간단한 입출력 도구라고 볼 수 있다.

함수를 이렇게 생각하면 우리는 어떤 함수든 차분방정식(差分方程式, difference equation) 또는 역동계라고 부르는 것을 생성하는 것으로 볼 수 있다. 예를 들어 생성함수(generating function)가 $f(x)=2x+1$이라고 하자. 이 과정이 시간 0에서 $x_0=1$이라는 값을 가진다면 시간 1에서는 $x_1=f(x_0)=2(1)+1=3$, 시간 2에서는 $x_2=f(x_1)=7$, …의 값을 가질 것이다. 따라서 우리는 어떤 함수를 그것이 나타내는 과정이 시간에 따라 어떻게 펼쳐질 것인지를 주관하는 '법칙'으로 여길 수 있다. 함수를 이렇게 보면 그래프라는 것은 별 도움이 되지 않는다. 우

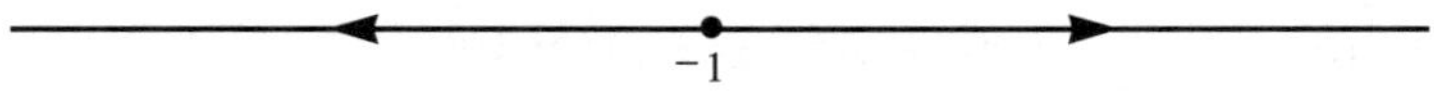

그림 1.4 $f(x) = 2x + 1$**은 역동계를 생성한다.**

리가 알고자 하는 것은 '시간 0에서 어떤 값으로 시작했다면 오래 지났을 때 어떤 결과가 나올 것인가?' 라는 것이다. 이런 관점에서는 완전히 새로운 기하적 그림이 요구되는데, 예를 들어 $f(x)=2x+1$이라는 생성함수의 경우는 그림 1.4와 같을 것이다.

이 그림은 다음 정보를 담고 있다. −1에 있는 점은 이 계가 $x = -1$부터 시작하면 그 뒤로도 이 값에 머물게 된다는 것을 뜻한다. 오른쪽 화살표는 초기값(initial value)이 −1보다 크면 나중의 값들은 무한히 증가하며, 왼쪽 화살표는 초기값이 −1보다 작으면 나중의 값들은 무한히 감소한다는 것을 뜻한다.

이렇게 하여 우리는 함수의 개념에 대한 새로운 시각을 얻었다. 그것은 동적인 관점으로 이전에 전해져 내려오던 것과 대조적이다. 하지만 이제 우리는 이 두 가지를 통합하여 새롭고도 더 일반적인 관점을 얻어야 한다.

지금까지 우리는 함수를 어떤 수의 집합에 적용하는 규칙 같은 것으로 생각해왔다. 그러나 다음으로는 각각의 수에 대해 적용할 뿐 아니라 규칙 자체에도 적용하는 경우를 생각해봐야 한다. 예를 들어 $f(x)=x^2$이고 $g(x)=3x+1$이라고 하자. 그러면 두 함수를 더하여 $h(x)=f(x)+g(x)=x^2+3x+1$이라는 새로운 함수를 만들 수 있다. 또는 두 함수를 곱해서 $k(x)=x^2(3x+1)=3x^3+x^2$이란 함수를 만들 수도 있다. 또는 이보다 더 나아가 처음에는 첫째 규칙을 적용하고 이어서 둘째 규칙을 적용하여 $h(x)=g(f(x))=3x^2+1$과 같은 함수를 만들 수도 있는데, 이런 연산은 'f와 g의 합성함수' 라고 부르며 '$h=g\circ f$' 로 나타낸다. 합성함수는 순서를 바꾸어서 적용할 수도 있으며, 그럴 경우 여기의 예는 $h(x)=f(g(x))=(3x+1)^2$이 된다. 이처럼 함수에 대해 연산할 때 우리는 함수 전체를 하나의 대상으로 여긴다. 처음에 우리는 수에 대해 작용하는 과정으로서의 함수를 만들었는데 나중에는 그 자체가 작용의 대상이 되는 것이다. 한 수준에서 우리는 수를 더하거나 곱하지만 이제 더 높은 수준에서 함수를 더하거나 곱하거나 합성하며, 이것이 바로 추상화의 과정이다. 이런 추상화는 본질적으로 불명의 활용과 창조다. 함수는 동시에 과정과 대상으로 볼 수 있다는 생각(수에 대해서 적용하는 규칙임과 동시에 그 자체도 다른 규칙의 적용을 받는 대상일 수 있다는 생각)은 초기에는 장애였지만 나중에는 통찰로 바뀐다. 곧 함수를 통찰로 볼 수 있는 관점은 바로 불명에서 유래된 관점이다.

추상화의 단계를 더욱 높여 한 무리의 함수들을 모아 함수공간을 꾸미는 경우도 생각할 수 있다. 0과 1 사이의 구간에서 정의된 모든 연속함수의 집합이 그 한 예다. 함수를 더 포괄적인 공간에 있는 점들로 보면 우리는 함수들 사이의 거리, 함수의 수렴, 함수의 함수 등에 대해서도 논의할 수 있다. 이와 같은 이중적 표현들은 수학에서 매우 많이 눈에 띈다.

미적분의 기본정리

미적분의 기본정리(fundamental theorem of calculus)는 수학의 가장 중요한 정리 가운데 하나다. 이 정리에 대해 생각해봄으로써 우리는 변수나 함수 같은 개념들의 영역에서 나오는 불명에 대한 논의를 실제적인 수학적 결과들까지 포함하도록 확장할 수 있다. 독자들은 "수학의 정리가 어떻게 불명할 수 있을까?"라고 물을 수도 있다. 하지만 이 정리의 핵심은 불명으로, 이 정리는 미적분이 불명이라고 선언한다!

역사적으로 볼 때 미분과 적분은 독립적으로 전개됐으며 실제로 그렇게 할 수도 있다. 이 두 주제를 처음 대할 때는 서로 아무 관련이 없는 듯 보인다. 적분은 넓이의 관념을 일반화한 것이다. 전형적인 예의 하나로는 0, x, 1에서 $y=x^2$의 그래프와 x축 사이의 넓이를 계산하라는 것을 들 수 있다(그림 1.5a 참조). 미분은 뉴턴(Isaac Newton, 1642∼1727)과 라이프니츠(Gottfried Leibniz, 1646∼1716)에 의해 개발되었으며 그림 1.5b에 보인 것처럼 어떤 곡선의 접선의 기울기에 관심을 가진다. 또한 이와 관련하여 한 변수에 대한 다른 변수의 순간적인 변화도 논의하는데 속도는 그 한 예다. 미적분의 기본정리는 (함수가 그림 1.6의 경우처럼 해당 구간에서 미분하는 데에 문제가 없다면) 미분과 적분이 서로 반대의 과정임을 보여준다.

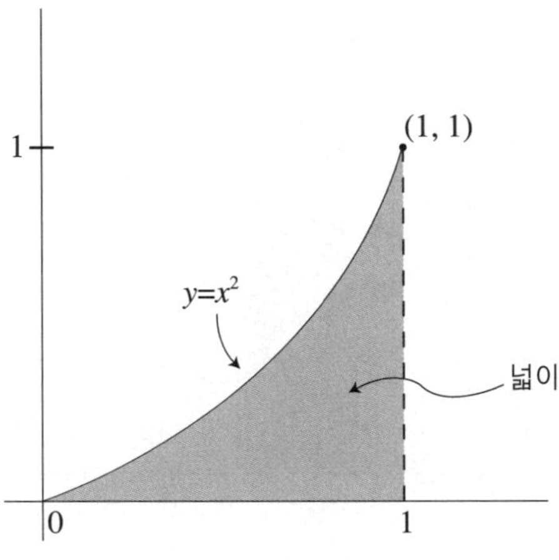

그림 1.5a 넓이: $\int_0^1 x^2\,dx = \frac{1}{3}$

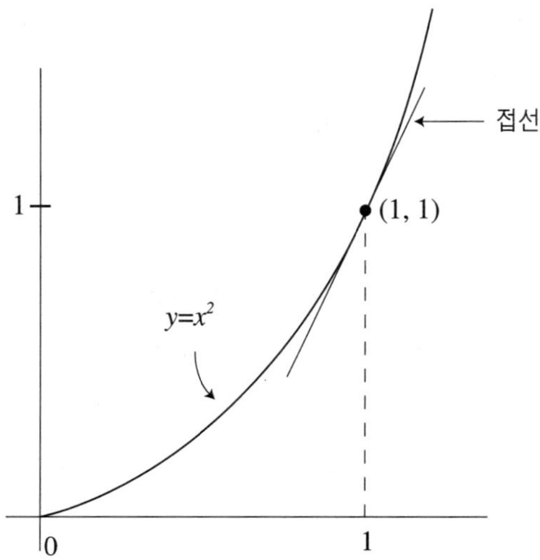

그림 1.5b 접선의 기울기: $\frac{d}{dx}x^2|_{x=1}=2$

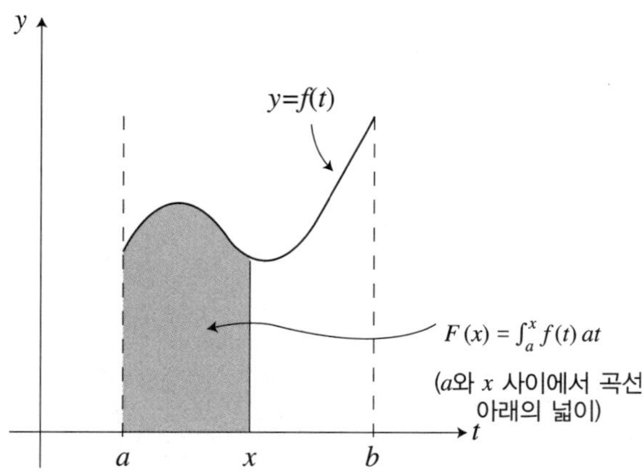

$$\frac{d}{dx}F(x)=F'(x)=f(x)$$

그림 1.6 미적분의 기본정리

여기서 먼저 적분부터 시작하고 미분을 나중에 개발하거나 순서를 바꾸어 할 수도 있다. 하지만 이 정리에 따르면 일변수함수의 경우 어느 게 더 근본적이라고 말할 수 없다. 사실 이 정리는 미적분에 단일한 과정이 있는데, 이것을 한 관점에서 보면 적분, 다른 관점에서 보면 미분으로 보인다고 말한다. 다시 말하면 미적분의 기본정리가 없다면 미분과 적분이라는 두 주제가 따로 존재하게 된다는 뜻이다. 미적분의 이해에는 이러한 다중적 관점이 필수적이다.

이 다중적 관점이 어떻게 쓰일까? 미분이 적분보다 쉬우므로 우리는 미분의 역산을 이용하여 적분할 수 있다. 곧 원시함수(antiderivative)를 계산하면 된다. 예를 들어 $f(x)=x^2$의 도함수는 $g(x)=2x$이므로 $2x$의 적분은 x^2이다. 이와 같은 원시함수들의 목록을 쭉 만들어놓으면 여러 가지 기본함수들의 적분에 유용하게 쓸 수 있으며, 실제로 오늘날 이런 표는 쉽게 찾을 수 있다.

페르마의 마지막 정리

지난 300여 년 동안 수학에서 가장 유명했던 문제는 다음의 식과 관련된다.

$$x^n+y^n=z^n$$

여기서 $n \geq 2$인데 $n=2$의 경우는 피타고라스 정리에 따라 직각삼각형의 세 변 사이의 관계를 나타낸다. 피타고라스 정리를 만족시키는 경우는 $x=3$, $y=4$, $z=5$와 $x=5$, $y=12$, $z=13$ 등 많이 알려져 있다. 프랑스의 수학자 피에르 드 페르마(Pierre de Fermat, 1601~1665)는 $n>2$의 경우 이를 만족시키는 정수해는 없으며, 나아가 자신은 이에 대한 "경이로운 증명"을 해냈다고 주장했다. 하지만 그가 해냈다는 증명은 발견되지 않았다. 1993년 앤드루 와일스는 이전의 수많은 유능한 수학자들의 업적을 토대로 연구한 끝에 1993년 마침내 이를 증명했다.[20] 이 업적은 인간의 독창적인 창의력의 승리라고 할 수 있으며, 이 정리에 관련된 이야기는 수학에 관심을 가진 사람이라면 누구나 매혹될 정도로 흥미진진하다.

와일스의 증명은 타니야마 시무라 추측(Taniyama-Shimura conjecture)의 타당성에 근거하고 있는데, 이 추측은 겉보기로는 공통점이 없는 타원곡선(elliptic curve)과 모듈형(modular form)을 통합한다. 수학을 혁신하는 불명의 힘을 이해하려면 이 추측에 대한 하버드 대학교의 수학자 배리 마주르(Barry Mazur, 1937～)의 이야기를 읽어보면 좋다. 그는 이 추측을 이집트의 민중문자와 그리스 문자와 상형문자가 함께 새겨진 로제타석(Rosetta Stone)에 비유했는데, 앞의 두 문자는 이미 파악되어 있었으므로 고고학자들은 이를 통해 상형문자를 최초로 해독할 수 있었다.

마주르는 다음과 같이 썼다.

> 이는 마치 하나의 언어를 알고 있는 우리에게 로제타석을 주고 다른 언어를 깊이 이해하도록 하려는 것과 같다. 하지만 타니야마 시무라 추측은 어떤 마술적인 힘을 가진 로제타석이다. 이 추측은 모듈 세계의 단순한 추측을 타원 세계의 매우 심오한 진리와 연결하고 그 반대도 가능하게 하는 놀라운 성질을 갖고 있다. 나아가 때로 타원 세계의 근본적인 문제들은 이를 모듈 세계의 것으로 번역하고 모듈 세계에는 이렇게 번역된 문제를 다룰 도구와 지혜가 있다는 사실을 발견함으로써 해결할 수 있었다. 만일 타원 세계에만 머문다면 우리는 어찌할 바를 몰랐을 것이다.[21]

이것은 바로 우리가 불명의 상황에서 예상할 수 있는 것을 새롭게 풀어 쓴 것이다.

힐베르트의 10번째 문제

디오판토스 방정식(Diophantine equation) 가운데 최근에 해결된 유명한 것으로 페르마의 마지막 정리가 유일한 것은 아니다. 디오판토스 방정식은 예를 들어 $x^3+2x^2y+xy^2-2xy-4y^2=0$과 같이 유한개의 미지수를 가진 방정식을 말하며, 우리는 그 정수해, 곧 이 식을 만족하는 x와 y의 정수값들에 관심을 가진다. 페르마의 마지막 정리에 나오는 것은 $n>2$인 디오판토스 방정식으로 정수해가 없다. 다비트 힐베르트(David Hilbert, 1862～1943)의 10번째 문제도 그 한 예인데, 그는 이것을 다음과 같이 제시했다.

> 정수 계수와 임의의 개수의 미지수를 가진 디오판토스 방정식이 있다. 이 방정식이 정수해를 갖는지의 여부를 유한한 수의 연산으로 결정할 수 있는 과정을 고안할 수 있는지 밝혀라.[22]

다시 말해서 그는 주어진 디오판토스 방정식이 정수해를 갖는지의 여부를 유한한 단계 안에 결정할 수 있는 알고리듬을 만들 수 있는지를 묻고 있다. 이 문제는 알고리듬 지능(algorithmic intelligence)의 본질이 무엇인지를 말해준다는 점에서 흥미로운데, 나는 나중에 이에 대해 이야기할 생각이다. 1970년 러시아의 수학자 유리 마티야세비치(Yuri Matiyasevich, 1947～)는 이 문제의 답이 불가능이란 점을 보였다. 그런데 우리의 관점에서는 이 결과뿐 아니라 그게 어떻게 얻어졌는지도 흥미롭다.

이 분야의 권위자 가운데 한 사람인 미국의 수학자 마틴 데이비스(Martin Davis, 1928～)는 마티야세비치의 책에 실은 서문에서 다음과 같이 썼다.

이것은 힐베르트의 10번째 문제가 불가능하다는 점뿐 아니라 수학의 다른 영역에서 떠오른 두 가지의 근본적인 개념들이 동등하다는 점도 밝혔다. 계산가능성이론(computability theory)에서 유래한 자연수의 재귀가산집합(recursively enumerable set) 또는 준결정가능집합(semidecidable set)이라는 관념은 순수한 수론적 관념인 디오판토스 집합(Diophantine set)과 동등하다는 사실이 알려졌다. 마티야세비치 박사는 기본적인 수론과 계산가능성이론의 방법들 사이의 풍성한 관계를 한껏 활용하여 이와 같은 동등성으로부터 이 놀랍도록 매혹적인 책을 만들어냈다.[23]

여기서도 우리는 페르마의 마지막 정리의 증명에서 보았던 것과 같은 현상, 곧 지금껏 무관한 듯 보였던 관념들이 실제로는 동등하다는 점을 인식하는 게 핵심적인 단계가 되는 현상이 나타남을 본다. 이 사실은 우리가 여기에서 수학의 창의적 통찰에 필수적인 것을 목격하고 있다는 점을 뒷받침해준다.

미해결 문제와 수학적 탐구

수학의 불명에 대한 우리의 논의는 수학적 탐구 활동, 특히 미해결 문제들에 대한 탐구 활동을 고려함으로써 통합되어 올바른 관점으로 정립될 것이다. 그리고 이를 위해서는 최근에 이루어진 가장 주목할 만한 성과였던 페르마의 마지막 정리와 힐베르트의 10번째 문제에 대한 이야기에 이어 아직 해결되지 않은 문제들에 대해 살펴보는 게 좋을 것으로 여겨진다. 미해결 또는 열린 문제들에 대한 수학계와 일반인들의 반응에서보다 더 큰 차이를 발견할 수 있는 경우도 없을 것이다. 많은 사람들은 수학에 아직도 해결되지 않은 문제들이 있다는 말을 들으면 깜짝 놀란다. 하지만 그런 문제들 가운데 어떤 것들은 아주 간단하게 기술될 수 있다는 말을 들을 때는 그다지 놀라지 않는다. 이에 대해 그들은 "수학에서는 모든 것들이 분명 다 알려졌을 것이고, 설령 그렇지 않다 하더라도 조만간 그리 될 것이다"라고 여긴다. 그러나 연구자들에게 수학은 울창한 숲으로 덮인 방대한 미지의 영역이며, 잘 알려지고 개발된 곳은 드물게 산재해 있을 뿐이다.

수론은 때로 비전문가들도 별 어려움 없이 다가설 수 있을 정도로 쉽게 표현될 수 있는 미해결의 문제들이 많은 분야인데, 이것들을 파악하는 데에 필요한 전문용어는 소수(素數, prime number)뿐이다. 소수는 1과 자신 이외의 약수를 갖지 않는 2 이상의 정수를 가리킨다. 가장 작은 소수부터 몇 개를 나열하면 2, 3, 5, 7, 11, 13, 17, 19, 23, 29, 31, …과 같다. 고대 그리스인들은 간단한 증명을 통해 소수의 개수가 무한임을 보였다(제5장 참조). 당연한 이야기지만 2 이외의 모든 소수는 홀수이며, 두 소수의 합은 짝수이다. 그런데 과연 모든 짝수가 이렇게 만들어질 수 있을까? 골드바흐 추측(Goldbach's Conjecture)에 따르면 그렇다고 한다. 놀랍게도 이 추측은 이토록 단순하지만 수론 분야에서 아직도 미해결로 남아 있으며, 수학 전체를 통틀어서도 가장 오래된 미해결 문제의 하나다. 영국의 출판업자 토니 페이버(Tony Faber)는 2000년에 이 문제에 대한 답을 2002년 이전에 내놓는 사람에게는 백만 달러의 상금을 주겠노라고 공표했다. 이는 아포스톨로스 독시아디스(Apostolos Doxiadis)의 소설 ≪페트로스 삼촌과 골드바흐 추측≫(*Uncle Petros and Goldbach's Conjecture*)을 선전하기 위한 행사였는데, 결국 아무에게도 수여되지 못하고 끝났다.

골드바흐 추측은 다음과 같이 간단하게 기술된다.

2보다 큰 모든 짝수는 두 소수의 합으로 쓸 수 있다. 몇 가지의 예는 아래와 같다.

4=2+2, 6=3+3, 8=3+5, 10=3+7=5+5, 12=5+7,
14=3+11=7+7, …

다니엘 섕크스(Daniel Shanks, 1917~1996)는 수론에 관한 그의 매력적인 책에서 미해결의 문제를 추측과 열린 문제의 두 가지로 나누었다. 이에 따르면 추측은 "증명되지 않았지만 상당한 증거로 뒷받침되고 있는 명제"며, 열린 문제는 "가부의 어느 쪽으로도 신빙성이 충분하지 않은 명제"다.[24] 골드바흐 추측의 경우 많은 증거들이 뒷받침하고 있으며, 대부분의 수학자들은 이게 참이라고 믿는다. 수론가들의 관점에서는 작다고 할 $n \leq 6 \times 10^{17}$의 범위에서 이 추측은 옳다는 게 컴퓨터에 의하여 밝혀졌다.[25] 또한 증명은 아니지만 소수의 통계적 분포에 관한 식을 토대로 이 추측이 옳다는 것을 보여주는 그럴 듯한 논증도 제시되어 있다. 그리고 엄밀한 증명의 수준에서도 많은 결과들이 긍정적인 방향으로 진행되고 있다. 예를 들어 1931년 소련의 수학자 레프 쉬니렐만(Lev Schnirelmann, 1905~1938)은 2 이상의 모든 자연수는 19개 이하의 소수의 합으로 표현될 수 있음을 증명했다. 따라서 골드바흐 추측은 2개는 아니지만 적어도 유한한 수의 소수에 대해서는 참이란 점이 밝혀진 셈이다. 이 결과는 시간이 지남에 따라 개선되어 현재는 $n \geq 4$인 모든 짝수는 6개 이하의 소수의 합으로 나타낼 수 있음이 밝혀졌다.[26] 또한 1966년 중국의 수학자 쳉징런(陳景潤, 1933~1996)은 (정확히는 모르지만) 충분히 큰 짝수는 하나는 소수이고 다른 하나는 두 소수의 곱인 두 수의 합으로 나타낼 수 있다는 사실을 증명했다. 그리고 이밖에도 많은 결과들이 골드바흐 추측을 지지하는 쪽으로 기울고 있다.

수학의 미해결 문제를 논의하는 데에서 불명이 어떤 의미를 가질까? 명확하게 제시되어 있지만 해결되지 않은 명제에는 그 자체에 불명이 내재해 있을 뿐 아니라 우리가 이를 생각하고 해결하는 데에도 불명이 내재해 있다. 그 명제는 참일 수도 있고, 거짓일 수도 있다. 심지어 이렇게도 저렇게도 볼 수 없는 경우도 있다.[27] 해결하는 동안에는 답을 알지 못하므로 우리는 이런 가능성들을 마음속에서 동시에 고려해야 한다. 물론 우리는 어떤 상당한 증거를 토대로 하는 직관 없이는 이 명제들의 타당성을 파헤칠 수 없다. 생크스에 따라 이것을 추측이라고 부른다면 우리는 이것이 참이라고 여기지만, 반면 열린 문제라고 부른다면 참과 거짓의 두 가능성을 염두에 둔다. 하지만 추측이라 부르든 열린 문제라 부르든, 참과 거짓의 가능성은 언제나 존재한다. 만일 거짓으로 본다면 반례를 찾아야 하며, 참으로 본다면 왜 참인지 물으면서 증명할 길을 찾아야 한다. 어떻게 여기든 우리가 틀릴 가능성은 항상 존재한다. 어떤 명제가 참이라는 느낌이 들 때 우리는 또 다른 가능성에 마주친다. 과연 그 증명은 가능할까? 많은 추측들이 참이라고 느껴지기는 하지만 이를 증명하는 데에는 새로운 아이디어가 필요한 반면 그러한 획기적인 진전은 오랫동안 이루어지지 못할 수도 있다. 그 주제에 대한 준비가 현재로서는 충분히 무르익지 않았다면 누가 감히 자신의 경력과 삶의 상당 부분을 바쳐 여기에 매달릴 수 있을까? 그러므로 수학적 연구는 적절한 문제, 곧 의미 있으면서도 접근 가능한 문제에 대한 본능적 탐지라는 특징도 갖게 되는데, 이것 자체도 또 하나의 상충 또는 불명한 특성의 짝이다. 너무 쉬운 듯하면 중요성은 떨어질 것 같고, 아주 중요하면 너무 어려울 듯 싶기 때문이다.

미해결 문제의 불명은 이를 연구하는 수학자들이 플라톤적 관점을 취한다면 다소 누그러질 수 있다. 그 명제가 객관적으로 참 아니면 거짓이라고 여긴다면 수학자의 할 일은 단순히 이 선험적 결론들 가운데 어떤 게 옳은지를 가려내는 것에 지나지 않게 되기 때문이다. 심리학적 관점에서 볼 때 이와 같은 플라톤적 관점은 주어진 상황의 불명을 완화시켜 올바른 답은 연구자의 노력과 상관없이 분명 존재한다는 식의 확신은 가질 수 있도록 해주는 효과가 있다. 이렇게 함으로써 주어진 문제는 무엇이든 가능하다는 식의 애매한 불명의 영역으로부터 이 장에서 지금껏 다루어왔던 식의 참과 거짓이 대립하는 상충의 영역으로 옮겨진다.

미해결 문제가 해결되지 않고 있는 동안 불명의 상황도 계속 목격된다. 이제 이 상황을 수학적 문제의 불명이 숨겨져 있는 상황에 잠시 비교해보자. 예를 들어 수업시간에 교사와 학생은 어떤 불명의 대립적인 측면으로 나뉜다. 교사의 입장에서는 논의되는 개념이 선명하고 명확하므로 아무런 불명도 눈에 띄지 않는다. 반면 학생들은 그 개념과 관련된 단어의 양면적 의미가 모두 모호하고 나아가 서로 충돌하는 여러 의미들 속에서 혼란을 겪을 수 있다. 하지만 실제로는 심지어 교사의 입장에도 이런 불명이 존재하는데, 이 점은 흔히 간과된다. 교사의 경우 어느 정도의 선명한 이해를 하고 있지만 이러한 깊은 이해에서도 이 개념이 다양한 상황에 적용될 때 나타나는 개방성과 유연성은 여전히 문제가 된다.

모든 불명의 상황에는 지와 무지 또는 교사와 학생으로 대변되는 이중적 관점이 내재해 있다. 미해결 문제의 경우 지의 측면이 없으므로 '숨겨져 있다고 보는' 가정은 없다. 교사의 입장에서는 불명의 여지를 부정할 수 있지만 미해결 문제에서는 아무도 그럴 수 없다. 이때 우리는 사태의 진짜 상황을 실제로 모른다.

때로 유명한 미해결 문제는 미해결 상태에서도 수학의 발전에 큰 영향을 미친다. 이를 파헤치려는 노력에서 다른 중요한 발견들이 나타나기도 하기 때문이다. 곧 주된 추측은 미해결로 남아 있는 상황에서 떠오르는 다른 중요한 의문들이 가끔씩 해결된다. 골드바흐 추측의 경우 조금 다르지만 비슷한 형태의 추측들이 제시되고 증명되어 왔으며, 이 결과들은 골드바흐 추측 자체의 타당성에 대한 신뢰도 높여 왔다. 이런 전체적 상황은 엄밀하면서도 유연한 마음 자세를 요구한다. 따라서 연구자는 불명의 상태를 유지하고 파헤치는 능력을 갖추는 게 필요하다.

미해결 문제에 대한 논의를 마치기 전에 수학이라는 학문과 수학적 연구라는 것의 본질에 대해 약간의 이야기를 덧붙이고자 한다. 어떤 사람들이 이런 문제들에 도전할까? 위대한 미해결의 문제에 도전하는 것은 미지의 탐사에 나서는 것과 비슷하다. 인류학자 조지프 캠벨(Joseph Campbell, 1904~1987)은[28] 신화적인 영웅의 모험에 대해 썼다. 이런 모험에서 영웅은 인류에게 도움이 되는 뭔가를 찾아오기 위하여 커다란 위험을 무릅쓴다. 위대한 수학적 문제에 도전하는 것도 영웅의 모험에 비교된다. 무엇 때문에 사람들은 그런 탐사에 자신의 삶을 바칠까? 왜 와일스는 페르마의 문제를 풀기 위해 다락방에서 7년의 세월을 보냈을까? 이런 활동의 진정한 동기는 명예나 재물을 넘어서며, 그 활동 자체의 본질에서 찾아야 한다. 이런 뜻에서 수학에 대한 검토는 인간 조건의 본질에 대한 탐사와도 관련이 있다. 나는 이에 대한 설명으로 가장 합당한 것은 영적 탐사라는 관념이라고 생각한다. 영적 탐사의 원동력은 인간 존재의 가장 깊은 수준에서 나온다. 영적 탐사는 이성적으로는 설명할 수 없으며, 사실 이성적 설명은 그 더하기와 빼기의 작용 때문에 언제나 과녁을 벗어난다. 우리는 그저 문제에 빠져든다. 그 아름다움과 짜릿함에 비하면 거기에 바치는 수고와 희생은 미미한 대가에 지나지 않는다. 영적 탐사는 또한 자기 정당화에 관련되며 개인적 변화의 전망을 지지해준다. 그 목표는 발견과 자기발견이므로 외적이면서 내적이다.

모든 위대한 탐사에는 용기가 필요하다. 이는 미지의 세계로 떠나는 항해이고 아무런 보상도 보장되어 있지 않다. 그렇다면 이 용기의 본질은 뭘까? 그것은 특수한 상황들의 불명에 자신을 열어제치는 용기다. 엄청난 시간을 바치고도 결국 모든 것은 물거품으로 끝날 수 있다. 실패의 가능성은 필연적으로 존재하지만 이런 가능성에 맞서서도 최선을 다하는 게 내가 말하는 불명 속에서의 작업이다. 이런 점들을 제외하면 연구 생활에서 보게 되는 불명은 일상생활에서 보는 불명과 다를 게 없다. 일상생활에서도 우리는 근본적인 문제의 해결이라는 탐사의 특성을 목격하지만 문제의 제시에 문제가 많다. 하지만 수학적 추측에 대한 연구에서는 삶의 불명이 구체화된 문제로 떠오른다. 다시 말해서 연구 생활은 어느 정도 우리의 일상생활과 동형이며, 이는 수학적 연구가 그토록 큰 만족감을 주는 한 이유가 된다. 수학적 문제를 해결하는 동안 우리는 적어도 잠시나마 의식적으로든 무의식적으로든 항상 우리와 함께 있는 더 넓은 존재론적 문제를 해결하고 있기 때문이다.

. . . . .

이상의 논의는 학생과 교사는 물론 단지 수학에 관심이 있기에 공부하는 사람들 모두 항상 마음에 품어두어야 한다. 새로운 것을 배운다는 것은 불명의 상황으로 들어선다는 뜻이다. 불명의 상황은 본질적으로 어렵다. 미지의 새로운 불명을 배우는 사람들에게는 격려와 지지가 필요하다. 이런 사람들은 미지의 세계와 실패에 마주칠 각오를 해야 한다. 진정한 배움의 상황에 머물러 있으려면 용기가 필요하고 교사들은 학생이 그들의 처지에서 발휘하는 용기를 존중해줘야 한다. 또한 교사는 학생이 마주치는 애매하고 흐릿한 상황에 대한 거부감에 동감하고 이해해주는 것도 필요하다. 한편 권위자로서 교사들도 때로 그들 자신의 불명과 약점이 해결되는 경우에 기쁨을 맛보게 된다. 따라서 배움의 가치는 어떤 특정한 내용이나 기법에 내재된 것을 초월하며, 넓은 의미로 볼 때 인생 자체의 배움 속에 자리잡고 있다.

물리학의 불명

물리학은 수학에 가장 가까운 학문이므로 우리는 물리학에도 불명의 상황이 있을 것이라고 예상할 수 있다. 물리학은 실험과 이론이라는 분명한 이중성이 있다. 이 가운데 하나는 자연계와 관련되는데, 그 세계는 객관적이어서 우리는 그게 우리의 마음과 상관없이 '저 너머에(out there)' 존재한다고 여긴다. 반면 이론물리학은 분명 인간의 주관적인 창조물로서, 수학과 마찬가지로 아이디어와 개념들로 이루어져 있다. 수학에서는 객관성과 주관성 사이에 이처럼 분명한 선이 그어져 있지 않다. 그러므로 물리학에서 나타나는 불명은 수학에서 나타나는 것에 대해 추가적인 의문을 제기한다. 과연 물리학의 불명은 수학적 체계 안에 존재하는가, 아니면 자연계 자체에 존재하는가?

앞서 $E = mc^2$이란 식의 불명성에 대해 이야기했는데 여기서 수학과 물리학의 차이를 엿볼 수 있다. 질량과 에너지는 이 식으로 연결되어 있으며, 따라서 이 식은 다른 식들처럼 불명하다. 하지만 그럼에도 우리는 수학은 물론 원자폭탄에 대해서도 이야기하고 있다! 이제 문제는 더욱 심각하다. 불명은 실체 자체의 본질에 대해 뭔가를 말해주는 듯하며, 특히 최소한 인간의 마음과 자연계가 서로 작용하는 방식에 대해 그런 것 같다.

전기와 자기

애초에 전기와 자기는 서로 별개의 현상으로 여겨졌고 또 그렇게 연구되었다. 그러다가 마이클 패러데이(Michael Faraday, 1791~1867)의 실험과 제임스 맥스웰(James Maxwell, 1831~1879)의 이론적 업적 등에 의해 두 현상은 긴밀히 얽혀 있다는 점이 밝혀졌다. 이에 따라 사람들은 심지어 "전기와 자기는 서로 독립된 주제가 아니라 단일한 전자기장의 두 측면이다"라고까지 말할 수 있게 되었다.[29] 그 결과 전기 모터를 비롯한 수많은 실용적 발명들과 빛의 본질이 전자기적 현상이라는 등의 이론적 발견들이 얻어졌다. 이와 같은 인식의 돌파구는 19세기의 과학적 사고의 하이라이트로 여겨졌다. 이 돌파구는 맥스웰 방정식(Maxwell's equation)에 잘 꾸려져 있는데 핵심 아이디어는 전기와 자기가 단일한 불명의 장을 만든다는 것이다. 그러므로 빛의 더욱 깊은 본질은 원천적인 불명성을 가진 단일한 현상이라고 말할 수 있다.[30]

양자역학의 상보성

원자의 세계를 다루는 양자역학은 지난 세기의 가장 새롭고도 성공적인 이론들 가운데 하나다. 양자역학은 과학적 이론이 거둘 수 있는 모든 성공을 거두었다. 이 이론은 실험적 결과를 고도의 정밀도로 예측했으며, 이로부터 예언된 새로운 현상들은 실험을 통해 증명되었다.

양자역학은 패러다임을 깨뜨린 과학 이론으로, 자연계의 현상에 대한 새로운 관점을 제시했다. 원자 세계에서 가장 놀라운 것 가운데 하나는 상보성(complementarity)이란 것인데, 이는 아직도 완전히 이해되지 않고 있다. 철학자와 물리학자들이 양자역학의 의미에 대해 논의할 때 가장 먼저 등장하는 것이 바로 상보성이다. 양자역학이 단순히 새로운 이론이 아니라 새로운 '종류의' 이론인 이유도 여기에 있다.

여기에서 상보성을 우리의 논의에 끌어들이는 까닭은 상보성과 불명 사이의 대비가 놀라울 정도이기 때문이다. 나는 둘 사이의 관계를 설명할 생각인데, 사실 나는 상보성을 특출하고도 중요하게 만드는 핵심은 바로 불명이라고 주장한다.

상보성은 닐스 보어(Niels Bohr, 1885~1962)가 원자 세계에서 나타나는 역설적 현상을 설명하기 위하여 제안한 개념이다. 예를 들어 전자는 입자일까 파동일까? 어떤 실험에서 전자는 국소적 위치를 차지하는 개별적 대상처럼 행동하므로 전자를 하나, 둘, 셋 등으로 헤아리는 게 타당해 보인다. 하지만 다른 실험에서는 국소적으로 여겨지지 않는 때가 있다. 이런 경우 전자는 파동처럼 행동하며 파동의 특성인 회절과 간섭 현상을 일으킨다. 입자와 파동은 나름대로는 자기일관적인 기준계들이다. 하지만 통상적 사고에 비춰보면 두 가지 묘사에는 부조화가 드러난다. 많은 사람들은 이와 같은 파동과 입자의 이중성을 역설적으로 여긴다. 물론 이는 정확히 불명의 상황에서 예상되는 것이기는 하지만 물리학에서 일반적으로 예상되는 것은 아니다. 따라서 우리는 실제로 전자는 파동인가 입자인가라고 물을 수 있다. 우리는 전자가 동시에 이 모두일 수는 없다고 여긴다. 그런 반면 전자가 하나 있다고 확신할 수 있도록 하는 뭔가가 하나 존재한다. 그리하여 어떤 기준계에서는 파동처럼 보이고 다른 관점에서는 입자처럼 보인다. 전자는 이와 같은 근본적 불명에서 출현하는 단일한 실체이다.

상보성과 불명이 같은 현상이라면 왜 불명을 상보성이라고 부르지 않을까? 나는 이 두 가지가 서로 비슷하지만 중요한 차이점이 있다고 생각한다. 상보성은 이중성이 있을 때를 가리키며, 이 두 맥락은 서로 한데 합쳐져서 실제의 전체적 상황을 이룬다. 불명에도 이중의 개념이 나오지만 각각의 맥락이 이를테면 나름대로 전체 상황을 묘사한다. 그러므로 원자 세계의 입자들을 명확한 특성들을 가진 고전적 입자로 보는 것은 '입자적' 관점이다. 반면 모든 것을 확률의 구름으로 보는 '파동적' 관점이 있을 수 있으며, 베르너 하이젠베르크(Werner Heisenberg, 1901~1976)는 이것을 "존재(하려는) 경향(tendencies for being)" 또는 "잠재상(潛在狀, potentia)"이라고 불렀다.

나아가 불명의 상황은 이중의 맥락뿐 아니라 이 맥락들 사이의 불일치를 강조하는데, 이 불일치야말로 불명과 상보성의 가장 뚜렷한 차이점이다. 물리학자들은 원자 세계의 현상을 이해하지 못하고 탄식할 때 불일치를 탓한다. 이 두 가지는 도대체 서로 말이 되지 않는다! 우리는 이런 영역의 실체를 이해하려면 반드시 극복해야 할 장벽이 있음을 감지한다. 그런데 이와 같은 인식론적 장애를 극복하려면 새로운 관점과 창의적 도약을 가능하게 하는 불명의 아이디어를 전면에 내세울 필요가 있다.

이 불일치가 전체적 상황에 동적 측면을 부여한다. 마치 어떤 힘이 이 상황을 불일치의 창조적 화해 쪽으로 몰아가는 듯하다. 그러므로 나는 전자가 (애매하다거나 신비롭다는 뜻으로서가 아닌) 불명의 대상이라고 보는데, 이에 따르면 전자는 동시에 입자이고 파동이면서 또한 동시에 모두가 아니기도 하다. 그러므로 입자일 때 이는 파동이 아니며 파동일 때는 입자가 아니다. 하지만 실제로 이 파동/입자의 이중성은 너무나 심오하여 더욱 깊은 연구와 검토가 필요하다.

그러고 보면 불명은 외부 세계의 물리적 현상일 뿐 아니라 내부의 인식 세계에도 존재하는 현상으로 여겨진다. 그런데 과연 어느 게 우선일까? 불명(또는 상보성)은 자연계의 특성이어서 우리 뇌의 생물학으로 이어지고 거기서 다시 수학의 세계로 뻗어갈까? 아니면 불명은 우리의 사고 과정의 한 특성이어서 우리가 창조하는 개념의 구조는 필연적으로 이런 특성을 띠게 되는 것일까? 이것은 심신문제(mind-body problem)의 일종인데, 마음과 몸은 어느 게 더 우선일까?

오늘날 인지과학의 주된 관점에 따르면 마음은 뇌의 귀결이라고 한다. 한편 뇌가 마음의 귀결이라고 보는 전통과 사색가들도 있다. 서구의 지배적 전통은 데카르트(René Descartes, 1596~1650)까지 거슬러 올라가며 그는 심신의 이중성을 주장했다. 그런데 나는 여기에 또 다른 가능성, 곧 불명의 가능성이 있다고 본다. 나는 마음과 뇌, 주관적 상황과 객관적 상황은 단순한 이중성이나 상보성이 아니라 불명이라고 주장한다. 이것들을 불명이라고 보면 큰 차이가 나타나는데, 이중성은 실체의 고정되고 변화하지 않는 면들을 가리킴에 비해 불명은 고차원의 합일을 허용하기 때문이다. 그러므로 우리는 한 방향에서 보면 주관적이지만 다른 방향에서 보면 객관적인 하나의 통합된 실체가 있다고 말할 수 있다(제8장 참조). 만일 실체 자체가 이러한 불명의 본질을 가진다면 동일한 불명적 특성이 수학이나 물리학 이론의 주관적 영역과 원자물리학의 객관적 영역에서 떠오르는 것은 놀라운 일이 아니다.

우리의 수학적 논의에 비춰볼 때 양자역학이 완전히 수학적 이론이란 점은 사뭇 흥미롭다. 사실 양자역학에는 연속적인 것과 불연속적인 것의 두 가지 형태가 있어서 그 자체가 이미 불명하다. 그런데 두 가지 형태는 동등한 동형이다. 하지만 이처럼 두 가지의 서로 다른 관점이 있다는 사실로부터 아무것도 얻을 게 없다는 뜻은 아니다. 오히려 이와 반대로 지금까지의 논의에 비춰볼 때 이 미묘한 현상을 이해하려면 불명적 묘사가 필요하다는 점이 드러난다.

끝으로 덧붙일 것은 수학이 양자역학의 세계로부터 뭔가 배울 게 있다는 점이다. 일반적인 형식주의자의 관점에 따르면 수학은 자명한 아이디어들에서 시작하여 아주 복잡한 것에 이르므로 단순함에서 복잡함으로라는 움직임이 존재한다. 그런데 양자역학의 세계에서는 전자나 다른 원자들에서 보듯 가장 기본적인 것들부터 극히 미묘하고도 복잡하다. 다시 말해서 실체는 궁극의 근본에 이르도록 온통 복잡할 수도 있으며, 이런 점에서 수학적 대상에 하나의 가르침으로 작용할 수 있다. 수학적 대상들도 가장 근본적인 것들부터 복잡한 것은 아닐까? 가능한 모든 수학적 관점에서 볼 때 사소하거나 명백한 것이 과연 존재할까? 이에 대해서는 나중에 더 살펴본다.

끈이론

끈이론[과 그 확장인 엠이론(M-theory)]은 우리 시대의 가장 근본적인 두 가지의 물리학 이론, 곧 일반상대성이론과 양자역학을 통합할 최근의 아주 흥미로운 이론이다. 그런데 "지난 백 년 동안 물리학에서 일어난 눈부신 발전의 배경에 자리잡은 이 두 이론은 … 서로 배타적이다."[31] 그러므로 끈이론의 필요성은 이 장에서 이야기한 불명의 상황에서 유래했다. 일반상대성이론과 양자역학은 각자의 영역에서는 놀랍도록 성공적이어서 그 예측은 실험을 통해 고도의 정밀도로 확인되었다. 하지만 이 두 이론은 예를 들어 블랙홀이나 빅뱅처럼 함께 적용될 상황에서는 서로 충돌한다. 이에 따라 중력과 다른 힘들을 통합할 새로운 이론의 필요성이 제기되었다. 끈이론은 이러한 통합이론의 가장 유망한 후보다. 그런데 이 단계에서 불명의 맥락 때문에 이게 떠올랐을 뿐 아니라 이 이론 자체에도 불명이 심원한 방식으로 내재되어 있다는 점은 더욱 흥미롭다.

끈이론가들은 내가 불명이라고 부른 것을 이중성이라고 부른다. "물리학자들은 이중성이라는 용어를 서로 다른 듯 보이지만 어떤 현상을 정확히 똑같이 묘사할 수 있는 이론적 모델들을 가리킬 때 사용한다." 이런 뜻에서 이중성에는 '사소한' 것과 '중요한' 것이 있다. 사소한 것에는 새로운 게 없으며 두 모델의 용어들 사이에는 정확한 대응이 있는 듯하다. "중요한 이중성의 예는 같은 물리적 상황을 독특하게 묘사하면서 서로 다르지만 상보적인 물리적 통찰과 수학적 분석법을 낳는 것들에서 찾을 수 있다." 이처럼 중요한 이중성이 최근에 일어난 끈이론의 발전에서 핵심적 역할을 한다. 페르마의 마지막 정리의 증명에 대한 논의에서처럼 중요한 이중성은 한쪽의 맥락에서는 극히 어려워 도무지 수행할 수 없는 계산이나 분석을 다른 맥락에서는 훨씬 쉽게 하도록 해준다.

1995년 이전까지 끈이론에는 다섯 가지의 버전이 있었다. 그런데 이는 사뭇 당황스런 현상이다. 통합적인 물리 이론이라면 당연히 하나만 있어야 할 것이기 때문이었다. 이 무렵 에드워드 위튼(Edward Witten, 1951~)은 "이 다섯 가지의 끈이론을 통합할 숨은 배경을 발견했다. 위튼은 다섯 개의 이론이 서로 다른 게 아니라 한 이론에 대한 다섯 가지의 수학적 분석법이란 점을 보였다. … 하나의 주된 이론이 다섯 가지의 끈이론들을 모두 연결하고 있다." 이 주된 이론이 바로 엠이론이며 최근 들어 활발한 연구의 주제로 자리잡았다. 지금까지 나는 불명의 상황이 대개 두 기준계에서 유래한다고 강조했지만 여기서는 다섯 개의 기준계가 하나의 주된 이론에 의해 통합되는 상황이 펼쳐지고 있다.

그러므로 끈이론에서는 불명이 도처에서 여러 가지 다른 모습으로 나타나고 있는 셈이다. 여기서 나는 수학과 물리학 사이의 상호작용에도 흥미가 끌린다. 수학과 물리학은 서로 다른 관점을 갖고 있다. 따라서 어떤 문제를 순수하게 수학 또는 물리학의 관점에서 바라볼 수도 있다. 이와 같은 불명의 관점은 아래의 지적에서 보듯 어떤 순수한 수학 문제를 해결할 새로운 길을 열어주는 이점을 가진 또 다른 이중성 또는 불명의 예다.

끈이론은 물리학이 현대수학에서 어떤 역할을 할 수 있음을 잘 보여준다. 사뭇 오랫동안 물리학자들은 물리적 세계를 분석할 모델을 구축하는 데에 필요한 도구를 찾기 위해 수학의 서고를 뒤져왔다. 하지만 이제 끈이론을 통해 물리학자들은 미해결 문제들에 대한 새롭고도 강력한 접근법을 제시함으로써 수학자들에게 진 빚을 갚기 시작하고 있다.

여기서 작동하고 있는 메커니즘은 통찰과 통찰이 제공하는 힘의 두 방향으로 활용되는 불명이다.

수학교육에서 유래하는 관점들

수학교육자들은 수학을 배우고 가르치는 대상으로 탐구한다. 따라서 이들은 수학의 형식적 및 객관적 측면뿐 아니라 인간적 차원도 함께 고려해야 한다. 이에 따라 이들은 '의미는 무엇인가?', '이해는 무엇인가?' 와 같은 문제에 직면하게 된다. 그 결과 많은 수학교육자들은 수학의 본질에 대해 자못 복잡한 접근법을 개발하게 되었다. 이런 접근법들은 수학을 완전한 객관주의자의 관점으로부터 해방시켜야 한다는 점에서 나와 견해를 같이 한다. 물론 여기서 객관주의자의 관점이란 수학의 의미가 마음과 독립된 실체로서 '저 너머에' 존재한다고 보는 관점을 가리킨다. 이 절에서는 수학교육 분야의 연구자들이 내놓은 것으로서 불명의 관념과 공통점을 가진 여러 아이디어들을 살펴본다.

그레이와 톨

1994년 에디 그레이(Eddie Gray)와 데이비드 톨(David Tall)은 〈이중성과 불명성과 유연성: 간단한 산술의 과념적 관점〉(*Duality*,

Ambiguity, and Flexibility: A Proceptual View of Simple Arithmetic) 이라는 시사적인 제목을 가진 탁월한 논문을 펴냈다. 여기서 그들은 수학적 표기에서 '과정-결과'의 불명에 대해 논의했다. 수학교육자 안나 스파드(Anna Sfard)가 제기한 "어떤 것이 동시에 어떻게 과정과 대상이 될 수 있는가?"라는 의문에 대한 답변에서 이들은 전문 수학자들이 "어떤 과정과 이 과정의 대상을 같은 표기를 사용하여 나타내는 간단한 방법을 사용한다"고 지적했다.[32] 그리하여 '과념(過念, procept)'이라는 용어를 개발하고, 이것으로 "수학적 대상을 만들어내는 과정, 이 과정 또는 그 대상을 표현하는 상징이라는 세 가지의 성분을 함께 나타냈다."[33]

그레이와 톨은 기본적인 수학을 풍부히 포함하기 때문에 중요하게 생각되는 불명한 기호들의 목록을 만들었다. 여기에는 덧셈, 뺄셈, 곱셈, 나눗셈도 포함되며, 예를 들어 2/3는 나누기와 분수, −7은 7을 빼는 것과 음수를 나타낸다. 또한 그들은 내가 예로 들었던 함수, 무한소수, 함수와 수열과 급수의 극한 등도 포함시켰다.

그레이와 톨은 수학에서 불명이 금기시되었다는 사실을 잘 인식하고 있었다. "수학자들은 불명을 혐오하며, 따라서 이에 대해 거의 말하지 않는다. 하지만 불명은 수학에서 널리 쓰였다. 우리는 불명을 통해 기호를 융통성 있게 풀이하는 것이 성공적인 수학적 사고의 근간이라고 믿는다." 어떤 점에서 볼 때 수학자들이 불명을 혐오한다는 것은 사실이다. 일반적으로 수학자들은 가장 미묘하고 정교한 논리적 추론의 전문가들이다. 논리는 힘과 지배력을 가진 사고방식이어서 수학자들은 교실에서 가르칠 때나 그들끼리 대화할 때는 물론 각자의 개인 생활에서도 많이 사용한다. 이에 따라 바람직한 것은 엄밀성이며 불명은 언젠가 논리적 확실성으로 대체되어야 할 잠정적 조건에 지나지 않는다는 생각이 널리 퍼졌다. 그러나 연구를 진행하고자 한다면 논리적 엄밀성에만 머물 수 없다. 이런 뜻에서 수학자의 태도도 불명으로서, 서로 모순되는 두 태도로 이루어져 있다. 이 모습은 내가 이 장의 서두에서 언급한 내용과 연결된다. 곧 다른 많은 사람들도 이미 주목해왔지만 수학자들이 실제로 하는 것과 그들이 스스로 하고 있다고 생각하는 것은 서로 같지 않다. 수학자들은 스스로 형식적이고 논리적인 세계에 머물고 있다고 생각한다. 하지만 그들이 실제로 머물고 있는 곳은 내가 불명이라고 부르는 영역으로, 대부분의 경우 이를 지적하면 쉽게 수긍한다. 문제는 수학적 활동 자체가 아니라 이를 기술하는 방식에 있는데, 수학을 가르치는 사람이나 수학을 일터에서 사용하는 사람이나 이를 오해하고 있으며, 세상이 논리적으로 일관되고 불명이란 없다고 보는 세계관을 편하게 여기는 사람들도 마찬가지다. 수학은 이처럼 단순한 관점을 정당화하는 데에 잘못 쓰여왔다. 그 결과 학생과 교사는 물론 사회 전체에 끼친 악영향은 상당한 정도에 이른다.

이들은 더 나아가 다음과 같이 말했다. "우리는 표기법을 과정과 개념의 결합으로 보는 이중적 용법이 많은 사람들로 하여금 수학적 과정을 주관적 상황으로 볼 수 있도록 해주리라고 생각한다. 훌륭한 수학자는 과정과 결과의 이중성에 의식적으로 맞서려고 하기보다는 불명한 상황으로 보고 사고해간다." 또한 변수의 용법에 대해 내가 지적한 내용을 되새기게 하는 대목에서는 다음과 같이 말했다. "우리는 수학자들이 과정-개념의 이중성이라는 인식론적 복잡성을 과정-결과의 불명성이라는 표기법적 편리성으로 대체함으로써 문제를 단순화할 수 있다고 믿는다."[34]

내 관점에서의 핵심은 물론 "불명은 … 성공적인 수학적 사고의 근간이다"라는 부분이다. 생산적인 수학적 기호체계의 불명성은 수학에서 이용되는 불명의 한 예이기는 하지만 유일한 예는 아니다. 하지만 어쨌든 그레이와 톨은 수학 전반에 걸쳐 매우 깊은 의미를 지닌 뭔가를 건드렸는데, 그들의 논문 제목 〈이중성과 불명성과 유연성〉에 그 기본 아이디어가 들어 있다. 나는 이 가운데서도 핵심적인 아이디어는 불명이라고 생각하며, 사실 나는 이 불명이라는 용어가 다른 두 가지도 포괄한다고 본다. 이런 뜻에서 그레이와 톨이 불명을 (아마) 수학적 표기법의 핵심 요소라고 지적한 것은 아주 적절하다. 불명이 수많은 수학적 표기법의 핵심 요소라고 말하면서 수학의 목표가 불명을 제거하는 데에 있다고 어떻게 주장할 수 있을까?

스파드와 구상화

스파드는 일련의 중요한 논문들을 통해 과정으로부터 대상을 창조하는 구상화(具象化, reification)가 수학에서 하는 역할을 강조했다. 그녀는 "인지 발달의 관점에서 볼 때 실행적 파악은 구조적 파악에 앞선다. 따라서 구상화를 이루려면 먼저 과정과 친숙해져야 한다"라고 주장했다.[35] 한편 그녀는 이 순서가 보편적이지는 않다고 말했다. "수학은 반드시 과정-대상의 경로를 밟지 않는다." 우리의 관점에서도 순서는 중요하지 않다. 중요한 것은 수학에서 우리가 불명한 관념들을 다룬다는 사실이며, 구상화는 과정과 대상의 차원을 함께 가진 요소를 내놓는다. 우리가 3/4을 분수라는 관념으로 파악했다고 해서 3/4이 나누기라는 사실을 잊지는 않는다. 3/4에 대한 최종적인 태도는 본질적으로 불명이다.

우리가 과정이 대상에 앞서는가와 같은 시간적 순서의 의문을 생각하면 불명의 역동적 본질이 강조된다는 것은 사실이다. 스파드는 이에 대해 다음과 같은 중요한 점을 지적했다. "구상화가 조금이라도 얻어지는 경우 실행적 구도의 구축에 앞서든 뒤서든 끈질긴 노력이 있어야만 가능한 때가 많다." 이해에 대해 말하든 창조에 대해 말하든 우리는 노력을 요구하는 동적 과정에 대해 말하고 있다. 그러므로 불명이라는 용어를 쓸 때 우리는 객관적으로 고정된 정적 상황이 아니라 변화의 가능성이 있는 동적 상황에 대해 이야기하고 있다. 불명은 단순히 수학적 대상이나 상황의 고정된 특성을 나타낼 뿐 아니라 배움이나 창조적 활동을 낳을 수 있는 상황을 나타낸다는 점을 강조하는 것도 중요하다. 나는 불명의 상황이 창조적 활동의 결정적 요소인 통찰의 '이전'과 '이후'라고 부를 수 있는 두 관점과 함께 온다는 점을 지적한 적이 있다. 그러므로 불명의 상황은 적어도 잠재적으로나마 역동적이어서 시간이 흐름에 따라 변할 수 있다. 모든 창조적 활동들처럼 불명의 이해도 자기지시적인 방식에 의해 그 자체가 대상이 아닌 사건이다. 따라서 불명의 관념은 그 자체 안에 이미 이야기했던 여러 가지의 불명한 개념들처럼 과정-대상의 불명성을 가진다.

스파드는 이에서 더 나아가 구상화의 아이디어가 사물에 대한 우리의 일반적 사고방식과 비교할 때 얼마나 기이한 것인지에 대해 다음과 같이 말했다. "사실 구상화의 아이디어는 우리의 육체적 경험과 모순된다. 우리는 여기서 무로부터의 창조 또는 과정 자체가 결과인 경우에 대해 이야기하고 있기 때문이다. 현실 세계에서는 대상이란 게 행위에 '더해진 가치'이므로 이런 경우를 찾을 수 없다. 현실 세계에서는 과정과 대상이 분리되어 있으며 존재론적으로 다른 것이어서 서로 대체될 수 없다."[36] 수학의 세계는 이처럼 대상이라고 부를 수 없는 미스터리, 그리고 0과 같이 무로부터 나온 요소들이라고 할 불명한 것들로 채워져 있다(0에 대해서는 다음 장에서 자세히 다룬다). 수학은 과정이라는 동역학과 대상이라는 정역학을 통합한다. 또한 과정과 대상이라는 객관성과 구상화라는 주관성을 통합한다. 수학은 인간 활동의 참으로 복잡하고도 신비로운 영역이다.

구성주의

수학교육에서 일반적인 견해의 일치를 보이는 것의 하나로는 의미와 이해가 구성된다는 게 있다. 위에서 과념과 구상화에 대해 인용했던 논문들은 의미의 구성이 일어나는 메커니즘을 밝히려는 시도를 담고 있다. 수학교육자 에드 더빈스키(Ed Dubinsky)는 이 과정을 포입(包入, encapsulation)이라고 불렀다.[37] "우리가 어떤 개념이나 관계나 증명의 핵심을 파악했다고 느끼는 그 미묘한 상태의 정체는 과연 무엇일까?"[38] 그게 무엇이든 그것은 수학의 배움과 가르침뿐 아니라 수학의 묘사 자체에도 관련된다. 이는 개인의 이해나 수학적 창조는 물론 수학자들이 속한 수학적 문화에 의해서도 구성된다. 하지만 수학이 단순히 구성된다고 말하는 것은 수학적 진리가 보편적이며 기이할 정도로 효율적이라는 느낌, 곧 수학은 뭔가 영원불변의 것을 향해 열린 창문이라는 플라톤적 관념을 무시하는 것이다. 불명은 언뜻 플라톤주의보다 구성주의에 더 가까운 듯 보인다. 하지만 이것도 아마 또 다른 불명일 것인데, 이에 대해서는 제8장에서 다시 이야기한다.

비유로서의 수학

최근 들어 수학을 인지과학의 관점에서 보려는 야심 찬 시도가 이어지고 있는데, 그 중심에는 비유의 관념이 자리잡고 있다.[39] 비유는 한 인지영역에서 다른 인지영역으로의 사상이다. 이런 점에서 비유는 두 가지로 나눌 수 있다. "비유를 발굴함으로써 우리는 기본적이고도 직접적인 아이디어를 얻는다. 한 예로는 덧셈을 사물들의 모음으로 보는 것이 있다. 비유를 연결하면 복잡한 아이디어가 나오는데 때로 이를 추상적 아이디어라고 부른다."[40] 예를 들어 모든 실수가 직선 위의 점들에 대응한다고 보는 수직선의 관념도 비유다. 하지만 비유는 통상적인 경우보다 더 넓은 의미로 이해되어야 하는데, 문학에서는 두 가지의 뚜렷한 영역을 서로 비교하는 수단이 된다. 이런 관점에서 볼 때 문자 그대로 "비유는 추상적 개념을 실체화하는 일이다."[41] 다시 말하면 추상적 개념은 곧 비유인데, 이 점은 매우 중요하다.

비유는 불명하다. 앞서 들었던 '세상은 무대'라는 예에서 보듯 이것들은 불명의 예들이다. 사실 비유에는 다음과 같은 특징들이 있다. (a) 이중성—언제나 비교가 관련된다. (b) 불일치—비유는 A와 B가 분명 서로 같지 않음에도 A와 B가 같다(또는 A는 B이다)는 형태를 띤다. (c) 창조적 역동—비유는 파악되어야 하는데 그러려면 통찰이 필요하다. 이런 통찰에 의해 비유가 파악되면 이전에는 평범하고 진부했던 것이 어떤 심오함을 획득한다.

수학의 비유적 차원에 익숙해지면 그 전체가 우리의 눈앞에서 새롭게 탈바꿈한다. 수직선은 풍부한 암시가 담긴 비유다. 수는 이 직선 위에서 점이 된다. 그러므로 우리는 실수를 일차원적 존재로 '보게' 된다. 우리는 '작다'라는 관계는 수직선 위에서 '왼쪽에 있다'는 것과 같다는 사실로 '보게' 된다. 또한 모든 무한소수가 수직선 위에서 독특한 자리를 차지하고 있다는 사실을 '보게' 된다. 심지어 우리는 예를 들어 2의 제곱근과 같은 수가 빠진다면 수직선에는 '구멍'이 하나 생길 것이라는 식의 기하적 비유로도 여길 수 있게 된다. 수직선의 비유에서 실수는 새로운 대상으로 인식된다. 이 새로운 비유적 대상은 이제 독자적인 실체성을 갖게 되는데, 한 예로는 연속체(continuum)로 여겨지는 것을 들 수 있다. 우리는 물론 '유리선(rational line)'이란 것을 상상해볼 수 있다. 하지만 우리가 평면 위에서 x축 양의 방향으로부터 음의 방향으로 임의의 사선을 그을 때 실수의 수직선만이 이 직선과 한 점에서 만난다는 성질을 가지며, 이에 따라 기하는 해석학과 생산적으로 결합하게 된다.

수학을 비유로 볼 때 학생과 교사 모두가 가진 이해 작용의 중심적 역할이 전면으로 나서게 된다. 비유는 순수한 논리적 요소가 아니다. 비유를 보거나 듣는 것만으로는 생생한 느낌을 얻을 수 없다. 비유를 파악하려면 불연속적인 도약이 필요하다. 나중에 다른 장에서 이와 같은 창의적인 불연속의 본질에 대해 더 자세히 이야기하는데, 이 단계에서는 이러한 창의적이고 불연속적인 통찰을 수학이란 학문의 한 부분으로 여겨야 한다는 점만 지적해둔다. 수학의 비유적 묘사는 필연적으로 수학의 실행에 대한 논의와 관련된다. 스파드는 다음과 같이 어떤 수학자의 흥미로운 견해를 인용했다.[42] "새로운 개념을 이해하려면 나는 적절한 비유를 창조해야 한다. 그것은 의인화, 공간적 비유, 구조적 비유 등이 될 수 있다. 어쨌든 나는 오직 그렇게 한 다음에야 비로소 문제를 풀고 답할 수 있다. 또한 오직 비유를 가진 다음에야 비로소 개념들에 대해 여러 작용들을 실행할 수 있다. 비유가 없다면 할 수 있는 게 없다."

다른 분야의 관련 아이디어들

불명 현상은 수학 분야에 한정되지 않는다. 하지만 다른 분야에서의 역할들까지 자세히 논의할 수는 없다. 그러나 불명의 관념을 수학과 관련 없는 분야들에서 여러 사람들이 어떻게 적용하고 있는지 간단히 둘러보는 것은 나름의 가치가 있다. 불명의 배경에는 인간 정신의 심오한 특성이 운행되고 있을 가능성이 있다. 따라서 이 책은 사실 일반적인 불명 현상이 수학에서 어떻게 드러나는지를 살펴보는 것이라고 말할 수 있다. 실제로 불명은 다른 여러 분야들에서도 나타날 것이다. 하지만 수학적 상황에서는 나름대로 독특한 방식으로 드러날 것이며, 따라서 지금까지의 이야기는 '수학에서의 불명'이라고 부를 수 있다.

아서 쾨스틀러와 창의성

내가 이 장에서 일찍 제시했던 불명의 정의는 사실 아서 쾨스틀러(Arthur Koestler, 1905~1983)가 내놓은 창의성의 정의이다. 쾨스틀러가 보기에 창의적 활동에서 중요한 것은 자체적으로는 일관되지만 상대적으로는 상충하는 두 기준계의 존재이다. 그는 이에 대해 다음과 같이 말했다. "나는 일상적인 사고방식이 하나의 평면에서 이루어짐에 비해 내가 이야기하려는 창의적 활동들은 언제나 둘 이상의 평면에서 이루어진다는 차이점을 가리키기 위하여 이면연상(二面聯想, bisociation)이란 말을 만들어냈다."[43] 그는 다양한 상황에서 목격되는 이면연상의 경우들을 열거했는데, 이에 따르면 유머의 핵심도 이것의 한 예이다.

쾨스틀러는 여기의 논의에 관련된 중요한 점들을 많이 이야기했는데 그중 첫째는 물론 불명이 창의성과 관련된다는 것이다. 이것은 수학의 형식적 구조를 넘어 수학이 어떻게 구체화되고 변하고 이해되고 배워지는지에 관련되므로 이 책의 논의에 아주 중요하다. 이 모두는 창의적 활동과 긴밀히 연결되어 있다.

쾨스틀러로부터 도출되는 다음 논점은 어떤 창의적 상황이든 그 배경에는 상충이 존재한다는 사실이다. 거기에는 모순이나 역설처럼 조화될 수 없는 분쟁이 자리잡고 있다. 창의성은 이런 분쟁의 존재를 부정하지 않는 데에서 나타난다. 이것은 수학의 이해에서 특히 중요한데, 수학의 형식적 측면은 일관성의 수립, 곧 상충을 제거하려는 데에 그 목표가 있기 때문이다.

앨버트 로와 선불교

나는 앨버트 로(Albert Low, 1928~)의 저술을 통해 불명의 아이디어를 알게 되었다. 로는 몬트리올에서 책을 쓰고 선을 가르치며 살아가고 있다. 그는 지금껏 내가 기술해온 불명을 선불교에서 유래하는 세계관의 근본이라고 말한다. 선의 수련에서 핵심적 위치를 차지하는 공안(公案)은 애매하고 모순적인 이야기들 같지만 불명에 바탕을 둔 것으로 보인다. 로는 정상적인 과학과 수학의 아리스토텔레스식 논리는 선이나 양자역학이 생각하는 세계를 묘사하기에 충분하지 않으므로 이런 논리는 스스로 '불명의 논리' 라고 부르는 것으로 대체되어야 한다고 주장한다.

불명의 관념에 대한 로의 중심적 비유는 젊은 여자 또는 늙은 여자로 보이는 유명한 게슈탈트(Gestalt) 그림이다(그림 1.7 참조). 이 그림에는 젊은 여자와 늙은 여자라는 두 개의 완전히 일관되는 해석이 있으며, 쾨스틀러의 정의에 따르면 이것은 자기일관적인 두 기준계이다. 우선 주목할 것은 전체 그림은 단순히 검은 점과 하얀 점의 구성에 지나지 않는다는 점이다. 따라서 본질적으로는 중립적인 장(場)인데 어느 순간 불현듯 젊은 여자나 늙은 여자로 보이게 된다. 둘째로 주목할 것은 각각의 해석은 검은 점과 하얀 점으로 이루어진 전체적 장에 대해 적절한 묘사라는 점이다. 이 점들의 일부는 젊은 여자, 나머지 일부는 늙은 여자와 같이 나뉘어서 해석되지는 않으며, 장 전체가 어느 하나의 해석을 이룬다. 끝으로 주목할 것은 이와 같은 두 해석이 서로 상충한다는 점이다. 이 그림에서 젊은 여자를 보는 동안에는 늙은 여자는 보이지 않는다. 따라서 두 해석은 모두 '참' 이며 모든 것을 설명해주지만 서로 융합하지는 않는다. 단순히 이 그림은 젊은 여자와 늙은 여자를 함께 나타낸다고 말하는 것은 이상과 같은 두 해석의 부조화를 제대로 간파하지 못한 것이며, 젊은 여자도 늙은 여자도 아니라고 말하는 것도 마찬가지다.

나는 또한 로에게서 다른 많은 근본적 아이디어들도 얻었다. 예를

그림 1.7 젊은 여자인가, 늙은 여자인가?

들어 그는 다음과 같이 말했다. "갈등은 어느 상황에나 본질적으로 내재해 있다. 그런데 이는 흔히 해결하려는 방식, 곧 어느 하나를 취하면서 다른 하나를 없애거나 두 가지를 하나의 조화 속에 합치거나 … 등의 방법으로는 해결될 수 없다."[44] 이처럼 갈등은 예외가 아니라 정상이다. 그런데 수학과는 어떤 상관이 있을까? 수학의 갈등에는 모순, 역설, 그리고 지금까지도 이야기했지만 앞으로도 계속 살펴볼 해소되지 않은 불명 등이 있다. 또한 서로 관련된 여러 가지의 수학적 상황을 보는 다중적 관점들도 여기의 갈등에 포함된다. 따라서 어떤 수학적 상황을 '올바로' 보는 방법은 없는지도 모른다. 하지만 어쨌든 이러한 갈등에는 나름의 가치가 있다! 무시하거나 억누르기는커녕 우리의 이해를 심화하는 좋은 기회로 여겨야 한다. 갈등은 본질적으로 내재해 있다는 말로부터 도출되는 또 다른 결론은 이성의 최종적 승리는 결코 오지 않을 것이고 심지어 바람직하지도 않다는 것이다. 수학에는 끝이 없으며 따라서 수학의 완결판, 곧 완전히 형식적인 형태로 마무리된 수학이란 것도 없다. 아무런 모순도 없이 완결된 수학, 아무런 흠도 없이 모든 문제를 철저히 해결한 수학, 이런 수학은 죽은 수학일 것이며 전혀 흥미롭지 못한 연구 대상이다. 내가 관심을 갖고 서술하고자 하는 것은 생생하게 살아 있는 수학이다.

레너드 번스타인과 음악

작고한 지휘자이자 작곡가인 레너드 번스타인(Leonard Bernstein, 1918~1990)은 1973년 하버드 대학교에서 찰스 엘리엇 노턴 강의(Charles Eliot Norton Lectures)를 하도록 초청받았다.[45] 오늘날 책과 음성테이프와 비디오로 모두 구할 수 있는 이 강의는 음악의 내적 구조에 대한 놀랍도록 훌륭한 논의를 담고 있다. 번스타인은 음악의 가장 기본적인 메커니즘 가운데 하나는 정확히 이 장에서 쓴 것과 같은 의미로서의 불명이라고 주장했다. 불명에 대한 논의는 그의 강의 전체에 스며들어 있는데, 심지어 넷째 강의의 제목은 '불명의 환희와 위험(The Delights and Dangers of Ambiguity)' 이다.

번스타인은 불명을 "가능한 두 가지의 의미로 이해될 수 있는 것"으로 정의했다.[46] 예를 들어 그는 온음계주의(diatonicism)와 반음계주의(chromaticism)의 불명에 대해 이야기했다. 온음계주의는 우리가 잘 알고 있는 7가지의 음을 이용하는 것을 말한다. 이 음들은 피아노에서 하얀 건반들로 나타나는데, 이는 기본음들에 수학적으로 계산되는 3도나 5도와 같은 화음이나 배음들이 추가되어 결정된다. 다시 말해서 온음계 관계는 음악의 기본이다. 반음계주의는 온음계주의의 7가지 음에 여러 반음들을 추가하여 구성한 12가지의 음을 모두 활용하며, 이는 피아노에서 하얀 건반과 검은 건반들로 나타난다. 나아가 반음계주의는 피아노 건반으로 얻을 수 없는 음들까지도 포함하는데, 이렇게 추가된 음들은 건반이 배정되지 않으므로 화음을 이루지 못한다고 여긴다. 하지만 그럼에도 이 음들은 미묘한 감정 표현을 위해 여러 음악들에서 활용되고 있다.

번스타인은 음악사에서 반음계주의는 "더욱 멀리 떨어진 조화급수의 배음들과 융합하면서 성장해왔다. … 반음계주의의 성장에 맞추어 불명도 자라났고 이에 따라 으뜸음을 중심으로 하는 온음계주의의 기본적인 힘으로 반음계주의를 제어하면서 포함시킬 필요성도 증가했다"고 말했다. 이어서 그는 다음과 같이 서술했다. "온음계에 포함된 반음계의 구조는 요한 세바스찬 바흐(Johann Sebastian Bach, 1685~1750)의 음악에서 완전한 평형에 도달했다. 그러나 우리는 이처럼 완벽하게 제어하면서 포함시킨 구조 자체가 일종의 불명임을 깨달았다. 여기서 우리는 하나의 음악을 포함의 주체인 온음계나 포함의 객체인 반음계를 통한다는 두 가지의 방식으로 들을 수 있기 때문이다." 수학의 경우, 무한한 영감의 샘이라 여기는 인간의 마음이 여러 가지 패턴을 인식하는 기능을 제어하는 힘을 가진 것은 엄밀한 논리적 논증에서 나온다고 본다. 따라서 음악에서의 '감상'을 수학에서의 '이해'나 '개념화'로 대체한다면 음악에서 불명이 했던 작용에 상응하는 작용이 수학에서도 나타날 것이다.

번스타인은 이밖에도 수학의 언어로 번역되기를 갈망하는 듯한 다양한 음악적 사례들을 제시했다. 한 예로 그는 요한 세바스찬 바흐의 천재성은 "**본질적으로는 모순되어 보이지만** 동등하게 강력한 온음계주의와 반음계주의의 힘을 그토록 미묘하고도 적절하게 조화시킨 데에 있다"고 말했다. 이어서 그는 이렇게 형성된 평형이 거의 한 세기나 지속된 끝에 황금기로 접어들었다고 설명했다.

> 온음계주의와 반음계주의라는 대립적 요소들이 이처럼 완벽한 조합을 이룬 가운데에서도 여전히 불명의 정수(精髓)가 증류되어 나온다는 점은 기이하고도 중요한 일이다. 황금기의 작곡가로 정확성과 선명함의 대가인 볼프강 아마데우스 모차르트(Wolfgang Amadeus Mozart, 1756~1791)에 대해 이야기하면서 '불명'과 같은 용어를 사용하는 것은 매우 부적절해 보인다. 하지만 불명은 언제나 음악과 함께 해왔고 실제로는 모든 예술에서 그랬는데, 이는 불명이 예술가에 내재된 가장 강력한 미적 기능 가운데 하나이기 때문이다. **불명하면 할수록 표현성은 풍부해진다**.

물론 번스타인은 "불명의 정도가 지나쳐 음악적 선명성의 문제가 제기될 수도 있다"라는 경고를 잊지 않았다. 그는 이밖에도 음악적인 불명의 사례를 많이 논의했으며, 위에서 본 온음계주의와 반음계주의의 이야기는 그 실마리에 지나지 않았다.

음악과 수학 사이의 연관성은 피타고라스 시대 이래로 계속 이어져왔다. 여기서 우리는 또 다른 종류의 연관성을 보는데, 이는 음악과 수학의 내적 작용이다. 번스타인이 전한 메시지의 핵심은 불명에 긍정적 기능이 있다는 점이다. 그는 다음과 같이 말했다. "불명은 아름답다. 불명은 모든 예술적 창조와 관련되어 있다. 불명은 음악, 시, 그림 또는 그 무엇에서든 상관없이 미적 측면을 둘 이상의 방법으로 해석할 길을 열어줌으로써 우리의 미적 감각을 풍성하게 해준다."[48] 이제 수학도 여기의 목록에 추가할 수 있으며 또 그래야 할 것이다. 수학에서의 불명은 아이디어의 근본뿐 아니라 전망도 넓혀준다. 음악에서 불명성을 희생하면서 선명성을 고집한다면 음악을 위대하게 하는 바로 그 특성을 말살하게 된다. 이와 마찬가지로 수학에서도 불명을 희생하면서 논리적 선명성만 고집한다면 우리에게는 오직 피상적이고 사소한 것들만 남을 것이다.

결론

이 장에서 나는 불명 현상이 수학에서 보편적이란 점을 보이고자 했다. 내가 말하는 불명은 단순하고 공허한 개념이 아니고 번스타인이 강조했듯 '제어된 불명'이다. 수학에서의 제어는 논리적 구조로 주어지며 수학의 힘과 깊이는 엄격한 논리적 제어 아래 자리잡은 심원한 불명에서 유래한다. 우리는 근본적인 수학적 개념뿐 아니라 깊은 의미가 담긴 수많은 수학적 결론도 불명하다는 점을 보았다. 불명의 출현은 수학에 있어 핵심적인 메커니즘이다. 그러므로 불명을 전면에 내세우는 과정에서 우리는 수학의 본질을 근본적으로 재고해야 할 필요성을 느낀다.

낯익은 많은 수학적 개념이 불명하며 다차원적인 본질을 가진다. 예를 들어 서스턴의 논문은 도함수를 파악하고 이해하는 8가지의 서로 다른 방법들을 열거했다. 그는 이것들이 논리적으로 다른 정의들은 아니지만 도함수의 개념에 대해 서로 다른 통찰들을 전해준다고 주장했다. 더욱 중요한 것은 서스턴의 다음과 같은 지적이다. "인간이 얻어낸 통찰에 담긴 본래의 향기와 어조를 유지하는 데에 많은 노력을 기울이지 않으면 이러한 정신적 관념들이 정확하고도 분명한 형식적 정의로 번역되자마자 그 차이점들은 증발해서 사라지기 시작한다." 나는 수학을 형식적 차원과 동일시하는 것은 위험한 일이라는 점을 거듭 강조했다. 도함수의 개념은 방대하고도 복잡해서 서로 다른 여러 가지의 통찰들을 담고 있으며, 그 각자는 도함수가 무엇인지에 대해 새로운 점들을 알려준다. 이 다양한 통찰들은 예를 들어 변수가 하나인 실수 함수에 대한 정의에서와 같은 특정한 경우의 형식적 정의에서는 독특한 모습을 나타내지 못할 수도 있다. 하지만 그럼에도 불구하고 각각의 관점은 나름의 가치를 유지한다. 예를 들어 이 개념을 좀더 추상적이고 일반적인 상황에 적용할 때 우리는 어떤 관점은 일반화될 수 있지만 다른 관점은 그렇지 못하게 되는 경우를 본다. 그러므로 수학의 정확하고도 논리적인 구성도 가치 있는 일이지만 관련된 아이디어들의 모임으로 이루어진 느슨한 정의도 수학적으로 중요한 가치들의 중심에 자리잡고 있다.

이러한 불명은 우연적인 것도 아니고 의도적인 것도 아니며 수학 자체는 물론 수학을 공부하고자 하는 사람들의 개념적 발전에 필수적인 특성이다. 불명은 하나의 관점이나 의미를 옳은 것으로 삼고 다른 것들은 억누름으로써 해소할 수 없다. 불명은 본래의 의미들을 포괄하면서 각각의 것들을 특수한 경우로 환원시킬 수 있는 더 넓은 의미를 창조함으로써 해소할 수 있다. 이 과정에는 창의적 이해나 통찰이 필요하다. 따라서 불명은 이해와 창의성에 이르는 통로가 될 수 있다.

위의 모든 논의는 자기지시적이라는 점도 흥미롭다. 수학의 불명한 부분뿐 아니라 수학 자체도 불명하며, 본질도 다차원적이다. 거기에는 논리적인 표면적 구조 아래 이해와 통찰과 창의성이 담긴 깊은 차원이 존재한다. 계산이나 형식적 측면이 없는 수학을 상상할 수는 없다. 하지만 이런 측면에만 집중한다면 수학은 파괴된다. 불명은 물론 역설까지도 물샐 틈 없이 견고한 논리적 정신 구조에서 우리를 탈출시켜 새로운 아이디어와 통찰과 깊은 이해로 나아가게 한다.

통상적인 생각과 달리 수학은 끊임없이 상호작용을 하며 진화한다. 도함수와 같은 아이디어가 형식화되면 어떤 의미에서 느슨한 아이디어에 담긴 다양한 가능성은 한 가지로 환원되어 버린다. 하지만 형식적인 아이디어들은 나중에 다양한 방식으로 이해될 수 있으며, 이런 해석들로부터 형식화되기 전에 존재했던 관점들이 다시 추출될 수 있다. 또한 도함수의 형식적 정의로부터 이전에 없던 다른 해석도 나올 수 있다. 그러면 이 새로운 아이디어들은 다시 형식화되며 이와 같은 전체적 과정은 다시 되풀이된다.

논리는 선명성과 일관성과 구조를 향하는 방향으로 움직인다. 불명은 이와 달리 유동성과 개방성과 해방의 방향으로 움직인다. 수학은 이 양극단 사이를 왔다갔다한다. 수학은 명확한 구조를 가진 고정된 정적 체계가 아니라 살아 있는 동적 체계이다. 수학이 가진 힘의 원천은 이처럼 서로 다른 측면들 사이의 상호작용이다.

수학은 문화 사업, 더 줄여서는 문화 자체로 여길 수 있다. 이런 문화의 강력한 존재 이유는 바로 애매하고 우연적이고 불명한 것들, 특히 역설과 모순에 맞설 굳건한 요새의 역할을 하도록 하는 데에 있다. 예를 들어 수학이 그 자체에 대해 하는 이야기를 들어보면 수학에는 불명의 여지가 없다고 한다. 우리는 이 사실을 "이는 불명하다"라는 말을 쓰는 경우를 생각해보면 이해할 수 있는데, 이는 곧 뭔가가 잘못되었거나 어리석다는 말에 해당한다. 하지만 지금껏 보았다시피 불명은 수학에서 잘 알려지지 않았지만 중요한 역할을 한다. 이 역할을 분명히 드러냄으로써 우리는 수학과 과학과 현대의 문화에 대한 불명의 암시 및 실체의 본질에 대한 불명의 관점을 탐구할 수 있다.

제2장
수학과 모순

… 생명의 유사성과 연결성은 어차피 자체적으로 설명될 것이므로 이보다는 그 모순성을 면밀히 탐구한다면 우리는 생명의 복잡성에 대해 더 많은 것을 알게 될 것이다.

—호세 사라마고(JoséSaramago, 1922~), 〈동굴〉(The Cave)

수학사를 이미 엄밀하게 정식화된 것의 역사로 한정하는 것은 참으로 부적절한 일이다. 모순적이고 느슨한 것도 중요한 역할을 하기 때문이다.

—데이비스와 허시(Davis and Hersh), 〈수학적 경험〉(The Mathematical Experience)

이 장에서는 수학의 모순에 대해 이야기한다. 이 책의 주제 가운데 하나는 수학이 인간의 경험과 동떨어진 곳에 존재하는 게 아니라 더 큰 세계와 끊임없이 상호작용한다는 것이다. 모순은 사람의 삶에서 해소할 수 없는 것으로 우리 모두 이를 경험한다. 이에 대해 우리는 때로 다른 사람과 의견을 같이 할 수 없을 뿐 아니라 심지어 각 개인들도 서로 모순되는 관점을 동시에 가질 수 있는 것으로 보인다. 불교에 나오는 "인생은 고해다"라는 모호한 말은 인생의 가장 깊은 곳에 내적인 모순이 존재한다는 사실을 가리킨다는 뜻으로 이해하면 가장 좋을 것이다. 이 내적 모순은 여러 가지로 표현되어 왔다. 하지만 그 핵심은 우리의 본질이 이중적인데 마음은 강하고 중심적인 반면 힘없는 육체는 인생의 변화 속에서 쇠약해지다가 결국 죽어간다는 데에 있다. 잠시 이 점에 대해 생각해볼 때 나는 나 자신에게는 무한의 가치를 두면서 다른 사람에 대해서는 최소한의 관심밖에 갖지 않는 듯하다는 사실을 인정하지 않을 수 없다. 그래서 나는 나 자신에게 무한의 가치가 있다고 여기면서도 때로 다른 사람의 눈에 비친 내 모습은 아무런 가치가 없는 듯한 느낌을 받기도 한다. 다시 말해서 나는 나 자신에게는 중심이지만 다른 사람에게는 변방이다. 이밖에도 여러 가지 방식으로 우리는 모두 걸어다니는 모순 덩어리다. 우리는 모순 및 모순이 일으키는 갈등에서 벗어날 수 없다. 모순은 의식적인 삶의 중심에 자리잡고 있으며, 따라서 의식적이든 무의식적이든 모순과의 갈등은 인간의 모든 활동에 내재해 있다.

수학은 인간이 겪는 해소할 수 없는 이 요소를 어찌 다룰까? 위에 인용한 말들은 모순의 가치와 중요성을 강조한다. 모순과의 미묘한 관계에 대한 논의 없이 수학에 대한 묘사를 완결할 수는 없다. 수학은 모순을 독특한 방식으로 다루는데, 그 모순이 야기한 갈등으로부터 벗어날 필요성이 바로 수학을 그토록 매력적이게 하는 강한 이유일 것이다. 따라서 수학에서의 모순의 역할에 대한 논의는 수학의 본질은 물론 모든 체계적 사고의 본질에 대해서도 뭔가를 알려줄 것이다.

제1장에서 나는 불명과 그것이 수학에서 하는 역할에 대해 자세히 이야기했다. 거기서 나는 "불명은 자기일관적이지만 상충하는 두 기준계에서 감지되는 단일한 상황이나 아이디어에 관련된다"라는 정의를 내리고 사용했다. 만일 '두 가지의 자기일관적인 기준계'가 '단일한 상황이나 아이디어'에 의해 조정되지 않는다면 어떨까? 그러면 우리는 모순의 상황을 맞이한다. 이렇게 보면 모순은 불명과 관련된다. 사실 어떤 의미에서 모순은 불명의 한 면만을 강조한다. 그런데 진정한 불명은 언제나 갈등의 특성을 가진다. 그리고 이 갈등은 바로 모순의 특성이다. 따라서 모순에 대한 이 장에서의 논의는 불명이란 주제를 더

욱 깊이 탐사하는 것과 같다.

어찌 보면 불명과 모순의 차이는 강조의 문제에 불과한 것 같다. 이런 점에서 불명이 절대적인가의 여부가 문제된다. 불명에 대한 논의에서 갈등은 (적어도 잠재적으로나마) '단일한 상황이나 아이디어' 속에서 해소되었다. 하지만 모순에 대해 이야기할 때 우리는 통상 그 갈등에 절대적 특성이 있다고 보아 둘 사이의 간극이 메워질 수 없다고 여긴다. 절대적 갈등은 논리의 영역에 있으며, 이런 관점에서 보자면 모순은 막다른 골목이다. 반면 수학은 모순에 대해 다양하고도 복잡한 대처를 해왔다. 모순의 출현은 정말로 큰 실수나 막다른 골목이 나타났음을 알려주는 부정적인 신호일 수도 있다. 하지만 긍정적인 면도 있으며, 예를 들어 도전을 촉구할 수도 있다. 모순은 게임이 끝났다는 것을 알려주기는커녕 거기에 뭔가 이해할 게 있다는 것을 드러내므로 오히려 이제 막 시작되었음을 알려주는 신호이다. 이 장에서는 모순이 수학으로 스며드는 여러 가지 방식을 살펴보고자 하는데, 시작에 앞서 나는 모순과 불명 사이의 교호관계를 다시 강조한다. 만일 모순이 불명의 한 모습이라면 모순은 모든 불명의 상황에 존재할 것이다.

언뜻 보기에 모순은 전염병처럼 회피해야 할 것으로 생각되며 수학에서는 더욱 그렇다. 수학적 증명과 이론과 논리적 추론을 포함하는 형식수학은 모두 이성의 범주에 속한다. 논리와 이성은 일관성을 암시하며, 일관성은 모순을 피한다는 뜻이다. 그러므로 우리는 수학이 모순을 없애는 방향으로 나아간다고 여긴다. 세상에 대한 수학적 묘사는 모순으로부터 자유로워야 한다. 그렇지 않은가? 정상적인 과학관은 실체 자체인 자연계에는 모순이 없다고 가정하며, 따라서 그에 대한 수학적 묘사도 그래야 한다. 이런 관점에 따르면 세계의 묘사에서 나타나는 모순은 자연계의 본질이 아니라 잘못된 사고에서 유래한다. 그러므로 정상적인 세계관에서의 모순은 그 대상이 마음속에 있는 것이든 외부의 실체이든 상관없이 그 부정적인 특성을 가리킨다.

수학의 본질에 대한 깊은 탐사는 그 어느 것이든 필연적으로 일관성의 문제를 다루어야 한다. 무모순이라는 관념은 다른 과학들은 물론 수학을 지탱하는 중요한 기둥의 역할을 하는 관념들 가운데 하나다. 이런 사고체계에서는 어떤 명제 P가 참임과 동시에 거짓이라고 선언되어서는 안 된다. 따라서 유클리드 이래 수학은 무모순의 영역을 창조하면서 발전해왔다.

우리가 품은 기본적인 의문 가운데 하나는 일관성이 실체의 근본적인 한 측면인가 하는 것이다. 거의 모든 과학자들을 포함한 많은 사람들은 무모순의 원리(principle of noncontradiction)에 대한 깊은 믿음을 갖고 있다. 우리가 이처럼 일관성을 믿는 이유는 만일 그렇지 않다면 이해할 수 없는 혼돈의 세계가 펼쳐지기 때문이다. 따라서 일관성에 대한 믿음은 근본적인 토대이며, 이것 없이는 어떤 의미 있는 사고나 논의는 불가능하다.

하지만 그럼에도 불구하고 무모순이 절대적으로 필요하지 않은 다른 관점을 취할 수 있다. 이 관점에서 일관성은 국소적일 뿐 광역적이지 않다. 따라서 어떤 특정한 이론은 자연현상의 어떤 영역을 다룰 뿐이다. 그런 이론은 그 영역의 중심부에서는 잘 적용되지만 변방으로 나아가면 차츰 흐트러진다. 그 변방에서는 또 다른 국소적 이론이 중복적으로 적용될 수 있으며, 이에 따라 두 이론들 사이에 모순이 초래될 수 있다. 이런 관점은 많은 사람들이 과학이라고 여기는 곳에도 잘 적용될 수 있다. 예를 들어 데이비드 봄은 다음과 같이 말했다. "모든 이론은 참도 아니고 거짓도 아닌 통찰이다. 어떤 영역에서는 선명하지만 이를 넘어선 곳에서는 그렇지 않다."[1] 이는 수학을 보는 통상적 관점은 아니지만 수학을 '패턴의 과학'으로 보는 관점과는 부합한다. 수학에서 모순에 대한 반응은 상당 부분 수학을 무엇이라고 보는가에 달려 있다. 엄격한 형식주의자라면 수학에 모순이란 있을 수 없다고 본다. 모순은 정의에 의해 비수학적인 무엇으로 간주되기 때문이다.

하지만 이 책의 주제는 이 시점에서 수학적 활동의 본질을 재평가해야 한다는 것이며, 특히 수학적 활동 가운데 논리와 일관성이 맡은 역할을 재평가해야 한다는 것이다. 나의 뜻은 수학에서 논리를 없애자는 게 아니다. 이는 황당하고 어이없는 짓이다. 나는 논리적 일관성에 관해 의문을 제기하는 책을 덮어버리기 전에 수학 및 수학적 활동 자체에서 실제로 무엇이 일어나고 있는지를 면밀히 살펴보는 것도 충분히 가치 있는 일이라고 말하고자 한다.

수학은 수학적 실행이다. 수학은 사람들, 심지어 수학자들이 흔히 생각하는 것과 동일하지 않다. 비수학자가 수학을 정의해보라고 재촉할 때면 많은 수학자들은 형식주의자의 입장에 서곤 한다. 그들은 이렇게 말할 것이다. "아, 그래요. 나는 다만 가정에서 시작하여 정리를 증명할 뿐입니다. 나는 그 의미나 그게 어디 쓰일 것인지에 대해서는 상관하지 않습니다." 그러나 사람들이 실제로 수학을 하고 있을 때 벌어지는 일은 수학자나 일반인들이 흔히 말하는 것과는 크게 다르다. 이런 주제에 부응하는 수리철학의 필요성을 적절히 서술하는 자료는 찾기 어렵다.[2] 수학과 '수학화'에 대한 적절한 서술이 부족한 이유는 수리철학이 결국 논리적 기초에 대한 논의로 환원되어버리기 때문이다. 하지만 수학에는 그 어떤 (절대적인) 기초도 없다고 주장하는 관점도 생각해볼 수 있다. 수학적 이론도 있고 수학적 실행도 있지만 이 모든 것을 포괄하는 것에 대해서는 흔히 생각하는 것과 같은 기초는 없다고 보는 관점이 그것이다. 그렇다면 수학의 통합적 특성들은 다른 곳에서 찾아야 한다.

수학을 묘사하는 방식을 이처럼 달리 생각해본다고 하더라도 수학의 내용 자체는 전혀 변하지 않을 것이다. 바뀌는 것은 수학에 대한 우리의 사고방식일 뿐인데, 특히 불명과 모순에 대한 새로운 관점이 필요하다.

모순의 관념에 대한 수학의 태도는 단순한 듯싶다—어떻게든 피해라! 하지만 실제로는 전혀 그렇지 않다. 이 장에서는 수학적 이론과 실행에서 모순을 이용하는 많은 사례들을 살펴볼 것이다. 불명과 마찬가지로 모순도 수학에서 아주 체계적으로 활용되어 왔으며, 이런 사실은 우리로 하여금 수학의 본질에 대해 다시 생각하게 한다.

수학적 이론의 변방이나 아직 개념화되지 않은 비형식적 부분에서 때로 모순들이 발견되는 것은 충분히 예상할 수 있다. 하지만 모순은 형식수학의 적극적인 생성원리에서도 발견된다. 따라서 수학은 논리를 초월한다. 그러나 논리는 여전히 수학의 언어다. 도대체 이는 어찌된 일인가? 이 현상은 그 자체가 모순인 듯하다. 모순에 대한 탐사는 우리를 이 겉보기 역설의 깊은 내막으로 안내할 것이다.

유클리드와 이성의 꿈

현대수학의 정신은 유클리드의 ≪원론≫으로부터 참으로 큰 영향을 받았다. 따라서 유클리드는 수학의 모순에 대한 논의를 시작하는 좋은 출발점이다. 유클리드는 이전부터 전해오는 고대 그리스 기하의 모든 결과들을 모아 일관된 연역계 속에 통합하여 서술했다. 자명하다고 여기는 공리(公理, axiom)와 공준(公準, postulate)에서 시작하여 논리적 추론을 통해 진행하는 유클리드의 ≪원론≫은 이후 2천년 동안 체계적 사고의 전형으로 여겨져 왔다.

역사적으로 젊은이들은 ≪원론≫을 공부하면서 많은 감명을 받았다. 버트런드 러셀(Bertrand Russell, 1872～1970)은 자서전에서 이렇게 썼다. "11세 때 나는 형을 선생님 삼아 유클리드에 대해 공부하기 시작했다. 이는 내 생애의 가장 중요한 사건의 하나로 마치 첫사랑처럼 경이로운 경험이었다."

수학자, 과학자, 철학자들은 세대에 세대를 이어가며 ≪원론≫을 통해 지적인 각성을 했다고 증언했다. 과연 유클리드 기하의 어떤 점이 러셀을 포함한 이 많은 사람들을 일깨운 것일까?

이들은 ≪원론≫의 논리적 완벽성으로부터 감명을 받은 것은 아니다. ≪원론≫도 완벽하지는 않으며 불완전한 추론이 여러 군데에서 눈에 띈다. 기하에 관한 저술에서 수많은 기하적 구성이 의문스럽다는 점은 사뭇 아이러니하다. 많은 수학자들, 특히 다비트 힐베르트가 지적했듯 이러한 논리적 추론은 원칙적으로는 특정한 기하적 대상들과 무관해야 하는데 실제로는 그렇지 않았다. 어떤 결론이 뚜렷한 가정의 뒷받침 없이 단순히 예시적으로 도출된 경우가 ≪원론≫의 여러 곳에서 발견된다. 예를 들어 유클리드는 ≪원론≫의 서두 부분에서 두 원호를 그리고 이것들이 한 점에서 만난다고 가정했다. 하지만 그림 2.1과 같이 만나지 않고 꼬이면서 지나치는 경우도 있는데, 이런 경우를 방지하면서 두 원호가 확실히 한 점에서 만난다는 것을 보장해주는 공리는 없으며, 이런 사례들은 여러 곳에서 찾아볼 수 있다.

이처럼 추론의 완전성이 아니라면 러셀의 지적 각성은 어디에서 왔을까? 아마 그것은 ≪원론≫에 스며 있는 기하적 직관과 논리적 엄밀성의 결합이라 하겠는데, 이런 요소들에 민감한 사람들은 도저히 그

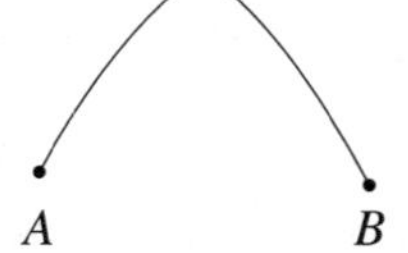

그림 2.1 교차하는 원호?

매력에 저항할 수 없을 것이다. 한마디로 유클리드는 '이성의 꿈' 이라고 부를 수 있는 것을 수많은 세대의 사람들에게서 일깨웠다. 그는 자신의 기하에서 실체의 미묘한 모습들을 명료하게 제시했다. 그리고 그 세계는 우리의 눈을 통해 마음속에서 재구성되었다. 왜 모든 삼각형의 내각의 합은 180도가 되어야 할까? 원칙적으로 말하자면 반드시 그래야 한다는 법은 아무데도 없다. 하지만 유클리드는 단순한 논증을 통해 이 기적과도 같은 현상이 참이란 점을 도저히 부정할 수 없도록 설명해준다. 그래서 우리는 이제 그렇다는 사실을 안다! 우리가 뭔가를 안다는 것, 그리고 우리가 뭔가를 안다는 것을 안다는 것은 얼마나 경이로운 일인가!

이성주의자들에게 이런 감정은 거의 종교에 가까운 것이다. 사실 이는 아인슈타인이 "우주적 종교심(cosmic religious feeling)"이라고 부른 것에 가깝다.[3] 아인슈타인은 "그런 감정은 과학적 탐구의 가장 강하고도 고귀한 동기였다"라고 말했다. 그의 글 전체를 통해 우리는 생명의 근본적인 미스터리, 곧 (그의) 이성적인 마음이 자연계의 운행을 그토록 깊이 통찰할 수 있다는 신비를 감지할 수 있다. 애초에 수많은 사람들은 마음과 외계의 실체들 사이의 상응이라고 할 마음의 힘을 유클리드의 기하학을 접하면서 절감해왔다.

유클리드를 위시한 그리스 수학자들은 인간의 마음을 새롭게 이용할 길을 발견한 것처럼 보인다. 이 심오한 창의적 통찰력을 통해 인간에게 의미 있는 새로운 아이디어들이 떠올랐다. 그리하여 진리와 확실성을 조망할 창문이 열렸다. 거기서 내다보이는 곳에 더 심오한 다른 세상이 질서 있고 깨끗하고 명확한 모습으로 자리잡고 있음을 확인함으로써 인류는 우연적이고 혼란스런 일상생활로부터 해방될 길을 찾게 되었다. 이런 뜻에서 유클리드는 그가 증명한 수학적 결과들을 넘어서는 길을 보여준 셈이다. 이렇게 모인 결과들은 참으로 인상적이어서

'이성의 꿈' 이라는 전망을 탄생시키기에 부족함이 없었다. 이 꿈에 따르면 자연계에 관한 우리의 모든 지식은 물론 자연계 자체도 직관적으로 명백하다고 여기는 소수의 공리들을 토대로 하는 방대한 연역계로 꾸며질 수 있을 것으로 여겨진다. 이런 꿈은 오늘날에도 메아리치고 있다고 봐야 하며, 이른바 물리학에서 말하는 '만유의 이론(theories of everything)' 도 그 한 예이다.

유클리드의 ≪원론≫은 당시까지 알려진 모든 기하적 결과들을 정리하고 엮은 방대한 체계인데, 여기에 채택된 공리적 전개는 여러 가지 이유에서 중요하다. 무엇보다도 이런 체계는 우리의 사고방식을 놀랍도록 간단하게 만들어준다. 개별적으로 타당하다고 여기는 결론들을 단순히 끌어 모으면 매우 많은 수에 이르지만 이 체계를 이용하면 소수의 가정들로 시작되는 통합적 구조 속에 잘 꾸려 넣을 수 있기 때문이다. 나아가 이 연역계 전체는 다음의 특성들도 가진다.

1. 모든 결론은 참이다. 공리가 참이고 추론이 정확하다면 거짓인 명제가 유도되기는 불가능하다.
2. 이 체계는 무모순이다. 어떤 명제와 그 부정이 동시에 참이 될 수는 없다.

또한 보장할 수는 없지만 이 체계는 완전할 것도 같다. 다시 말해서 이 체계 안에서 올바른 모든 기하적 명제들은 이미 참으로 여긴 공리들과 이를 통해 참으로 증명된 명제들을 토대로 간단한 논리적 추론을 구사함으로써 모두 얻을 수 있다는 뜻이다. 그러므로 '이성의 꿈' 은 이런 모든 특성들을 충족하는 연역계, 특히 무모순이면서 완전한 연역계가 존재할 것이라는 희망과 같다. 하지만 앞으로 보게 되듯 이 꿈은 비현실적인 것으로 밝혀졌다. 그러나 그럼에도 불구하고 이 꿈은 현대과학의 발전에서도 여전히 강력한 원동력으로 작용하고 있다.

이성의 꿈은 이 책의 주제가 될 여러 가지 중의 첫 예로서, 만유를 아우르는 장엄한 이론을 구축하고자 하는 인간의 시도를 가리킨다. 실체의 본질이 궁극적인 미스터리라면 인류의 역사는 이 미스터리를 명료하게 통찰하여 붙잡고 이해하려는 시도다. 이를테면 이는 물질에 대한 마음의 지배라고 말할 수 있다. 그런데 19세기 러시아의 문호 도스토옙스키(Fyodor Dostoevskii, 1821~1881)는 수정 궁전의 우화에서 이런 시도를 신랄히 비판했다.[4] 그는 우주의 신비가 최고의 진리라고 여겼는데 과학적 탐구가 성공하면 이런 신비가 없어져버릴 것이라고 보았다. 하지만 도스토옙스키와 생각을 같이 하는 수많은 사람들은 과학적 탐구의 대담성을 충분히 잘 평가하지 못했던 듯하다. 어쩌면 연역적 사고가 실체의 참된 면모를 명확히 파악할 것이라고 믿는 것은 순진한 생각인지도 모른다. 하지만 어쨌든 우리는 경건한 마음, 심지어 약간의 외경심을 갖고 이런 시도에 나서야 한다. 이해하고자 하는 시도는 인간 행동의 진정한 본질이기 때문이다. 뭔가를 붙들려는 이런 시도의 결과는 헤아리기 어렵다. 이처럼 불가능에 맞서는 과감한 시도로부터 우리는 어떤 특정한 개념적 발전을 초월하는 진리를 발견할 수도 있다.

유클리드의 체계

이 절에서는 유클리드의 출발점인 그가 만든 사고체계의 근본에 대해 간단히 살펴본다. 여기에는 정의와 공리와 공준이 포함된다.

정의될 개념들은 점, 선, 직선부터 시작한다. 예를 들어 점은 '부분이 없는 것'이다. 이런 정의는 유클리드 시대의 그리스인들에게는 어떤 직관적 감정을 전해주었을지 몰라도 오늘날의 우리들에게는 거의 무의미하다. 현대의 수학자들은 어떤 연역계든 일정한 최소한의 무정의 용어를 반드시 포함해야 한다고 본다. 유클리드 기하의 경우 여기에는 점과 직선이 포함될 것이다.

유클리드는 이어서 직각, 수직, 평면, 원, 삼각형, 정삼각형, 이등변삼각형, 사각형 등에 대해 정의한다. 예를 들어 삼각형은 세 직선으로 둘러싸인 평면도형이다. 그는 나중에 88쪽에서 이야기할 평행선의 정의로 이 부분을 마무리한다.

정의에 이어 유클리드는 공리를 제시한다. 이것들은 매우 일반적이어서 자명한 진리로 받아들일 수 있다고 보는데, 아래의 다섯 가지가 있다.

1. 어떤 두 대상이 다른 한 대상과 같으면 세 대상은 모두 서로 같다.
2. 같은 것에 같은 것을 더하면 그 합은 서로 같다.
3. 같은 것에서 같은 것을 빼면 그 차는 서로 같다.
4. 서로 겹치는 두 대상은 서로 같다.
5. 전체는 부분보다 크다.

여기서 넷째를 제외한 나머지는 대부분의 사람들이 자명하다고 여길 것이다. 넷째 공리는 어떤 기하적 도형을 다른 도형에 얹었을 때 서로 완전히 일치하면, 예를 들어 두 삼각형의 경우 변의 길이와 각의 크기와 넓이가 같아서 서로 정확히 겹친다면, 두 도형은 서로 같다는 뜻이다. 다섯째 공리는 언뜻 너무나 명백해 보인다. 하지만 게오르크 칸토어(Georg Cantor, 1845~1918)가 제시한 무한의 이론에 의해 그 문제점이 드러나는데, 이에 대해서는 나중에 제4장에서 살펴본다.

끝으로 ≪원론≫에는 순수하게 기하에만 적용되는 공준들이 제시된다. 이를 오늘날의 용어로 옮기면 다음과 같다.

1. 두 점이 있을 때 두 점을 양 끝점으로 하는 선분을 그을 수 있다.
2. 선분은 양쪽의 어느 방향으로든 무한히 연장할 수 있다.
3. 어떤 한 점과 길이가 주어지면 이 점을 중심으로 하고 이 길이를 반지름으로 하는 원을 그릴 수 있다.
4. 모든 직각은 서로 같다.
5. 평행선 공리(90쪽 참조)

이 가운데 첫 세 공준은 자명한 듯하지만 둘째에는 약간 미묘한 점이 있으며, 이는 나중에 다시 살펴본다. 넷째는 실질적으로 각을 재는 표준자를 설정한 것에 해당한다. 다섯째는 극심한 논란을 불러일으켰는데, 이에 대해서는 나중에 따로 자세히 논의한다.

이와 같은 공리들을 토대로 유클리드는 정리들의 유도에 나섰다(유클리드는 공리와 공준을 구별했지만 오늘날의 관점에서 보면 본질적인 차이가 없다. 따라서 이 모두를 흔히 공리라고 부르며 이 책에서도 그러기로 한다. — 옮긴이). 처음에 이끌어낸 정리들은 어떤 주어진 길이의 변을 가진 정삼각형에 관한 것이며, 다른 예로는 아래와 같은 합동(合同, congruence)에 대한 명제를 들 수 있다.

명제 : 두 삼각형 ABC와 DEF에서 $AB=DE$, $AC=DF$이고 $\angle CAB=\angle FDE$이면 두 삼각형은 합동이다(넷째 공리와 그림 2.2 참조).

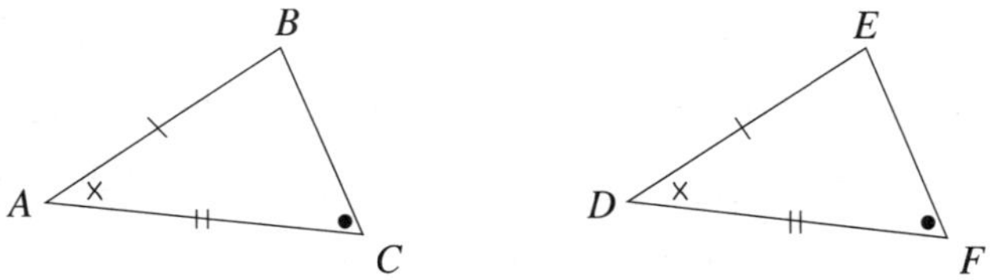

그림 2.2 변-각-변

첫머리의 이 명제들은 가설들로부터 출발하여 결론으로 나아가는 간단한 논리적 추론들에 의해 증명된다. 이처럼 어떤 명제가 증명되면 알려진 결과들의 목록에 추가되고 연후에 제기되는 다른 결론들의 증명에 이용된다. 따라서 증명된 결과들은 체계적으로 쌓여간다. 하지만 이런 과정의 어떤 단계에 이르자 유클리드는 뭔가 부족하다는 점을 느꼈다. 이에 그는 새로운 증명법인 귀류법(歸謬法)을 추가해야 했다.

귀류법

논리는 단순히 조직적 원리에 지나지 않을까, 아니면 진리에 이르는 수단일까? 이 책에서 우리는 과학과 철학에서 전통적으로 사용되어 온 논리의 역할에 대해 자꾸 되돌아보게 될 것이다. 먼저 무엇보다도 수학은 개별 명제 **P**의 진리성 여부보다는 수학적 명제들 사이의 암시관계, 곧 '**P**는 **Q**를 뜻한다' 또는 '**P**이면 **Q**이다' 라는 관계의 진리성 여부에 관심을 가진다는 점을 이해해야 한다. 이런 관계는 '$\mathbf{P} \Rightarrow \mathbf{Q}$' 로 나타내며, 흔히 우리는 이처럼 **P**가 옳다는 가정 아래 **Q**를 향해 나아간다. 하지만 추론이 항상 이런 방향으로 진행하지는 않는데, 이는 아리스토텔레스(Aristoteles, 기원전 384~322)의 논리학에 따르면 '$\mathbf{P} \Rightarrow \mathbf{Q}$' 와 '$\neg\mathbf{Q} \Rightarrow \neg\mathbf{P}$' 가 동치이기 때문이다. 여기서 '¬' 는 부정(not)을 나타내며, '동치이다(equivalent)' 라는 것은 두 관계의 진리값(truth value)이 같다는 뜻이다. 예를 들어 '만일 a^2이 홀수면 a도 홀수다' 라는 명제가 참임을 밝혀야 한다고 생각해보자. 그러면 'a가 홀수가 아니면 a^2도 홀수가 아니다' 또는 'a가 짝수면 a^2도 짝수다' 라는 것을 밝혀도 된다. 이 경우 본래의 것보다 이처럼 변형된 것을 증명하는 게 훨씬 쉬운데, 이 변형된 것을 대우(對偶, contrapositive)라고 부르며, 모든 수학적 명제에는 그에 대응하는 대우가 있다.

이와 마찬가지로 '모든 소수는 홀수다' 라는 명제는 그 대우인 '모든 짝수는 합성수다' 라는 명제의 참 또는 거짓 여부와 일치한다(소수의 정의는 제1장 참조. 합성수는 소수가 아닌 수를 말하며 4, 6, 8, 9, …가 그 예이다. 합성수는 1이 아닌 두 수의 곱으로 쓸 수 있다).

대우를 이용하는 논증은 귀류법의 한 예인데, 귀류법이란 무엇일까? 우리는 명제 '$\mathbf{P} \Rightarrow \mathbf{Q}$' 의 진실성을 확인하고자 한다. 따라서 우리는 **P**가 참이라는 가정 아래 **Q**가 참이라는 방향으로 추론을 진행한다. 그런데 **Q**로 직접 나아가는 대신 자연스럽게 떠오르는 '만일 **Q**가 거짓이라면 어찌될까?' 라는 의문을 제기해볼 수도 있다. 다시 말해서 **P**와 $\neg\mathbf{Q}$를 가정하는 것이다. 만일 논증이 성공적으로 진행되면 모순에 이를 것이다. 그런데 이 모순은 무엇일까? 이것은 국소적일 수도 있고 광역적일 수도 있다. 다시 말해서 이것은 이 논증의 테두리를 이루는 가정과 모순될 수도 있고, 아니면 이미 참이라고 알려진 이전의 결과들과 모순될 수도 있다. 한편으로 대우를 이용한 논증을 **P**와 $\neg\mathbf{Q}$를 가정하고 $\neg\mathbf{P}$를 결론으로 삼아 검토해볼 수도 있다. 그러면 **P**이면서 $\neg\mathbf{P}$라는 모순에 이른다. 따라서 $\neg\mathbf{Q}$라는 가정이 오류이며 이로부터 $\mathbf{P} \Rightarrow \mathbf{Q}$가 참임을 알게 된다. 이런 뜻에서 대우법은 국소적 모순을 이용한 증명법이라고 볼 수 있다. 이제부터 국소적 모순과 광역적 모순의 예를 살펴본다.

귀류법은 가정에서 결론으로 진행하는 통상적인 직접증명법을 조금 바꾼 것일까, 아니면 전혀 새로운 증명법일까? 귀류법으로 증명된 모든 결론들에는 그에 대응하는 직접증명법이 있지 않을까? 앞으로 거듭 보게 되겠지만 수학에는 2의 제곱근이 유리수가 아니라는 명제와 같이 오직 귀류법으로밖에 증명할 수 없는 중요한 예들이 많다. 사실 우리는 귀류법을 우리의 논리적 무기에 편입시킴으로써 극도로 중요하고 강력한 도움을 얻게 되는 셈이며, 우리가 최종적으로 마주치는 수학의 종류도 어느 정도는 이에 의해 규정된다.

귀류법의 추론 방식을 처음 대하는 학생은 어딘지 미묘한 과정으로 보인다는 어려움을 겪는다. 귀류법을 이해한 사람에게는 단순히 또 다른 형태의 논의에 불과한 것으로 여겨진다. 하지만 학생의 입장에서 볼 때 이는 과연 정당한 방법인지 분명하지 않다. 잠시 생각해보자. 우리는 **P** ⇒ **Q**가 참임을 보이려고 한다. 그러면 대개는 **P**를 가정하고 **Q**를 유도하려고 한다. 하지만 여기서 우리는 ¬**Q**를 가정한다. 이는 어딘지 이상한데 본래 보이려고 한 목표는 **Q**였던 것 같기 때문이다. 어떻게 뭔가를 거짓이라고 가정하면서 그것이 참임을 증명할 수 있을까? 이에 따라 전체적 과정이 마냥 기괴하게 보인다. 내 경험에 따르면 이와 같은 간접적 추론은 이해하기 어려우며 실제로 나는 여기에 일리가 있다고 믿는다.

왜 이런 추론이 어렵게 보일까? 앞으로 보게 되겠지만 왜 이게 수학의 발전에서 그토록 큰 논란거리가 되었을까? 제1장에서 간단한 등식에 들어 있는 변수의 이용에 대해 이야기할 때 내가 이미 언급한, 변수가 가능한 모든 수와 등식의 해라는 하나의 특정한 수를 동시에 나타낸다고 지적했음을 되새겨보자. 거기서 나는 변수를 다루는 분야인 대수는 내가 불명이라고 부른 사고방식의 필요성을 제기했다고 주장했다. 그런데 여기서 우리는 또 다른 종류의 불명한 사고방식이 나타남을 본다. **Q**는 참인가 아닌가? 이것이 참임을 보이려면 거짓으로 가정한다. 따라서 당분간 이것은 참이기도 하고 거짓이기도 한데 최소한 우리는 마음속으로나마 두 가능성을 동시에 품어야 하기 때문이다. 게다가 이런 증명에서 모순은 결국에는 부정하기 위하여 의도적으로 환기된다. 곧 여기에서의 창의적 아이디어는 모순을 만들어내는 것이다. 흔히 수학에서 모순은 허용되지 않는다고 말한다. 하지만 일관성을 갖출 것은 수학의 결과들일 뿐이다. 이미 보았듯 수학적 사고의 과정에서는 모순이 얼마든지 허용된다. 연역적 수학 체계는 무모순의 원리 위에 세워졌는데 이는 부정적인 금지처럼 보인다. 하지만 아이러니컬하게도 이 부정적 원리가 '대부분의 실수는 무리수이다' 라는 것과 같은 긍정적 결과를 증명하는 데에 쓰인다. 그러므로 귀류법은 직접증명법에서는 볼 수 없는 불명으로 넘친다. 불명이 내포된 상황은 다루기가 까다롭지만 여기의 예에서 보듯 그 보상은 때로 아주 크다. 이런 식의 논증이 가진 위력은 유클리드의 업적에서 처음으로 유감 없이 발휘되었다.

평행선

이제 평행선의 개념에 대한 유클리드의 생각을 살펴본다. 여러 가지 이유로 이 개념은 유클리드 기하에서 가장 논란이 많았다. 평행선에 대한 유클리드의 정의는 다음과 같다.

정의 : 평행선은 같은 평면에 있는 직선들로 양쪽 방향으로 무한히 연장해도 서로 만나지 않는다.[5]

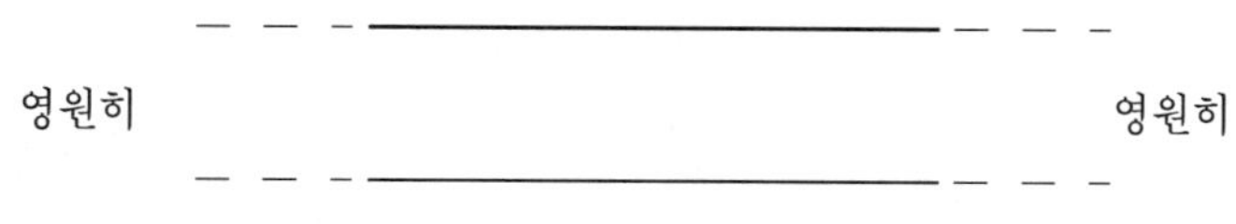

그림 2.3 평행선

이 정의는 선분을 무한히 연장할 수 있다는 기하의 둘째 공리를 이용하고 있다. 그런데 바로 이 무한의 연장이 평행선의 정의를 활용하는 데에 어려움으로 작용한다.

유한한 두 선분이 만나는지의 여부를 점검하기는 쉽다. 하지만 무한히 연장될 경우 결코 만나지 않는다는 것을 어떻게 확인할 수 있을까? 따라서 유클리드가 첫째로 할 일은 평행의 개념을 확고하게 할 실용적 기준을 마련하는 것이었다.

명제 : 두 직선과 만나는 한 직선에 의해 만들어지는 엇각들이 서로 같으면 두 직선은 평행하다.

이 명제는 무한히 연장될 수 있는 직선이라는 무한한 대상을 다루므로 직접적으로 증명할 수는 없다. 따라서 유클리드는 모순을 활용해야 했다.

증명 : 그림 2.4에 따라 진행한다. 여기서 $\angle\alpha=\angle\beta$이며, 이때 두 직선 AB와 CD가 평행임을 보여야 한다. 두 직선이 평행이 아니려면 어떤 점에서 만나는데 이 점을 G라고 하자. 그러면 삼각형 EFG가 만들어지며 외각 β는 대각 α와 같다. 하지만 이는 (외각은 내각이나 대각보다 항상 크다는) 이전의 결과와 모순된다. 따라서 직선 AB와 CD는 서로 평행이다. ■

이 논증의 모순은 이전의 결과에 대한 것임을 주목하자. 그러므로 이것은 광역적 모순이라고 부른 것의 한 예다. 이 모순은 어떤 증명 안에서 고립되어 작용하는 게 아니라 이 논증이 더 큰 연역계의 한

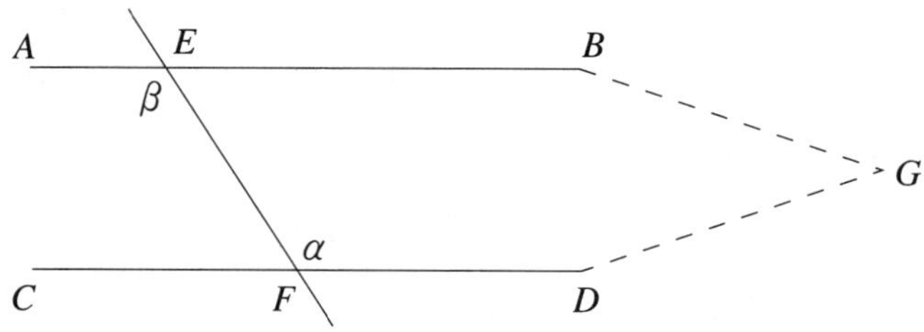

그림 2.4. 엇각이 같으면 두 직선은 평행이다.

부분이라고 여겨지는 상황에서 작용한다. 실제로 이 정리의 증명에 사용된 추론은 (그리고 어떤 귀류법이든) 대략 다음과 같이 진행된다. "이 가정은 모순되는데, 모순은 일관된 체계에서는 허용되지 않는다. 따라서 이 가정은 거짓이다. 그런데 이 가정은 우리가 입증하려는 것의 부정이다. 그러므로 우리의 주장은 참이다." 모든 귀류법은 "모순은 허용되지 않는다!"는 논리적인 일관성 공리(axiom of consistency)에 의존한다. 유클리드 기하뿐 아니라 모든 연역계가 이 원리에 근거를 두고 있다.

유클리드가 유명한 평행선 공리를 사용하게 된 것은 위 정리의 역을 증명해야 할 때였다.

> **공리 5(평행선 공리)** : 두 직선과 만나는 한 직선에 의해 만들어지는 동측내각의 합이 2직각보다 작으면 두 직선을 무한히 연장할 경우 동측내각의 합이 2직각보다 작은 쪽에서 만난다(다시 말해서 어떤 직선이 직선 AB와 CD를 가로지를 때 생기는 동측내각 α와 β의 합이 2직각보다 작으면 직선 AB와 CD는 α와 β가 있는 쪽에서 만난다).[6]

평행선 공리는 부정적 방식으로 서술되었다는 점이 흥미롭다. 다

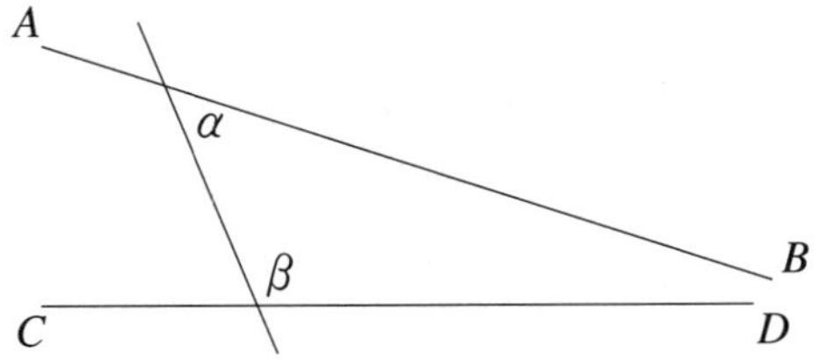

$\alpha + \beta < 2$직각

그림 2.5 평행선 공리

시 말해서 이 공리는 두 직선이 평행할 조건을 직접 제시하는 게 아니라 만나는 경우를 서술하고 있다. 이 공리를 이처럼 이상한 형태로 꾸민 이유는 분명 유클리드가 귀류법을 염두에 두고 그 토대를 마련하기 위함이었다. 이 공리는 평행의 필요충분조건은 엇각이 같다는 것임을 증명하는 데에서 처음 쓰였다.

명제 : 평행인 직선들을 가로지르는 한 직선에 의해 생기는 엇각들은 서로 같다.

증명 : 유클리드는 여기에서 그림 2.6의 $\angle\alpha$와 $\angle\beta$가 같음을 보여야 한다. 먼저 이와 반대로 예를 들어 $\angle\alpha$가 $\angle\beta$보다 작다는 식으로 두 각이 같지 않다고 가정한다. 그러면 다음 결과가 나온다.

$$\angle\alpha + \angle\gamma < \angle\beta + \angle\gamma = 2\text{직각}$$

그러므로 동측내각이 2직각보다 작다. 그런데 평행선 공리에 따르면 이런 경우 두 직선은 서로 만나야 하며, 이는 두 직선이 평행하다는 본래의 가정과 모순이다. ■

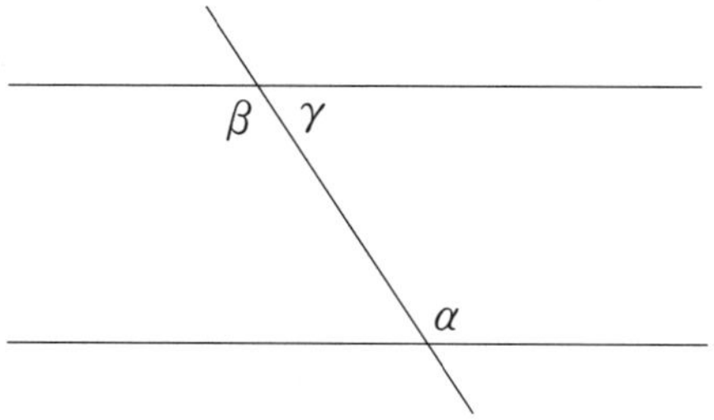

그림 2.6 두 직선이 평행하면 엇각이 서로 같다.

이것이 유클리드가 사용한 전형적인 논증의 한 형태이며 이후 수학의 모든 영역에서 두루 사용되었다. 평행선은 정의상 결코 만나지 않는다. 그런데 유클리드 기하에서의 선분은 무한히 연장할 수 있다. 하지만 그럴 경우 두 직선이 아무리 길게 연장되더라도 결코 만나지 않을 것이라는 사실을 어떻게 증명할 수 있을까? 직선은 무한한 기하적 대상이다. 그런 대상들에는 본질적인 불완전성이 존재하지만 수학자들은 이에 대해서도 명확한 기술을 하고 싶어한다. 직선들이 평형이란 점을 증명하려면 아무리 연장해도 만나지 않을 것이라는 점을 보여야 한다는 게 가장 먼저 떠오른다. 이것은 짝수와 홀수를 더하면 홀수가 된다는 기술이 무한히 많은 경우를 상정하는 것과 마찬가지로 무한에 관한 논의다. 수학자들은 이런 무한의 상황을 독특하게 다룬다. 이 과정에서 명확하지 않거나 무한한 것은 본질적으로 유한한 것으로 대체되어야 한다. 이 증명의 경우 이 유한한 성질은 엇각의 동등성이다. 평행선 공리의 무한에 관련된 조건은 평행하지 않은 상황에서의 유한한 조건으로 대체되는 것이다. 귀류법의 논증은 바로 이 핵심적 환원을 이용한다.

이제 그리스 수학의 더욱 유명한 사례를 살펴본다.

정리 : 2의 제곱근은 유리수가 아니다.

증명 : 2의 제곱근이 어떤 유리수와 같다고 하자. 그러면 유리수는 분모와 분자가 정수인 분수와 같으므로 다음과 같이 쓸 수 있다.

$$\sqrt{2} = \frac{m}{n}$$

이 논증의 핵심은 두 정수 m과 n이 공약수를 갖지 않도록 선택될 수 있다는 것이다. 예를 들어 12/42는 2/7로 쓸 수 있으며 2와 7은 공약수를 갖지 않는다. 그러므로 여기의 m과 n도 공약수가 없도록 선택되었다고 가정한다. 이제 양변을 제곱하면 다음과 같이 된다.

$$2 = \frac{m^2}{n^2}. \text{ 그러므로 } m^2 = 2n^2. \quad (*)$$

이 결과에 따르면 m^2은 짝수이며, 따라서 m도 짝수이다. 흥미롭게도 이 점도 귀류법으로 증명된다. 만일 m이 홀수라면 m^2도 홀수여야 한다. 그러므로 m^2이 짝수이면 m도 짝수이다. 이처럼 m이 짝수이므로 이제 $m = 2k$로 쓸 수 있다. 그러면 (*)은 다음과 같이 된다.

$$4k^2 = 2n^2. \text{ 그러므로 } n^2 = 2k^2.$$

여기에 마찬가지의 논리를 적용하면 n도 짝수이다. 그런데 그렇다면 m과 n이 모두 짝수여서 최소한 2라는 공약수를 가지므로 애초에 공약수가 없도록 m과 n을 선택했다는 것과 모순된다. 그러므로 2의 제곱근은 유리수가 될 수 없다.

■

이 논증은 결론에 이르기까지 아주 기본적인 수의 성질만 이용한다. 따라서 이는 증명의 안에만 국한되는 국소적인 것이다. 한편 결과는 부정적이다. 이에 따르면 기하적 수인 $\sqrt{2}$는 어떤 형태로 표현될 수 없다. 이 증명은 $\sqrt{2}$가 존재한다고 말하지는 않지만 그 방향을 가리키며, 따라서 완전히 부정적이지는 않다. $\sqrt{2}$에 대해서는 제1장에서 어느 정도 자세히 이야기했다. 이 결과가 귀류법에 의해 증명되었다는 사실은 여기에 분명 뭔가 문제점이 있음을 보여준다. $\sqrt{2}$가 보통의 기하적 수라면 이 모순적인 논증은 이게 양의 정수보다 더 복잡한 수학적 대상임을 말해준다. 여기에 뭔가 이해해야 할 게 있으며 심오함과 도전이 있다. 한편으로 만일 우리가 $\sqrt{2}$를 소수로 보면 이것은 무한소수이므로 완전히 확정된 대상이 아니다. 하지만 이것을 기하적 대상으로 보면 이것은 유한하고 따라서 확정적 대상인 것 같다. 이것이 $\sqrt{2}$와 관련된 불명의 핵심이다. 귀류법에 의한 증명은 $\sqrt{2}$의 복잡하고 흥미로운 수학적 대상임을 잘 보여준다.

증명과 반례

수학을 형식적 연역이론으로 보는 관점은 반례의 역할을 간과하기 쉽다. 반례는 다음과 같은 의미에서 모순의 일종이다. 수학의 정리는 수학적 자료의 어떤 부분에서 나타나는 패턴이나 규칙성을 표현한다. 반례는 이 정리들의 결론과 어떤 특정한 경우에서 모순을 일으킴으로써 그런 패턴이 지켜지는 사례의 범위를 제한한다. 어떤 정리가 결코 참이 될 수 없음을 보여주는 사례도 있을 수 있고 그게 흥미로울 수도 있다. 하지만 더 흥미로운 경우는 어떤 결론이 언제나 참이지 않고 어떤 범위 안에서만 참인 경우다. 그러면 문제는 정확히 언제 이게 참이 되는지를 밝히는 것이다. 수학은 이론과 반례 사이의 균형이며, 따라서 수학의 이론을 세우는 데에는 두 가지 모두 필수적이다.

임레 라카토스(Imre Lakatos, 1922~1974)는 (형식수학이나 컴퓨터화된 수학과 대조되는) 진정한 수학이 역사적으로 발전하는 방식에 대해 중요한 이론을 전개했다.[7] 먼저 그는 수학이 유클리드의 영향을 받아 흔히 생각하듯 공리로부터 정리로 전개되며 발전하는 게 아니라는 점을 지적했다. 라카토스의 업적은 나중에 제5장에서 자세히 이야기하므로 여기서는 요점만 짚어둔다. 그는 수학에서 매우 중요한 현상을 포착했는데, 이에 따르면 가설과 정의와 결론이 유동적 상태에서 사뭇 자주 함께 존재한다. 만일 운이 좋다면 최종적으로 적절한 가설과 용어들의 정의와 결론이 어떻게 구성되어야 한다는 것을 결정짓는 안정된 상태가 '가장 좋은' 결과라는 가면을 쓰고 나타난다. 이 가장 좋은 결과의 요점이 대개 어떤 수학적 아이디어의 핵심이 된다. 다시 말해서 수학적 탐구의 현실에서는 아이디어가 먼저 출현하고 가설이나 결론은 가장 좋은 결과가 이 아이디어로부터 추출될 수 있도록 나중에야 비로소 적절히 구성된다.

나는 1960년대 말에 버클리의 캘리포니아 대학교 수학과에서 목격했던 광경이 떠오른다. 그즈음 막 필즈상을 받은 스티븐 스메일(Stephen Smale, 1930~)은 한 무리의 동료들과 역동계에 대한 연구를 하고 있었다. 스메일은 연구 도중에 그런 계의 일반적인 행동에 관한 추측들을 아주 자주 내놓았다.[8] 하지만 몇 달이 지나면 그룹 안의 누군가가 이에 대한 반례를 발견하고 제시한다. 그러면 이 예는 새롭고 더 일반적인 추측으로 포괄되며, 이렇게 하여 탐구는 또 진행된다. 이런 상황이 몇 해 동안의 연구 과정에서 여러 번 되풀이되었다. 반례는 논리적으로는 막다른 골목이지만 실제로는 전혀 그렇지 않으며, 우리가 수학적 연구라고 알고 있는 과정에서 본질적인 가치를 지닌 중요한 부분이다.

요컨대 모순은 종점이 아니라 아이디어와 이론을 정교하게 가다듬는 도구이다. 논리적 전개는 수학의 중요한 요소지만 결정적인 요소는 아니다. 위의 예들에서 보듯 수학적 활동에서는 수학적 자료들의 어떤 부분을 이해하려는 시도를 펼치며, 여기서의 핵심 단어는 이해이다. 정리나 명제와 같은 긍정적인 결과들과 마찬가지로 반례와 같은 부정적인 것들도 우리의 이해를 증진하는 데에 기여하며, 따라서 똑같이 소중하다고 말할 수 있다. 좋은 반례를 구축하는 데에는 중요한 정리를 증명할 때에 못지 않은 뛰어난 독창성이 요구될 수도 있다.

수학적 개념에서의 모순 : 0의 경우

수학은 흔히 모순이 없는 영역이라고 여긴다. 하지만 정말로 그럴까? 형식수학에 모순이 없다는 말은 옳다. 동일한 가설의 모음으로부터 참이면서 거짓인 명제가 나올 수는 없기 때문이다. 하지만 수학에서 모순은 이와 다른 미묘한 방식으로 나타날 수 있다. 아래서는 수학에서 모순이 나타나는 전혀 새로운 길을 살펴본다. 이 과정에서 우리는 모순, 더 정확히 말하자면 한때는 모순으로 여겼던 것들이 어떻게 강력한 수학적 개념으로 탈바꿈될 수 있었는지를 이해하게 된다. 모순은 과정이 대상으로 변하는 것과 같은 방식으로(제1장 참조) 구상화되어 수학적 개념으로 받아들여질 수 있다. 이처럼 논리법칙은 형식수학에서 모순을 배제하지만 그럼에도 불구하고 모순은 나름의 길을 찾아 수학적 개념 속으로 스며들어간다.

수학적 개념인 0(零, zero)은 더욱 근본적 아이디어인 무(無, nothing)와 관련되어 있다. 무는 가장 기본적이고도 미묘한 개념이다. 무는 유(有, something)의 부정이지만, 우리가 유에 대한 어떤 아이디어를 가졌다고 말할 경우 여기에는 필연적으로 무에 대해서도 어떤 아이디어를 품었다는 암시가 동반된다. 하지만 그렇다고 해서 무를 그 어떤 유로 개념화하는 것은 사뭇 골치 아픈 미묘한 문제다. '무' 가 '존재' 하는가? 존재하지 않는다면 어떻게 그것에 대해 이야기할 수 있는가?

무는 오래도록 수많은 사색가들을 혼란과 미스터리 속으로 몰아갔다. 사르트르(Jean-Paul Sartre, 1905~1980), 카뮈(Albert Camus, 1913~1960), 카프카(Franz Kafka, 1883~1924), 벨로(Saul Bellow, 1915~2005), 니체(Friedrich Nietzsche, 1844~1900)와 같은 실존주의자들은 무성(無性, nothingness)을 핵심적인 관심사로 여겼다. 이는 또한 히트를 친 TV 코미디 '사인펠드(Seinfeld)' 의 기초이기도 했다. 죽음은 궁극적인 무이므로 죽음에 대한 두려움은 분명 무성에 대한 두려움일 수 있다. 무는 두려움의 대상이고 "미지의 세계인 무로부터 되돌아온 여행자는 없다." 하지만 이 유명한 햄릿의 독백을 통해 셰익스피어가 물었듯, 두려움의 내용을 모르는데도 왜 이를 두려워할까? 무성과 마주치면 이성적인 마음은 공백이 된다. 이것은 궁극적 모순의 일종이다. 무의 이와 같은 모순적 본질은 이를 표현하고자 하는 인류에 의해 0의 기호로 전해졌다.

2와 0의 차이

수학적 대상의 본질은 무엇일까? '2' 라는 수는 어떤 종류의 대상일까? 일반적으로 대부분의 사람들은 대상과 언어 사이에는 일대일 대응이 존재한다고 생각한다. '사과' 는 그에 대응하는 과일을 가리킨다. '나무' 는 뒷마당에 있는 그루터기와 가지와 잎을 가진 대상을 가리킨다. 기본적인 수학적 대상들에도 좀 추상적이기는 하지만 이런 대응관계가 존재한다. 예를 들어 '2' 는 '둘' 로 존재하는 모든 대상들의 공통적 성질을 가리킨다. '2' 는 추상적인 아이디어지만 '사과' 나 '나무' 같은 명사들이 가진 정확성을 거의 그대로 보유한다.

알려진 모든 인류 문화에는 '2'를 가리키는 말이 있다. 생각해보면 젖먹이 아이가 그 이른 시기에, 심지어 헤아리기를 알기도 전에, 이미 '둘'로 이루어진 대상들을 인식한다는 것은 참으로 놀라운 일이다. 이로부터 미루어보건대 '2'를 뜻하는 어떤 선구적 개념이 우리의 뇌에 이미 각인되어 있는 듯 여겨진다. 나아가 이는 사람에게 국한되지 않는다. 많은 동물들도 '둘이라는 특성'을 인식할 수 있다.

그렇다면 '0'은 어떨까? 언뜻 생각하면 이것도 '2'와 다를 게 별로 없다. 좀 특별한 성질이 있기는 하지만 수학자의 입장에서는 그저 또 다른 정수에 지나지 않는다. 예를 들어 0은 덧셈에서 하는 일이 없다. 어떤 정수 n에 대해서든 $n+0=n$이기 때문이다. 곱셈에서는 $n\times0=0$이어서 모든 정수를 0으로 환원시키는 성질이 있다. 형식적 차원에서 보자면 사실상 이게 전부다.

사실 0이라는 수는 2와 사뭇 달라서 우리에게 고대 그리스의 수학과 문화의 본질에 대해 많은 것을 알려준다. 또한 오늘날의 문화는 고대 그리스의 문화에서 물려받은 게 많다는 점에서 현대수학에 대해서도 마찬가지다. 그리스의 철학자 파르메니데스(Parmenides, 기원전 5세기 초 무렵)는 "우리는 존재하는 것에 대해서만 말할 수 있다. 존재하지 않는 것은 생각할 수 없고, 생각할 수 없는 것은 존재할 수 없다"라고 주장했다. 이러한 그의 관점에 따르면 자연계는 독특한 대상들로 이루어져 있으며, 적절하고 조화로운 언어의 사용은 말과 사고의 대상과 자연계의 대상들 사이의 일대일 대응 관계를 올바로 수립하는 데에 있다. 오늘날의 관점에서 보자면 이런 생각은 '소박한 실재론(naive realism)'이라고 부를 수 있겠는데, 사실 이는 대부분의 일반인은 물론 대부분의 과학자들이 가진 자연적인 관점이기도 하다. 이러한 고대 그리스의 유산을 통해 우리는 자연계와의 관계를 수립한다. 이 가상적 대응성은 이론적 구성물의 일관성을 자연계 자체의 성질로 이전시키는 결과를 낳는다. 이에 따라, 예를 들어 유클리드 기하의 전체 또는 일부의 일관성은 그에 대응하는 물리적 대상들로 이루어진 세계에도 일관성이 존재한다는 사실을 암시하게 된다.

현대수학을 소박한 실재론의 관점에서 접근하는 게 타당할까? 우리는 앞서 2의 제곱근의 무리수성이 고대 그리스인들에게 상당한 문제를 제기했음을 보았다. 그들은 이를 완전히 극복할 수는 없었다. 그런데 0의 경우는 무모순의 원리와 소박한 실재론의 귀결에 맞서는 더욱 생생한 사례이다. 무의 개념은 파르메니데스와 그의 추종자들로부터 적절한 대접을 받지 못했고 수학에서는 더욱 그랬다. 0이 근본적으로 모순적 개념이란 점은 옳다. 이것은 산술적으로 아무것도 없다는 상황을 나타내는 기호 또는 단어이다. 이것은 비존재를 나타내는 존재다. 무모순의 원리나 대상과 개념 사이의 대응성을 강하게 믿는 사람이라면 이런 기호에 본질적인 문제가 있다고 보고 거부할지도 모른다. 인간 사고의 기능은 선명한 것을 찾고 따르는 것 아닌가 말이다. 그런데 이처럼 본질적인 자기모순 때문에 본질적인 오류를 가진 개념을 도입하면서 어떻게 이런 목표를 추구할 수 있을 것인가? 이런 개념들은 개념과 자연계의 대상들 사이에 선명한 대응이 존재한다는 가정을 깨뜨리고 있다. 그러므로 고대 그리스인들이 그토록 정교한 수학을 개발했음에도 불구하고(또는 그랬기 때문에) 0을 수학적 개념으로 결코 받아들이지 않았던 것은 그다지 놀랄 일이 아니다.[9]

오늘날 우리에게 0은 너무나 낯익은 개념이어서 그게 실제로는 얼마나 신비롭고 미묘하고 모순적인 아이디어인지를 새삼스럽게 포착하기란 쉬운 일이 아니다. 다시 말하지만 0은 존재하지 않는 것에 대한 이름이다. 0의 구체적인 사례의 하나로 '0개의 사과'를 생각해보자. 애초에 5개의 사과와 5개의 귤이 있었는데 사과를 모두 덜어내면 아직 귤이 남아 있지만 귤은 사과가 아니다. 그러나 거기에 아무것도 없다고 말하는 것은 옳다고 하기 곤란하며 '여기에 사과는 없다' 고 말하면 좋을 것이다. 이 말을 좀더 완전하게 풀이하면 '사과에 대해 말하자면 아무것도 없다 또는 0개가 있다' 는 뜻이다. 따라서 '0개의 사과' 라는 표현은 사과가 있다는 사실을 부정하기 위한 관념이다. 이쯤에서 우리는 어딘지 이상한 느낌을 받는다. '0개의 사과' 라고 말할 때 사과는 있기도 하고 없기도 하다. 이 점은 다음과 같은 약간 다른 의문을 통해서도 얻을 수 있다. "'0개의 사과' 와 '0개의 귤' 은 서로 같은가?" 추상적인 수 0은 참으로 미묘한데, 이것은 0개의 사과, 0개의 귤, 0개의 배 등의 아주 구체적인 예들에 내포된 공통성을 가리키고 있기 때문이다.

우리의 문화는 고대 그리스의 형이상학적 가정들을 물려받았으므로 우리는 최소한 어느 정도나마 0의 개념에 대한 그리스인들의 거부감을 실감할 수 있다. 하지만 5세기 무렵의 인도인들은 달랐다. 그들은 이런 거부감이 없었고, 따라서 0의 개념을 자연스럽게 발전시켰다. 왜 어떤 문화는 실패했는데 다른 문화는 성공했을까?

0이 인간의 문화에 들어온 데에 대한 최초의 기록은 458년의 인도에서 이루어진 것으로 추정한다. 인도인들은 일찍이 594년 무렵부터 자리수법(place-value system)을 사용했는데, 이 표기법에서는 주판에서처럼 빈칸이 나타날 수 있고, 따라서 빈칸을 나타낼 어떤 기호가 필요했다. 이에 따라 처음에 0은 단순히 어떤 자리를 나타내는 기호에 지나지 않았지만 얼마 가지 않아 1, 2, 3, …과 마찬가지로 수의 지위를 차지하게 되었다. 그리하여 628년 천문학자 브라마굽타(Brahmagupta, 598~668)는 심지어 다음에서 보는 것처럼 0의 산술에 대한 기록도 남겼다.

수냐(sunya, 0)를 어떤 수에 더하거나 어떤 수에서 빼면 그 수는 변하지 않는다. 어떤 수에 수냐를 곱하면 그 수는 수냐가 된다.

그는 또한 어떤 수를 0으로 나눈 결과를 무한대라는 수로 정의했다. 이는 1 / 1=1, 1 / (1 / 2)=2(1을 '1 / 2'로 나누면 2), 1 / (1 / 3)=3, …에서 보듯 나눗셈의 결과는 분모가 작아질수록 커진다는 점에서 볼 때 타당하다고 말할 수 있다.

어떻게 인도인들은 0의 개념을 독립시키는 데에 성공했을까? 영국의 이론물리학자 존 배로(John Barrow, 1952~)는 자신의 저서 ≪무영 진공≫(*The Book of Nothing*)에서 "인도인들은 무와 공허에 관한 많은 관념들에 익숙해져 있었으므로 0의 개념도 쉽게 받아들일 수 있었다. … 인도인들의 마음은 0을 무와 공허를 뜻하는 더 넓은 철학적 스펙트럼의 한 부분으로 보았다"라고 썼다. 실제로 인도인들은 무에 대해 아주 풍부한 의미를 부여했는데, 이 점은 무의 여러 측면들을 독립적으로 나타낼 필요가 있다고 여겼음을 보여주는 다양한 산스크리트어들이 존재한다는 사실에서 잘 알 수 있다. 여기에는 대기, 공간, 공간의 광대함, 점, 항해, 완전, 구멍, 허공, 하늘 등을 나타내는 단어들이 포함된다. 배로는 인도인의 0의 관념인 수냐에 대해 다음과 같이 말했다.

이것에는 수많은 복잡성들의 연계 관계가 담겨 있다. 그리고 이로부터 예기치 못할 연상들이 흘러나온다. 하지만 이런 관계는 어떤 형식적인 논리 구조에 일관되게 들어맞는지 등의 논리적 분석에 구애받지 않는다. 인도인이 발전시킨 사고체계는 개방적인 자유연상이란 점에서 사뭇 현대적이다. 그 핵심에는 특정한 숫자가 있고 그것이 수행할 기능이 있다. 하지만 그 기능을 수행함에 있어서 장차 그것이 다른 방식으로 쓰이거나 확장될 가능성을 전혀 구속하지 않는다. 이것은 바로 우리가 현대의 예술이나 문학에서 기대하는 바이다.

배로는 더 나아가 다음과 같이 말한다. "무에 관한 인도인들의 관념은 위계질서를 갖춘 일관된 체계를 이룬다." "최고의 수준에는 하늘 및 하늘을 초월한 위대한 것들이 포함되어 있다. 이것들은 모두 잠재적 우주를 나타내는 빈두(bindu)로 결합되어 있다." 빈두는 말 그대로는 '점'을 뜻하지만 일반적으로는 '만물이 샘솟는 무'를 뜻한다. 이것들은 긍정적 측면을 나타내는 용어들이다. 그리고 아래로 내려오면 "낮은 수준에서는 비존재, 아직 창조되지 않은 것, 아직 만들어지지 않은 것 등등 온갖 무에 대한 여러 가지의 다른 이름들과 마주친다." 이것들은 부정적 측면을 나타내는 용어들이다.

"서로 다른 이 두 갈래는 추상적인 0의 개념으로 합쳐진다. 그리하여 이 개념은 초기 인도에서 생각했던 무의 여러 측면(단순한 산문적 의미의 빈 그릇으로부터 신비주의적인 여러 의미에 이르도록 다양하게 표출되었던 것들)을 모두 반영하게 되었다."

인도인들이 생각했던 0의 개념에 대한 여러 가지의 언급은 우리의 논의에도 타당하다. 무엇보다 먼저 인도의 무는 실제로는 유와 무, 존재와 비존재, 긍정과 부정 등 우리가 볼 때는 서로 모순되는 관념들을 함께 나타낸다. 우리는 비존재를 존재하지 않음으로 정의하며, 따라서 존재와 비존재는 서로 배타적이다. 반면 인도인의 관념은 불명하다. 수냐는 개별적으로는 일관되지만 서로 상충하는 두 의미를 지닌 하나의 관념이다. 그러나 고대 그리스와 같은 다른 문명에서의 무는 비존재라는 부정적 의미밖에 갖지 못했다. 이런 뜻에서 무를 자기모순적 개념으로 본 것은 인도 문명의 승리라고 할 수 있으며, 이에 따라 체계적인 의미는 물론 기호도 부여할 수 있게 되었다.

참으로 0은 모순적인 관념이다. 그런데 이게 우리가 이에 대해 말할 수 없다거나 말하지 말아야 한다는 뜻일까? 답은 전혀 그렇지 않다는 것이며, 이러한 0의 관념을 가짐으로써 세상에 대한 우리의 생각은 획기적으로 변화했다. 사실 0의 관념은 인류가 얻은 가장 위대한 관념들 가운데 하나다. 0과 같은 개념의 위력과 중요성은 그 조화와 일관성에 비례하는 게 아니라 그 내적 모순에 비례한다고 말할 수 있다. 이 내적 모순은 기호라는 형상을 가짐으로써 어느 정도는 해소되지만 어쨌든 이것이야말로 0이 그토록 중요하고도 강력한 이유다. 과학이 붙들고 이용하는 힘도 바로 이것이며, 이 힘이 모순적인 본질과 관련되어 있다는 추측 때문에 우리는 수학에 관한 생각을 근본적으로 수정하게 되었다. 여기서의 핵심은 모순의 회피에 있지 않다. 수학은 충분히 복잡하고 풍부하여 모순을 포용할 뿐 아니라 생산적으로 이용할 수도 있다. 따라서 문제는 이제 불명과 모순이라는 우연적 요소가 논리적 필요성과 함께 혼합된 복합체를 면밀히 파헤치는 데에 있다.

0의 개념은 수학에서 어떤 식으로 기본적일까? 가장 눈에 띄는 0의 용도는 자리수법에서 찾을 수 있다. 자리수법은 우리가 숫자를 쓰는 방법이다. 예를 들어 123에서의 1은 백, 2는 십, 3은 일의 자리를 나타낸다. 자리수법은 아주 경제적인 표기법으로 사칙연산에서 매우 편리하므로 학교에서 가르치고 배운다. 이 점은 로마숫자를 이용한 계산과 비교하면 즉각 이해할 수 있다. 로마숫자를 이용할 경우 덧셈은 아주 힘겨우며 곱셈은 사실상 불가능하다. 나아가 1과 0만 사용해도 완전히 훌륭한 표기법을 만들 수 있으며, 컴퓨터의 기계어는 바로 이것을 활용한다. 이에 따라 과학, 기술, 상업, 정보, 컴퓨터 등의 다양한 분야에서 숫자를 표기할 때 자리수법을 사용한다. 만일 0이 발명되지 않았다면 오늘날 목격하는 것과 같은 과학과 기술의 진보는 결코 이루어질 수 없었다고 해도 전혀 지나친 말이 아니다. 이 모든 것은 엄격한 논리의 관점 아래서는 도저히 빛을 볼 수 없었던 모순적인 개념의 덕택이다.

0과 미적분

뉴턴과 라이프니츠가 미적분을 제시한 이래 수많은 수학자들이 그 개념과 과정을 제대로 정립하고자 많은 노력을 기울였다.[10] 중요한 여러 문제들에 대해 올바른 답을 내놓는다는 점에서 볼 때 미적분이 제대로 작동한다는 점은 확실했다. 그런데 왜 그럴까? "18세기의 거의 모든 수학자들은 미적분의 논리에 대해 어느 정도의 노력을 기울였거나 또는 최소한 어떤 견해라도 내놓았다. 하지만 한두 사람만 올바른 궤도에 올라섰을 뿐 다른 모든 수고는 거의 허사로 돌아갔다." 미적분을 단순한 경험적 도구가 아니라 궁극적으로 확고한 논리적 기반 위에 올려놓으려면 그 어떤 수학적 혁명이 필요했다. 이는 오늘날 우리가 알고 있는 해석학의 발명에 해당하는 것으로 흔히 해석학의 산술화(arithmetization of analysis)라고도 부른다.

미적분의 정당성이라는 문제와 마주친 수학자들의 입장은 양자역학의 근본이라는 문제와 마주친 물리학자들의 입장과 비슷하다. 나는 노벨상을 받은 물리학자 리처드 파인먼(Richard Feynman, 1918~1988)이 맥길 대학교(McGill University)에서 했던 강연에서 양자역학이 왜 그렇게 잘 적용되는가 하는 질문을 받고 다음과 같이 대답했던 게 기억난다. 파인먼은 자신이 할 일은 정확한 예측을 하는 것인데, 이 점에서 양자역학은 매우 성공적인 이론이지만, 왜 그런지에 대해서는 잘 모르며 이는 아마 과학의 영역을 넘어서는 의문인 것 같다고 말했다. 하지만 18세기의 수학자들은 미적분에 대한 "왜?"라는 질문에 대해 설득력 있는 근본적인 이론을 내놓을 필요가 있다고 여겼다.

당시 수학자들이 혼란에 빠졌던 데에는 여러 가지 이유가 있지만 여기서는 그 모두를 둘러볼 여유가 없다. 단지 미적분의 근본에 뭔가 심오한 현상이 도사리고 있다는 점은 분명했지만 그것이 정확히 무엇인지는 도무지 확실치 않았다는 점만 지적해두면 충분하다. 프랑스의 수학자 미셸 롤(Michel Rolle, 1652～1719)은 언젠가 미적분은 특출한 오류들의 모음이며, 다른 많은 수학자들의 정당화도 명백한 오류라고 말했다.

그리하여 미적분은 당시에 일어나고 있었던 과학혁명의 전반에 대해 실질적으로 반대하고 나섰던 사람들의 공격을 받는 상황에 봉착했다. 이 혁명의 언어는 수학이었고 그 주요 수단은 미적분이었는데, 미적분에 대한 가장 호소력 있는 공격은 대주교 조지 버클리(George Berkeley, 1685～1753)가 펼친 것으로 여겨진다. 그는 어쩐 일인지 새로운 과학으로부터 종교를 방어해야 한다는 사명감을 품게 되었다. 1734년 그는 ≪해석학자≫(*The Analyst*)라는 책을 펴냈는데 그 부제는 '무신론 수학자에게 부치는 논문' 이었다. 이 책에서 그는 당시로서는 현대적인 해석학의 대상과 원리와 추론이 종교적 미스터리나 신앙의 요체와 달리 더 분명하게 연역적으로 도출되거나 독특하게 떠오르는지를 검토했다. 버클리는 수학자들이 연역적이라기보다 귀납적으로 나아가며 특히 이 과정에 어떤 논리적 이유도 없다고 지적했다. 버클리가 보기에 미적분은 자신의 종교적 신념 못지 않은 믿음의 도약을 내포하고 있었다. 미적분이 나옴에 따라 수학에 위기가 초래되어 18세기의 남은 기간의 대부분 동안 지속되었다는 데 대해서는 의문의 여지가 없다.

주된 개념적 장애는 극한의 개념인데, 사실 이것은 우리가 이미 마주쳤던 불명으로, 극한의 과정을 그 과정의 결과인 대상이나 수와 동일시하는 것과 관련된다. 이 문제의 핵심은 '0'의 적절한 용법, 특히 '0/0'의 의미를 둘러싸고 맴돈다. 6/3=2이고 6=3×2라는 것에서 보듯 $m/n=k$라는 식은 $n \neq 0$이라면 $m=nk$와 같다. 하지만 $n=0$이라면 $n\times0=0$이므로 오일러(Leonhard Euler, 1707~1783)가 말했다시피 $n=0/0$으로서 어떤 값이든 될 수 있다. 이처럼 0/0은 불명한 존재이며, 이 때문에 학생들은 0/0이 무의미하다거나 정의되지 않았다고 배우고 이를 가까이 하지 말라는 경고를 받는다. 하지만 미적분에서는 0/0을 피할 도리가 없다. 나아가 어떤 의미에서 보면 미적분 전체의 정당성은 0/0에 정확히 어떤 의미를 부여하느냐에 달려 있다.

이 상황은 '(순간)속도라는 게 뭔가?'라는 문제로 묘사될 수 있다. 어떤 차가 정지상태에서 $d=t^2$이라는 식에 따라 가속된다고 상상하자. 여기서 d는 거리, t는 시간을 나타낸다. 그러면 차는 0초에서 0의 위치에 있다가 1초 뒤에는 1, 2초 뒤에는 4, 3초 뒤에는 9, …의 위치로 움직인다.

1초 뒤에 차의 순간속도는 얼마일까? $t=1$ 부근의 여러 시간 간격에 대해 평균속도를 구해보면 다음과 같다.

$t=1/2$에서 $t=1$ 사이의 평균속도=거리/시간=3/2,
$t=3/4$에서 $t=1$ 사이의 평균속도=7/4,
$t=7/8$에서 $t=1$ 사이의 평균속도=15/8.

일반적으로 $t=1-1/n$에서 $t=1$ 사이의 평균속도는 $2-1/n$, 그리고 $t=1+1/n$에서 $t=1$ 사이의 평균속도는 $2+1/n$이 될 것이다. 여기에서 n이 커질수록 $1/n$은 점점 0에 가까워지며, 따라서 $t=1$ 부근의 시간 간격을 좁혀갈수록 평균속도는 2에 가까워진다. 그러므로 우리는 $t=1$에서의 속도(이때 속도계에 나타나는 값)는 2라고 말한다.

위에서 우리가 한 일은 다음과 같이 쓸 수 있다.

$$평균속도 = \frac{거리}{시간} = (시간\ t에서의\ 위치 - 1)/(t-1)$$

시간 간격을 차츰 좁히면 t는 차츰 1에 가까워지며 분모와 분자가 모두 0에 가까워진다. 그러므로 이 결과는 어떤 의미로 볼 때 0/0이라고 해야 하는데 실제로 이 분수의 값은 계속 2에 가까워진다. 다시 말해서 이 미분 계산에서 몫의 극한은 극한들의 몫인 0/0과 같지 않다.

위에서 본 순간속도의 아이디어를 수학적으로 일반화한 것은 도함수이다. 그리고 이 도함수의 값은 무한한 어림수열을 살펴봄으로써 얻어낸다. 다음 장에서 우리는 무한수열을 하나의 유한한 수와 동일시하는 데에는 실수계에 대한 우리의 이해에서 커다란 도약을 요구한다는 점에 대해 살펴볼 것이다. 우리가 미적분을 위와 같은 무한의 극한과정과 관련된 것으로 볼 것인지 아니면 어떤 양의 실수보다 작지만 0이 아닌 미소량과 관련된 것으로 볼 것인지에 상관없이 무한대라는 미묘한 개념은 필연적으로 나타난다. 나아가 0과 무한대의 개념은 아주 밀접하게 연결되어 있다. 예를 들어 우리는 $1/0=\infty$이고 $1/\infty=0$이라고 말할 수 있다. 그런데 이 관계에 의미를 부여하려면 위에서 도함수의 아이디어에 대해 했던 것과 똑같이 극한값의 아이디어를 활용하면 된다. 이에 따르면 $1/\infty=0$이라는 식은 x가 한없이 커짐에 따라 $1/x$의 값은 0에 가까워진다는 의미를 나타낸다.[11]

물론 오늘날 미적분은 유클리드 기하의 정신에 따라 공리적 방법으로 구축할 수 있다는 점은 잘 알려져 있다. 하지만 그렇다 하더라도 미적분에 몇 가지의 문제점이 있었다는 사실을 가려서는 안 된다. 여기서 취한 관점에 따르면 미적분에 내재한 본질적인 불명과 관련된 이 문제점들은 극히 중요하다. 이 불명을 해결하는 데에는 오랜 세월에 걸쳐 수많은 유능한 수학자들의 연구가 필요했으며 이로부터 현대 해석학이 태어났다. 또한 미분과 적분은 물론 실수, 함수, 연속 등을 포함한 현대수학의 여러 가지 기본적인 요소들도 미적분의 발견이 이끈 발자취를 따라가면서 궁극적으로 안정화되었다. 따라서 미적분을 전혀 다른 수학적 기초 위에 세울 수 있었다는 점을 고려하면 우리가 '해결' 이라는 말을 쓸 경우 이는 단순히 논리적으로 엄밀한 이론을 개발했다는 뜻을 나타내는 게 아니다. 예를 들어 '무한소' 의 의미는 제4장에서 논의하는 것과 같은 수학적 구조에서도 정확하게 규정될 수 있으며, 이것은 미적분의 또 다른 '해결' 에 해당한다. 내가 '해결' 이라는 말을 할 때 나는 본래의 문제적 상황을 품고 있는 안정된 구조뿐 아니라 그 상황에서 뿜어져 나온 창의성도 함께 가리킨다.

0에 대한 사족

0에 대한 우리의 논의는 여러 가지로 규정할 수 있다. 그중 하나는 우리의 문화가 0의 개념을 가다듬어 모순적인 측면을 제거하고 논리적으로 일관된 수학적 체계 안에 포함시켰다고 보는 것이다. 한편 0으로부터 '단일한 아이디어' 를 창조해냄으로써 본래적으로 모순적인 이 개념을 불명하게 한 것이라고 볼 수도 있다. 이렇게 불명화된 개념의 힘은 단일한 아이디어 속에 유와 무 사이의 본래적인 모순의 부조화가 어느 정도 포함되어 있다는 데에 있다. 이 관점에 따르면 모순이 우리의 사고에서 사라지기는커녕 오히려 창조적이고 생산적으로 쓰이게 되었음을 알 수 있다. 과학과 기술은 말할 것도 없고 현대수학도 바로 이와 같은 0의 개념이 활용된 결과이다.

나중의 참조를 위하여 위의 논의는 앞서 제기했던 문제, 곧 논리와 일관성이 어떤 근본적인 방식으로 우주 속에 꾸려져 있는가 하는 문제에 대해 약간의 암시를 준다는 점을 지적해둔다. 0과 같은 개념은 단일한 아이디어 속에 합치되지 않는 두 기준계를 품고 있기에 불명하다.

단일한 아이디어의 개별 기준계에 초점을 맞추면 체계적이고 일관된 세계를 보게 된다. 하지만 두 기준계의 부조화에 초점을 맞추면 모순의 세계를 보게 된다. 이는 또 다른 불명이다. 일관성과 모순은 불명의 근본적 요소로서 어느 것도 제거될 수 없다. 이런 상황은 참으로 근본적인 것은 논리적 일관성이 아니라 불명이라는 결론으로 우리를 이끈다. 모순이 없는 완전한 세상을 창조하기란 불가능하다. 그런 세계는 정적이고 창조력이나 심오함이 없다. 논리도 세상의 일부이기는 하지만 말 그대로 일부에 지나지 않는다. 일반적인 실체는 물론 특히 수학마저도 논리적 일관성보다는 광대한 존재이다.

0의 아이디어는 일반적 관념의 한 특수한 사례의 역사이다. 이와 같은 수학적 개념은 인간 경험의 방대한 영역에서 나타난다. 0의 정확한 수학적 의미는 지각과 인식이라는 훨씬 넓은 구름의 핵심이라고 말할 수도 있다. 잘 규정되지 않은 이 넓은 구름은 흔히 정확한 외연(外延, denotation)과 반대되는 내포(內包, connotation)를 나타낸다고 여긴다. 내포된 의미는 논리적이지 않으며 외연의 의미만이 정확한 논리적 구도에 맞아 들어갈 수 있다. 따라서 내포는 불명하고 모순적인 것들을 포함할 수 있다. 0의 경우 우리는 여러 가지의 모순적인 요소들이 이 개념과 관련된 내포의 구름을 형성한다는 점을 본 셈이다.

제3장
수학과 역설: 무한과 실수

역설

역설의 공허한 중심에서 살자. 거기서 그대와 뺨을 맞대고 춤추리.

—루미(Rumi, 1207~1273)

특수상대성이론에서 나타나는 모든 겉보기 역설들과 마찬가지로 이러한 논리적 딜레마들을 면밀히 검토하면 이를 해소하는 과정에서 우주의 운행에 대한 새로운 통찰이 얻어진다.

—브라이언 그린(Brian Greene, 1963~), 〈엘러건트 유니버스〉(*The Elegant Universe*)

이 장에서는 수학에서의 불명에 대한 탐사를 무한의 역설로부터 시작한다. 역설은 무엇인가? ≪엔카르타 세계영어사전≫(*Encarta World English Dictionary*)에 따르면 역설은 "터무니없거나 모순적이지만 참이거나 참일 수 있는 명제 또는 상황"이다. 역설의 영어 'paradox'에 'orthodox'와 반대의 의미가 있다는 점은 흥미롭다. '정설(orthodox)'은 "확립되었거나 전통적인 규칙에 따르는 것"을 가리킨다. 정설은 허용된 한계 안에서 작동한다. 반면 역설은 정설의 한계를 깨뜨린다. 역설은 정설의 관점에서 보면 터무니없거나 모순적이지만 이와 다른 더 넓은 맥락에서는 참일 수도 있다. 사실 역설의 의미에 대한 일반적인 합의는 없다. 따라서 나는 내가 생각하는 뜻을 토대로 설명하고자 한다. 모순에 관한 앞서의 논의가 불명의 어떤 측면들, 곧 불명한 모든 상황들에 존재하는 양립할 수 없는 측면들을 잘 조명해주듯 역설에 관한 여기의 논의도 불명에 대한 우리의 이해를 넓히고 가다듬고자 하는 데에 취지가 있다. 나는 제1장에서 불명한 모든 상황에는 새로운 관점이나 아이디어를 발굴함으로써 그 대립을 해소할 수 있는 잠재적인 창의력이 들어 있다는 점을 설명함으로써 불명과 창의성 사이의 긴밀한 관계를 강조했다. 역설에 대한 여기의 논의에서도 그와 같은 새로운 패러다임의 출현 가능성을 강조하고자 한다. 따라서 나는 그와 같은 적극적인 잠재력이 있는 역설들만 다루고자 하며, 이런 역설들로부터 우리는 수학적 개념들의 본질과 전개에 관해 뭔가를 배울 수 있을 것이다.

불명과 마찬가지로 역설에도 긍정적인 면과 부정적인 면이 있다. 부정적인 면은 물론 터무니없고 모순적이라는 특성이며, 반대로 긍정적인 면은 새롭거나 다른 관점에서 보면 참일 수도 있다는 사실이다. 창의적 상황에도 긍정적인 면과 부정적인 면이 있다. 어떤 새로운 것이 나타나려면 낡은 것은 허물어져야 한다. 하지만 틀에 박힌 사고방식만 고집한다면 참으로 독창적인 아이디어는 나오기 어렵다. 따라서 불명에 대한 논의에서 나는 두 기준계 사이에 존재하는 부조화를 주로 강조했다. 역설에서 이 부조화는 터무니없거나 모순적인 수준까지 올라간다. 역설은 고양된 불명이며, 최소한 이 장에서 논의할 모순적인 상황들에서는 분명 그렇다. 물론 우리는 역설들 자체에 대해서는 그다지 큰 관심이 없고 수학의 발전에 대한 구동력으로서의 역설에 대해 관심이 있다.

불명과 모순과 역설의 차이점을 밝히는 것은 좀 성가신 일이기는 하다. 본질적으로 이것들은 한 가지의 상황 또는 사건을 여러 관점에서 묘사한 것에 지나지 않기 때문이다. 심지어 이 용어들이 서로 바뀌어 쓰이는 경우도 있다. 따라서 나는 원칙적으로 불명의 상황에 대해 이야기하고자 한다. 이런 상황에는 모순이나 역설적인 요소들이 포함되기도 하겠지만 부조화, 다양한 전망, 시간에 따라 변하거나 변할 수 있는 여러 관점 등은 언제나 발견된다.

역설은 터무니없다. 따라서 받아들일 여지가 없다. 순수한 논리적 모순은 한마디로 끝장난 것이다. 그런 것은 오류이며 존재할 수 없다. 그런데 역설의 상황에는 모순이 존재하지만 끝장났다고는 말할 수 없다. 그 상황에는 화해할 수 없는 두 측면이 있는데, 우리는 이를 그대로 방치할 수 없고 어떻게든 화해시켜야 한다. 그러므로 역설은 닫힌 모순이 아니라 열린 모순이다.

이는 개인적 또는 예술적 딜레마와 씨름하고 있는 사람들에게는 낯익은 상황이다. 이런 상황을 진지하게 살펴보노라면 막다른 골목에 이르는 경우가 많고, 거기서는 딜레마를 해결할 길이 어디에도 보이지 않는다. 그 단계에서는 그저 모든 것을 포기한 채 그만두고 싶어진다. 한마디로 불가능이라 여겨진다. 이런 불가능에 닥쳐서도 계속 노력하려면 엄청난 끈기와 용기가 필요하다. 하지만 이는 통상적인 용기로서, 심각한 병이나 개인적인 문제에 봉착한 사람들에게서 흔히 찾아볼 수 있다. 사실 이는 우리 모두가 겪는 존재적 딜레마의 정확한 본질이다. 어떤 의미로 볼 때 완전한 죽음의 구현으로서 삶은 불가능하다.[1] 하지만 그럼에도 불구하고 우리는 살고, 일하고, 노력하고, 주위 사람들을 걱정하고 친절히 대한다. 역설은 우리의 삶과 이질적인 게 아니다. 역설은 우리의 삶을 펼쳐내는 기본적인 요소이다.

인간은 그러한 난관에 처해서도 노력하는 능력을 타고났다. 그리하여 역설에 대해 색다른 접근법을 찾아내며 결국 일반적인 삶과 수학이라는 특수한 분야에 대한 관점을 혁신하곤 한다. 요컨대 역설은 삶의 기본 바탕이므로 삶으로부터 배제될 수 없다. 나아가 역설은 커다란 가치를 갖고 있다. 그러므로 역설은 수학적 탐구 영역에서의 구동력으로 보아야 한다. 과학자와 수학자들 사이에서는 '자연과학 분야에 대한 불가사의할 정도로 놀라운 수학의 효용성'에 대한 논의가 줄곧 펼쳐져 왔다.[2] 수학에는 힘이 있다! 나아가 수학은 정적인 지식체계가 아니다. 반대로 끊임없이 변화하는 동적인 체계이다. 이러한 힘과 변화는 어디에서 오는 것일까? 이는 불명과 모순과 역설에서 나온다. 그러므로 이것들은 큰 가치를 지닌다. 이것들은 도려내질 게 아니라 탐사되고 발굴되고 개발되어야 할 것들이다.

그렇다면 역설은 어떤 의미에서 참일까? 역설이 어떤 의미에서는 참이라면 그 배경에 자리잡은 모순은 절대적일 수 없다. 곧 그것은 절대적으로 오류이거나 절대적으로 불가사의한 게 아니다. 무엇이 어떤 것을 역설로 만들까? 그것이 품고 있거나 아니면 그것을 포괄하는 논리적 구조일까? 만일 그렇다면 그 논리적 구조를 바꿀 경우 언뜻 넘을 수 없을 듯한 장애가 극복되고 더 깊은 이해에 이르는 문이 열리게 될 것이다. 하지만 어쩌면 논리적 구조가 아닐지도 모른다. 어쩌면 그것은 역설을 포괄하는 더 넓은 문화적 맥락과 관련된 불가능일지도 모른다. 제2장에서 0에 대해 이야기할 때 나는 거기에 '존재하는 무'라는 모순적 측면이 있다는 점을 강조했다. 사실 0의 이야기는 여기서 끝나지 않으며 이는 부정적 측면에 지나지 않는다. 긍정적 측면은 이미 이야기했던 모든 면에서 0이 생산적 개념으로 작용한다는 점이다. 그러므로 만일 내가 분류 체계를 만들고 있었다면(나는 이것을 하고 있는 게 아니라 단지 수학에서의 불명의 갈래를 파헤치고 있을 뿐이다) 나는 0이 역설적이라고 말했을 것이다. 거기에는 모순적 측면도 있지만 그럼에도 불구하고 수학의 근본적 개념의 하나다.

따라서 역설의 정의에 나오는 두 부분 모두 진지하게 고려해야 한다. 거기에는 모순이 있지만 진실이 숨어 있을 수도 있다. 이 점은 무한과 관련된 역설로 잘 설명될 수 있다. 앞으로 이야기할 많은 역설들에는 심오한 수학적 아이디어들이 내포되어 있으며, 이 역설들을 이용하는 까닭은 그런 아이디어에 들어서기 위함이다. 그렇게 하는 과정에서 나는 역설을 다른 방식으로 생각하는 것을 배워야 한다는 넓은 관점을 세우고자 한다.

무한

> 수학은 무한의 과학이다. 그 목표는 인간이라는 유한한 수단을 통해 무한을 상징적으로 이해하는 데에 있다.
>
> — 헤르만 바일(Hermann Weyl, 1885~1955)

수학이 논리적으로 순수한 개념들뿐 아니라 불명하고 역설적인 개념들도 포함한다는 점을 밝히기 위해 무한에 관한 역사적 사례를 살펴보기로 한다. 무한은 매우 미묘한 주제이다. 제2장에서 0에 대해 이야기했는데, 어떤 의미에서 볼 때 0과 무한은 같은 동전의 다른 면들로서, 하나는 그 어떤 것보다 작은 반면 다른 하나는 그 어떤 것보다 크다. 그런데 두 개념이 우리의 문화에 동화되는 과정을 보면 큰 차이가 눈에 띈다. 우리는 0의 개념을 아주 당연하게 여긴다. 사실 거의 누구에게나 0은 너무나 명백하고 사소한 것이어서 그 의미는 물론 산술에서 이를 이용하여 기계적으로 계산할 때에도 별다른 의문을 품지 않는다. 제2장에서 무의 개념과 관련된 약간의 미스터리에 대해 지적하기는 했지만 그럼에도 불구하고 0에 관한 대부분의 내용은 열린 문제로서의 특성을 잃었으며, 이에 따라 0은 어느덧 정확하게 잘 규정된 따분한 수학적 대상이 되었다고 말할 수 있다. 반면 무한대는 아직도 완전히 동화되지 않았다. 무한은 다른 어떤 개념보다 신비롭고 경이로우며, 이에 따라 아직도 그 시적인 여운을 잘 간직하고 있다.

≪수학적 경험≫에서 필립 데이비스(Philip Davis)와 루벤 허시(Reuben Hersh)는 무한이라는 아이디어의 기원에 대해 다음과 같이 고찰했다.

> 장구한 세월의 인식? 메소포타미아의 방대한 사막이나 별까지의 직선과 같은 엄청난 거리의 인식? 또는 감각을 갖춘 실체를 향하는 영혼들의 갈망일까, 아니면 궁극적이지만 실현 불가능한 설명을 향한 분투일까?
>
> 무한에는 끝이 없다. 무한은 영원불멸의 자기 갱생이고 그리스인들이 말하는 아페이론(apeiron)이며 카발라(Kabbalah)의 에인소프(ein-sof)이고 신성으로부터 우리를 지켜보면서 힘을 채워준다고 신비주의자들이 말하는 우주의 눈이다.[3]

무한을 생각할 때 대부분의 사람들은 매우 큰 무엇인가를 떠올린다. 언젠가 나는 아내와 산책을 하고 있을 때 여덟이나 아홉 살 정도의 두 소년이 주고받는 이야기를 듣게 되었는데, 이들은 서로 더 큰 수를 말하는 내기를 하고 있었다. 이 내기는 "백만, 십억, …"과 같이 잠시 동안 대화체로 진행되었다. 그러다 한 소년이 "무한대!"라고 외치며 승부를 마무리 지으려고 했다. 하지만 이어서 다른 소년의 흥미로운 외침이 전해왔다. "무한대, 무한대!" 그리고 게임은 여기에서 끝났다. 아내와 나는 호기심을 자아내는 의문들에 휩싸였다. 먼저 "무한대"라고 외친 소년은 이것을 뭐라고 여겼을까? 이어서 더욱 재미있는 대답을 외친 소년은 어디서 이런 대답을 얻었을까? 우리는 여기서 이제 막 꽃을 피우는 칸토어를 만난 것일까, 아니면 그는 어디선가 들었던 것을 단순히 되풀이했을 뿐이었을까? 나는 이 의문에 결코 대답하지 못할 것 같다는 점이 아쉽다. 하지만 어쨌든 우리에게 분명했던 것은 이 소년들이 말한 무한대는 뭔가 매우 큰 것과 관련된다는 사실이었다. 그리고 이는 다른 대부분의 사람들에게도 마찬가지여서, 무한의 근원은 매우 큰 양이나 길이의 관념과 결부되어 있다.

무한의 아이디어에는 다른 원천도 있는데 그것은 자기지시(self-reference)와 반복이다. 예를 들어 어떤 사진 안에 본래의 사진과 똑같은 축소판이 들어 있는 사진을 생각해보자(그림 3.1 참조). 그러면 그 작은 사진에는 다시 그것의 원본이 들어 있을 것이며, 그 작은 원본에는 또 그것의 원본이 들어 있을 것이고, 이런 과정은 무한히 반복된다. 네덜란드의 화가 에셔(Maurits Cornelis Escher, 1898~1972)는 이런 그림들로 유명한데, 사실 프랙털(fractal)은 이와 같은 자기닮음(self-similarity)의 원형이다. 프랙털과 세포자동기(cellular automaton)가 인기를 끄는 이유는 인간 경험의 어떤 기본적인 요소를 포착하고 있기 때문이다. 나르키소스의 신화를 상기해보자. 연못에 비친 자신의 모습에 끌려서 빠져죽었다는 이야기에서 보듯, 자기영상과 자기지시는 우리 마음속의 깊은 내면과 연결되어 있다. 두 거울 사이에 섰을 때 자신의 모습이 무한히 반사되며 되풀이되어 만들어지는 광경을 보면서 홀리는 듯한 기분에 빠지는 경험에서도 이를 실감할 수 있다.

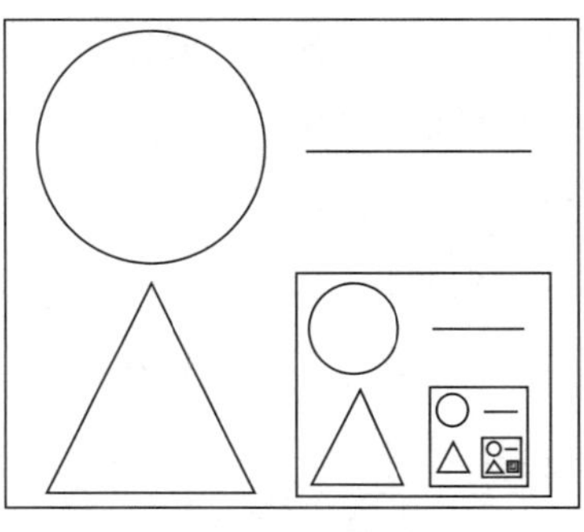

그림 3.1 자기지시

모든 (이산적) 역동계는 반복될 수 있는 규칙(함수)에 의해 생성된다. 한 예로는 0과 1 가운데 한 수로 시작하여 다른 수를 내놓는 함수를 들 수 있다. 이렇게 얻어진 출력은 다시 입력으로 이용되고 이 과정은 되풀이된다(그림 1.3b 참조). 여기서 우리는 '되풀이된다'는 데 대해 관심을 갖는데, 이처럼 주어진 입력에 대한 어떤 함수의 점근적 행동은 그 함수가 무한대에서 행동하는 모습으로 풀이할 수 있다. 이와 같은 반복적 행동이 관련된 모든 과정은 무한의 관념을 떠올리게 한다. 컴퓨터가 출현함에 따라 이런 현상은 우리와 아주 친밀하게 되었다. 컴퓨터 프로그램의 한 요소인 '루프(loop)'는 한 가지의 작용을 지시받은 대로 되풀이한다. 그러므로 수학과 컴퓨터 과학과 일반적인 과학 분야 모두에서 무한의 개념은 명시적 또는 암시적으로 널리 활용되고 있는 셈이다.

무한은 존재하는가?

어떤 의미로 볼 때 무한은 실체의 어떤 측면에 대한 통찰이란 점에서 다른 개념들과 비슷하다. 실체의 측면들 가운데 무한의 관념으로 포착할 수 있는 것은 없다고 항변할 사람들도 있을 것이다. 자연계에는 무한이란 게 존재하지 않는다고 여겨지기 때문이다. 우주에 들어있는 원자의 수는 유한하며 우리가 살고 있는 공간도 유한한 사차원 다양체에 지나지 않는 게 사실일지도 모른다. 하지만 아무리 그렇다 하더라도 무한은 인간이 품을 수 있는 정당한 관념들 가운데 하나가 아닐까? 그렇다면 무한은 실체의 어떤 측면을 가리키는 것일까?

다른 모든 개념들처럼 무한도 무한이 가리키는 실체의 어떤 측면 자체와 동일하지는 않다. 마치 지도는 지형이 아닌 것과 같다. 지도는 지형을 가리키지만 지형 그 자체는 아니다. 사람들이 사용하는 언어에는 뭔가 신비로운 구석이 있으며 무한의 경우에는 더욱 그렇다. 무한은 뭔가 실질적인 것을 상기시킨다. 무한의 관념 뒤에는 인간의 실질적인 경험과 직관이 자리잡고 있다. 무한이라는 개념을 사용할 때 우리는 이런 직관을 어떤 구체적인 형상으로 나타내고자 한다. '아름답다'는 말을 쓸 때 이것을 정확히 구체화할 수 없듯, 무한이란 말을 쓸 때도 이를 정확히 구체화하기는 불가능할지도 모른다. 하지만 이러한 시도 자체가 찬탄할 만한 인간 정신의 면모들을 드러내준다.

무한은 다른 개념들과 비슷하지만 단지 이들을 초월한다는 점에서만 그렇다. 다른 개념들은 실체의 제한된 측면을 나타내는 데에 그침에 비하여 무한은 뭔가 어마어마한 것으로 나아간다. 따라서 무한은 개념화라는 일반적 과정의 극단적인 예이다. 특히 무한은 신성(神聖)의 결정적인 특성으로 여겨져 왔다. 아마 무한은 너무나 극단적이어서 적어도 대부분의 사람들이 보기에는 여기에 그 어떤 원초적 성격이 아직도 간직되어 있다고 여겨지기 때문인 것 같다. 우리 모두는 "실무한(實無限, actual infinite)은 적법한 사고의 대상이 아니다"는 가우스의 견해에 어느 정도는 공감할 수 있다. 어쩌면 어떤 것들은 말로 표현될 수 없을지 모른다. 어쩌면 어떤 것들은 해석적 방법으로 정확히 꼬집을 수 없을지 모른다. 하지만 이게 사실이라면 우리는 모든 말과 모든 아이디어를 거부할 수 있다. 나아가 모든 말들이 그게 기술하는 실체에 어떤 식으로든 미치지 못하는 게 사실이라면 특히 무한의 경우에는 더욱 그렇다고 해야 한다.

무한은 말을 초월하는 실체의 측면에 직접 다가선다. 무한은 묘사를 초월하는 대상을 묘사하려고 한다. 무한은, 예를 들어 베토벤(Ludwig van Beethoven, 1770~1827)의 교향곡과 같은 위대한 예술작품들처럼, 그 자체를 초월하고자 하는 시도인 것도 같다. 무한은 표현할 수 없다고 생각되는 그 무엇인가를 표현하려는 것이기에 경외롭다. 우리는 이로부터 깊은 감동을 받지만 왜 그런지는 말할 수 없다.

무한은 이처럼 명백히 그 자신을 초월하는 곳에 이르는 개념이므로 그 본질적인 불완전성은 결코 사라지지 않으며 결코 완전히 소산될 수 없는 긴장을 내포하고 있다. 어쩌면 인류 진화의 초창기에는 모든 말들이 이와 같은 열린 불완전성을 갖고 있었는지도 모른다. 하지만 오늘날 대부분의 말들은 수없이 되풀이되어 사용되고 상업적으로 착취되어 그와 같은 마술적 어감을 잃어버리고 말았다. 어쩌면 '아름다움'이란 말은 한때 우리의 영혼을 휘젓는 영감 어린 말이었는지 모르지만 이제는 이런저런 모든 것들이 '아름답다.' 그래서 '아름다움'이란 말은 마술적 어감을 잃은 진부한 개념으로 전락했다. 하지만 무한은 아직 그런 운명을 겪지 않았다.

무한은 불명하다

이 책의 목표에 비춰볼 때 무한은 특히 탁월한 주제인데, 이는 무한이 필연적으로 우리를 평소에 언제나 품고 있기는 하지만 의식적으로 떠올리기는 어려운 의문들로 이끌어주기 때문이다. 예를 들어 무한이라는 개념이 본질적으로 불명하다는 점을 파악하기는 쉽다. 어떤 개념을 논의할 때 대부분의 경우 그 정의부터 시작하는 게 타당하다. 하지만 무한의 경우에는 가장 기본적인 출발점이라 할 정의조차 불확실하다. 사실 많은 사람들은 무한을 정의할 수 없다고 여긴다. 그들의 주장에 따르면 만일 무한에 대한 어떤 정의가 있다면 바로 이 정의 자체에 의해 무한이 제한을 받아 어떤 유한으로 바뀌게 되며, 이는 본래의 무한과 모순되기 때문이다.

철학자 무어(Adrian Moore, 1956~)에 따르면 역사적으로 볼 때 무한에 대한 논의는 두 무리의 개념들이 지배해왔다.

> 첫째 무리에서 우리는 한계 없음, 끝없음, 제한되지 않음, 측정할 수 없음, 영원성 등을 보게 되는데, 이것들은 어떤 결정적 요소가 주어지면 언제나 그 이상의 것이 출현하여 부여할 수 있는 어떤 양보다 항상 더 크게 된다는 점을 나타낸다. 둘째 무리에서 우리는 완결성, 전체성, 단일성, 일반성, 절대성, 완전성, 자기충족성, 자동성 등을 보게 된다. 첫째 무리의 관념들은 부정적 의미가 강하며 잠재성의 어감을 풍긴다. … 둘째 무리의 관념들은 긍정적 의미가 강하며 실재성의 어감을 풍긴다.[4]

첫째 무리의 의미들은 부정적이어서, 무한은 유한하지 않고 경계나 끝과 같은 것들이 없다고 말한다. 둘째 무리의 의미들은 긍정적이어서 무한은 모든 것이라고 말한다. 그런데 후자의 경우에는 자체적인 문제점이 있다. 만일 무한이 전부라면 우리는 어떻게 이에 대해 이야기할 수 있을까? 어떤 것에 대해 말한다는 것은 우리가 그것의 밖에 있다는 사실이 전제되어 있는데, 만일 우리가 무한의 밖에 있다면 무한은 전부가 아니기 때문이다. 하지만 어쨌든 우리는 적어도 무한에 대한 두 관점 사이에 명백한 긴장이 있다는 점은 지적할 수 있다. 어떤 것이 유한하지 않다고 말할 경우 그게 반드시 전부이고 완전하다는 뜻은 아니다.

바로 여기에 무한의 불명이 있다. 무한은 미완성이고, 나아가 원칙적으로 완성될 수 없는 그 무엇이다. 하지만 우리가 이에 대해 이야기한다는 점에서 보자면 완성된 것이다. 심지어 우리는 무한에 지고의 가치를 부여하고 최고의 목표로 삼기도 한다. 미학에서의 무한은 아름다움이고 윤리학에서의 무한은 선이다. 무한은 신성의 결정적 속성이다. 어떤 면에서 보면 무한은 모든 말과 관념을 초월하지만 다른 면에서 보면 바로 하나의 말이고 관념이다. 참으로 궁극적인 모순이 아닐 수 없다!

≪수학적 경험≫의 저자들은 내가 불명에 대해 이야기할 때 썼던 수학적 예들을 통해 이와 같은 이분법을 살펴보고자 했다.

다음 식을 보자.

$$\frac{1}{2}+\frac{1}{4}+\frac{1}{8}+\frac{1}{16}+\cdots=1$$

> 좌변에서 우리는 미완성인 채 무한히 이어지는 듯한 노력을 본다. 하지만 우변은 완성된 유한이다. 양변의 사이에는 힘과 역설의 원천인 긴장이 존재하며, 무한과 유한의 간극을 메우려는 엄청난 수학적 욕망이 꿈틀댄다. 우리는 미완성을 붙잡고 가두고 길들여서 완성시키고자 한다.[5]

이 등식은 역설이지만 우리는 등호를 사용하여 등식 자체에서 이를 해소한다. 좌변의 무한수열을 더하는 수학적 표현은 제1장에서 무한소수를 나타내는 데 쓰인 것보다 전혀 복잡하지 않다. 그래서 우리는 이런 표현 뒤에 숨은 수학을 당연한 것으로 여기는 경향이 있으며, 이에 따라 이것을 '간파하는 데에' 참으로 대단한 도약이 필요하다는 사실을 잊어버린다. 하지만 이런 통찰은 어떤 실수를 무한소수로 쓸 때는 언제나 상기되어야 한다.

예를 들어 π의 소수 표현을 보자.

$$\pi=3.14159\cdots$$

여기서도 π는 이름 붙여진 한 대상과 놀랄 만큼 복잡한 무한소수로 나타내져 있다. 전자는 원의 둘레와 지름의 비율이라는 의미로 누구나 잘 알고 있다. 하지만 후자는 오늘날에도 여전히 미스터리로 남아 있으며, 심지어 아주 단순한 의문들에도 대답하지 못하고 있는데, 그중 하나는 "π가 정상인가?"라는 것이다.[6] 여기서의 '정상'은 각 자리 수의 숫자가 완전히 임의적이란 뜻으로, 바꿔말하면 적어도 모든 숫자가 균일하게 나타난다는 뜻이다. 구체적으로는 정상인 수의 경우, 0부터 9까지의 수가 1/10의 비율로 나타나고, 00부터 99까지의 두 자리 수는 1/100의 비율로 나타나야 한다는 등의 사실을 뜻한다. 현재까지 π가 정상인가 아닌가의 여부에 대해서는 어떤 실마리도 잡지 못하고 있다. 그러므로 최선의 방법은 실험적으로 조사해보는 것뿐인데, 이런 조사는 실제로 행해졌으며, 60억 자리까지의 조사 결과에 따르면 정상으로 여겨진다. 곧 0부터 9까지의 숫자가 대략 6억 번씩 출현하여 π가 정상일 것이라는 추측을 뒷받침하고 있다.

앞에서 나는 "수학은 무한의 과학이다"라는 바일의 말을 인용했다. 이에 따르면 어떤 의미로 볼 때 수학의 결정적 특징은 무한을 다루는 방식에 있는 셈이다. 무어는 무한에 대한 관념들을 대략 두 갈래로 나누었다. 첫째는 무한이라는 말 자체에서 오는 것으로 유한하지 않다는 뜻을 나타낸다. 이런 관점에서 보자면 유한한 사고체계는 모두 불완전하다. 나중에 보겠지만 가우스와 아리스토텔레스는 이런 관점에서서 가무한(假無限, potential infinity)과 달리 실무한(實無限, actual infinity)에는 본질적으로 받아들일 수 없는 요소가 있다고 보았다.

오늘날 우리의 문화는 상호보완적인 '과학적 실재론(scientific realism)'과 '포스트모더니즘(postmodernism)'의 철학에 지배되고 있다. 이 철학들은 모두 무한의 긍정적 의미들이 대변하는 인간 사고의 역사 전체를 뿌리치고 있다. 하지만 아무리 그렇더라도 무한은 인간의 직관 속에 사뭇 자주 등장하고 또 정당한 듯하다. 이에 관한 근래의 예로는 철학자 에이브러햄 허셜(Abraham Heschel, 1907~1972)의 다음 말을 들 수 있다.

> 인간을 특징짓는 요소에는 말과 상징을 만드는 능력뿐 아니라 말할 수 있는 것과 말할 수 없는 것의 차이를 인식하고 존재하지만 말로 형용할 수 없는 것으로부터 전율을 느끼는 능력도 포함된다.[7]

"존재하지만 말로 형용할 수 없는 것"은 무한에 대한 좋은 표현이라고 말할 수 있다. 따라서 어떤 의미에서 무한은 궁극적 불명이다. 그런데 역설적이게도 "존재하지만 말로 형용할 수 없는 것"에 대해 흔히 행해지는 것은 바로 '이것'의 표현이다. 이런 표현은 말 이외의 다른 방법들, 음악, 예술, 또는 수학으로도 할 수 있는데, 아무튼 표현할 수 없는 게 존재하지만 우리는 어떻게든 이를 표현해야 한다는 게 중요하다. 이런 표현은 인간의 조건 자체를 특징짓는 궁극적 불명의 표현이다. 나는 이와 같은 궁극적 활동들을 역설적 표현으로 나타내고자 하는데, 예를 들자면 이는 '불가언(不可言, 말로 할 수 없는 말)', '묘사할 수 없는 묘사', '표현할 수 없는 표현' 등과 같다. 그리고 그중 가장 심원하면서도 가장 주목받지 못했던 것의 하나가 바로 수학에서의 무한의 이용이다.

수학이 무한의 과학이라는 게 옳다면 이는 곧 유한한 수단으로 무한을 포착하고자 하는 수학자들의 과감하고도 신선한 시도 때문이라 할 것이다. 바일은 이어서 다음과 같이 썼다. "실체의 인식에서 유한과 무한의 대조를 그토록 유익하게 한 것은 고대 그리스인들의 위대한 업적이다. … 유한과 무한 사이의 긴장과 화해는 이제 고대 그리스의 탐사에 대한 원동력으로 작용하고 있다."[8] 이에서 보듯 유한과 무한 사이의 긴장은 수학의 핵심에 자리잡고 있다.

수학에서의 무한의 개념이 정말로 붙들 수 없는 것을 붙들려 하고 원칙적으로 개념화할 수 없는 것을 개념화하려는 시도라면 그런 시도는 필연 모종의 파탄에 이를 수밖에 없을 것이다. 그런 파탄은 수학의 논리적 구조에서 일어나며 그 징조는 바로 역설의 출현이다. 무한을 수학화하려는 시도는 이성적인 마음을 한계까지 몰아붙이는 것이므로 무한을 품고 있는 수학의 모든 측면은 이런 역설들과 관련되어 있을 것이라고 예상할 수 있다. 따라서 무한의 여러 측면, 그 측면들이 내놓는 역설, 그리고 수학이 이 역설들을 해소하는 방법들을 살펴보노라면 우리는 가장 심오한 신비 중의 신비, 곧 인간의 마음과 실체 사이의 관계를 탐사하게 될 것이다.

수학과 무한

수학에서 무한은 단순히 여러 개념들 가운데 하나가 아니라 핵심이라고 할 수 있다. 사실 이것이야말로 수학을 다른 학문들과 구별짓는 결정적 특징이라고 말해도 좋을 것이다.

무한의 사용은 수학이 경험의 영역으로부터 이론의 영역으로 떠오르는 계기가 되었다. 사실 무한을 특정한 방식으로 사용하는 데에는 상당한 정신적 융통성이 필요하다. 거기에는 새로운 사고방식, 미묘한 사고, 복잡하고 모순적인 관념을 쉽게 다루는 능력 등이 요구된다. 무한의 관념을 사용할 때는 이게 통제를 벗어나 순수한 주관적 영역으로 빠져 들어갈 위험성이 항상 존재한다. 그리고 그런 경우에는 수학을 더 이상 진행할 수 없다.

반면 그 보상은 매우 크다. 앞서의 인용문에서 데이비스와 허시는 "힘과 역설의 원천인 긴장"에 대해 이야기했다. 무한은 그 자체가 힘과 역설의 원천이다. 이런 상황에서의 일반적인 반응은 역설이 없는 힘을 바라는 것이다. 따라서 우리는 대개 과학과 수학에서 역설을 배제하면서 힘을 얻으려고 한다. 하지만 나의 관점은 이와 다르다. 나는 힘과 역설이 나눌 수 없도록 연결되어 있다고 본다. 힘을 얻고자 한다면 우리는 역설에 맞서야 한다. 칸토어는 다른 어느 수학자들보다 힘을 추구한 끝에 직업적 삶은 물론 개인적 삶에서도 합당한 대가를 치렀다.[9] 수학은 그의 재능에 의해 훨씬 풍성해져서 이전과는 다른 모습으로 탈바꿈했다. 당시의 가장 위대한 수학자 가운데 한 사람인 다비트 힐베르트(David Hilbert, 1862~1943)는 이에 대해 "칸토어가 우리를 위해 창조한 낙원으로부터 아무도 우리를 내쫓을 수 없다"라고 말했다.

유한과 무한

유한과 무한 사이의 긴장은 수학 전체에 메아리쳐온 중요한 주제이다. 인간은 유한하면서도 무한을 꿈꾸는 존재이다. 예를 들어 실존주의 철학자 쇠렌 키르케고르(Søren Kierkegaard, 1813~1855)는 인간의 근본적 딜레마는 한편으로 유한한 육체와 다른 한편으로 무한한 마음과 정신을 가졌다는 이중적 본질에 있다고 말했다. 우리의 의문은 "이 근본적 긴장이 수학의 영역에서 어떻게 드러나는가?"라는 것이다. 수학은 유한과 무한 사이의 간극을 메우는 나름의 방법을 개발했다.

현대수학에서도 유한과 무한에 관한 이 의문은 여전히 존재한다. 저명한 수학자 폴 핼머스(Paul Halmos, 1916~2006)는 근래의 인터뷰에서 이에 관한 질문을 받고 "나는 모든 심오한 수학의 깊은 저변에는 조합적인('유한한'으로 읽기 바람) 통찰이 있다고 믿고 싶다"라고 말했다. 이어서 그는 자신의 서술에 대해 다음과 같이 설명했다.

> 나는 연산자이론(演算子理論, operator theory)의 중요한 문제들은 모든 유한차원의 행렬 문제들에 답할 수 있다면 해결될 것이라고 말했습니다. 나는 아직도 모든 행렬 문제에 대한 답을 안다면 연산

자 문제에 대해서도 '어떻게든' 모두 답할 수 있으리라는 종교적 신념과도 같은 믿음을 품고 있습니다. 하지만 '어떻게든'을 위해서는 천재가 필요합니다. 문제는 어떤 연산자 문제가 주어져 있을 때 같은 문제를 유한차원에서 묻는 데에 있지 않습니다. 이는 어리석은 짓입니다. 진짜 문제는, 따라서 정말로 천재성을 발휘할 곳은 주어진 무한의 문제에 대해 올바른 유한의 문제를 생각해내는 데에 있습니다. 이에 대한 올바른 답을 찾아내면 무한의 문제에도 답할 수 있을 것입니다.

유한한 경우를 다루는 조합수학(combinatorics)에 깊고도 천재적인 통찰이 숨어 있습니다. 이것을 일반화하고 무한까지 확장하는 것은 때로는 미묘하고 때로는 어려우며, 나는 심지어 이게 때로는 심오하다고도 말하고 싶습니다. 하지만 그 유한한 구조를 살펴보는 것만큼 근본적이지는 않습니다.[10]

내가 보기에 이 말은 수학자들이 처한 상황을 아주 잘 나타내는 듯하다. 어떤 의미로 볼 때 수학의 모든 것은 유한과 무한 사이의 대화이다. "어떤 두 홀수를 더한 결과는 언제나 짝수이다"와 같은 아주 사소한 명제조차도 무한 가지의 경우에 적용된다. 우리는 이 명제가 옳다는 점을 모든 경우에 대해 점검해볼 수 없다. 따라서 모든 경우를 한꺼번에 다룰 전략이 필요하다. 이런 전략은 어떤 정수가 홀수일 필요충분조건은 이 수가 어떤 정수 k에 대해 $2k+1$로 나타낼 수 있는 수여야 한다는 사실에 담겨 있다. 이 사실 덕분에 우리는 무한한 실제적인 경우들을 하나의 추상적인 경우로 환원시킬 수 있다. 여기서 우리가 한 일은 하나의 변수를 도입하여 주어진 상황을 추상화한 것이다. 이 변수는 무한을 유한으로 환원하는 수단이다. 하지만 불명에 대한 논의에서 지적했다시피 변수라는 개념은 불명하다. 그러므로 무한에서 유한으로의 환원은 불명을 통해서 이루어지는 셈이다.

수학적 귀납법

변수의 미묘한 활용과 이 활용을 통해 무한한 실제적 경우들을 유한한 추상적 경우로 환원하는 과정은 수학적 귀납법(mathematical induction)이라는 논증법에 잘 꾸려져 있다. 과학과 철학에서 귀납법은 자연계의 수많은 경우들에서 발견된 어떤 규칙성이나 패턴이 다른 모든 경우들에서도 적용될 것이라고 보는 원리를 가리킨다. 해가 매일 아침 동쪽에서 뜬다는 사실로부터 우리는 해가 내일도 동쪽에서 뜰 것이라는 결론을 귀납적으로 이끌어낸다. 그런데 이런 귀납법은 완전히 확실하다고 볼 수 없다. 내일 해가 동쪽에서 뜨지 않을 수도 있기 때문이다. 귀납법이 이처럼 완전히 확실하다고 볼 수 없음에 비해 일반적으로 연역법(deduction)은 완전히 확실하다고 본다. 그러나 수학적 귀납법은 과학적 귀납법의 요소가 부분적으로 포함되어 있음에도 불구하고 연역적으로 확실한 추론법이다.

수학적 귀납법의 전형적인 한 예는 다음과 같다.

$$1=1=1\times 1,$$
$$1+3=4=2\times 2,$$
$$1+3+5=9=3\times 3,$$
$$1+3+5+7=16=4\times 4$$

여기에는 어떤 패턴이 있는 듯하다. 그리고 이 패턴은 "첫 n개의 홀수를 더하면 n의 제곱과 같다"라고 나타낼 수 있을 것 같다. 과연 이 패턴이 모든 n에 대해 참일까? 다시 말해서 n이 어떤 매우 큰 수라고 해도 이 패턴이 그대로 성립할까? 나아가 n이 무한일 때도 이 식이 성립한다고 어떻게 단언할 수 있을까? 수학적 귀납법이 이를 가능하게 한다. 이에 따르면 위에 본 것처럼 $P(1)$, $P(2)$, $P(3)$, …와 같은 일련의 식들이 있을 때 다음의 두 조건이 성립하면 그 일반식은 어느 경우에나 성립한다.

$C1$: $P(1)$은 참이다.

$C2$: 모든 양의 정수 k에 대해 $P(k)$가 참이면 $P(k+1)$도 참이다.

위 예에서 $P(1)$은 $1=1\times1$이라고 말하며 이는 분명 참이다. 그런데 다음으로 살펴볼 $C2$는 약간 복잡하다. 먼저 우리는 이 추측을 좀더 "수학적"인 형태로 나타내는 게 필요하다. 다시 말해서 우리는 어떤 변수를 도입하고 이를 이용하여 증명하고자 하는 식을 만들어내야 한다. 만일 $P(1)$, $P(2)$, $P(3)$, …와 같은 무한한 경우들을 포괄할 일반식 $P(n)$이 없다면 더 이상 진행할 도리가 없다. 이 경우 이 일반식은 다음과 같이 쓸 수 있다.

$$P(n):\ 1+3+5+\cdots+(2n-1)=n^2$$

이제 $C2$의 조건을 점검할 채비가 갖춰졌다. 먼저 어떤 정수 k에 대해 $P(k)$가 참, 곧 $1+3+5+\cdots+(2k-1)=k^2$이라고 가정한다. 그리고 $P(k+1)$이 옳은지를 다음과 같이 점검한다.

$$\begin{aligned}&1+3+5+\cdots+(2k-1)+2(k+1)-1\\&\quad=1+3+5+\cdots+(2k-1)+(2k+1)\\&\quad=k^2+(2k+1)\ (P(k)\text{가 참이므로})\\&\quad=(k+1)^2\end{aligned}$$

그러므로 $P(k)$가 참이라면 $P(k+1)$도 참이며, 따라서 수학적 귀납법의 원리에 따라 $P(n)$은 $n=1, 2, 3, \cdots$의 모든 경우에 대해 참이다.

여기서 실제로 행한 유일한 계산은 아주 간단한 것이었음에 주목하기 바란다. 물론 어쩌면 너무 적은 수고만 치렀다는 느낌이 계속 성가시게 굴 수도 있다. 직접 증명한 것은 $P(1)$ 하나뿐인데도 이 모든 무한 가지의 식이 모두 참으로 밝혀졌기 때문이다. 여기서 남은 모든 일은 $C2$에 의해 이루어졌다. 그러므로 수학적 귀납법은 무한을 유한으로 환원하는 작업이다. 이 증명법은 변수의 개념과 대수적 조작에 내재하는 불명의 위력을 유감 없이 보여주고 있다.

수학적 귀납법의 원리는 왜 옳을까? 예를 들어 우리는 정수의 성질을 이용하여 이 방법의 정당성을 증명할 수 있을까? 그 답은 '아니오'이다. 유클리드 기하의 평행선 공리가 다른 공리들로부터 유도될 수 없듯 수학적 귀납법의 원리도 산술의 다른 공리들로부터 유도될 수 없다. 따라서 이것은 추가적인 공리로 받아들여야 한다. 사실 이 원리는 정렬원리(well-ordering principle), 곧 양의 정수의 모든 부분집합에는 가장 작은 원소가 존재한다는 원리와 동등하다는 점이 증명되어 있다. 하지만 이것만으로는 앞으로 나아갈 수 없다. 유의할 것은 수학적 귀납법의 원리는 수계에 대해 우리가 내세운 가정의 하나라는 사실이다. 우리가 이렇게 한 까닭은 이게 아주 소중한 수단이어서 이렇게 하는 게 타당하다고 여겨졌기 때문이다. 이것을 이용하면 우리가 분명히 참이라고 여기는 수많은 흥미로운 수학적 명제들을 증명할 수 있다.

위의 마지막 문장은 참인 것과 증명할 수 있는 것의 차이를 보여준다는 점에서 사뭇 흥미롭다. 사실 이것은 독일의 수학자 쿠르트 괴델(Kurt Gödel, 1906~1878)이 내세운 유명한 불완전성 정리의 내용이다. 수학적 명제의 진실성은 증명가능성의 여부에 의존할까? 우리가 증명할 수 없음에도 불구하고 참인 명제가 있을까? 위 예의 경우에는 아래와 같이 직접 증명할 수도 있다.

$$S = 1 + 3 + 5 + \cdots + (2n - 1)$$

그러면

$$S = (2n - 1) + \cdots + 5 + 3 + 1.$$

위의 두 식을 항들끼리 더하면 $1+(2n-1)=2n$, $3+(2n-3)=2n$, $\cdots$ 임을 알 수 있다. 따라서 $2S = n \times 2n = 2n^2$이고, 이에 의해 $S = n^2$임이 증명된다.

하지만 이처럼 직접적으로 증명할 길은 모르고 수학적 귀납법이 유일한 방법인 경우를 상상해보자. 과연 그런 식들이 실제로 있고, 또 그런 경우에도 그런 식들이 참이라고 단언할 수 있을까? 어떤 의미로 볼 때 우리는 그것들이 참이란 점을 '알고' 있다. 하지만 이에 대한 '증명'은 무한에 대한 가정, 곧 무한집합을 체계적으로 다룰 수 있도록 하는 공리에 근거하고 있다. 말하자면 증명과 진실 사이에 쐐기가 박힌 셈인데, 이에 대해서는 나중에 다시 살펴보기로 한다.

무한의 역설들

무한의 관념은 본래적으로 역설적이다. 이에 따라 예로부터 무한이 수학과 철학의 논증에서 사용되어오면서 많은 유명한 역설들이 자연스럽게 창출되었다. 여기서는 그중 몇 가지를 자세히 살펴보고자 한다. 각각에 얽힌 역사는 우리에게 무한의 아이디어와 특수한 문화적 상황에 내재하는 제한을 초월하여 거기에 이르고자 하는 인간의 사고에 대해 뭔가를 전해준다. 무한의 관념은 여러 면을 가진 다이아몬드에 비유할 수 있다. 여러 가지 역설은 이 다이아몬드의 서로 다른 여러 면들을 비쳐준다.

역설 #1 : 무한은 대상이 아니다

> 모든 '이것'은 다른 것에 의해 한계지어져 있다. '이것'은 오직 다른 것들에 의해 한계지어져서 존재할 뿐이다. 하지만 '너'라는 말에는 아무것도 없다. '너'에는 한계가 없다.
>
> —마틴 부버(Martin Buber, 1878~1965)

> 무엇보다 나는 무한대를 완성된 양으로 보는 것에 반대한다. 수학은 이를 허용하지 않으며, 무한대는 단지 화법의 일종에 지나지 않는다.
>
> — 칼 프리드리히 가우스(Karl Friedrich Gauss, 1777~1855)[11]

우리는 무한이란 말을 내뱉는 순간 이미 이게 다른 개념과 같은 것인가 아니면 독특한 것인가 하는 문제에 빠져든다. 이것은 무한의 근본적인 역설과 관련되어 있다. 무한이 개념화될 수 있는가? 이것은 진짜 역설의 하나다. 우선 이것은 불가능해 보인다. 무한을 개념화하려면 무한을 무한하게 만드는 바로 그 특성을 제거하여 평범한 개념으로 만들어야 한다. 이것은 반드시 개념화해야 한다. 세상에 뭔가 말할 만한 가치가 있는 게 있다면 그것은 바로 무한이다. 이것은 수학을 초월해서도 마찬가지다. 이것은 우리의 유한한 한계를 너머 불가능에 이르고 죽음을 초월하고자 하는 인간의 기본적인 딜레마를 다루는 개념이다. 이와 관련하여 고대 그리스인들이 무한의 딜레마를 어찌 다루었는지 살펴보는 것도 흥미로운 일이다. 그들은 결국, 가무한은 긍정하되 실무한은 부정하는, 아주 이성적인 타협을 이끌어냈다. 다시 말해서 과정으로서의 무한은 허용되지만 대상으로서의 무한은 허용되지 않는다.

앞서 0에 대해 이야기할 때 나는 그리스 문화에서는 추상적인 0의 관념을 떠올리는 데에 실패했다고 말했다. 그리고 이 실패의 원인은 그들이 오직 실재하는 대상에 대한 관념만 인정하고 조화와 논리적 일관성을 숭배한 데에 있다고 말했다. 그런데 0이 적절한 사고의 대상이 아니라고 거부되었다면 하물며 무한대는 더욱 말할 것도 없다. 하지만 그리스 수학에 나타나는 무한대에 관한 이야기는 사뭇 복잡하다. 먼저 아리스토텔레스는 완성된 개념으로서의 무한은 거부했다. 반면 그리스 수학자들은 무한한 과정을 나타내는 가무한의 관념을 폭넓고 독창적으로 사용했다.

가무한은 소진법(消盡法, Method of Exhaustion)과 관련하여 등장한다. 이 방법은 크니도스(Cnidos)의 에우독소스(Eudoxus, 기원전 408?~355?)가 개발했으며 유클리드의 ≪원론≫에서도 쓰였다. 하지만 가장 체계적으로, 그리고 눈부시게 활용한 사람은 아르키메데스(Archimedes, 기원전 287?~212)로서, 그는 이 방법을 통해 기하적 도형들의 넓이와 부피에 대한 놀라운 결론을 얻어냈다. 이 방법의 핵심은 관심의 대상인 기하적 도형에 대한 무한한 어림수열을 만드는 데에 있다. 예를 들어 어떤 원 C의 넓이 $A(C)$를 구한다고 생각해보자. 먼저 이 원에 내접하는 다각형들을 차례로 그리고, 정사각형은 $P(1)$, 정팔각형은 $P(2)$, 정십육각형은 $P(3)$ 등과 같이 부른다. 그런데 변의 수가 증가함에 따라 정다각형의 넓이는 원의 넓이에 점점 더 가까워진다. 한편 이 원에 외접하는 다각형들도 생각해볼 수 있으며 이를 $Q(1)$, $Q(2)$, $Q(3)$, …으로 부르자. 그러면 이 다각형들의 넓이는 잘 알려져 있으므로 구하고자 하는 원의 넓이는 다음과 같이 계산할 수 있다(그림 3.2 참조).

$$A(P(1)) < A(P(2)) < A(P(3)) < \cdots < A(\text{circle}) < \cdots < A(Q(3)) < A(Q(2)) < A(Q(1))$$

물론 이 논증이 성립하려면 원의 넓이는 내접하는 다각형과 외접하는 다각형들의 넓이를 통해 얼마든지 가깝게 얻어질 수 있다는 점을 확신해야 한다. 다시 말해서 0보다 큰 어떤 임의의 (작은) 수 ε에 대해

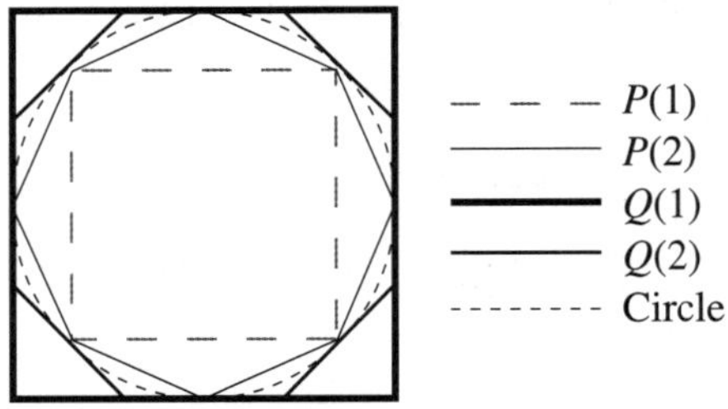

그림 3.2 정다각형으로 원을 어림하기

다음과 같은 두 조건을 만족하는 정수 n이 존재해야 한다.

$$A(\text{circle}) - A(P(n)) < \varepsilon,$$
$$A(Q(n)) - A(\text{circle}) < \varepsilon$$

유클리드는 《원론》 제12권에서 소진법으로 다음 명제를 증명했다.

명제 : 반지름이 r이고 둘레가 C인 원의 넓이 A는 밑변이 C이고 높이가 r인 삼각형의 넓이 T, 곧 $rC/2$와 같다.

이는 $A = \pi r^2 = (r)(\pi r) = (r)(C/2)$로 쓰는 것과 같다.

증명 : 이 증명은 먼저 $A>T$를 가정하여 모순에 이르고, 이어서 $A<T$를 가정하여 모순에 이르는 것을 보임으로써 완결된다. 그래서 이를 이중귀류법(double reductio ad absurdum)이라고 부른다. 여기서 무한이 어림수열로 위장한 모습으로 나타나 복잡한 귀류법의 증명과 연관된다는 점이 흥미롭다.

먼저 첫째 부분부터 시작하여 $A>T$라고 가정한다. 그러면

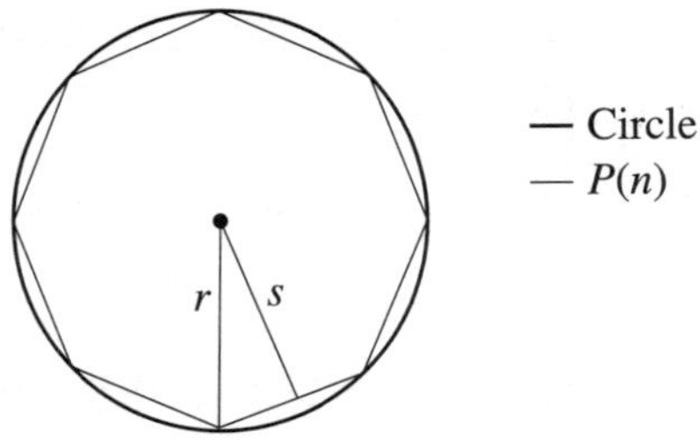

그림 3.3 $A > A(P(n)) > T$

소진법에 따라 원의 넓이에 아주 가깝지만 $A(P(n)) > T$인 내접정다각형이 존재한다. 그런데 유클리드는 이에 앞서 정다각형들의 넓이에 관한 식을 구해놓았다. 이에 따르면 $A(P(n)) = sD/2$인데, 여기서 s는 원의 중심에서 정다각형의 각 변에 이르는 수선의 길이이고, D는 정다각형 각 변의 길이이다. 그러므로 $sD/2 > T = rC/2$의 관계가 성립한다. 그런데 그림 3.3에 따르면 $s < r$이고 $D < C$임은 명백하다. 따라서 이 관계는 모순이고 $A < T$여야 한다. 다음으로 $A < T$라고 가정하고 둘째 부분을 같은 방식으로 진행하면 마찬가지로 모순에 이른다. 그러므로 우리는 바라던 대로 $A = T$라는 결론을 내릴 수 있다. ■

위에서 쓰인 소진법은 사실 말하자면 연속적인 어림법이다. 아르키메데스는 이 방법을 통해 그리스 수학의 정점에 도달했다. 예를 들어 그는 이 방법으로 수수께끼처럼 우리를 현혹하는 π라는 수의 어림값을 수치적으로 밝혀냈다. 또한 아르키메데스는 적분의 발명에 아주 가까이 다가섰다고 말할 수 있는데, 어떤 의미로 볼 때 적분은 이 방법의 체계적 응용이기 때문이다.

이 모든 업적에서 우리는 역설과 모순의 언저리를 맴돌고 있음을 깨닫는다. 이 사실은 아리스토텔레스를 비롯한 그리스의 많은 사색가들의 주목을 받았으며, 이들은 합리적으로 여겨지는 무한의 측면에 머물고자 갖은 노력을 기울였다. 소진법에서 쓰인 일종의 어림법을 다시 살펴보자.

소진법의 핵심은 미지의 양 U에 대한 어림값 K를 얻어내는 것이다. 그런데 실제의 어림은 유한한 과정이므로 이 둘 사이에는 0보다 큰 어떤 오차 ε이 존재하는데, 이 관계는 다음과 같이 쓸 수 있다.

$$|K-U|<\varepsilon$$

우리의 논증은 수학적 어림법을 점검하는 것이며, 수학적 어림법은 사실 갈수록 좋은 어림값을 내놓는 어림수열이다. 이것을 K_1, K_2, K_3, K_4, …으로 쓰면 어떤 임의의 양수 ε에 대해 다음 식이 성립한다.

$$|U-K_n|<\varepsilon$$

우리는 이에 대해 미지의 양 U가 어림수열에 의해 완전히 결정된다고 말할 수도 있다. 예를 들어 1/3의 값은 다음과 같은 어림수열로 완전히 결정된다.

$$\frac{3}{10}, \frac{33}{100}, \frac{333}{1000}, \cdots$$

고대 그리스인들은 어림수열을 완성된 수학적 대상으로 여기지 않는 한 자신들의 추론법이 굳건한 기반 위에 서 있다고 믿었다. 위에서 살펴본 수학적 어림법에는 무한이나 무한대라는 용어를 쓸 필요가 없었다는 점에 주목하기 바란다. 다루어진 모든 양들은 유한한 양이었으며 원하는 어림값을 얻기 위해서는 유한한 수의 단계만 밟으면 된다.

무한의 역설적 본질이 너무나 두려웠으므로 이후 2천 년이 지나도록 수학자들은 무한을 단순히 화법의 일종으로 치부하고 수학의 본질적 부분이 아니라고 여겼다(이 절의 첫 부분에 인용한 가우스의 말을 참조).

극한의 현대적 정의가 궁극적 승리를 거두게 된 것은 부분적으로 무한대의 아이디어를 완전히 수용하지 못하는 망설임 덕분이었을 것이다. 예를 들어 "1, 1/2, 1/3, 1/4, …이라는 수열의 극한값은 0이다"라고 말하고자 한다고 상상해보자. 다시 말해서 우리는 "**n이 무한히 커짐에 따라 이 수열은 0에 다가선다**"고 말하고자 한다. 오늘날 우리는 이런 극한을 여기의 볼드체로 쓴 부분과 같이 표현한다. 우리는 무한에 대해 이야기할 뿐 아니라 그 기호도 다음과 같이 사용한다.

$$\lim_{n \to \infty} \frac{1}{n} = 0$$

하지만 위에서 우리가 의미하는 바를 엄밀히 정의하자면 다음과 같이 해야 한다.

> 0보다 큰 임의의 수 ε에 대해 $n>N$이면 언제나 $\varepsilon>1/n$인 어떤 정수 N이 존재한다.

이 엄밀한 정식의 정의에는 무한에 대한 이야기가 전혀 나오지 않는다는 점을 주목하기 바란다. "무한대는 단지 화법의 일종에 지나지 않는다"라는 가우스의 말에 담긴 뜻은 여기에 충실히 반영되어 있으며, 이로부터 미루어볼 때 무한에 대한 고대 그리스의 이중적 태도는 수학의 역사에 상당한 영향을 미친 셈이다.

또한 모순이나 역설로부터 될 수 있으면 멀리 떨어져서 일하기보다 바로 그 언저리에서 일함으로써 훨씬 심오하고 중요한 결론들을 얻어냈다는 사실도 흥미롭다. 그리고 이런 현상은 앞으로도 계속 되풀이해서 보게 될 것이다.

하지만 이 단계조차도 아직 1/3 = 0.3333…이라고 단정적으로 쓸(여길) 수 있는 단계로부터는 한참 멀리 떨어져 있다고 봐야 한다. 이 사소하게 보이는 어림급수와 무한급수 사이의 간격을 메울 개념적 돌파구를 얻으려면 무한의 역설 주변에서 자라온 근본적인 터부를 살펴봐야 한다. 그러나 이 돌파구에 앞서 이와 관련된 고대 그리스의 역설 한 가지를 둘러본다.

역설 #2 : 무한한 과정에서 유한한 결과가 나올 수 있는가? 제논의 역설과 양수 항들의 무한급수

엘레아(Elea)의 제논(Zenon, 기원전 490?~430?)은 인류의 지성사에 많은 영향을 미친 몇 가지의 역설을 내놓았다. 버트런드 러셀은 이에 대해 다음과 같이 말했다. "제논의 논증은 여러 모습을 띠면서 당시 이래 현재까지 구성되고 있는 시간과 공간과 무한에 관한 거의 모든 이론들의 근거를 제공했다."[12] 제논에 대한 이야기는 플라톤이 파르메니데스에 대해 쓴 부분에 나오는 기록이 거의 전부다. 제논은 분명 파르메니데스의 철학적 입장을 지지하기 위해 이런 역설들을 꾸며낸 것으로 보인다. "파르메니데스는 다원론을 배격하고 실체의 변화를 부정했다. 그에게 모든 것은 나눌 수 없는 불변의 단일체였으며, 이와 모순되는 것들은 모두 환상이므로 이성과 계시에 의해 추방되어야 했다."[13] 제논은 언뜻 우리의 직관과 충돌하는 논제들을 내놓고 파르메니데스의 관점을 부정하면 터무니없는 결론에 이른다는 점을 보임으로써 파르메니데스의 입장을 옹호하려고 했다. 아래에서 살펴볼 '아킬레스와 거북의 경주'에서 그는 운동을 무한히 잘게 나누면 결국 아무것도 운동할 수 없다는 점을 보이려고 했다. 다시 말해서 제논은 상식적인 운동의 개념과 다원론을 공격하고 나섰던 것이다.

모순과 역설에 대한 우리의 논의에 비춰볼 때 제논의 역설은 수학의 귀류법과 아주 비슷한 형태를 띤다는 점이 흥미롭다. 최종적으로는 현대적 수학을 이용하여 이 역설을 해소하겠지만 그럼에도 불구하고 이러한 제논의 역설을 과소평가하는 것은 잘못이라고 하겠다. 무엇보다 그는 어떤 철학적 논점을 반박하기 위해 적절한 반례를 개발하여 그 논리적 귀결이 허용될 수 없음을 보여주는 논증법을 최초로 발명한 사람으로 여겨진다. 물론 이것은 이전부터 수학에서 쓰였던 추론법이 다른 주제로 확장되어 사용되는 것을 보여주는 한 예이다. 또한 이것은 역설의 관념이 그리스 철학에서 중요하게 쓰였음을 보여주는 예이기도 하다. 물론 그리스 철학은 어떻게 해서든 역설은 해소되어야 한다는 입장에 섰지만 그 배경에는 이런 역설들이 고대 그리스와 이후의 철학에 엄청난 영향을 미쳤다는 역사적 사실이 깔려 있다. 제논은 수학이 오랜 세월과 많은 노력을 바쳐 해결하려고 했던 문제와 아주 비슷한 실제적 문제를 제기했다. 그리고 이 문제는 역설이 풍성한 사고의 원천임을 다시금 잘 보여준다.

아킬레스와 거북

아킬레스는 거북보다 빨리 달린다. 그래서 100미터 경주를 하는데 거북을 50미터 앞에서 출발하도록 했다. 아킬레스가 거북의 출발점 $T1$에 도착하면 거북은 둘째 위치인 $T2$에 도착한다. 아킬레스가 $T2$에 도착하면 거북은 셋째 위치인 $T3$에 도착한다. 이런 과정은 무한히 되풀이된다. 따라서 아킬레스는 거북을 따라잡을 수 없다. 반면 우리는 아킬레스와 거북이 이 경주에서 소모할 시간을 계산할 수 있는데, 이에 따르면 아킬레스가 목표점에 더 먼저 도착한다는 것은 분명하다.

해결

아킬레스(A)와 거북(T)이 100미터 경주를 한다고 상상하자. T는 A보다 50미터 앞선 곳에서 출발한다. A는 초당 10미터, T는 초당 1미터의 속도로 달린다. 아래의 표는 여러 시간과 그때의 위치를 나타낸다.

시간	A의 위치	T의 위치
1	10	51
5	50	55
5.5	55	55.5
5.55	55.5	55.55
5.555	55.55	55.555
5.555…	55.555…	55.555…

그러므로 아킬레스는 5.555…가 지나면 거북을 따라잡을 것이고 그때 둘은 모두 아킬레스의 출발점으로부터 55.555…미터 떨어진 곳에 있을 것이다. 이 시간이 지나면 아킬레스가 오히려 앞선다. 그런데 이 무한소수로 나타내지는 시간은 정확히 얼마일까? 조금 계산을 해보자면, $x=0.555\cdots$라고 하면 $10x=5.555\cdots$이고, 이를 정리하면 $9x=5$이므로 $x=5/9$이다. 따라서 아킬레스는 5와 5/9초가 지나면 출발점으로부터 55와 5/9미터 지점에서 거북과 만난다.

이렇게 해결하고 보면 오히려 여기서의 문제가 무엇이었기에 그토록 야단이었는지 궁금해진다. 여기서의 문제는 만날 때까지 걸리는 시간이 아니다. 이 시간은 단순히 50/(10−1)만 계산하면 된다. 여기서

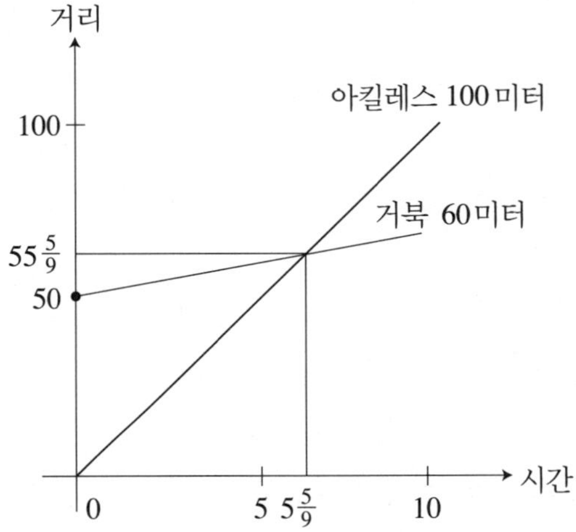

그림 3.4 아킬레스와 거북

의 진짜 문제는 시간과 공간을 무한히 나눌 수 있다는 가정이 정당한지의 여부다. 만일 이게 옳다면 생각해볼 가치가 있는 문제가 발생한다. 여기서 우리가 나누고 있는 게 무엇일까? 그것은 어떤 물리적 실체일까, 아니면 수학적 대상일까? 이 가운데 어느 것이라고 해도 또 문제가 생기는데, 전자의 경우 물리적 세계의 양자적 본질과 관련되고 후자의 경우 수계의 본질과 관련된다. 어쩌면 문제는 물리적 세계와 수학적 세계의 관계에 있는지도 모른다. 그리고 이는 사실 오늘날까지도 해결되지 못한 심오한 문제다.

가장 최소한만 보더라도 여기에는 무한한 과정을 유한한 결과로 마무리 짓고자 한다는 문제가 있다. 아킬레스와 거북의 경주는 위에서 보았다시피 무한히 작은 경주로 나눌 수 있다. 하지만 그 결과는 어떤 명확한 시간과 위치다. 고대 그리스인들은 소진법이라는 암시적인 무한과정은 받아들이지만 완성된 대상으로서의 무한과정은 거부한다는 점을 이미 설명했다. 제논의 역설은 이 분류를 구별하기가 쉽지 않다는 점을 보여준다. 다음 식을 보자.

$$\frac{5}{9} = 0.555\cdots$$

위와 같이 쓸 때 우리는 무한과정과 그로부터 나오는 유한한 결과를 함께 뒤섞고 있다.

유한한 대상의 무한한 표현이라는 불명성은 유리수와 관련하여 이미 문제가 되었다. 그런데 무리수를 고려하면 문제는 더욱 복잡해진다. 1/3의 경우 이에 대한 무한소수 표현은 상대적으로 명확한 대상인 1/3에 대한 어림급수로 볼 수 있다. 하지만 무리수의 경우 우리는 무엇에 대해 어림하고 있는가? 2의 제곱근은 피타고라스 정리에 따라 길이라는 기하적 수로 존재하며, π는 원의 둘레와 지름의 비라는 조금 덜 명확한 대상으로 존재한다. 하지만 어쨌든 두 무리수의 경우에도 이에 대한 무한소수 표현은 이것들의 어림값으로 이해한다. 그러나 0.10100100010000⋯ 등과 같이 오늘날 알고 있는 대부분의 무리수에는 이러한 무한소수 표현 이외의 이름이나 기호가 주어져 있지 않다. 이것들은 바로 그 표현과 같다. 따라서 이제 무한소수는 어림값이기도 하고 어림하는 대상이기도 하다. 여기서 우리는 또 다른 불연속과 마주치며 이를 극복하려면 창의적인 통찰이 필요하다.

따라서 제논의 역설은 무한급수에 대한 체계적 탐구로 이어지는데, 여기에는 특히 무한소수의 이론도 포함되므로 실수계에 대한 이론도 자동적으로 뒤따른다. 그러므로 이 역설을 해결하지 않는다면 현대의 수학과 과학은 존재할 수 없다. 물론 여기의 '해결'은 이 역설의 '해소'를 가리키며, 좀더 구체적으로는 제논의 역설이 전면으로 불러들인 상황에 대처할 새로운 방법의 모색을 뜻한다. 그러자면 방대한 수학적 암시를 담은 이 역설을 열어젖히는 게 필요하다.

이 암시들은 무엇일까? 나는 무한한 양수들의 합에 대한 문제를 통해 실수의 보물상자에 대한 점검을 시작하고자 한다. 예를 들어 앞서 제시했던 다음 급수를 보자.

$$\frac{1}{2}+\frac{1}{4}+\frac{1}{8}+\cdots=1$$

여기서의 문제는 무엇인가? 물론 우리는 유한한 개수의 수들을 더할 줄 안다. 우선 세 수의 경우 두 수를 더할 줄 알므로 첫 두 수를 더한 다음 그 결과에 셋째 수를 더하면 된다.

$$x+y+z=(x+y)+z$$

이런 식으로 계속하면 유한한 개수의 수들은 얼마든지 더할 수 있다. 그러므로 예를 들어 어떤 집합 B에 유한한 개수의 수가 들어 있다고 할 때 우리는 $\sum B$로 나타낼 그것들의 합이 어떤 의미를 갖고 있는지 잘 안다. 그런데 문제는 "무한한 개수의 수를 갖고 있는 집합 I가 있다고 할 때 $\sum I$의 의미가 무엇인가?"라는 것이다. 무한히 많은 수들의 합을 유한한 수로 나타낸다는 게 의미가 있는가? 곰곰이 생각해보면 여기에는 이상한 구석이 있다. 유한한 개수의 수는 유한한 시간 안에 더할 수 있다. 예를 들어 10개의 수가 있는데 한 번의 덧셈에 1초가 걸린다면 이것들을 모두 더하는 데에는 9초가 걸린다. 하지만 무한히 많은 수가 있고 각각의 덧셈에 같은 시간이 걸린다면 영원토록 그 총합은 구할 수 없다. 다시 말해서 무한합은 실제적으로는 결코 얻을 수 없다. 따라서 무한합은 암시적으로 얻을 수밖에 없는데, 예를 들어 다음의 경우를 보자.

$$S = \frac{1}{2} + \frac{1}{4} + \frac{1}{8} + \cdots,$$
$$\frac{S}{2} = \frac{1}{4} + \frac{1}{8} + \cdots$$

첫째 식에서 둘째 식을 빼면 $S/2 = 1/2$이므로 결국 $S = 1$이라는 결과를 얻는다.

물론 우리는 이런 추론에 대해 반론을 제기할 수 있다. 첫째 식부터 이미 무한히 많은 수들의 합이 어떤 유한한 수 S가 된다고 하며, 이렇게 했을 때에야 비로소 S의 값을 알게 된다고 말하고 있기 때문이다. 만일 좀더 만족스런 논증을 개발하고자 한다면 다음과 같이 실제로 더해가야 할 것이다.

첫 항 = 1/2
둘째 항까지의 합 = 3/4
셋째 항까지의 합 = 7/8
…

그러면 우리는 이 (부분)합들이 차츰 1에 다가섬을 알게 된다. 다시 말해서 이것들은 (다른 수가 아니라 바로) 1에 대한 어림수열을 이루며, 이런 경우를 가리켜 우리는 급수가 수렴한다고 말한다. 이 상황에서 우리는 만일 이 수열의 합이 존재한다면 유일한 합리적인 값은 1이라고 가정하고 싶은 생각을 물리치기 어렵다. 하지만 이 사실을 증명하자면 다음과 같이 표현할 수 있는 실수계의 한 특성을 먼저 가정해야 한다.

> 어떤 한계 안에서 증가하는 모든 (실수) 수열은 반드시 어떤 (유일한) 실수의 어림값이 된다(수렴한다).

다시 말해서 양수의 항들로 이루어진 모든 증가수열들의 합은(특히 무한히 많은 양수들로 이루어진 수열의 부분합은) 무한히 커지거나(생각할 수 있는 어떤 수보다 더 커지거나) 어떤 유한한 양수에 수렴한다(어떤 유한한 양수의 어림값이 된다). 사실 이것은 실수계의 한 기본적인 공리로서, 고대 그리스인들도 분명 잘 알고 있었을 것이며 이른바 체(體, field)의 특성들이라고 알려진 산술 또는 대수의 성질들로부터 유도될 수 없다.

따라서 고대 그리스인들에게 무한히 많은 양수의 합에 관한 역설은 수학적으로 실제적인 난제였으며 그들이 이를 해결하지 못한 데에는 몇 가지의 이유가 있다. 먼저 그들에게는 전체로서의 실수계라는 관념이 없었다. 사실 실수계는 그들이 다루었던 수계보다 훨씬 방대하다. 그리고 앞서 이야기했던 가무한과 실무한의 역설도 문제였다.

실제로 그리스인들은 이 의문의 문제점을 파악함으로써 올바른 수학적 직관을 펼칠 수 있었다. 그들이 품은 문제는 수학적인 것이라기보다 개념적인 것이었다. 이 문제는 푼다기보다 "수렴하는 모든 유리수수열은 하나의 실수를 정의한다"와 같은 공리를 내세워서 해결할 성질의 것이었다. 다시 말해서 이 문제는 전통적인 방법이 아니라 새로운 방법으로 해결해야 하는데, 이 새로운 방법은 예전의 토대 위에 과정과 대상의 역설을 수에 대한 새로운 정의로 삼아 완성된 어림수열을 수로 간주하는 관념을 포섭하는 것이었다.[14] 이 정의는 부수적으로 엄청나게 풍부한 수의 개념으로 나아갈 문을 열어제치는 효과를 거두었다. 이에 의해 미적분과 해석학 그리고 어떤 의미로는 현대수학이 가능하게 되었다.

따라서 돌이켜보면 고대 그리스인들이 마주쳤던 문제는 단순히 낱낱의 기하적 수들이 정당한 수인가의 문제가 아니었다. 그것은 무리수도 유리수와 동등하게 포함하는 새로운 수계를 구축하는 것이었다. 나중에 보겠지만 여기에 필요한 수계는 새롭게 등장한 방대한 무리수들을 수용하게 되었다. 앞서 말했다시피 이 새로운 무리수들 가운데 대부분은 어떤 분명한 기하적 또는 해석적 의미를 갖지 않는다. 우리가 아는 것은 이 무리수들이 무한소수로 주어진다는 사실이다. 운 좋게도 이러한 소수 표현법에는 유리수와 무리수를 구별하는 방법도 담겨 있다. 이에 따르면 소수 표현이 유한한 길이로 끝나거나 일정한 패턴이 무한히 되풀이될 경우에만 유리수를 나타낸다. 그러므로 이를 이용하면 우리는 여러 가지 무리수를 만들 수 있는데, 예를 들어 0.01001000100001…과 같이 소수점 이하의 수들을 되풀이되지 않도록 나열하면 된다.

조화급수는 수렴하는가?

무한급수는 매우 미묘하다. 항들이 모두 양수일 경우 때로 급수가 수렴하는지 발산하는지 구별하기 어려운데, 한 예로는 아래의 조화급수를 들 수 있다.[15]

$$1+\frac{1}{2}+\frac{1}{3}+\cdots$$

이 급수를 아무리 계산해본들 수렴하는지 발산하는지 결정할 수 없다. 사실 이 급수는 발산하는데 매우 느리게 발산한다. 곧 이 조화급수가 큰 수가 되려면 엄청나게 많은 항들을 모아야 한다. 하지만 프랑스의 과학자 니콜 오렘(Nicole Oresme, 1325~1382)이 보였듯 이 급수를 다음과 같이 고쳐 쓰면 이게 발산한다는 점은 쉽게 알 수 있다.

$$1+\left(\frac{1}{2}\right)+\left(\frac{1}{3}+\frac{1}{4}\right)+\left(\frac{1}{5}+\frac{1}{6}+\frac{1}{7}+\frac{1}{8}\right)+\left(\frac{1}{9}+\cdots+\frac{1}{16}\right)+\cdots$$

위와 같이 고쳐 쓴 급수의 첫 두 항의 합은 1.5이다. 둘째 괄호 안의 합은 1/4+1/4=1/2이므로 여기까지의 합은 2보다 크다. 또 셋째 괄호 안의 합은 1/8+1/8+1/8+1/8=1/2이므로 여기까지의 합은 2.5보다 크다. 이런 식으로 계속해보면 각 괄호 안의 합이 더해질 때마다 총합은 최소한 1/2 이상씩 커진다는 점을 알 수 있다. 그러므로 총합을 10보다 크게 하려면 대략 18번째 괄호까지의 합을 더해야 한다. 그런데 이것을 각각의 항으로 헤아려보면 그 수는 아주 많다. 각 괄호 안의 마지막 수는 2의 거듭제곱의 역수이므로 이 점을 이용하여 추산해보면 대략 2의 18제곱 개의 항들을 더해야 이 급수의 값은 10을 넘게 된다. 이처럼 느리게 증가하는 경향은 갈수록 악화된다. 따라서 이 급수가 발산한다는 사실을 직접적인 계산으로 밝히기는 거의 불가능하지만 이처럼 간단하면서도 설득력 있는 논증을 이용하면 쉽게 파악할 수 있다.

조화급수는 그 자체로 역설적이지만 지금껏 보아왔던 다른 역설들처럼 극적인 방식으로 그렇지는 않다. 그 메시지는 양수의 항들로 이루어진 급수의 경우에도 수렴이라는 아이디어는 미묘할 수 있다는 것이다. 급수는 수렴할 듯하면서도 발산할 수 있다. 사실 조화급수는 수렴과 발산의 경계 부근에 자리잡고 있다. 이 사실은 아래와 같은 일련의 급수들을 살펴봄으로써 더 명확히 이해할 수 있다.

$$x+\frac{x^2}{2}+\frac{x^3}{3}+\cdots$$

이것은 흔히 멱급수(冪級數, power series)라고 부른다. x는 임의의 값을 가질 수 있는데 1로 놓으면 조화급수가 된다. 밝혀진 바에 따르면 이 멱급수는 $-1<x<1$일 때는 수렴하고 $x<-1$이나 $1<x$일 때는 발산한다. 따라서 조화급수는 거의 수렴할 듯하면서도 발산하는

경우다.

여기의 메시지는 조화급수의 행동은 이를 완전히 이해하지 않는 한 역설적으로 보일 수 있다는 것이다. 요한 베르누이(Johann Bernoulli, 1667～1748)는 조화급수의 수렴성은 조화급수의 합을 A라고 할 경우 $A=1+A$임을 증명하는 것과 같음을 보였다.[16] 만일 A가 어떤 유한한 값이라면 1=0이라는 모순에 이른다. 따라서 A는 무한대여야 한다. 이 귀류법은 양수들로 이루어진 급수가 수렴하든지 아니면 무한대로 발산하든지 둘 중 하나라고 가정한다면 타당하다. 어떤 의미로 볼 때 베르누이는 무한대를 일종의 수로 다룬 셈이다. 이는 타당하며 모든 항들이 양수인 한 문제점은 해소된다. 하지만 위의 가정이 충족되지 않으면 나중에 보게 되듯 또 다른 문제가 발생한다.

완비

양의 항들로 이루어진 무한급수에 대한 논의는 이게 완결된 수계와 관련하여 어떤 의미를 갖는가 하는 문제로 우리를 이끈다. 완비성(completeness)은 무슨 뜻인가? 이것은 개별적인 수학적 대상이 아니라 예를 들어 수계와 같은 '계'를 가리키는 개념이며, 닫힘(closure)이라는 관념과 관계가 있다. 어떤 계의 모든 요소에 어떤 연산을 실행할 경우 그 결과가 이 계를 벗어나지 않으면 이 계는 이 연산에 대해 닫혀 있다(closed)고 말한다. 예를 들어 1, 2, 3, …이라는 자연수는 덧셈에 대해서는 닫혀 있지만 뺄셈에 대해서는 닫혀 있지 않다. 복소수는 대수적으로 닫혀 있다. 다시 말해서 복소수를 계수로 가진 다항방정식의 근은 모두 복소수이다. 완비성은 수렴과 관련된 일종의 닫힘이다. 이는 수렴해야 할 것으로 보이는 모든 무한수열은 실제로 수렴한다는 사실을 가리킨다.

더 정확히 말하자면 수렴해야 할 것으로 보이는 수열 $r_1, r_2, r_3, r_4, \cdots$는 코시수열(Cauchy sequence)이라고 부르며, 갈수록 어떤 두 항 사이의 차이가 0에 가까워지는 것을 가리킨다.[17] 그런데 이 수열이 실제로 극한값을 가질까? 그 답은 상황에 따라 달라진다. 유리수계에서 살펴볼 경우 어떤 무리수의 무한소수 표기는 유리수의 코시수열을 만들지만 그 극한값은 유리수가 아니다. 예를 들어 0.01001000100001⋯이라는 무리수는 0/10, 1/100, 10/1000, 100/10000, 1001/100000 등의 유리수들로 쓸 수 있는 무한수열이다. 이 수들은 모두 서로 1/10의 범위 안에 있고, 첫 항만 제외하고 모두 서로 1/100의 범위 안에 있고, 첫 두 항만 제외하고 모두 서로 1/1000 범위 안에 있으며, 이하 같은 패턴이 되풀이된다. 따라서 이것들은 코시수열이 되는데, 유리수계에는 이 수열의 극한값, 곧 이 무한소수 전체가 나타내는 수는 없다.

따라서 다음과 같은 의문이 제기된다. 유리수에서 시작하여 코시수열의 극한값들을 모두 포함하는 수계를 만들 수 있을까? 이것은 '유리수의 완비화'라고 부르는데, 실제로 가능하며 그 결과는 바로 실수계이다. 그런데 이런 과정을 되풀이하면 그때는 새로운 게 나오지 않는다는 점도 흥미롭다. 곧 실수의 코시수열을 생각하면 그 극한값들은 다시 모두 실수이다. 이런 뜻에서 유리수계에는 완비성이 없는 반면 실수계에는 완비성이 있다고 말한다. 우리가 (수학적) 해석학이라고 부르는 분야는 완비계를 토대로 해야 제대로 성립한다.

그러므로 무한과 관련된 고대 그리스인들의 문제는 유리수계가 성공적으로 완비화되기 전에는 해결될 수 없었는데, 이로부터 새로운 수계가 창조되었고 이것은 하나의 집합이나 대상으로 여길 수 있게 되었다. 물론 이에 따라 사람들은 실무한의 관념에 맞서게 되었으며 또다시 무한의 역설에 휘말리게 되었다. 각종 거듭제곱근이나 황금비

(golden mean 또는 golden ratio)나 π와 같은 개별적인 무리수들의 본질만 숙고해서는 완비성과 같은 관념은 떠오르지 않는다. 실수계의 구성에는 수와 무한에 관련된 여러 가지 역설들에 정면으로 맞서는 게 필요했다.

역설 #3 : 여러 가지 값을 갖는 급수

무한급수 가운데 가장 쉬운 것은 양수들만의 합으로 된 것이다. 첫 번째의 인식론적 장애를 극복하고 나면, 곧 무한급수도 수렴할 수 있다는 사실을 이해하고 나면, 양수들로 이루어진 급수와 관련된 유일한 문제는 보통의 덧셈과 달리 그런 급수들의 합은, 예를 들어 $1+1+1+\cdots$과 같이, 무한대가 될 수 있다는 것이다. 그런 경우 우리는 급수가 발산한다고 말한다. 이런 때에도 일반적인 법칙들은 성립한다. 예를 들어 어떤 수렴급수를 다른 발산급수와 더했을 때 만들어지는 급수는 발산하는데, 이는 보통의 산술에서 $N+\infty=\infty$인 것과 마찬가지다.

만일 양수항과 음수항들을 섞어서 급수를 만들면 어찌 될까? 예를 들어 $A=1-1+1-1+1-1+\cdots$라고 하자. 여기서 2개의 항들끼리 짝을 지으면 $A=(1-1)+(1-1)+\cdots=0+0+0+\cdots=0$이 된다. 하지만 약간 다른 방식으로 짝을 지으면 $A=1+(-1+1)+(-1+1)+\cdots=1+0+0+\cdots=1$이라는 결과가 나온다. 그렇다면 1=0이라는 뜻일까? 어찌 이렇게 될 수 있단 말일까?

여기서의 문제는 $1-1+1-1+\cdots$과 같은 무한급수는 어떤 합을 가진다고 말할 수 없다는 데에 있다. 따라서 이 급수의 합을 A라는 문자로 나타낸 것부터 잘못이다. A라는 문자로 나타낸 데에는 이 급수가 어떤 고정된 값을 가진다는 사실이 전제되어 있으며, 이 급수의 합에 어떤 정확한 의미를 부여할 수 있다는 뜻이 담겨 있기도 하다. 이는 어떤 무한급수를 나타내는 기호가 그 급수 자체를 나타내기도 하고 그 급수의 합을 나타내기도 한다는 불명을 가진다는 점과 부합한다. 하지만 이런 불명은 합이 존재할 때에만 가치가 있다. 따라서 이 기호는 또 다른 불명을 품게 되는데, 이는 급수의 합이 존재할 때만 이 기호가 그 합을 가리킬 수 있다는 것이다. 하지만 발산하는 급수라도 의미를 가질 수도 있을 것이다. 그러므로 무한급수를 나타내는 기호가 언제 명확한 의미를 갖는가 하는 문제 자체도 무한급수에 관한 모든 이론들에 못지 않은 미묘한 문제다. 다시 말해서 무한급수에 관한 모든 이론의 목표는 $A = \sum a_n$이라는 표기에 담긴 불명에 관한 탐구에 있다.

양수항과 음수항을 교대로 갖는 무한급수 중에도 아래의 예와 같이 명확한 합을 갖는 게 있다.

$$1 - \frac{1}{2} + \frac{1}{3} - \frac{1}{4} + \frac{1}{5} + \cdots = \ln 2 \text{ (자연로그 2) } (*)$$

하지만 그럼에도 불구하고 상황은 까다롭다. 위 급수를 잘 살펴보면 1+1/3+1/5+1/7+⋯과 1/2+1/4+1/6+⋯이라는 두 급수로 이루어져 있음을 알 수 있다. 그런데 이 두 급수는 조화급수와 아주 비슷하며 사실 이 때문에 모두 무한대로 발산한다. 따라서 “이 두 급수의 차이라는 것에 어떤 의미를 부여할 수 있을까?”라는 의문이 제기된다. 그리고 이 뺄셈을 위에 쓴 것처럼 하기로 한다면 그 차이는 ln2가 된다.

하지만 여기서도 항들의 배열 순서가 중요한 문제로 떠오른다. 위 (*)의 양변에 1/2을 곱하면 다음을 얻는다.

$$\frac{1}{2} - \frac{1}{4} + \frac{1}{6} - \frac{1}{8} + \cdots = \left(\frac{1}{2}\right) \ln 2 \ (**)$$

그리고 (*)에서 (**)을 나열된 순서대로 항들끼리 더하면 아래의 결과가 나온다.

$$1+\left(-\frac{1}{2}+\frac{1}{2}\right)+\frac{1}{3}+\left(-\frac{1}{4}-\frac{1}{4}\right)+\frac{1}{5}+\left(-\frac{1}{6}+\frac{1}{6}\right)+\frac{1}{7}+\cdots=\left(\frac{3}{2}\right)\ln 2$$

분모가 2, 6, 10, …인 항들은 사라지지만 4, 8, 12, …인 항들은 2배가 되어 더해진다는 점을 주목하기 바란다. 그러므로 새로운 급수는 다음과 같다.

$$1+\frac{1}{3}-\frac{1}{2}+\frac{1}{5}+\frac{1}{7}-\frac{1}{4}+\cdots=\left(\frac{3}{2}\right)\ln 2$$

이 새 급수는 본래의 급수 (*)와 동일하지만 순서가 다르다. 그런데 18세기의 수학자들은 순서는 무시하고 값만 중요시했다. 하지만 이는 양수만으로 이루어진 급수에서는 타당하지만 위와 같은 경우에서는 그렇지 않다! 만일 순서가 틀려도 같다면 합도 같아야 하며, 그럴 경우 ln2=(3/2)ln2여서 1=3/2이라는 결과가 나오고 만다! 독일 출신의 미국 수학자 리처드 쿠란트(Richard Courant, 1888~1972)는 이에 대해 다음과 같이 말했다.[18] "이와 같은 명백한 역설이 수렴 여부를 중요시하지 않고 무한급수를 다루는 데에 익숙해 있던 18세기의 수학자들에게 미친 영향을 상상하기란 어려운 일이 아니다." 쿠란트의 말처럼 이는 역설이 아닐 수 없으며, 이에 따라 양수항과 음수항을 함께 가진 무한급수에 대한 좀더 깊은 이해가 요구되었다.

실제로 문제는 이보다 더 심했다. 위의 급수를 포함한 수많은 무한급수들에서 항들의 순서를 바꿔 더함으로써 다른 결과를 얻을 수 있음은 물론 항들의 순서를 자유롭게 뒤바꿔 원하는 어떤 수라도 만들어낼 수 있다! 이에 대한 논증은 이런 급수들이 각각 무한대로 발산하는 두

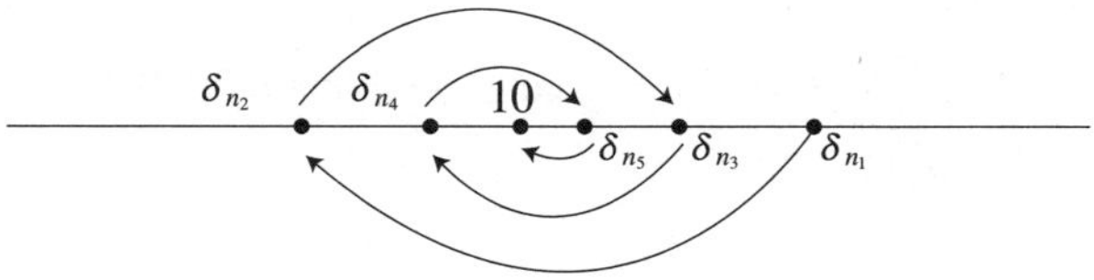

$$\delta_{n_1} = + \frac{1}{3} + \frac{1}{5} + \cdots + \frac{1}{k_1} > 10$$

$$\delta_{n_2} = \delta_{n_1} - \frac{1}{2} - \frac{1}{4} - \cdots - \frac{1}{t_1} > 10$$

$$\delta_{n_3} = \delta_{n_2} + \frac{1}{k_1 + 2} + \frac{1}{k_1 + 4} + \cdots + \frac{1}{k_2} > 10$$

$$\delta_{n_4} = \delta_{n_3} - \frac{1}{t_1 + 2} - \frac{1}{t_1 + 4} - \cdots - \frac{1}{t_2} < 10$$

그림 3.5 1−1/2+1/3−1/4+1/5−⋯가 더해져서 10이 된다.

급수의 합으로 쓸 수 있다는 점을 생각하면 쉽게 이해할 수 있다. 예를 들어 어떤 급수를 재배열하여 10이 되도록 해보자. 먼저 첫째 급수에서 적당한 항들을 골라 10이 좀 넘도록 만든다(이 급수도 발산하므로 이런 조작은 얼마든지 가능하다). 그런 다음 둘째 급수에서 적당한 항들을 골라 첫째 급수에서 빼줌으로써 총합이 10보다 좀 작아지도록 만든다. 그런 다음 다시 첫째 급수에서 다른 적당한 항들을 골라 총합이 다시 10이 좀 넘도록 만든다. 그리고 다시 둘째 급수에서 적당한 항들을 골라 빼줌으로써 총합이 다시 10보다 좀 작아지도록 만든다. 이와 같은 과정을 계속 되풀이하면 총합은 10을 중심으로 진동한다. 만일 항들을 더해 갈수록 그 차이가 0에 가까워진다면 총합도 갈수록 10에 가까워진다. 따라서 이 급수의 합은 10일 게 분명하다.

이제 10이 아니라 20을 만들고 싶다고 생각해보자. 그러면 첫째 급수에서 적당한 항들을 골라 20이 좀 넘도록 만든 뒤 위와 같은 방식으로 진행하면 된다. 그러므로 우리는 이런 급수를 이용하여 어떤 수라도 만들 수 있으며, 이를 통하여 결국 아래의 사실을 증명한 셈이다.

정리 : 항들이 0에 가까워지지만 발산하는 두 급수로 이루어진 교대급수(alternating series)를 재배열하면 어떤 수라도 만들 수 있다.

이로써 역설은 해명된 셈이다. 문제는 $\sum B$가 언제나 어떤 명확한 값이 된다고 본 데에 있었다. 양수항들로 이루어진 급수의 경우 $\sum B$가 무한대가 될 수 있다는 사실을 무시함으로써 궁지에 빠져들었다. 하지만 수학적으로 이는 작은 문제에 지나지 않는데 영수항들의 무한합은 유한합과 마찬가지로 취급할 수 있기 때문이다. 예를 들어 무한이든 유한이든 양수항들의 합은 항들을 어떻게 배열하든 하나의 값만 가진다는 성질, 곧 이런 경우 $\sum B$는 언제나 하나의 값이 된다는 살가운 성질이 있다. 하지만 양수항과 음수항들이 뒤섞인 무한교대급수는 그렇지 않다. 이런 급수의 합 $\sum B$를 쓸 때는 순서도 함께 명시해야 한다.

결론

실수의 현대적 개념은 모든 단계에서 무한의 역설과 함께 발전해 왔다. 실수는 유리수의 무한수렴급수이며, 바로 이 때문에 극히 미묘하고도 복잡한 개념이다. 무엇보다도 모든 무한급수는 과정이면서 수이고, 이 불명으로부터 위험과 가능성이 함께 도출된다. 그래서 무한이 도입되는 순간부터 갈등이 떠오르는데, 그렇다면 "왜 무한을 도입했는가?"라는 의문이 제기된다. 그 답은 세상을 묘사하는 데에 무한이 필요하기에 수학자의 마음은 무한에 붙들리게 된다는 것이다. 이론적인 설명의 힘은 어쩐 일인지 무한의 관념과 관련되어 있다. 하지만 이 힘에는 위험이 따르는데, 그 위험은 "무한은 대상이 아니다"라는 식의 장벽을 세움으로써 제어되어 왔다. 이 장벽의 목적은 이 상황의 배경에 깔린 혼돈의 위협에 의해 무한이 파괴되지 않도록 보호하면서 거기에 내재한 힘을 한껏 활용하려는 데에 있다. 그렇지만 하나의 장벽이 세워지면 어떤 천재가 나타나 그 제한을 비켜갈 길을 찾아냄으로써 수학을 파괴하지 않은 채 무한의 블랙홀을 더욱 세심히 관찰하게 한다. 이렇게 하여 $\sqrt{2}$의 무리수성에 담긴 위협은 실수에 대한 무한소수 표현에 의해 궁극적으로 해소되었으며, 이 표현이 가진 과정-대상의 불명성은 무한이 품은 힘을 추출하여 건설적으로 활용하는 모범적 사례를 이루었다.

무한과 같은 개념은 결코 완전히 다스려지지 않으며, 실수의 경우에서 보았듯 그 다양한 측면들이 다양하게 개념화될 뿐이다. 그런데 아무튼 우리는 이처럼 실수를 완비순서체(complete ordered field)로 보는 궁극의 이론을 얻음으로써 논쟁이 다 마무리되었다고 생각할 수도 있다. 그리고 이런 이론 체계 안에서 우리는 무한을 어떤 명확한 방법으로 이해했다고 스스로를 확신시키려들 수도 있다. 하지만 이는 잘못이다. 무한을 살펴보는 데에는 이 장에서 논의한 것들 외에도 많은 방법들이 있다. 예를 들어 무한소(infinitesimal), 곧 무한히 작은 양과 함께 무한히 큰 양을 포함함으로써 실수계보다 더 큰 수계를 만드는 것도 가능하다. 이런 내용은 예를 들어 라이프니츠의 직관과 미적분에 대한 관점을 정당화해주는데, 이는 지금껏 설명했던 실수계의 전통적 구축법에서는 간과되었다. 무한은 그 신비를 언제까지나 견지한다. 따라서 "무한은 무엇인가?"라는 의문은 언제나 우리를 이런저런 새로운 길들로 이끌어간다. 이와 같은 무한의 신비는 무한을 어떤 엄밀한 이론 속에서 명확한 개념으로 환원시킨다는 게 도무지 불가능하다는 사실에 숨어 있다. 무한이 이런 신비를 간직하는 한 앞으로도 갈수록 정교한 해답이 필요한 새로운 역설들을 내놓으면서 사고의 새로운 혁명을 이끌 더욱 풍성한 개념으로 발전할 것이다.

제4장

무한의 다른 역설들:

기하, 크기, 기타

제3장에서 나는 고대 그리스인들이 안정된 무한의 관념을 얻는 방식, 미적분의 발명과 같은 수학적 발전의 결과로 이런 평형이 붕괴되는 모습, 그리고 다시 새로운 평형이 세워지는 과정 등에 대해 이야기했다. 이렇게 얻은 실수계에 대한 새로운 사고방식은 오늘날 대부분의 수학자들이 이어받고 있다. 하지만 앞으로 보게 되듯, 무한의 관념과 관련된 또 다른 정당한 직관은 수학을 더욱 발전시키는 새로운 터전이 되었다.

여기 제4장에서는 서구의 지성사에서 일어난 다른 혁명들과 관련되는 일련의 역설들을 생각하면서 무한에 대한 논의를 계속한다. 그 첫째 분야는 기하로서, 여기에는 지극히 신성시되었던 유클리드 기하에 대한 19세기의 공격이 포함된다. 대부분의 사람들은 수학 안에서 제기된 문제가 수학에 대한 오늘날의 이해뿐 아니라 이보다 더욱 중요한 자연의 실상 자체에 대한 우리의 새로운 직관을 어떻게 형성하게 되었는지를 제대로 간파하지 못한다. 모더니즘에서 포스트모더니즘으로 옮아가는 현대의 흐름은 안정된 유클리드의 세계에서 상대론적인 비유클리드의 세계로 옮아가는 것에 해당한다. 전자에서 유클리드 기하의 공간은 자연계와 동일시되었지만 후자에서 기하는 실제 공간과 분리되어 자연계를 묘사하는 모델에 지나지 않는 것으로 여겨졌으며, 이는 혁명적인 지각의 변화였다.

이어서 검토할 둘째 분야는 집합론인데, 좀더 구체적으로 말하면 특히 독일의 수학자 게오르크 칸토어의 업적에 의해 촉발된 혁명을 가리킨다. 칸토어의 업적은 실무한에 대한 새로운 이해와 직접적으로 관련된다. 수많은 혁명적인 아이디어들이 그랬듯 칸토어의 업적도 동시대인들의 악의에 찬 반론을 불러일으켰다. 하지만 수학적 진리의 본질과 실체 사이의 관계를 밝히는 그의 결론들은 오늘날 수학계에서 아무런 의심 없이 수용되고 있다.

끝으로는 해석학의 기초에 관한 새로운 모델로서 보통의 실수는 물론 무한히 작고 무한히 큰 양들을 포괄하는 계에 대해 간단히 살펴본다. 이 계에서는 앞 장들에서 살펴보았던 많은 관념들이 새로운 조명을 받게 되며, 특히 극한과 그 귀결로서의 도함수가 더욱 그렇다. 이 비표준해석(학)(non-standard analysis)을 통해 우리는 무한이 항상 새로운 수학적 아이디어의 샘이 된다는 점을 다시 확인하게 된다. 많은 경우에서 이러한 혁명적인 아이디어들은 역설과 함께 또는 역설에 이어서 떠오른다. 이처럼 역설들은 수학과 세상을 이해하는 새로운 방식으로 꽃을 피운다.

역설 #4 : 무한은 점이다

유클리드는 공리적 방법으로 기하를 수립했다는 점을 상기하자.

그 둘째 가정은 다음과 같다.

선분은 양쪽의 어느 방향으로든 무한히 연장할 수 있다.

다섯 째는 제2장 90~93쪽에서 다룬 악명 높은 평행선 공리다.

많은 사람들은 첫 네 가지 공리와 마지막 다섯째의 공리에는 큰 차이가 있다고 지적한다. 다섯째의 평행선 공리는 다른 것들보다 훨씬 복잡하다는 게 그 이유다. 하지만 다른 공리들에도 나름의 문제가 있다. 구체적으로 둘째 공리를 생각해보자.

여기에서 "무한히 연장한다"는 게 무슨 뜻일까? 이는 어떤 선분이든지 조금 더 연장할 수 있다는 뜻일까? 이렇게 연장함에 따라 이것은 마치 원을 그리듯 같은 영역을 계속 되풀이하여 섭렵하는 것일까, 아니면 이를테면 전혀 새로운 영역으로 들어서는 것일까? 또는 이때 우리는 무한의 선 전체를 생각하는 것일까? 우선 0과 1 사이의 모든 점들로 이루어진 개구간 (0, 1)은 연장 가능성의 첫째 성질을 가진다. 만일 (0, 1) 사이의 부분구간 (a, b)를 생각한다면 이것은 언제나 더 큰 구간 $(a/2, (1+b)/2)$로 확장할 수 있다. 하지만 이런 식의 연장 가능성은 유클리드의 공리계에 별 도움이 되지 않는다.

어떤 의미로 볼 때 여기의 문제는 오래된 가무한과 실무한의 문제다. 직선은 0.333…이라는 소수와 같은 완성된 (무한의) 대상일까, 아니면 새로운 자리의 수를 조금 더 덧붙일 수 있는 잠재적으로 무한한 대상일까? 직선처럼 명백한 듯한 개념에도 여러 가지 문제가 있는데, 이런 문제들은 비유클리드 기하에 대한 리만 모델(Riemannian model)이 제시되어서야 비로소 전면으로 부각되었다. 하지만 비유클리드 기하에 대해 이야기하기 전에 무엇보다 먼저 그 이전의 발전, 곧 평행선과 사영기하(射影幾何, projective geometry)에 대해 살펴보기로 하자.

유클리드 기하에서 평행선은 어느 쪽으로 무한히 연장되든 만나지 않는 직선으로 정의되었다. 우리는 일상적으로 보는 철길 등에서 일정한 간격으로 떨어져 있는 아주 긴 직선의 예를 만날 수 있다. 유클리드의 평행선에 대한 정의는 "결코 만나지 않는다"는 관념을 핵심으로 삼고 있는 것 같다. 그런데 문제는 바로 이 문구에 들어 있는 "결코"이다. 이것은 직선을 무한한 대상으로 개념화하는 문을 열어주며, 이에 따라 사람들은 외견상 유한한 대상과 과정을 다루는 기하에 무한한 대상을 도입함으로써 이와 관련된 여러 가지의 문제에 대처할 전략을 개발하게 되었다.

이와 같은 유클리드의 정의는 오래도록 평행선에 대한 유일한 사고법이었다. 하지만 자연계에는 무한한 평행선이 없으며 우리의 시각적 경험도 이 정의와 모순된다. 우리는 철길과 같은 일정한 간격을 가진 대상이 갈수록 가까워지는 현상을 목격한다. 사실 이런 대상들은 멀리 갈수록 아주 만나지는 않으면서도 수평선 위의 한 점으로 수렴한다. 다시 말해서 유클리드의 정의는 일차적인 시각적 경험 자체가 아니라 실제로 일어나리라고 여기는 현상을 지적으로 구성한 것이다.

평행선과 무한에 대한 새로운 관점은 15세기에 들어 수학이 아니라 미술에서 싹텄다. 중세의 화가들은 자연계의 모습을 선조들보다 더 사실적으로 그려내고자 했다. 이때 부딪치는 문제는 "어떻게 평면의 화폭에서 공간과 거리의 감각을 구현해내는가?"라는 것이었다. 이를 해결하기 위한 원근법은 화가이자 건축가인 필리포 브루넬레스키(Filippo Brunelleschi, 1377~1446)가 개발했으며, 알브레히트 뒤러(Albrecht Dürer, 1471~1528)나 레오나르도 다빈치(Leonardo da Vinci, 1452~1519)와 같은 특출한 화가들에 의하여 완성되었다. 원근법으로 그려진 그림은 다음과 같은 특징을 가진다.

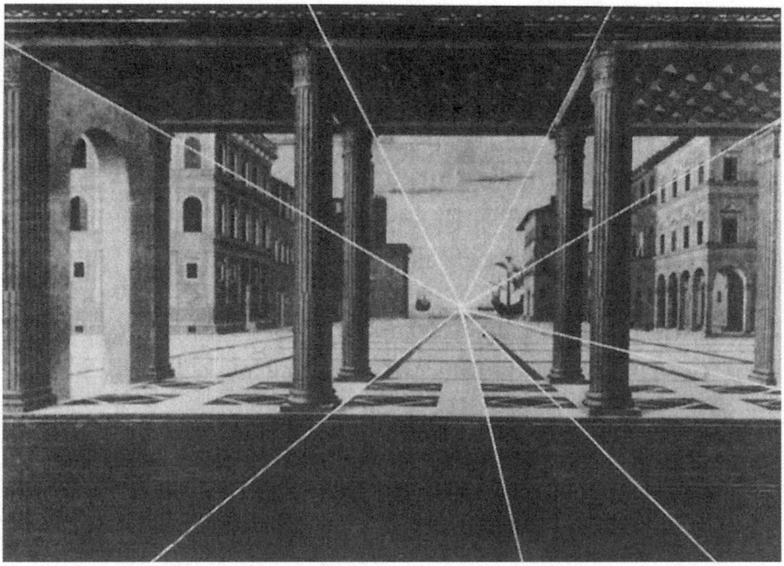

그림 4.1 피에로 델라 프란체스카(Piero della Francesca, 1415?~1492)가 원근법으로 그린 도시의 모습. 베를린의 카이저 프리드리히 박물관(Kaiser Friedrich Museum) 소장.

1. 화폭을 가로지르는 수평선은 보는 사람의 눈높이에 있으며, 하늘과 땅이 만나는 선을 나타낸다.
2. 소멸점(消滅點, vanishing point)은 수평선의 가운데 부근에 있다. 이것은 마치 철길처럼 수평선을 향해 뻗은 모든 평행선[직교선(orthogonal)이라고 부른다]들이 만나는 점이다.
3. 직교선은 화폭의 모서리와 소멸점을 연결하는 보조선으로, 화가는 보조선의 도움을 받아 건물의 모서리 등을 정렬시킨다.

직교선들이 평행하다는 것은 화가들이 그리는 실제 풍경에서 그렇다는 뜻일 뿐이다. 화폭에서 이 선들은 평행하지 않으며 소멸점에서 만나는 선들로 그려진다.

이에 따라 우리의 관심은 자연스럽게 직교선과 소멸점으로 쏠린다. 이 일점원근법(one-point perspective)에서 화가가 한 일은 한 무리의 평행선들을 무한대에 있는 소멸점에서 만나는 한 무리의 직선들로 그린 것이다. 이렇게 함으로써 무한대는 실체적인 대상이 되는데, 다시 말해서 무한대의 개념은 소멸점으로 구상화된 셈이다. 이 개념은 더 이상 단순히 무한히 먼 곳을 가리키기만 하는 가무한이 아니다. 그것은 이제 실제의 한 점을 가리키는 실무한이다.

어떤 사람은 여기의 상황에서도 실무한은 없으며 단순히 실무한이 유한하게 그려져 있을 뿐이라고 말할 수도 있다. 실무한이 없다는 입장을 지지하려면 무한대에 점이 존재하지 않는다는 실제 풍경과 소멸점으로 그려진 풍경을 조심스럽게 구별해야 한다. 그려진 풍경은 화가든 관람객이든 관찰자에게 보이는 풍경과 관련된다. 원근법을 사용하여 그림을 그릴 때는 관찰자의 주관이 그림 속에 암시적으로 포함된다. 이런 그림은 단순히 객관적으로 그려진 게 아니라 어떤 관점에서 보이는 풍경을 담고 있으므로 관찰자의 시각을 포함한다. 따라서 보이는 대로 정확히 그리려면 관찰하는 눈이 포함되어야 하며, 소멸점과 직교선은 바로 이 시각의 기준이 된다.

물론 이때도 여전히 실무한이 존재하지 않는다고 말할 수 있다. 하지만 이를 통해 무한대를 기하적으로 뭔가 실체적인 것으로 여길 수 있는 큰 도약을 이룬 셈이다. 그러므로 수학이 이 상황을 묘사할 수 있는 기하를 재빨리 구축하고 나선 것은 그다지 놀랄 일이 아니다. 이 새로운 기하는 도형을 사영했을 때 변하지 않는 성질들을 다루기 때문에 사영기하라고 부르게 되었다. 여기서 사영은 실제의 물체를 이차원의 화폭에 담을 때 서로 대응하는 점들을 잇는 가상의 빛줄기를 가리킨다. 이에 따르면 평행선들은 사영에서 보존되지 않는다. 하지만 평행선들이 수렴하는 곳에 있는 '수평선' 이라고 부르는 선은 어떨까?

사영기하는 수평선을 '무한대에 있는 선'으로 보아 보통의 선처럼 여긴다. 그러면 모든 평행선들은 이 선 위에 있는 '무한대의 한 점'에서 만나게 된다. 유클리드 기하에서 평행이 아닌 직선은 한 점에서 만나고 평행선은 만나지 않지만 사영기하에서는 모든 한 쌍의 직선이 한 점에서 만난다.[1] 따라서 말하자면 모든 한 쌍의 직선은 서로 동등한 셈이다. 또한 모든 한 쌍의 직선이 유일한 하나의 점을 결정하는 것과 마찬가지로 어떤 한 쌍의 점은 유일한 하나의 직선을 결정한다. 이처럼 사영기하에서는 점과 직선이 쌍대(雙對, dual)를 이루는데, 이는 어떤 정리든 '점'과 '선'을 맞바꾸어 써도 역시 정리로 성립한다는 사실을 가리킨다. 이러한 쌍대원리(principle of duality)를 이용하면 다른 방법으로 아주 어렵게 증명되는 정리가 간단히 증명되기도 한다.[2]

엘리 마오(Eli Maor)는 다음과 같이 지적했다.

> 선이 점으로 이루어져 있다는 관념은 우리의 기하적 직관에 너무나 깊이 뿌리를 내리고 있어서 아무도 의문을 제기하지 않는 것 같다. 하지만 사영기하는 쌍대원리를 통해 이런 관념을 일소한다. 이에 따르면 점과 선은 서로 동등하며 따라서 둘 중 어느 것을 더 기본적으로 생각하든 기하는 마찬가지로 구축할 수 있다.[3] 사영기하는 이처럼 전통을 깨뜨림으로써 … 수학을 매우 풍성하게 하고 이후의 발전에 많은 영향을 미친 새로운 발견들이 샘솟도록 했다. 하지만 이 모두는 애초에 무한대에 점과 선이 있다고 가정하지 않았더라면 이루어질 수 없었을 것이다.[4]

수학에서 무한대에 점이 있다고 생각하는 분야는 사영기하만은 아니다. 실수계도 무한대에 하나 또는 두 점이 있다고 보는 계로 확장될

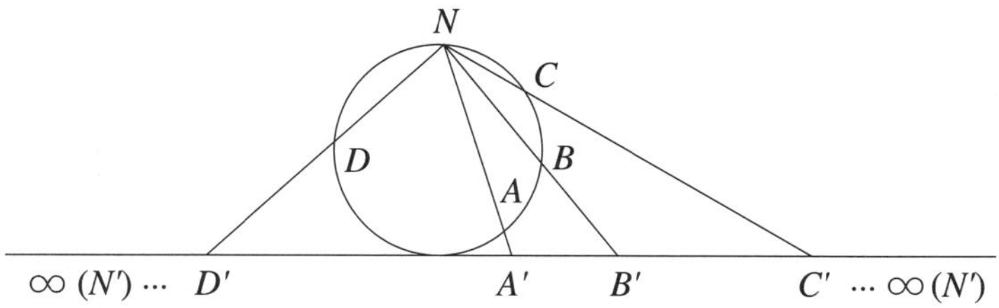

그림 4.2 무한대의 한 점

수 있다. 무한대에 두 점이 있다고 생각할 경우 우리는 이것을 $+\infty$와 $-\infty$로 부르고 수직선을 마치 [0, 1]과 같은 폐구간으로 여길 수 있다. 무한대에 한 점이 있다고 보는 경우는 우리가 수직선의 오른쪽이나 왼쪽의 어느 방향으로 가든 무한대에서는 결국 같은 점에 이른다고 상상하는 경우다. 이것은 수직선에 한 점을 추가하고 양쪽 끝을 구부려 붙여서 원으로 만드는 것과 같다(그림 4.2 참조). 이처럼 무한대의 값을 가진 확장계에서는 x가 무한대로 감에 따라 $f(x)=x^2$도 무한대로 간다고 말하는 것은 x가 2에 접근함에 따라 $f(x)=x^2$이 4에 접근한다고 말하는 것보다 조금도 신비로울 게 없다.

복소수는 이차원 평면에서의 한 점이라는 기하적 의미를 가진다고 볼 수 있다. 예를 들어 $2+3i$라는 복소수는 (2, 3)이라는 좌표를 가진 평면 위의 한 점에 해당한다. 그런데 이 계에 무한대에 있는 하나의 복소수 점을 추가하면 편리하다. 이는 위상수학적으로 볼 때 하나의 구를 만드는 것에 해당하며, 이렇게 만든 구를 리만구(Riemann sphere)라고 부른다(그림 4.3 참조). 이 구와 복소평면을 대응시키는 방법은 다음과 같다. 먼저 이 구를 지구로 생각하고 북극과 남극을 수직으로 세운다. 다음으로 북극과 구면의 한 점을 잇는 직선을 긋고 이것을 계속 연장하여 남극에 접한 복소평면 위의 한 점과 대응시킨다. 그러면 이런 조작에 의해 복소평면 위의 모든 복소수는 구면 위의 점들과 하나

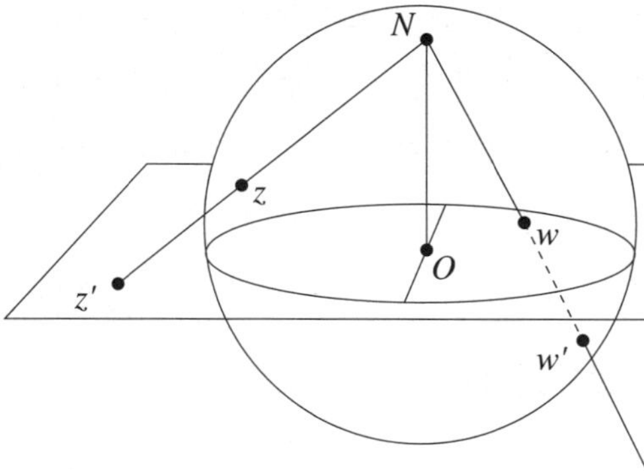

그림 4.3 입체사영

씩 대응하게 된다. 이 입체사영(stereographic projection)에 따르면 남반구의 점들은 적도에 해당하는 단위원의 안쪽, 북반구의 점들은 바깥쪽에 자리잡는다. 만일 복소평면의 원점에서 바깥쪽으로 뻗어 나가는 한 직선을 생각하면 이에 대응하여 구면 위에 그려지는 원은 북극을 향해 접근한다. 따라서 평면에서의 '무한대로 간다'는 추상적 표현은 구면에서는 '북극으로 간다'는 실체적 해석을 갖게 된다. 이런 뜻에서 무한대는 또 하나의 복소수에 지나지 않으며 다른 복소수들과 마찬가지로 다룰 수 있다. 그러므로 어떤 복소함수는 무한대에서 '연속'이거나 '미분가능'일 수 있다. 또한 '무한대에서 특이점(singularity)을 가진다'거나 '무한대에서 극(pole)을 가진다'는 등의 표현도 쓸 수 있다.

수학에서 무한대를 나타내는 이상점(ideal point)을 덧붙이는 과정은 널리 인정되고 있으며, 공간을 이처럼 소밀화(小密化, compactification)하는 방법에도 여러 가지가 있다. 위에서 보았듯 수직선은 하나 또는 두 개의 무한점(infinite point)을 덧붙여 소밀화할 수 있다. 복소평면은 이른바 일점소밀화(one-point compactification)의 경우 하나의 무한점을 갖지만, 예를 들어 무한대에 무한원(infinite circle)을 추가하는 방식으로 소밀화할 수도 있다. 여러 이론들에서 여러 가지의 소밀화가 나름대로 유용하겠지만 어쨌든 이 모두는 무한의 기하적 구상화를 이용하며, 여기에서는 추상적이고 신비로운 무한의 관념이 기하적, 해석적, 위상수학적 공간에 있는 하나 또는 다수의 실체적인 점으로 표현된다.

역설 #5 : 기하는 실제인가?

2천 년이 넘도록 유클리드 기하는 공간에 관한 수학적 이론으로 확고한 위치를 차지했다. '공간의 기하'라는 표현에는 이 세상에 '공간'이라는 실제적 체계가 있고 유클리드 기하는 이렇게 이미 실제로 존재하는 공간의 성질을 발견하고 법칙화하는 수단이라는 가정이 내포되어 있다. 하지만 이것 외의 다른 입장, 곧 고대 그리스의 기하학자들이 공간, 특히 오늘날 우리가 유클리드 공간이라고 부르는 것을 창조했다고 보는 입장도 있을 수 있다. 고대 그리스인들은 0이나 무한은 그들이 실체라고 여기는 대상에 대응하지 않는다는 이유로 거부했음을 되새겨보자. 그러면 그들은 스스로 이룩한 기하가 공간의 이론이 아니며 오히려 유클리드 기하를 공간으로 여겼다고 보는 게 타당할 것이다. 하지만 이처럼 공간과 유클리드 기하를 동일시하는 관점은 비유클리드 기하가 출현함으로써 타파되었다. 이는 인류 지성사에서 가장 혁명적인 사건의 하나이며, 여러 모로 볼 때 현대의 시작을 알리는 지표와도 같다.

여기서 잠시 조금 거슬러 올라가 유클리드 기하의 몇 가지 문제점을 살펴볼 필요가 있다. 유클리드 기하는 언뜻 명백하게 여겨지는 직선이나 평행선 등의 개념을 사용한다. 하지만 이것들에는 예기치 못한 미묘한 점들이 숨어 있으며, 이로부터 모순과 역설이 도출되어 새로운 기하로의 도약이 이루어질 뿐 아니라 기하와 자연계의 관계에 대한 새로운 관점이 얻어지고, 마침내 수학의 본질 자체에 대한 새로운 사고 방식을 수립하게 된다.

앞서 나는 유클리드 기하가 우리가 가진 공간 관념의 배경을 이룬다고 말했다. 사실 예전에는 유클리드 기하가 공간을 묘사한다기보다 공간의 본질 자체가 유클리드 기하와 뗄 수 없는 관계에 있었다고 해야 할 것이다. 실제로 2천 년이 넘도록 유클리드 기하와 이것에 의해 묘사되는 듯 보이는 현실 세계는 사실상 서로 구분되지 않았다. 따라서 유클리드 기하의 정리들은 바로 물리적 실체의 본질을 나타낸다고 여겨졌다. 그러므로 유클리드 기하는 자연계의 기하적 구조였다고 말해도 좋다. 오늘날 우리는 "…구조였다"라는 표현의 과거 시제는 이런 관계의 비유적 본질을 가리킨다고 이해할 수 있다. 어떤 사람들은 세상이 주관적 요소인 우리의 마음과 관계되는 객관적 요소가 아니며 우리의 비유적 구성이 우리가 경험하는 세상의 구조를 결정한다고 말하기도 한다.[5] 만일 이게 사실이라면 우리는 유클리드 모델의 위력을 이해할 수 있다. 예를 들어 뉴턴은 이 세상이 절대적인 삼차원의 유클리드 공간 속에 존재하며 우주의 모든 사건은 그 안에서 일어난다고 믿었다.[6] 오늘날 상대성이론에 따르면 이 세상은 사차원의 시공연속체(space-time continuum)로 되어 있다고 하지만 여전히 우리들은 유클리드적인 삼차원 공간에 살고 있다고 '느낀다'.

유클리드 기하와 물리적 세계의 구조를 동일시하는 믿음은 오늘날 우리의 눈에는 이상하게 보이며, 특히 직선과 평행선 공리에 대한 논의를 고려하면 더욱 그렇다. 사실 이 구조의 절대성이 허물어진 것은 바로 평행선 공리의 서술에 대한 의문 때문이었다. 독자들은 평행선 공리의 지위에 대해 오래도록 의문이 제기되어왔다는 사실을 상기할 수 있을 것이다. 예로부터 많은 사람들이 이 공리는 다른 공리들과 어딘지 다르다고 여겨왔다. 이것은 공리라기보다 정리에 가까운 듯하며,

따라서 유클리드가 제시한 다른 공리들로부터 유도될 수 있을 것처럼 보였다. 하지만 오랜 세월 동안 엄청난 노력을 기울였음에도 불구하고 바라는 결과는 얻어지지 않았다. 이 과정에서 수학자들은 평행선 공리를 동등하지만 서로 다른 여러 가지의 형태로 표현할 수 있게 되었는데, 그중 하나인 플레이페어의 공리(Playfair's Postulate)는 다음과 같다. "주어진 한 직선의 밖에 있는 한 점을 지나면서 이 직선에 평행인 직선은 하나만 존재한다." 이 표현은 사뭇 합리적으로 보이며, 실제로 고등학생 정도라면 누구나 이를 토대로 원하는 평행선을 쉽게 그릴 수 있을 것이다.

그렇다면 뭐가 문제일까? 유클리드는 자신이 서술한 모든 결론들이 공리와 표준적인 논리적 추론을 적용하여 얻어졌다고 주장했음을 상기해보자. 그렇다면 이 결론들은 어떤 특정한 그림에 의존하지 않을 것이다. 다시 말해서 유클리드의 정리들은 이 공리들을 충족하는 대상들로 이루어진 어떤 기하계에서도 참이어야 한다. 특히 직선은 반드시 '반듯한' 선일 필요가 없으며 이 공리들을 충족하는 한 어떤 곡선들이라도 무방하다. 이와 같은 추상적 관점을 토대로 가우스(Karl Friedrich Gauss, 1777~1855)와 니콜라이 로바쳅스키(Nikolay Ivanovich Lobachevsky, 1792~1856)와 야노스 보여이(Janos Bolyai, 1802~1860) 등은 평행선 공리를 제외한 나머지의 유클리드 공리를 만족하는 새로운 기하를 구축했으며, 이것이 바로 이름 높은 쌍곡선 및 타원 비유클리드 기하이다. 예를 들어 리만(Bernhard Riemann, 1826~1866)이 제시한 타원 비유클리드 기하의 예는 구면 위에서의 것인데, 이 경우 '직선'은 대원(大圓, great circle)으로 나타난다. 대원은 구를 중심을 지나는 면으로 잘랐을 때 그려지는 원으로서, 구면 위의 두 점을 잇는 가장 가까운 길이 되므로 비행기가 장거리를 날아갈 때는 이 경로를 택한다. 그런데 임의의 두 대원은 모두 두 점에서 만난다. 따라서 구면에는 평행선이 없다.

시간을 거슬러 올라가 유클리드 기하는 가능한 여러 기하들 가운데 하나에 지나지 않는다는 주장이 나왔을 때 사람들이 얼마나 당황하게 여겼을지 어림해보기란 어려운 일이다. 오늘날 우리는 지식의 상대성, 곧 과학적 이론은 실체에 대한 모델에 지나지 않으므로 타당하게 적용될 일정한 범위가 있고, 따라서 더 좋고 정확한 이론이 나오면 언제라도 대체될 수 있다는 사실을 아무런 어려움 없이 받아들인다. 우리는 바로 비유클리드 기하가 몰고 온 위기 뒤에 펼쳐진 포스트유클리드 세계(post-Euclidean world)에 살고 있기 때문이다. 하지만 이 혁명이 있기 전에는 유클리드 기하가 곧 자연이었다. 심지어 위대한 철학자 임마누엘 칸트(Immanuel Kant, 1724~1804)는 우리가 유클리드 기하를 선험적 지식으로 보유한 채 태어난다고 주장하기까지 했다. 이를테면 우리의 뇌에 하드웨어적으로 심어져 있다는 뜻이다. 물론 유클리드 기하에 어떤 흠결이 있을 수도 있지만 그 배경에는 물리적 실체의 본질이 자리잡고 있으므로 크게 문제될 게 없다. 이 둘은 서로 같은 게 아닌가 말이다.[7] 하지만 비유클리드 기하가 출현함에 따라 엄청나게 혼란스런 문제들이 떠올랐다. 이 다양한 기하들이 실제의 물리적 공간에 대한 모델에 지나지 않는다면 우리는 실체를 어떻게 알 수 있을까? 이 세상은 어떤 기하적 모델이라는 매개체를 통해서만 알 수 있을 뿐 그 자체는 본질적으로 알 수 없는 것 아닐까? 나아가 더 과격하게 말하자면, 실체라는 것은 아예 없고 공간이라는 아이디어는 우리의 창조물에 지나지 않으며, 따라서 이에 대한 우리의 경험은 어떤 특정한 모델을 통해서만 묘사될 수 있는 것 아닐까?

비유클리드 기하로 비쳐진 세상은 더욱 복잡했으며, 수학적 세계에 의구심이 밀려들었다. 세계에 대한 인간의 탐구에 쓰여왔던 수학적 이론들이 지녔다고 보았던 확실성은 아마 이때 처음으로 무너지기 시작했을 것이다.[8] 이제 수학적 이론들은 어떤 일정한 상황에만 적용되고 다른 상황에는 적용되지 않는다. 따라서 공리계의 타당성은 어떤 특정한 모델이 아니라 엄밀한 논리적 근거 위에서 성립하도록 충분히 정확하게 꾸며져야 한다.

수학을 다시 굳건한 토대 위에 세우려는 시도 속에서 새로운 수리철학이 떠올랐다. 형식주의(formalism)라고 불리는 이 관점에서는 수학을 공리들로부터 논리적으로 필연적인 결론들을 유도해내는 활동이라고 본다. 엄격한 형식주의자의 입장에서 보면 수학은 아무런 의미가 없는 게임과 같다. 오직 중요한 것은 추론 과정에 어떤 오류도 끼여들지 못하도록 하는 것이다. 따라서 어쩌면 언젠가 컴퓨터에 자동 추론 프로그램을 넣어 수학적 정리들을 이끌어내도록 할 수도 있을 것이다. 곧 수학은 어쩌면 알고리듬인 듯한데, 이는 참으로 놀라운 꿈이었고, 실제로 꽤 오랫동안 수학에 대한 지배적 관점으로 군림했다.

오늘날 비유클리드 기하의 가능성을 처음 인지한 사람은 위대한 수학자 가우스였던 것으로 믿어지고 있다. 하지만 그는 이게 불러일으킬 소란이 염려스러웠던지 이에 대한 자신의 연구를 출판하지 않았다. 수학적 지식에 대한 현대적 이해에 따르면 다른 종류의 수학적 이론에 대해 우려한다는 게 잘 납득되지 않는다. 따라서 당시의 상황을 이해하려면 비유클리드 기하의 결론들이 아니라 그 자체에 내재된 역설을 살펴봐야 한다. 그때 모든 문화는 유클리드 기하의 관념 위에 세워졌고 자연계에 대한 다른 관점은 있을 수 없다고 여겨졌다. 그런데 갑자기 다른 관점이 출현했으며, 이 역설과 불가능성으로부터 뭔가 더욱 근본적인 게 모습을 드러냈다. 그리하여 어떤 특별한 세계관이 사라져가면서 완전히 새로운 세계관이 창의성의 물결 속에서 태어났고, 이에 힘입어 수학 자체는 물론 수학과 자연계 사이의 관계에 대해서도 더욱 풍성한 이해가 얻어졌다.

칸토어의 혁명 : 무한 헤아리기

여기서는 무한이 수학에서 전혀 다른 방식으로 쓰이게 된 경우를 살펴본다. 제3장에서 나는 무한의 관념에는 필연적인 불완전성이 있으므로 이는 열린 개념이라고 말했다. 무한은 수학에 여러 가지로 도입되었는데 각각의 시도는 나름대로 중요하고 우리에게 뭔가 전해주는 게 있지만 그 어느 것도 결정적이지는 않다.

19세기에 들어 수학에서 무한을 올바르게 이해하고 사용하는 데에 대한 합의가 이루어졌다고 썼던 것을 돌이켜보자. 이 평형상태는 고대 그리스로부터 시작하여 2천 년이 넘어서야 얻어졌다. 되새겨보면 이 합의는 과정과 결과를 구별하는 데에서 비롯되었다. 고대 그리스인들은 가무한이라고 부르는 과정으로서의 무한은 받아들였지만 대상으로서의 무한인 실무한은 받아들일 수 없는 저주와도 같았다. 앞서의 장에서 지적했듯 실무한의 관념은 해석학의 근본적 배경을 이루며, 특히 실수의 소수 표현에서도 그렇다. 실무한은 무리수의 본질에 대한 의문 때문에 전면으로 부각되었는데 소수 표현 이외의 낯익은 표현을 갖지 않은 것들의 경우 더욱 두드러졌다. 실무한을 믿지 않으면서 무리수의 실체를 믿기란 어려운 일이다.[9] 이런 의문들은 1845년 러시아의 페테르스부르크에서 태어난 게오르크 칸토어의 연구에서 무르익었다. 칸토어는 집합론에 근거하여 실무한의 관념을 다룰 수 있는 새로운 방법을 내놓았다. 그의 이론에서 '대상으로서의 무한', 곧 무한개의 수들은 예를 들어 분수와 같이 정당한 수학적 대상의 하나로 자리잡게 되었다.

칸토어의 연구는 대부분 역설적이라고는 못할지라도 직관에 어긋나는 요소들과 관련된 수학적 풍성함의 영향을 많이 받았다. 이 많은 역설들을 일으키는 배경에 자리잡은 긴장은 칸토어의 접근법이 '헤아리기(counting)'라는 경험에 근거하므로 그의 정의들은 가끔씩 다른 경험, 예를 들어 '측정(measuring)'과 같은 경험들에서 유래하는 무한에 대한 직관과 충돌하기 때문에 초래된다. 하지만 칸토어의 접근법에서 비롯되는 많은 역설들은 우리를 수학적 이론으로 안내하는 표지와 같은 역할을 한다.

역설 #6 : 부분이 전체와 같을 수 있을까?

여기의 이야기는 칸토어가 아니라 몇 세기 전의 갈릴레오가 내놓은 수학적 직관 가운데 하나로부터 시작한다. 갈릴레오는 자연의 운행과 규칙에 대한 비밀을 이해할 능력이 인간에게 주어졌지만 누구나 이 비밀을 볼 수는 없다고 믿었다. 그 비밀들은 말하자면 암호화되어 있는데, 자연은 수학을 이용하여 암호화함으로써 이 비밀들을 보호하고 있다고 여겼다. "철학(과학)은 우리의 눈앞에 펼쳐진 위대한 책에 쓰여 있다. 하지만 그것을 기록한 글자와 언어를 모르면 이해할 수 없다. 그 언어는 수학이며 그 글자들은 삼각형이나 원 등의 기하적 도형들이다."[10] 따라서 갈릴레오가 다음과 같은 역설을 발견한 사람이란 사실은 자못 흥미롭다. 그가 밝힌 것은 자연의 언어인 수학이 우리가 확신할 수 없는 이상한 결론을 내놓을 수도 있다는 사실이다. 그는 어둠 속을 더듬으며 하나의 문제를 붙들었는데, 이를 명확히 이해하는 데에는 몇 백 년의 세월이 흘러야 했다.

갈릴레오의 역설은 제곱수의 수열과 관련된다.

$$1,\ 4=2\times2,\ 9=3\times3,\ 16=4\times4,\ 25=5\times5,\ 36=6\times6,\ \cdots$$

이 수들의 개수는 물론 무한인데, 이를 자연수와 비교해보자(그림 4.4 참조).

$$\boxed{1,}\,2,\ 3,\boxed{4,}\,5,\ 6,\ 7,\ 8,\boxed{9,}\,10,\ 11,\ 12,\ 13,\ 14,\ 15,\ \boxed{16,}\ 17,\ \cdots$$

그림 4.4a 적다

$$\begin{array}{cccccccccc}
1 & 2 & 3 & 4 & 5 & 6 & 7 & 8 & 9 & 10\ \cdots \\
\updownarrow & \updownarrow & \updownarrow & \updownarrow & \updownarrow & \updownarrow & \updownarrow & \updownarrow & \updownarrow & \updownarrow \\
1 & 4 & 9 & 16 & 25 & 36 & 49 & 64 & 81 & 100\cdots
\end{array}$$

그림 4.4b 같다

자연수에는 제곱수가 아닌 것들이 많다는 점에서 보면 제곱수의 집합은 자연수의 집합보다 작다. 사실 제곱수 집합은 자연수 집합의 부분집합이다. 하지만 1과 1, 4와 2, 9와 3, 16과 4, 25와 5, 36과 6 등으로 하나씩 대응시킬 경우 문제는 달라진다. 이러한 대응 과정에서는 둘 사이에 하나도 남는 것 없이 일대일 대응이 계속 이루어진다. 따라서 우리는 제곱수도 자연수와 같은 수만큼 존재한다는 결론을 내려야 할 것 같다. 하지만 이것은 모순이 아닐까? 제곱수의 개수는 자연수보다 적을까, 아니면 같을까?

여기서의 문제는 '같다' 라는 말과 관련되어 있으며, 이에 따라 '크다' 나 '작다' 라는 말에도 관련된다. 곧 이 역설의 뿌리는 '같음' 이라는 관념의 불명에 닿아 있다. 여기에는 두 가지의 맥락이 내포되어 있다. 첫째는 집합론적인 것으로 어떤 두 집합은 동일한 원소들을 가질 때에만 서로 같다고 본다. 이에 비춰보면 제곱수의 집합은 자연수의 집합과 같지 않다. 둘째는 대응이라는 관념에 근거하며, 이에 따르면 어떤 두 집합은 원소들 사이에 일대일 대응이 이루어지면 서로 같다고 본다(그림 4.4b 참조).

이 역설은 '전체(자연수)는 부분(제곱수)과 같다' 라고 표현할 수 있다. 그런데 유클리드의 다섯째 공리는 바로 '전체는 부분보다 크다'

는 것이었으며, 이는 너무나 명백하므로 아무런 설명이 필요 없을 것으로 보인다. 사실 이 말은 용어의 정의 자체 때문에도 참으로 보인다. 어떤 한 물체를 놓고 볼 때 '부분'은 '전체'보다 작은 조각을 가리키는 것 아닌가 말이다. 갈릴레오의 역설은 이처럼 자명한 관념에 의문을 제기한다. 물론 비과학적인 신비주의적 전통에 따라 부분과 전체에 대해 뭔가 다른 이야기를 하는 사람들도 있다. 그런데 이런 것들은 무한의 관념과 관련되며, 그중 유명한 것으로는 영국의 시인 윌리엄 블레이크(William Blake, 1757~1827)가 지은 다음과 같은 시구를 들 수 있다.

모래알에서 세상을 보고
야생화에서 하늘을 본다.
무한을 손바닥에 얹고
영원을 순간에 담는다.[11]

이 시구는 어떤 의미로 볼 때 전체와 부분이 같다고 말하는 것 같다. 현대적인 정교한 지성을 가진 사람들은 현실 전체가 아무리 작더라도 그 모든 부분들에 알 수 없는 방식으로 꾸려져 있다는 고대의 관념에 코웃음을 칠지도 모른다. 하지만 이런 아이디어들은 현대과학에서도 홀로그래프(holograph)에서 프랙털(fractal)에 이르기까지 다양한 방식으로 나타난다. 특히 프랙털의 경우 자기닮음(self-similarity)이라는 개념이 도입되는데, 이는 일정한 패턴이 아무리 작은 부분에서도 계속 정확히 되풀이되어 나타나는 현상을 가리킨다. 이런 뜻에서 보자면 규모와 상관없이 전체는 분명 부분과 같다. 좀더 수학적인 용어로는 '전체와 부분은 동형(同型)이다(isomorphic)'라고 말할 수 있는데, 여기서 '동형(isomorphism)'이라 함은 우선간은 대략 어떤 결정적인 구조적 특징들이 여러 사례들에서 공통으로 존재하는 양상을 가리킨다고 이해하면 된다. 이 동형의 관념은 기본적이면서도 아주 강력하므로 제5장에서 다시 살펴본다.[12]

갈릴레오의 역설은 궁극적으로 무한에 대한 새로운 관점이라는 돌파구를 얻음으로써 해결되었다. 이 새 아이디어는 이를테면 약간 뒷걸음질을 한다는 점에서 흥미로운데, 다시 말해서 좀더 기본적인 아이디어로 돌아가 무한에 대한 의문은 유한한 문제를 풀면서 해결된다는 핼머스의 언급을 상기시키기 때문이다. 이 경우는 '헤아리기' 라는 아주 기본적인 아이디어를 세밀히 점검한다. '헤아리기' 또는 '세기' 는 과연 무엇일까? 어떤 대상들을 헤아릴 때 우리는 헤아리는 데에 쓰는 수, 곧 1, 2, 3, 4, …라는 자연수와 하나씩 '대응' 시키는 방법을 사용한다. 그래서 맨 끝의 대상과 대응되는 자연수가 대상의 개수를 나타내게 된다. 그러므로 헤아리기는 헤아리려고 하는 대상들의 집합과 표준적인 대상들의 집합, 곧 자연수를 대응시키는 작업이다. 이런 뜻에서 헤아리기는 일대일 대응(one-to-one correspondence)이라는 전문용어를 일상적으로 일컫는 용어다.

그런데 대응이나 헤아리기보다 더 기본적인 것은 무엇일까? 우리는 헤아리기가 대응과 관련된다는 점을 보았는데 헤아리지 않고도 대응시킬 수 있을까? 물론 이는 가능하며 따라서 답은 '그렇다' 이다. 예를 들어 두 아이가 각자 많은 구슬을 갖고 있지만 둘 다 셋 이상은 헤아리지 못한다고 해보자. 이 두 아이는 누가 더 많은 구슬을 갖고 있는지

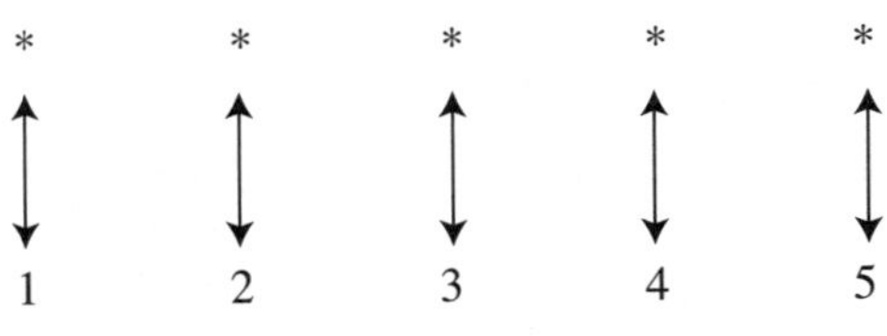

그림 4.5 일대일 대응으로서의 헤아리기

알아낼 수 있을까? 분명 할 수 있다. 이들은 단지 서로의 구슬을 하나씩 대응시키기만 하면 된다. 만일 두 아이의 구슬이 모두 하나씩 대응되고 남는 게 없다면 두 아이는 같은 개수의 구슬을 가진 셈이다.

그러므로 대응의 관념만을 이용하여 어떤 집합의 '농도(濃度, cardinality)'를 결정할 수 있다(여기의 농도는 대략 '집합의 크기'로 생각하면 된다. — 옮긴이). 어떤 두 집합의 원소들이 서로 남는 게 없이 대응되면 농도가 같다. 칸토어라는 천재는 유한집합에 대해 자명하게 성립하는 이 원리를 놓치지 않고 무한집합에 적용했다. 그는 집합의 크기와 관련하여 언뜻 괴이하게 보이는 결과를 해결할 길은 여기에 있다는 점을 간파했다. 이 괴이한 결과 가운데 하나는 부분이 전체와 같을 수 있다는 것이다. 물론 여기서의 '같다'는 관념은 이제 '남김없이 대응될 수 있다' 또는 '같은 농도를 가진다'라는 식의 정확한 의미를 갖게 되었다.

이와 같은 전체와 부분의 동등성은 다비트 힐베르트가 내놓은 역설적인 이야기의 배경이기도 하다. 힐베르트는 여기에서 어떤 '무한호텔'을 상상했으며, 이를 통해 무한집합은 자신의 부분집합과 크기가 같을 수 있음을 보였다.

무한히 많은 방을 가진 무한호텔의 방들에는 1, 2, 3, …의 번호가 붙여져 있다. 그런데 모든 방에 손님들이 차 있던 어느 날 한 손님이 찾아와 빈방이 있는지 물었다. 그러자 현명한 지배인은 주저하지 않고 '예'라고 대답했다. 그러고는 종업원을 시켜서 1번 방의 손님을 2번 방으로, 2번 방의 손님을 3번 방으로, 3번 방의 손님을 4번 방으로, … 계속 옮기게 했으며, 이에 따라 1번 방이 비자 그는 새로 온 손님을 그곳으로 안내했다. 하지만 여기서 한 가지 의문이 떠오른다. 애초에 이 호텔은 만원이었을까 아니었을까? 만일 아니었다면 빈방은 어디에 있었을까? 반대로 만원이었다면 새로 온 손님을 위한 방은 어디에서 나타났을까? 분명 이것은 역설적으로 보인다. 이런 식으로 하나의 방을 마련했다면 같은 방법으로 두 번째의 빈방도 마련할 수 있다. 그리고 이를 계속 되풀이하면 무한히 많은 빈방을 마련할 수 있다. 나아가 홀수의 방들은 모두 채우고 짝수의 방들은 모두 비게도 할 수 있다(어떻게?).

무한호텔의 역설은 전체와 부분의 역설이다. 어찌된 일인지 방과 손님들의 배열 자체는 변함이 없지만 처음보다 더 많은 사람들이 받아들여진다. 따라서 작은 집단이 이를 담고 있는 큰 집단과 같은 듯 보이며, 결국 부분과 전체가 같게 보인다.

무한호텔에서 행했던 것은 $R1$, $R2$, $R3$, …라는 방들과 $G1$, $G2$, $G3$, …라는 손님들을 대응시키는 일이었다. 처음에는 $R1 \leftrightarrow G1$, $R2 \leftrightarrow G2$, $R3 \leftrightarrow G3$, …와 같이 대응되었는데 $G0$라는 손님이 새로 찾아왔다. 그러자 지배인은 새롭게 $R1 \leftrightarrow G0$, $R2 \leftrightarrow G1$, $R3 \leftrightarrow G2$, …와 같이 대응시켜서 해결했다. 그런데 이렇게 한 뒤에도 손님과 방 사이에는 정확한 대응이 이루어져서 손님도 방도 남지 않았다. 수학적으로 말하면 $\{G1, G2, G3, \cdots\}$와 $\{G0, G1, G2, G3, \cdots\}$라는 집합은 $\{R1, R2, R3, \cdots\}$와 정확히 대응되므로 그 농도가 모두 같다. 그러므로 최소한 농도만 놓고 보자면 '무한대 +1' 은 '무한대' 와 같다.

집합의 동일성은 농도의 동일성과 같지 않다. 집합이 서로 다르더라도 정확한 대응이 이뤄질 수 있다. 나아가 모든 무한집합은 자신의 (진)부분집합과 정확히 대응될 수 있다는 성질을 가진다. 이 성질은 유한집합에서는 찾아볼 수 없으며, 따라서 무한집합의 정의로 사용될 수 있다. 다시 말해서 어떤 집합은 그 부분집합과 같은 농도를 가질 수 있을 때에만 무한집합이 된다. 여기서 우리는 '전체가 부분과 같다' 는 역설이 오히려 무한을 정의하는 성질로 활용되는 현상을 목격한다.

가산무한 : 나열할 수 있는 무한집합

가산무한(countable infinity)은 자연수와 같은 농도를 가진 무한을 가리킨다. 이는 우리에게 가장 낮익은 무한인데, 그 농도는 흔히 $\aleph_0$로 나타내고 '알레프 널(aleph null)' 로 읽는다. 가산무한은 무한한 목록을 이루도록 배열할 수 있다. 이 목록의 결정적 성질은 순서가 있다는 것, 곧 대상들을 첫째 원소, 둘째 원소, … 등으로 나열할 수 있다는 것이다. 예를 들어 짝수는 2, 4, 6, 8, …과 같이 나열할 수 있으므로 가산무한이며, 같은 뜻에서 홀수도 그렇다. 모든 정수들의 집합도 그 원소들을 0, 1, −1, 2, −2, 3, −3, …과 같이 나열할 수 있으므로 가산무한이다. 물론 이 배열은 일반적으로 사용하는 …, −3, −2, −1, 0, 1, 2, 3, …과 다르다. 하지만 어쨌든 어떤 목록을 이루도록 배열할 수 있다는 뜻에서 분명 가산무한이다.

일반적 관점에서 보자면 위에 말한 내용은 역설적이라고는 못하더라도 모두 문제가 있다는 점에 주목하기 바란다. 이에 따르면 양의 정수와 음의 정수는 모두 $\aleph_0$의 농도를 가진 무한집합이다. 그런데 정수 전체도 마찬가지므로 이 상황은 $\aleph_0+\aleph_0=\aleph_0$로 나타낼 수 있다(*). 다시 말해서 두 가산무한집합의 합집합도 가산무한이란 뜻이다. 이처럼 무한집합의 농도를 나타내는 무한기수(無限基數, infinite cardinal numbers)들의 산술은 보통의 수들과 다르다. 실제로 칸토어는 가산무한집합들을 무한개 모은 무한집합도 가산무한임을 보였는데, 이를 기호로 쓰면 다음과 같다.

$$\aleph_0+\aleph_0+\cdots=\aleph_0 (**)$$

여기의 (*)와 (**)은 모두 역설적으로 보이지만 아무튼 그 의미는 '전체는 부분과 같다' 는 말과 맥락이 같다.

유리수는 셀 수 있다

그런데 자연수와 유리수라는 두 무한집합의 농도를 생각할 경우 유리수 집합의 농도가 훨씬 클 것이라는 게 합리적인 예상일 것이다. 분수는 두 자연수의 비율을 나타내므로 어떤 의미로 볼 때 자연수가 일차원적이라면 분수는 이차원적이다. 나는 이와 같은 차원의 문제를 나중에 다룰 예정인데, 지금 여기서는 더 높은 차원의 집합이 더 크다고 보는 게 타당하며, 그 반대로 본다면 역설적으로 느껴질 것이라는 점만 지적해두면 충분하다. 사실 유리수의 집합에는 예를 들어 {(1/1), (2/1), (3/1), (4/1), …}와 {1/2, 2/2, 3/2, 4/2, …} 등에서 보듯 자연수 집합이 무수히 중복해서 들어 있기도 하다.

유리수 집합의 농도에 대한 의문에 대답하려면 먼저 목록부터 만들어야 한다. 그리고 목록을 만들려면 어떻게든 유리수들을 첫째 유리수, 둘째 유리수, 셋째 유리수, …로 나열할 방법을 찾아야 한다. 그런데 문제는 유리수들에는 $s-r>0$이면 $s>r$이 된다는 데에서 보듯 크기에 따른 순서가 있다는 점이다. 예를 들어 우리는 $10/11<123/131$임을 아는데, 이는 10×131인 1310보다 11×123인 1353이 더 크기 때문이다. 이에 따라 대부분의 사람들은 아마 유리수를 나열할 때 우선 크기에 따라 나열해보려고 할 것이다. 하지만 이는 실패로 돌아가는데, 그 이유는 맨 앞에 놓아야 할 분수를 찾는 것부터가 사실상 불가능하기 때문이다. 그리고 이에 따라 사람들은 유리수가 자연수보다 훨씬 많다는 섣부른 결론을 내리기 쉽다.

이에 칸토어는 천재성을 발휘하여 이와 같은 통상적인 순서를 무시하고 유리수를 나열할 완전히 새로운 방법을 찾아냈다. 우리는 여기에서 이미 존재하는 부수적 구조를 무시하고 대응에 초점을 맞추어 통찰할 때 집합의 농도에 대한 새로운 정의가 이끌어져 나온다는 현상을 보게 된다.

한번 돌파구가 마련되면 이후의 논증은 아주 간단하다. 남은 것은 이 방법에 따라 올바른 그림을 그려내는 것뿐이다. 다음 배열을 보자.

1/1	1/2	1/3	1/4 …
2/1	2/2	2/3	2/4 …
3/1	3/2	3/3	3/4 …
4/1	4/2	4/3	4/4 …
	…		

위의 배열을 바탕으로 다음과 같은 유리수 수열을 만들 수 있다.

(1/1), (1/2, 2/1), (1/3, 2/2, 3/1), (1/4, 2/3, 3/2, 4/1), …

위 첫째 괄호의 수는 분모와 분자의 합이 2이다. 그리고 둘째 괄호의 수들은 그 합이 3이고, 셋째 괄호의 수들은 4이며, 이후 같은 방식으로 끝없이 이어진다. 그런데 이 수열에는 가능한 모든 양의 유리수가 등장한다는 점에 주목하자. 다시 말해서 우리는 모든 양의 유리수에 대한 목록을 만든 셈이다. 음의 유리수에 대한 목록도 같은 방식으로 만들 수 있으며, 위 목록에 하나씩 교대로 끼워 넣으면 모든 유리수의 목록이 만들어진다.

이 얼마나 단순하고도 놀라운가!

'알 수 있는' 모든 수의 집합은 가산무한집합이다[13]

유리수 집합이 가산임을 보이는 데에 쓴 논법은 가산집합들의 가산 합집합도 가산임을 보이는 데에도 쓸 수 있다. 곧 $k=1, 2, 3, \cdots$에 대해 A_k가 가산집합이라면 $\cup_{k=1}^{\infty} = \{a : a \in A_k$, 임의의 $k\}$도 가산이다. 이처럼 가산무한집합을 무한개 모아도 역시 가산집합이라면 모든 집합은 가산집합이고 이 밖의 다른 집합은 없을 것이라는 결론이 타당할 것으로 여겨진다. 이것은 강력한 직관의 하나라고 할 수 있는데, 가산무한이라는 관념은 인간이 알 수 있는 것에 대한 본질과 한계를 규정하는 의미가 있기 때문이다.

예를 들어 우리가 영어의 알파벳과 구두점과 여백, 그리고 영어 문장을 쓰는 데에 필요한 다른 여러 가지의 기호들을 모은 집합과 같은 어떤 일정한 기호체계를 갖고 있다고 상상해보자. 그리고 이 체계를 이용하여 어떤 수를 어떤 구절이나 문장으로 묘사할 수 있으면 이 수를 '알 수 있는 수'라고 부르기로 하자. 그렇다면 예를 들어 '이십이'는 알 수 있는 수의 하나이며, 따라서 다른 정수와 분수들이 모두 그렇다. 또한 π도 알 수 있는 수인데, 이는 '원의 둘레와 지름의 비'라고 표현할 수 있기 때문이다. 마찬가지로 2의 제곱근도 'x의 제곱 마이너스 2는 0이라는 방정식의 양의 근'이라고 나타낼 수 있으므로 알 수 있는 수의 하나이다. 이를 확장해보면 계수가 정수인 다항방정식의 근들도 모두 알 수 있는 수이며, 이것들은 특히 대수수(代數數, algebraic number)라고 부른다. 나아가 지금은 물론 앞으로도 우리가 위의 기호체계로 묘사할 수 있는 수들은 모두 알 수 있는 수이다.

그렇다면 알 수 있는 수는 얼마나 많을까? 이를 알아보려면 우리가 알고 있는 언어가 가진 모든 글자와 기호와 이로써 만들 수 있는 모든 표현들을 생각해보면 된다. 먼저 하나의 글자나 기호로 쓸 수 있는 모든 표현들의 집합을 B_1이라고 하자. 그러면 두 개의 글자나 기호로 쓸 수 있는 모든 표현들의 집합은 B_2, …, 그리고 일반적으로 n개의 글자나 기호로 쓸 수 있는 모든 표현들의 집합은 B_n이라고 쓸 수 있다. 그런데 이 집합들은 구체적으로 따져보면 모두 유한집합이며 따라서 가산집합이다. 그러므로 우리는 먼저 B_1의 원소들을 사전에 단어들이 배열된 것처럼 차례로 나열하고, 이어서 B_2의 원소들을 나열한다. 이를 계속 되풀이할 수 있다. 그러면 이 모든 표현들의 전체 집합 B는 이 모든 유한집합들의 합집합이다. 그런데 유리수 집합에 대한 앞서의 논의에 따르면 이 집합도 가산집합이어야 한다. 한편 '알 수 있는 수'의 집합은 B에 포함되어 있다. 따라서 알 수 있는 수의 집합은 가산집합이다.

역설 #7 : 다중무한

이상의 이야기에 비춰볼 때 헤아릴 수 없이 많은 수를 가진 집합은 있을 수 없다고 보는 게 분명 타당하게 여겨진다. 하지만 수학에는 이와 다른 무한기수를 가진 집합이 존재한다. 사실 이 집합은 바로 우리 코앞에 있다고 말할 수 있다. 하지만 이 집합의 농도가 지금까지 본 것과 다르다는 것을 증명하는 데에는 약간의 천재성이 필요하다.

무한이 골치 아픈 관념이라면 다중무한(multiple infinities)은 훨씬 더욱 그럴 것이다. 설령 그렇지 않다 하더라도 어쨌든 무한은 신성한 존재의 결정적 속성이며 수학에 대한 지금까지의 이야기는 일신교적 맥락에서 진행되어 왔다. 두 가지의 무한이라는 관념에는 원시적이라고는 못하더라도 뭔가 범신론적인 낌새가 스며있는 듯하다. 무한은 아름다움이나 최고성과 같은 절대적인 게 아닌가? '최고보다 더욱 뛰어난' 이라는 표현은 어딘지 잘못인 것 같다. 최고이든 최고가 아니든 둘 중의 하나여야 하기 때문이다. 어쩌면 이런 문제점 때문에 아리스토텔레스와 그 추종자들이 실무한의 관념을 금지함으로써 우리들을 보호하려고 노력했던 것도 같다. 무한을 잘 정의된 수학적 관념으로 다루는 것부터 이미 잘못이라면 여러 가지 크기의 다중무한을 상상하는 것은 더욱 그럴 것이다. 무한은 정의 자체로 이미 절대적이고 비교할 수 없는 것 아닌가? 그렇다면 다중무한이라는 관념은 무한이 갖고 있기를 바라는 속성들과 모순되는 듯하다.

그럼에도 불구하고 칸토어는 농도에 대한 정확한 정의를 갖추었기에 다른 무한집합들의 농도를 올바르게 탐사할 수 있었다. 지금까지 살펴본 집합들이 모두 가산집합이었으므로 그는 "과연 모든 집합이 가산집합인가?" 라는 의문을 제기했다. 그런데 이 과정에서 그는 다음의 사실을 증명하게 되었다.

정리: 실수 집합은 불가산이다.

이 정리에 따라 실수 집합의 크기는 새로운 기수 c로 나타내는데, 이는 연속체를 뜻하는 continuum에서 따왔다.

증명: 여기서 필요한 것은 실수를 무한한 목록에 실어 넣을 수 없다는 사실을 보이는 것이라는 점에 주목하자. 그리고 이를 위하여 자주 그랬듯 귀류법을 이용하기로 한다. 따라서 먼저 실수를 셀 수 있고 차례로 나열할 수 있다고 가정한다. 그러면 다음과 같은 목록이 만들어질 것이다.

$$r_1, r_2, r_3, r_4, \cdots$$

이 각각은 실수이므로 무한소수로 쓸 수 있다. 만일 유한소수로 끝난다면 그 뒤로 0을 무한히 나열하면 된다. 그러면 위 목록은 다음과 같이 고쳐 쓸 수 있다.

$$
\begin{aligned}
r_1 &= 0.\boldsymbol{n}_{11}n_{12}n_{13}n_{14}\cdots,\\
r_2 &= 0.n_{21}\boldsymbol{n}_{22}n_{23}n_{23}\cdots,\\
r_3 &= 0.n_{31}n_{32}\boldsymbol{n}_{33}n_{34}\cdots,\\
r_4 &= 0.n_{41}n_{42}n_{43}\boldsymbol{n}_{44}\cdots,\\
&\cdots
\end{aligned}
$$

가정에 따라 이 목록에는 모든 실수가 들어 있다는 점을 상기하자. 다만 이는 실제로 그렇다는 게 아니라 가정에 따라 그렇다는 뜻이다. 여기서 우리가 바라는 것은 모순의 발생이다. 이런 모순이 발생하면 이 목록에는 모든 실수가 다 들어가지 못한다. 과연 정말로 그런 수가 있을까? 이제부터 우리는 이 목록에 들어갈 수 없는 하나의 수를 찾기로 한다. 이 새로운 수를 r이라고 부르면 이것도 실수이므로 다음과 같이 무한소수로 나타낼 수 있다.

$$r = 0.n_1n_2n_3n_4\cdots$$

이제 할 일은 $n_1, n_2, n_3, \cdots$가 취할 값들에 대한 규칙을 정하는 것인데 이는 간단하다. 위의 무한한 목록에 두꺼운 글씨체로 쓰인 대각선 위치의 수들만 다음과 같이 바꿔주면 된다.

$$
\begin{aligned}
n_1 &\neq n_{11},\\
n_2 &\neq n_{22},\\
n_3 &\neq n_{33},\\
&\cdots
\end{aligned}
$$

구체적으로 이렇게 할 방법은 많지만 여기서는 다음과 같이 하기로 한다.

$$n_{11} \neq 5 \text{ 이면 } n_1 = 5,\ n_{11} = 5 \text{ 이면 } n_1 = 7,$$

$$n_{22} \neq 5 \text{이면 } n_2 = 5,\ n_{22} = 5 \text{이면 } n_2 = 7,$$
$$n_{33} \neq 5 \text{이면 } n_3 = 5,\ n_{33} = 5 \text{이면 } n_3 = 7,$$
$$\cdots$$

그러면 r이라는 실수는 r_1과 같을 수 없는데 왜냐하면 이 두 수는 소수 첫째 자리가 서로 다르기 때문이다. 또한 이 수는 소수 둘째 자리가 서로 다르므로 r_2와 같지 않다. 그리고 같은 논리를 적용하면 이 수는 이 목록에 나온 어떤 수와도 같지 않다. 그러므로 r은 이 목록에 없는 새로운 수이며, 이는 애초에 모든 실수를 이 목록에 나열할 수 있다는 가정에 모순된다. 이처럼 실수를 나열할 수 있는 목록은 있을 수 없으며, 따라서 실수집합은 불가산이다. ■

이는 최근의 수학사에서 획기적인 업적이며 여기서 논의하고 있는 수학의 분석에서도 마찬가지로 중요하다. 먼저 자주 사용했던 귀류법을 이용한 논증부터 생각해보자. 이 모순은 내부적인 것으로 논증 자체에 담긴 용어와 아이디어에만 의존한다. 사실 이 논증은 실수의 소수 표현과 가산성이라는 두 가지 아이디어에 의존하는데, 여기서는 그 중 소수 표현을 살펴본다. 비록 칸토어가 무한을 대상으로 취급한 최초의 사람으로 여겨지기는 하지만 이 증명은 실수가 무한소수의 표현을 가진다는 사실에 근거해 있다. 그런데 이미 보았다시피 이 표현은 무한한 과정을 구상화한 것에 해당한다. 칸토어가 활약할 무렵 무한급수를 수로 여기는 것도 받아들여질 수 있었다. 따라서 어떤 의미로 볼 때 실수의 불가산성에 대한 논증은 이런 성과 위에 세워진 것이다.

칸토어의 아이디어와 방법에 왜 그토록 많은 저항이 있었을까? 나는 앞서 오래 전부터 무한을 대상으로 취급하는 것이 억제되어왔다는 점을 지적했다. 하지만 이밖에 칸토어가 약간의 속임수를 썼다는 느낌이 드는 점도 있다. 그는 너무나 많은 것을 너무나 쉽게 이룩했다. 이를 이해하려면 실수의 불가산성의 귀결을 잠시 살펴봐야 한다. 실수는 두 가지 수로 이루어졌다는 점을 상기하자. 하나는 분수 또는 유리수고 다른 하나는 이른바 무리수다. 다시 말해서 무리수는 분수로 쓸 수 없는 수이며, 예를 들어 2의 제곱근을 생각해보면 된다. 이제 무리수가 가산이라고 상상해보자. 앞서 유리수가 가산이며 가산인 집합들의 합집합도 가산임을 보였으므로 실수 집합도 가산이다. 하지만 칸토어는 이게 거짓임을 증명했다. 따라서 이로부터 다음의 결론을 얻는다.

따름정리 1: 무리수 집합은 불가산이다.

이 결과는 많은 사람들을 당혹케 했다. 앞서 우리는 2의 제곱근이라는 하나의 수가 무리수임을 증명하는 데에도 상당한 논증이 필요함을 보았다. 하지만 같은 방식으로 다른 제곱근들이 무리수임을 보일 수 있다. 한편 몇몇 다른 수들도 무리수임을 보일 수 있는데, 아무튼 이 모두를 합친다고 해도 무리수임을 보일 수 있는 수들은 가산집합에 지나지 않는다. 그러나 칸토어는 비교적 단순한 논리를 통해 엄청나게 많은 무리수가 있음을 증명했으며, 사실 무리수는 유리수보다 훨씬 많이 존재한다. 생각해보면 이는 참으로 기이하다. 무리수는 이토록 많지만, 우리는 유리수, 제곱근, 심지어 고대 그리스인들이 기하를 통해 얻었던 이른바 가성수(可成數, constructible number) 등을 알고 있다는 점에 비춰볼 때 우리는 무리수의 대부분을 모르는 셈이다.

그런데 상황은 더욱 악화된다. 대수수는 정수 계수를 가진 다항방정식들의 근을 가리킨다. 먼저 m/n이라는 유리수는 $nx-m=0$이라는 방정식의 근이므로 모든 유리수는 대수수이다. 또 2의 제곱근도

$x^2 - 2 = 0$이라는 이차방정식의 근이므로 대수수이다. 마찬가지로 모든 제곱근, 세제곱근, 기타 다른 모든 거듭제곱근들도 대수수이다. 그런데 대수수의 집합은 가산집합이다. 그 이유는 자연수 n과 비교해볼 때 모든 n차방정식들이 가산이기 때문이다. 가산집합의 합집합은 가산집합이므로 이런 방정식들의 수도 가산일 수밖에 없다. 그런데 각각의 방정식은 유한개의 근을 가진다. 그러므로 근의 수도 유한이며, 이에 따라 대수수의 수도 유한이다. 그리고 이른바 초월수(transcendental number)라는 것은 실수에서 이와 같은 대수수들을 모두 제외하고 남은 수들을 가리킨다.

그렇다면 초월수는 얼마나 많을까? 다시 말해서 초월수 집합의 농도는 얼마일까? 이는 위에서 무리수에 대해 썼던 것과 똑같은 추론을 통해 밝힐 수 있으며, 그 결과는 다음과 같다.

따름정리 2: 초월수 집합은 불가산이다.

이는 더욱 기이한 결과이다. 오일러는 초월수가 존재한다고 추측한 최초의 사람이며 1844년에 조제프 리우빌(Joseph Liouville, 1809~1882)은 실제로 특정한 초월수를 처음으로 만들어냈다.

따름정리 3: '알 수 없는' 모든 수들의 집합은 불가산이다.

이는 참으로 이상하고도 역설적인 결과이다. 어떤 유한한 길이의 문장으로 묘사 또는 구성할 수 있다는 뜻에서 '알 수 있는' 수들의 집합은 가산이다. 그렇다면 이외의 다른 수들은 '알 수 없는' 수들인데, 그럼에도 불구하고 우리는 이것들이 따름정리 1, 2, 3과 같이 묘사되는 특성을 가진다는 점을 증명함으로써 '알 수 있는' 수가 되었다고 말할 수 있다. 따라서 이 다른 수들은 한편으로는 알 수 없는 수이지만 다른 한편으로는 알 수 있는 수이다. 수학은 이 역설적인 상황을 무리수가 도입되었을 때부터 떠안아야 했는데, 칸토어의 연구에 의해 더욱 선명하게 드러났다.

우리는 수의 관념이 엄청나게 확장된 실수계가 수학에 미친 영향을 보았다. 미적분과 미분방정식과 거의 모든 물리학의 기초가 되는 이 당당한 실수계는 우리에게 낯익은 적은 수의 집합과 이보다 훨씬 많고 거의 또는 전혀 알지도 못하고 경험하지도 못한 수들의 집합으로 이루어져 있다. 나아가 따름정리 3은 어떤 의미로 볼 때 우리가 대부분의 실수에 대해 사실상 아무것도 알 수 없다고 선언하고 있다. 그러므로 실수계를 구축하고 이를 이용하여 고대 그리스 수학의 몇몇 불명을 해소하는 과정에서 우리는 필연적으로 그 어떤 신비와 불가해성을 간직한 엄청나게 많은 새로운 수들을 끌어들이는 대가를 치르게 된 셈이다.

이 특별한 타협을 모든 수학자들이 기꺼이 받아들이지는 않았다. 곧 이처럼 기괴한 결과가 나온 배경에는 여기의 사고방식에 뭔가 근본적인 오류가 있을 것이라고 본 사람들이 있었다. 하지만 어디가 잘못되었을까? 살펴보면 공격할 부분은 두 군데 정도다. 어쩌면 칸토어의 이론 전체가 본래부터 부당한지 모른다. 이것은 이미 이야기했던 것으로 실무한을 수학적 대상으로 본 것에 대한 비판에 해당한다. 둘째는 논증에 대한 것으로 지금까지의 핵심적 논증은 귀류법이었다는 데에 초점을 맞춘다. 어쩌면 구체적인 예는 하나도 들지 못한 채 무리수, 초월수, 알 수 없는 수들과 같은 수들이 무한히 존재한다는 점을 보여준 논증에 뭔가 잘못이 있을지 모른다는 뜻이다. 이야말로 역설이 아닐 수 없다!

이 역설은 귀류법의 특성에서 유래한다. 도대체 아는 게 거의 없는 수에 대해 직접적으로 무엇을 이야기할 수 있단 말인가? 무리수와 초월수에 대해 아는 것은 부정적으로 표현되는 것들뿐이다. 무리수는 유리수가 아니고, 초월수는 대수수가 아니고, 알 수 없는 수는 알 수 있는 수가 아니다. 이처럼 이것들에 대해 합리적으로 이야기할 수 있는 방법은 모두 부정적, 곧 모순적으로 표현하는 길뿐이다. 만일 이런 식의 추론을 허용하지 않는다면 역설적으로 보이는 결과들을 회피할 수 있다.

돌이켜보면 이런 반응에 공감이 가기는 하지만 수학은 발전해 나아갈 길을 택했으며, 이에 따라 기하의 평행선 공리와 마찬가지로 이 새로운 이론과 사고방식을 받아들이는 방향으로 진행했다. 그리하여 도입 당시에는 모순적이고 역설적으로 보였던 새로운 면모를 수용했다. 하지만 칸토어가 제시한 무한기수(無限基數, infinite cardinal number)와 무한서수(無限序數, infinite ordinal number)는 다른 수학적 개념들과 다를 게 없는 수학적 개념들이다. 예를 들어 0과 같은 심오한 개념들은 수학과 인간 사고의 지평을 바꿔놓았다. 역설적으로 보이는 많은 것들이 실제로 역설적인 면모를 갖고 있었지만 일단 정상적인 수학의 일부로 편입되자 수학자들은 이를 당연한 것으로 여기게 되었다. 그러면 수학은 다음 단계의 전선으로 나아가고 이전의 수학을 발전시켰던 역설적 요소들은 잊혀지고 만다. 그리하여 이와 관련된 어려움은 수학을 가르치는 교사와 새로 이런 개념들을 파악하는 학생들의 경험 속에서 발견된다. 곧 수학에서 과거의 역설들은 현재의 학생들에게 인식론적 장애로 작용한다.[14]

(0, 1)의 농도는 (0, 2)의 농도와 같다

기수는 집합의 '크기'를 재는 한 방법이다. 이 척도에 따르면 유리수 집합은 무리수나 초월수나 실수보다 '작다.' 물론 이외의 다른 크기들도 있다. 그중 하나는 앞서 이야기한 집합의 포함관계로, 이에 따르면 어떤 집합은 그것의 진부분집합보다 크다. 이미 보았듯 무한히 많은 대상들의 모임을 다룰 때는 크기와 같은 관념이 어려움으로 등장하는데, 이는 유한집합에서는 확실한 의미를 갖지만 무한집합에서는 여러 가지의 의미를 가질 수 있기 때문이다.

선분의 크기를 잰다고 할 경우 가장 직관적인 척도는 선분의 길이다. 이에 따르면 0과 1 사이의 실수들의 집합인 (0, 1)의 길이는 1인 반면 0과 2 사이의 실수들의 집합인 (0, 2)의 길이는 2이다. 하지만 놀랍게도 이 두 집합의 농도는 같다! 이것은 전체와 부분이 같을 수 있다는 사실의 또 다른 사례로 여길 수 있으며 베른하르트 볼차노(Bernhard Bolzano, 1781～1848)가 처음 제기했다고 알려져 있다. 성직자이자 철학자이자 수학자인 볼차노는 해석학의 근본과 관련하여 중요한 업적을 남겼다. 그는 일대일 대응에 대한 갈릴레오의 생각에 영감을 받아 이를 실수의 구간이라는 상황에 확대해서 적용했다. 예를 들어 $y=2x$라는 함수를 보자. 그러면 0과 1 사이의 모든 실수에 $y=2x$라는 식으로 계산되는 0과 2 사이의 실수가 하나씩 대응한다. 이 상황을 거꾸로 보면 0과 2 사이의 모든 y에 대해 $x=y/2$라는 식으로 계산되는 0과 1 사이의 실수가 하나씩 대응한다(그림 4.6 참조). 이처럼 (0, 1)과 (0, 2)의 두 집합은 서로 완전히 대응하며, 따라서 그 농도도 서로 같다.

이 논증은 아주 단순하게 보인다. 하지만 볼차노는 이를 통해 헤아릴 수 없이 많은 원소를 가진 집합들을 서로 대응시킬 방법을 찾아냈다는 점에 주목하기 바란다. 따라서 1/3과 2/3는 물론, $\sqrt{2}/2$ 와 $\sqrt{2}$, $\pi/4$와 $\pi/2$ 등도 대응시킬 수 있다. 따라서 우리는 대부분의 대상이 거의 잘 알려지지 않은 초월수들로 이루어진 집합들에 대해서도 명확한 기술을 할 수 있다.

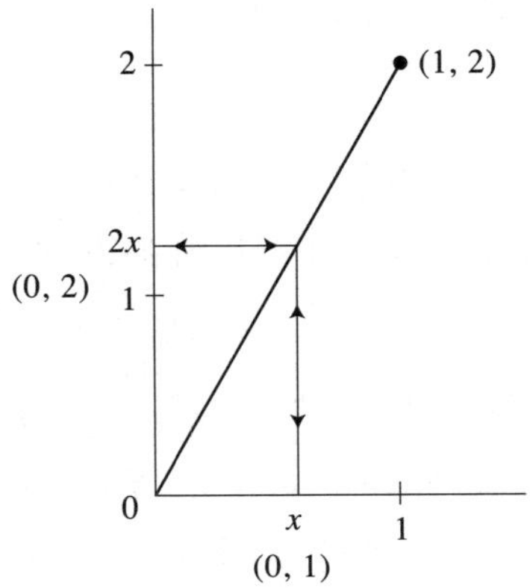

그림 4.6 (0, 1)과 (0, 2)의 대응

사실 위의 두 구간에는 어떤 특별한 점도 없으므로 실수로 이루어진 어떤 두 구간의 농도는 모두 같다. 예를 들어 (0, 1)과 (0, 10)을 대응시키고자 한다면 2 대신 10을 곱하면 된다. 따라서 일반적으로 우리는 다음 결론을 얻는다.

명제: 길이가 유한한 구간들의 농도는 모두 같다.

그런데 실제 상황은 더욱 우리의 직관에 배치된다. 무한집합의 '크기'를 재기 위해 도입된 '농도'는 유한한 구간과 무한한 구간의 길이도 구별하지 않는다!

유한구간과 무한구간의 '크기'는 서로 같다

구체적으로 한 예를 들어보면 (0, 1)이라는 구간의 농도는 실수 집합의 농도와 같다. 이 사실은 두 집합 사이에 일대일 대응 관계가 있음을 보이면 되는데, 이는 다음의 함수를 통해 쉽게 밝힐 수 있다.

$$f(x) = \frac{2x-1}{x(x-1)}$$

그림 4.7에 그려진 이 함수의 그래프는 $\{x : 0<x<1\}$이라는 x축 위의 집합과 y축 위의 모든 실수가 서로 대응한다는 점을 선명하게 보여준다.

같은 방식으로 진행하면 유한하든 무한하든 모든 구간의 농도는 서로 같아서 점들의 수도 서로 같다는 사실을 어렵지 않게 보일 수 있다. 이 마지막 결과는 무한에 관한 두 가지의 서로 다른 사고방식을 함께 보여준다는 점에서 흥미로운데, 그 첫째는 기수이고 둘째는 길이이다. 하지만 이 두 상황에서 얻을 수 있는 무한에 관한 느낌이나 직관은 서로 쉽게 전환되지 않는다. 이런 부조화가 바로 무한은 유일하다는 생각이 역설적으로 보인다는 점을 잘 설명해준다.

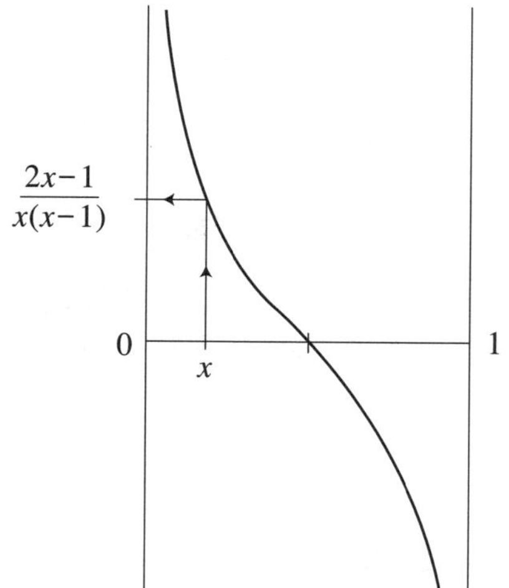

그림 4.7 (0, 1)과 실수 집합의 대응

칸토어 집합

칸토어의 가장 독창적인 업적 가운데 하나는 그의 이름이 들어간 집합을 구성한 것이다. 미묘하고 여러 면에서 역설적으로 보이는 특성을 가진 칸토어 집합(Cantor set)은 가장 아름다운 수학적 대상 가운데 하나인데, 이 또한 부분과 전체를 동일시한다는 점과 관련된다. 이 역설을 파헤치다 보면 우리는 실수계의 본질에 대한 깊은 통찰을 얻을 수 있으며 수학의 원대한 전망을 내다볼 단계에 오르게 된다.

위에서 우리는 길이로 본 직관적 크기와 농도로 본 크기가 서로 잘 호응하지 않음을 보았다. 하지만 상황은 더욱 미묘하여 구간이 아닌 수 집합의 크기도 '길이'로 나타낼 수 있다. 그 가장 간단한 예로는 $\{x: 0<x<1$ 또는 $2<x<4\}$라는 두 구간의 합, 곧 $(0, 1)\cup(2, 4)$라는 합집합을 들 수 있다. 이 집합의 길이로는 $1+2=3$을 택하면 좋을 것으로 보인다. 또한 $[a, b]$와 같은 폐구간의 길이를 $b-a$로 본다면 $[a, a]$와 같은 단순한 폐구간의 길이는 0으로 볼 수 있을 것이다.

그런데 길이는 더해질 수 있으므로 모든 가산집합의 길이는 $0+0+0+0+\cdots=0$에 따라 0이 된다. 따라서 유리수 집합의 길이는 0이 되는 반면 0과 1 사이에 있는 무리수 집합의 길이는 $[0, 1]$이라는 폐구간의 길이인 1이 되며, 이는 무리수 집합의 농도가 유리수 집합의 농도보다 크다는 결과와도 부합한다. 하지만 칸토어는 우리를 깜짝 놀라게 할 결과를 마련해두고 있었다. 그는 '길이'는 0이지만 '농도'는 실수 집합과 같은 집합, 곧 그 크기가 어느 면으로는 작고 어느 면으로는 큰 집합을 만들어냈던 것이다. 이 아름다운 예는 사실 또 다른 무한의 역설이다.

칸토어 집합의 구성

칸토어 집합은 다음과 같은 단계를 밟아 만든다.

단계 0 : $C_0 = [0, 1]$로부터 시작한다.

단계 1 : 이 구간을 셋으로 나누고 가운데의 (1/3, 2/3)를 들어내면 $C_1 = [0, 1/3] \cup [2/3, 1]$이 남는다.

단계 2 : C_1의 각 구간을 다시 셋으로 나누고 가운데 부분들을 들어내면 $C_2 = [0, 1/9] \cup [2/9, 1/3] \cup [2/3, 7/9] \cup [8/9, 1]$이 남는다.

…

단계 n : C_{n-1}의 모든 구간을 셋으로 나누고 가운데 부분들을 들어내면 길이가 $1/3_n$인 $2n$개의 C_n 구간들이 만들어진다.

이 무한과정이 끝난 뒤에도 남는 점들이 있다면 칸토어 집합 **C**는 바로 그런 점들로 구성된다. 곧 칸토어 집합 **C**는 n의 모든 값에 대한 C_n의 점들로 이루어져 있다. 과연 그런 점들이 있을까? 답은 분명 '그렇다' 이며, 이는 각 폐구간들의 끝점들인 0, 1, 1/3, 2/3, 1/9, 2/9, 7/9, 8/9, …은 끝까지 제거되지 않고 남기 때문이다. 하지만 가

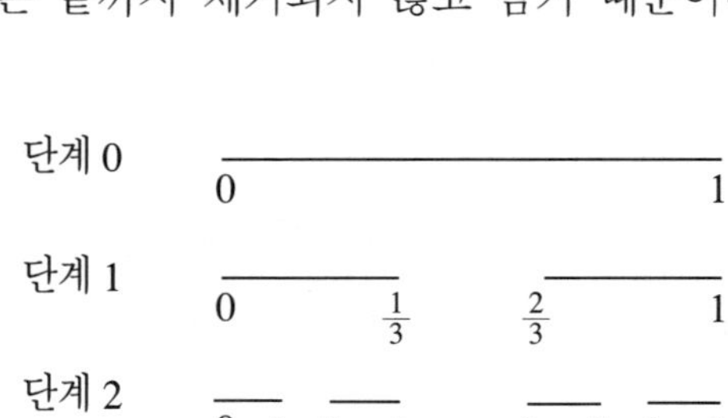

그림 4.8 칸토어 집합의 구성

능한 모든 중간 구간들을 제거해버렸으므로 **C**에는 어떤 구간도 남아 있지 않을 것이다. 그렇다면 **C**는 도대체 어떤 집합이며, 크기는 얼마일까?

C의 길이는 0

칸토어 집합을 만들기 위하여 폐구간 [0, 1]로부터 제거된 부분의 길이를 구해보면 다음과 같다.

$$\frac{1}{3}+2\left(\frac{1}{9}\right)+4\left(\frac{1}{27}\right)+\cdots$$

이것은 기하급수이고 그 합은 $a/(1-r)$로 주어지는데, 이 경우 초항 a는 1/3이고 공비 r은 2/3이므로 합은 1이다. 그러므로 칸토어 집합의 길이는 폐구간 [0, 1]의 길이에서 이 제거된 부분의 길이를 뺀 값, 곧 $1-1=0$이다. 다시 말해서 우리는 **C**의 길이가 0임을 보인 것이다.

C의 농도는 실수의 농도와 같다

0과 1 사이의 수를 십진법이 아니라 삼진법으로 나타내면 칸토어 집합에 남아 있는 점을 쉽게 꼬집어낼 수 있다. 삼진법은 십진법과 본질적으로는 같지만 다만 각 자리 수가 10의 거듭제곱이 아니라 3의 거듭제곱을 나타낸다는 점을 상기하자. 예를 들어 0.12는 십진법에서는 $1/10+2/100=12/100$지만 삼진법에서는 $1/3+2/9$이다. 또한 삼진법으로 0.111…인 무한소수는 다음과 같이 이해할 수 있다.

$$\frac{1}{3}+\frac{1}{3^2}+\frac{1}{3^3}+\cdots=\frac{(1/3)}{1-(1/3)}=\frac{1}{2}$$

삼진법에는 간단한 기하적 해석이 있다. 삼진법은 폐구간 [0, 1]을 각각의 길이가 1/3인 세 구간으로 나누고, 또 이것들을 각각의 길이가 1/9인 세 구간들로 나누고, 이를 계속하는 작업과 관련된다. 이 작업에서 삼진법은 이 다양한 구간들에 있는 점들의 주소를 알려준다. 예를 들어 삼진법으로 0.111…인 수는 계속 삼분되는 구간들에서 언제나 가운데 구간에 속하며, 0.122…는 맨 처음 삼분되는 구간의 가운데 구간이 이후 계속 삼분될 때 언제나 그 오른쪽 구간에 속한다. 따라서 소수 둘째 자리까지의 수는 해당하는 점의 위치를 1/9의 정확도로 알려준다. 곧 삼진법으로 0.122…는 5/9와 6/9 사이에 있다. 이처럼 삼진법에 의한 소수 표현은 칸토어 집합을 만드는 데에 쓰인 구간들에 대한 각 수들의 위치를 잘 나타내준다.

위에서 말한 단계 1에서 제거되는 모든 수들은 소수 첫째 자리의 수가 1이다. 삼진법 소수 표현의 소수 첫째 자리는 1/3을 뜻하기 때문이다. 따라서 단계 1을 거친 뒤에 남는 수는 모두 0.0… 또는 0.2…이다. 단계 2에서는 소수 둘째 자리의 수가 1인 수들을 제거한다. 따라서 단계 2를 거친 뒤에 남는 수는 모두 0.00… 또는 0.02… 또는 0.20… 또는 0.22…이다. 이 과정을 되풀이해보면 우리는 칸토어 집합 **C**를 이루는 수들은 어떤 자리에도 1이 없는 수임을 알 수 있다. 예를 들어 0.2, 0.022, 0.020202, … 등이 그것들이다. 그렇다면 이런 수들은 모두 얼마나 될까?

그런데 0과 2로 이루어진 수의 개수는 0과 1로 이루어진 수의 개수와 같다. 왜냐하면 두 부류는 예를 들어 0.020202…와 0.010101…처럼 서로 정확하게 대응시킬 수 있기 때문이다. 한편 0과 1 사이의 수들은 이진법을 이용하면 0과 1만으로 모두 나타낼 수 있다(이진법은 본질적으로 삼진법과 같지만 각 자리 수가 0과 1로만 표현되며 3의 거듭제곱이 아니라 2의 거듭제곱을 나타낸다는 점만 다르다). 그러므로

C와 [0, 1] 사이에는 일대일 대응이 성립한다. 예를 들어 실수 1/4은 이진법으로 0.01(= 0/2 + 1/4)이며, 따라서 삼진법의 0.02와 짝지을 수 있는데 이것은 **C**에 속하고 2/9와 같다. 결과적으로 **C**의 농도는 실수의 농도와 같은 c이다.

요컨대 우리는 여기에서 어떤 집합이 (농도가 c라는 점에서는) 크면서도 (길이가 0이라는 점에서는) 작다는 반직관적인 내용을 가진 명제를 증명한 셈이다.

칸토어 집합은 사실 아주 특이한 수학적 대상으로 앞서 언급하지 않은 많은 성질들을 갖고 있는데, 그중 하나로는 자기닮음을 들 수 있다. 예를 들어 칸토어 집합의 0과 1/3 사이의 부분을 보면 이는 크기만 작을 뿐 칸토어 집합 전체와 다를 게 없다. 다시 말해서 칸토어 집합의 0과 1/3 사이의 부분을 3배로 확대하면 칸토어 집합 전체가 얻어지는데, 이는 칸토어 집합을 만드는 데에 쓰인 구간들 가운데 어느 것에 대해서도 마찬가지다. 삼진법 표기를 이용하면 그 이유를 쉽게 이해할 수 있다. 칸토어 집합은 0과 2를 가진 수들만 갖고 있으며 0과 1/3 사이에 있는 것들은 모두 0.0으로 시작한다. 그런데 이런 수들을 0.0*abcd*…로 나타내면 이는 본래의 칸토어 집합에 있는 0.*abcd*…란 수들과 개별적으로 정확히 대응시킬 수 있다.

다시 말해서 칸토어 집합은 그것의 아무리 작은 부분이라도 전체 집합과 본질적으로 같다는 자기닮음의 특성을 갖고 있다. 이런 뜻에서 우리는 '전체는 부분과 같다' 또는 '부분은 전체를 품는다' 고 말할 수 있다. 어떤 의미로 볼 때 칸토어 집합은 가장 기본적인 프랙털이며, 따라서 최근의 수학사에서 볼 수 있는 경이로운 이야기들의 시작점으로 여길 수 있다.

면의 크기는 선의 크기와 같다

전체와 부분이 같다는 역설은 면의 농도와 선의 농도가 같다는 역설적 결론에서 더욱 극적으로 드러난다. 농도는 길이뿐 아니라 차원도 무시하며, 이는 또 하나의 반직관적 역설이 아닐 수 없다. 차원은 자연계의 가장 근본적 속성 가운데 하나이다. 선이나 원의 둘레는 거기에 있는 점의 위치를 특정하는 데에 하나의 수만 있으면 된다는 점에서 일차원이며, 면은 이차원이고, 입체는 삼차원이다.

어떤 의미에서 차원은 크기를 결정하는 하나의 방법이 될 수 있다. 직관적으로 볼 때 이차원 집합은 일차원 집합보다 많은 점들을 가질 것 같으므로 더 큰 집합이라고 말할 수 있다. 분명 면은 선보다 크다. 한 예로 이차원 도형은 넓이가 0인 일차원 도형보다 확실히 더 큰 넓이를 가진다.

칸토어 자신도 처음에는 고차원 도형의 농도가 저차원 도형의 농도보다 더 크리라고 믿었다. 심지어 농도는 차원을 무시한다는 결과, 곧 일차원과 이차원과 삼차원은 물론 일반적인 n차원 집합들의 농도가 모두 같다는 사실을 증명한 뒤에도 그랬기에 그는 "나는 보았지만 믿을 수 없다"고 말하기도 했다.[15] 그는 다른 많은 수학자들이 이 결과를 못마땅하게 여길 것이라는 점을 깨달았다. 그들은 이를 보고 아마 농도의 정의에 뭔가 오류가 있을 것이라고 여길 것이다. 농도가 차원을 구별하지 못한다면 무슨 소용이 있을까?

아무튼 여기에서 할 일은 $I=\{x : 0 < r < 1\}$이라는 단위구간에 있는 점들이 아래와 같은 단위면에 있는 점들과 낱낱이 대응된다는 사실을 보이는 것이다.

$$S=\{(x,\ y) : 0 < x,\ y < 1\}$$

이를 밝히는 데에 쓰인 칸토어의 논증은 역시 단순하면서도 독창적이다. 데카르트의 방법에 따라 단위면에 있는 모든 점들은 x와 y라는 두 개의 좌표로 나타낼 수 있는데, 이것들은 실수이므로 아래처럼 무한소수로 쓸 수 있다.

$$x = 0.x_1 x_2 x_3 x_4 \cdots,$$
$$y = 0.y_1 y_2 y_3 y_4 \cdots$$

그런데 이 두 실수는 다음과 같은 소수 표현을 가진 하나의 실수에 대응시킬 수 있다.

$$z = 0.x_1 y_1 x_2 y_2 x_3 y_3 \cdots$$

예를 들어 단위면에 있는 (1/2, 1/3), 곧 (0.5000, 0.333⋯)은 분수로는 1/66인 0.53030303⋯과 대응시킬 수 있다. 거꾸로 12/99 =0.121212⋯라는 하나의 수는 (0.111⋯, 0.222⋯)=(1/9, 2/9)라는 단위면의 좌표에 대응한다. 이처럼 하나의 수에 들어 있는 자리수들을 쌍으로 묶어 '해독'하면 단위면에 있는 모든 좌표점들을 나타낼 수 있고, 이것들은 서로 정확히 하나씩 대응하므로 일대일 대응 관계를 이룬다. 그러므로 일차원의 구간과 이차원의 면은 같은 농도를 가진다. 나아가 이 논법은 더욱 일반화하여 삼차원의 입체나 사차원의 초입체는 물론 어떤 차원에 있는 초입체에 대해서도 모두 적용할 수 있으며, 따라서 이들 모두는 같은 농도를 가진다는 결론이 얻어진다. 여기에서 실수는 무한소수로 나타낼 수 있다는 사실이 이용되었다는 점을 주목하도록 한다.

이상의 이야기에 따르면 무한집합의 크기는 최소한 세 가지의 서로 다른 방법으로 결정할 수 있다. 집합의 원소들을 헤아리는 데에서 나오는 농도, 그리고 구간의 길이와 차원이라는 두 가지의 기하적 특성들이 그것이다. 칸토어의 역설들은 이 관념들을 함께 놓고 살펴보는 데에서 유래한다. 여느 때처럼 이 역설들은 집합의 크기가 여러 가지 관점에서 생각해볼 수 있는 복잡한 수학적 관념임을 보여준다. 길이의 관념은 측도론(measure theory)과 확률론(probability theory)으로 이어진다. 한편 차원의 관념은 다시 여러 가지로 꾸며질 수 있으며 위상수학과 프랙털, 그리고 위에서 이야기한 칸토어 집합을 일반화하는 분야들에서 계속 연구되고 있다. 사실 구간과 면의 차원이 다르다는 점은 미묘하다. 이는 각각에 속하는 집합들의 농도와 관련된 문제가 아니며, 여기에는 흥미로운 차이점이 있다. 예를 들어 어떤 구간에서 하나의 점을 제거하면 이 구간은 각각 연속인 두 구간으로 나누어진다. 하지만 면은 하나의 점을 제거해도 전체적으로 연속이다. 이 현상은 두 도형들의 위상수학적 차이이며 후자의 특성은 위상불변량(topological invariant)이라고 부른다. 위상불변량은 보통의 일대일 대응에서는 보존되지 않지만 사상과 역사상이 모두 연속인 사상, 곧 이른바 위상동형(사상)(homeomorphism)에서는 보존된다.

무한소[16]

이 장에서 나는 수학에서 무한의 관념이 여러 가지로 쓰이는 방식에 대해 논의했다. 우리는 무한에 관한 많은 문제들을 해소한 방법들이 나중에는 실수계의 표준적 접근법으로 채택되는 과정을 살펴보았다. 해석학의 근본을 파헤치는 이 표준적 방식의 많은 부분은 칸토어와 칼 바이어슈트라스(Karl Weierstrass, 1815~1897)라는 두 수학자의 업적에서 비롯되었다. 수학의 문제와 역설들이 더 높고 더 일반적인 관점으로 옮겨감으로써 해결되는 과정을 보이면서 나는 어쩌면 뜻하지 않게도 이러한 표준적 관점이 결정적이라는 인상을 주었을지 모르겠다. 그리고 이에 따라 독자들은 실수계에 대한 이런 이론들이 최종적인 진리로서 해석학을 보는 유일한 관점이라는 생각을 품게 되었을 수도 있다. 하지만 이는 나의 본의가 아니며, 무한은 결코 완벽하게 규정될 수 없다는 나의 주장과도 배치된다. 무한에는 언제나 새롭게 바라볼 여지가 있으며 이를 통해 수학과 과학에 이익이 될 풍성한 결과를 발굴할 수 있다. 이미 보았다시피 헤아리기와 대응이라는 지극히 평범한 조작으로부터 무한기수라는 관념을 얻어냈다. 하지만 이외에도 무한에 관한 여러 가지의 정당한 직관들이 유익한 수학적 개념으로 바뀌었으며 수의 측정도 그 한 예이다.[17]

이 점을 명확히 하기 위해 나는 수학의 또 다른 갈래를 살펴보고자 한다. 이 갈래의 기원은 멀리 아르키메데스까지 거슬러 올라가며 이후 미적분을 개발하는 과정에서 뉴턴과 라이프니츠를 비롯한 많은 수학자들이 여기에 참여했다. 이 갈래에는 무한히 작지만 0보다는 큰 수를 뜻하는 무한소(無限小, infinitesimal)라는 관념이 등장한다. 무한소는 지금껏 이야기한 많은 주제를 부각시켜주는데, 이는 또한 어떤 면에서 역설적으로 보이는 무한에 관한 다른 직관이 수학적으로 중요한 해법의 실마리가 된다는 점을 보여주는 하나의 좋은 예이다. 오늘날 무한소라는 주제는 저명한 논리학자 에이브러햄 로빈슨(Abraham Robinson, 1918~1974)이 수리논리학의 맥락에서 서술한 비표준해석과 연관된다.[18] 하지만 나는 순서체(ordered field)라는 관념만을 이용하는 훨씬 초보적인 접근법을 논의하고자 한다. 여기서 순서체란 아래에서 묘사하는 의미로서의 순서를 가지며, 그 안에서 여러 가지의 산술을 할 수 있는 수들로 이루어진 수학적 체계를 가리킨다.

역설 #8 : 무한소는 존재하는가?

0보다 큰 모든 실수 ε에 대해 $x>0$이면서 $x<\varepsilon$인 x가 존재할까?

지금껏 내가 이야기해왔던 실수계에는 그런 수가 존재하지 않으며 만일 존재한다면 역설이 될 것이다. 하지만 수많은 탁월한 수학자들, 특히 18세기의 수학자들은 논리적인 난점들에도 불구하고 무한소를 자유롭게 이용했는데, 이는 수학적으로 흥미로운 결과들이 이를 통해 얻어졌기 때문이다. 제2장에서 언급했던 버클리 대주교의 신랄한 비판은 바로 이와 같은 논리적 난점에 근거하고 있다. 이 난점을 해소하는 엄밀한 이론은 결국 수학에서 이 무한히 작은 양을 도려내는 대가를 치르고서야 세워졌다. 이 과정에서 소득도 있고 손해도 있었다. 먼저 소득은 해석학의 근본을 튼튼히 하는 이론이 세워졌다는 것이다. 반면 손해는 무한소의 관념에 뭔가 중요한 수학적 요소가 있을 것이라는 직관을 잃은 것이며, 이는 아무래도 잘못이었던 듯 느껴졌다.

앞서 우리는 실수계라는 게 유리수계를 완성한 체계로 여겼음을 상기하자. 유리수계로부터 실수계를 만드는 과정은 엄청나게 많은 수를 가진 새로운 계를 창조하는 작업이다. 이를테면 이는 본래의 유리수계를 부분계로 포함하는 계를 만드는 것으로, 모든 유리수는 실수이기도 하다. 그런데 여기서 한 걸음 더 나아가 실수계를 부분계로 포함하는 수계도 만들 수 있다. 하지만 이런 계는 실수계의 특성까지 모두 이어받지는 않는다. 특히 이런 계에는 완비성이 없으며, 이에 따라 어떤 한 계 속에서 계속 증가하는 수열이 하나의 수를 규정한다는 성질을 갖지 않는다. 이런 결과가 나오는 이유는 완비성이 실수계의 고유 속성이기 때문이다.

그럼에도 불구하고 우리는 이 큰 계에서도 사칙연산을 할 수 있으며, 순서의 관념도 정의할 수 있는데, 이제부터는 데이비드 톨(2001)의 설명에 따라 진행하겠다.

다음과 같은 유리함수를 모두 포함하는 집합을 생각해보자.

$$R(x) = \frac{a_0 + a_1 x + \cdots + a_n x^n}{b_0 + b_1 x + \cdots + b_m x^m}$$

여기서 x는 변수이고 모든 계수는 실수이며 $b_m \neq 0$이다. 따라서 이는 고등학교 수학에서 흔히 보는 함수이다. 이 함수는 실수의 확장인데, 왜냐하면 임의의 실수 a는 0보다 큰 i와 j에 대해 $a_0 = a$, $b_0 = 1$, $a_i = b_i = 0$ 일 때의 유리함수 $R(x)$로 볼 수 있기 때문이다. 만일 $R(x)$가 0이 아니라면 그 그래프는 $0 < x < k$라는 구간에서 언제나 0보다 크거나 언제나 0보다 작다(그림 4.9 참조).

우리는 이런 유리함수 $R(x)$가 위의 구간에서 $R(x) > 0$이라면 양이라고 말하기로 한다. 예를 들어 $f(x)=x$라는 함수는 양이다. 또한 함수가 양이라는 게 무슨 뜻인지를 규정하는 우리의 새로운 정의에 따르면 어떤 양의 실수 $a>0$에 대응하는 $f(x)=a$라는 상수함수도 양이다. 다시 말해서 '양' 이라는 관념은 실수로부터 유리함수라는 새로운 상황으로 이전되었다. 이제 유리함수가 양이라는 게 무엇인지를 알려주는 것과 같은 여러 가지의 타당한 관념들은 이에 상응하는 순서의 관념에도 다음과 같이 직접 관련된다. 이를 위하여 우리는 $R(x) - T(x)$가 양일 때에만 $R(x)$가 $T(x)$보다 크다고 정의한다. 그러면 모든 유리함수는 이

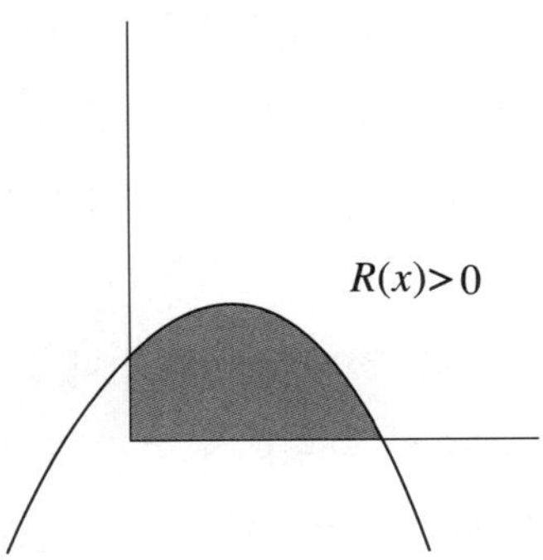

그림 4.9

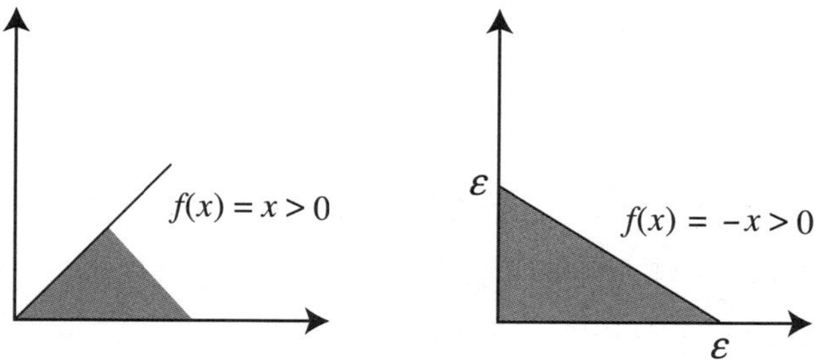

그림 4.10

를 토대로 정렬시킬 수 있다. 예를 들어 어떤 실수 ε이 0보다 크다면 $f(x) = \varepsilon - x$는 양이다(그림 4.10 참조). 그러므로 (함수에서와 마찬가지로) x가 0보다 큰 임의의 실수 ε에 대해 $0 < x < \varepsilon$이라면 $f(x) = x$라는 함수는 무한소이다. 이로써 우리는 실수와 함께 무한소의 역할을 하는 원소를 포함하는 정당한 수학적 수계를 만든 셈인데, 여기에는 또한 상응하는 무한대 원소도 $R(x) = 1/x$ 형태로 포함된다.

이런 계가 수학적으로 가치가 있을까? 이것들은 인공적이고 임의적인 구조에 지나지 않을까, 아니면 정당한 수학적 직관일까? 다른 식으로는 "오늘날 우리가 이해하고 있는 실수계가 무한히 작은 양을 포함하는 더 넓은 계보다 실체에 더 밀착된 것이며 정말로 더욱 실질적인 것인가?"라고 물을 수 있다. 지금껏 양의 정수만 신으로부터 주어진 실체이며, 유리수계, 실수계, 그리고 방금 이야기했던 계와 같은 것들은 모두 인간이 만든 것에 지나지 않는다는 견해를 가진 수학자들도 많았다. 만일 이게 정말이라면 이 계들의 가치는 수학에 대한 기여에 따라 결정될 것이다.

잠시 무한소의 관점에서 간단한 수학적 예를 하나 살펴보자. 우리는 이 넓은 수계에서 실수가 함수로 여겨질 수 있다는 점을 보았다. 여기서 보았다시피 무한소는 어떤 양의 실수보다 더 작은 양의 유리함수 R로 간주되었다. 그러면 이로부터 우리는 임의의 유한한 함수는

$R = a + \varepsilon$의 형태로 나타낼 수 있다는 사실을 보일 수 있는데, 여기서 a는 실수이고 ε은 무한소이다(예상하다시피 무한대의 원소는 무한소 ε에 상응하여 $1/\varepsilon$로 주어진다). 이때 a를 R의 표준부(standard part)라고 부른다. 이제 제2장에서 다루었던 미적분 문제로, 운동하는 물체가 움직인 거리 s는 시간 t에 대해 $s = t^2$이라는 함수로 주어진다는 점을 되새겨보자. 우리는 $t = 1$일 때의 속도에 관심을 가졌으며, 순간속도라는 것을 평균속도가 만드는 무한수열의 극한으로 여겼다. 하지만 이 계산은 다른 방식으로 살펴볼 수도 있다.[19] dt와 ds를 각각 시간과 거리의 미세한 증가량이라고 할 때 우리는 ds/dt가 유한한 값이기를 바란다. 우선 $t = 1$이라면 $s = 1$이다. 다음으로 $t = 1 + dt$라면 $ds = (1 + dt)^2 - 1 = 2dt + (dt)^2$이며, 따라서 $ds/dt = 2 + dt$이다. 그런데 이 식의 표준부는 2이고 이는 곧 도함수의 값과 같다. 이런 뜻에서 도함수는 확장된 수 ds/dt의 표준부에 해당한다. 이 계산에서는 극한과정을 도입하지 않고도 도함수가 얻어졌다는 사실에 주목하자. 이는 개념적으로는 물론 교육적으로도 유리한 점이다. 반면 이 관점의 단점은 더 넓은 새로운 수계를 도입해야 한다는 것이다. 돌이켜보면 장단점 사이의 이러한 균형은 실수계 자체의 구성에서도 일어났던 현상이었다.

어떤 사람은 인간에게는 수직선에 대한 특수한 직관이 있으므로 무한소를 포함하는 계는 반직관적이라고 말하기도 한다. 반면 데이비드 톨과 같은 사람은(1980, 2001) 후자에 대한 직관도 정당하며 종류만 다를 뿐이라고 주장한다. 이미 보았다시피 (무한의) 농도에 대한 칸토어의 정의는 헤아리기의 본질을 숙고하고 무한집합을 헤아리는 게 무슨 뜻인지를 파헤치는 과정에서 얻어졌다. 톨(1980)은 수의 헤아리기 대신 측정의 관념을 확장해서 논의했다. 그는 "무한한 수의 측정이라는 대안을 활용함으로써 우리는 마침내 무한이 진리의 절대적인 모습이 아니라 해석법에 의존하는 상대적 관념임을 알게 된 것 같다"라고 말했다. 이 결론은 무한뿐 아니라 수학의 여러 획기적인 관념들에도 모두 적용된다.

결론

무한에 대해 두 장이나 바쳐서 논의했으므로 몇 문단을 덧붙여 이 경이로운 여정을 간추려보는 게 적절하리라고 여겨진다. 우선 무한은 초월적인 존재의 속성이지만 인간은 언제나 이에 대한 감각을 지녀왔다고 가정하자. 이미 말했듯 무한은 말로 형용할 수 없는 불가언이다. 이를테면 무한은 신비와 외경과 성스러운 영감에 휩싸인 다른 세계에 속해 있으며, 분명 경험이나 이성의 영역에 있지는 않다. 그럼에도 불구하고 우리에게는 무한이라고 부르는 것에 대한 직관이 있으며, 따라서 그 본질을 붙들고 정의하고 이해하고자 하는, 억누를 수 없는 욕망이 있다.

지금까지의 이야기를 돌이켜볼 때 무한의 정의는 반드시 모순으로 귀착된다는 점은 분명하다. 정의상 무한은 정의할 수 없다. 무한의 밖에 무엇인가 있다고 말하는 것조차 무한에 대한 많은 사람들의 직관과 어울리지 않는다. 하지만 이를 인정함으로써 인류의 지성사는 무한에 대한 관념을 얻으려는 시도라는 관점을 제외할 경우 우리는 과연 인류 지성사의 대부분을 어떻게 이해할 수 있을까? 또한 무한의 여러 면모들 가운데 이야기할 수 있는 것과 없는 것들을 어떻게 분리해낼 수 있을까? 어쨌든 세월이 흐름에 따라 무한은 개념화되었고, 이 작업은 갈수록 정교해졌다. 처음에 무한은 직선의 정의나 소진법에 암시적으로 도입되었지만 나중에는 무한점이나 무한소수에서처럼 명시적으로 쓰이게 되었다. 그러고는 마침내 무한기수의 관념으로 더욱 가다듬어졌고 이로부터 다중무한의 관념도 나타났다. 이 과정의 각 단계마다 우리는 무한이 단수이며, 비교할 수 없는 대상이라는 관념으로부터 잘 정의되고 다양한 면모를 가진 수학적 관념이라는 방향으로 진행해왔다.

하지만 이 여정의 모든 걸음마다 역설이 함께 했다. 물론 우리는 이제 무한의 관념이 필연 역설로 이어진다는 점을 알고 있으므로 이는 이해할 만하다. 나아가 수학의 새로운 발전은 한 무리의 역설을 해소함으로써 이루어졌다. 다만 실수계의 개발에서 보듯 대가를 치러야 한다. 우리는 실수계를 도입함으로써 유리수의 역설을 해소했지만 그 대가로 헤아릴 수 없고 유리수와 같은 방식으로는 결코 알 수 없는 새로운 수들을 받아들여야 했다. 다시 말해서 한편으로 단순성에 다가서면 다른 한편으로는 그만큼 복잡성이 더해진다.

끝으로 무한과 관련된 문제들은 수학의 변방에서 일어나는 게 아니라는 점을 지적해둔다. 이는 수학의 중심에서 샘솟았으며, 수학은 과학과 기술의 중심이므로 전체적으로 현대문화의 핵심에 자리잡은 문제다. 수학은 무한의 과학이다. 수학의 본질적 속성들 가운데 무한보다 특출한 것은 없다. 무한에 역설이 필연적으로 동반된다는 점에서 이를 완전히 이해하는 게 불가능하다면 수학도 마찬가지다. 하지만 그렇다고 수학의 중요성이 훼손되는 것은 아니다. 오히려 정반대로 바로 이 때문에 수학은 위대하다! 무한에 대한 노력은 인류가 영위하는 모든 활동들 가운데 가장 탁월하고도 과감한 것의 하나이다.

•

02

아이디어의 빚

이 책의 주제인 수학의 불명은 수학의 창의적 측면을 이야기하기 위해 도입되었는데, 수학의 논리적인 표면적 구조와 대조가 되도록 '빛'에 비유했다. 수학에서 창의성은 새 아이디어의 탄생을 통해 표현된다. 이 아이디어들은 낯익은 개념들에 대한 새로운 사고방식 또는 전혀 새로운 개념을 개발하는 방식으로 나타난다. 아이디어는 대개 수학적 논증의 핵심을 이루지만 때로는 수학 전체를 조망하는 새로운 시각을 이끌어내기도 한다. 수학에서 창의성은 아이디어와 불가분의 관계에 있다. 과연 이러한 수학적 아이디어의 본질은 무엇이며 어디에서 올까? 수학적 아이디어는 수학의 가장 흥미롭고도 신비로운 측면이다. 따라서 제2부는 수학적 아이디어에 대한 논의로 시작한다.

아이디어와 불명의 연결 관계는 아이디어의 근원에 대한 숙고를 통해 드러난다. 나는 특히 불명의 상황에서 떠오르는 아이디어에 관심을 가진다. 위대한 논리적 일관성이 구비된 상황에서는 심오한 아이디어가 나오지 않는다. 위대한 아이디어는 직관과는 어긋나지만 이미 이야기했던 것과 같은 문제가 많은 상황들에서 흔히 도출된다. 곧 위대한 아이디어들은 위대한 불명의 상황에서 떠오른다. 어떤 사람들은 수학에서 창의성이 기존의 잘 이해된 사실들을 새롭게 배치하는 데에서 얻어진다고 상상한다. 하지만 이처럼 피상적인 활동에서 나오는 아이디어들은 심오한 경우가 드물다. 심오한 아이디어들은 이보다 더 흐릿한 곳, 끊임없는 변화로 느껴지고 어딘지 서로 잘 맞지 않는 요소들이 들어 있어서 상충하는 곳, 한마디로 지금껏 이야기해왔던 불명의 상황 같은 곳에서 얻어지는 경우가 많다.

불명의 상황에서 새로운 아이디어가 잘 나타나는 이유는 도대체 무엇일까? 아이디어는 불명에 본래적으로 내재하는 충돌에서 유래하는 긴장에 대한 반응으로부터 떠오른다. 우리는 대개 이런 긴장이 바람직하지 못하다는 이유로 이런 상황을 회피한다. 하지만 아이디어가 불현듯 떠오르면 충돌은 조정되고 긴장은 사라진다. 다음의 비유를 생각해보자. 철가루가 무질서하게 흩어져 있는 곳에 막대자석을 가져간다. 그러면 모두 잘 알다시피 막대자석이 만드는 자기장 때문에 철가루들은 질서 있는 배열을 이룬다. 불명의 상황도 역장(力場)의 공간으로 여길 수 있으며, 이 힘들은 불명을 특징짓는 두 가지의 상충하는 기준계에서 발생한다. 이는 막대자석의 두 극과 비슷하며, 이에 따라 어떤 경우에는 새로운 아이디어가 추출되어 철가루가 막대자석 주변에 질서 있게 배열되듯, 수학적 상황도 이를 중심으로 일관성 있는 조직을 형성한다. 그러므로 우리는 수학적 아이디어를 주어진 수학적 영역을 체계화하는 원리로 여길 수 있다. 여기 제2부에서는 수학의 아이디어로부터 시작하여 불명과 아이디어 사이의 관계에 대한 논의로 나아간다.

제5장
조직원리로서의 아이디어

뭔가 일어나고 있다. 하지만 무엇인지는 분명치 않다. …

—〈잘 모르지만〉(For What It's Worth), 스티븐 스틸스(Stephen Stills, 1945~) 작곡(1996),
버펄로 스프링필드(Buffalo Springfield) 연주

수학의 안팎에서 톰의 관심은 형상과 아이디어로 쏠렸다. 그는 사물의 본질을 기하적으로 이해하려는 열정을 품었고 이를 위하여 그는 수학적 증명을 이용했다. 하지만 그는 형식주의자가 아니었다. 그에게 증명은 형상과 아이디어들이 펼치는 관념의 지평에서 부수적인 요소에 지나지 않았다.

—르네 톰(René Thom, 1923~2002)에[1] 대한 데이비드 루엘(David Ruelle, 1935~)의 말

머리말 : 무슨 일들이 벌어지고 있나?

수학의 핵심적 요소는 무엇일까? 논리일까, 정확성일까? 수일까, 함수일까? 구조일까, 패턴일까, 수학적 개념들의 미묘함일까? 어쩌면 추상일 수도 있다. 수학의 본질을 파헤치려면 수학자들의 말에 귀를 기울여보는 것도 좋을 것이다. 그런데 그들이 다루는 주제의 본질을 설명해달라고 부탁했을 때 그들이 사용하는 말들만 중요한 게 아니다. 이처럼 인위적인 상황에서 사용하는 말들은 그네들끼리 수학을 논의하면서 사용하는 말들과는 사뭇 다르기 때문이다.

수학의 어떤 특정 부분을 논의할 때 수학자는 "도대체 여기에 무슨

일들이 벌어지고 있나?"라고 묻곤 한다. 곧 핵심적인 수학적 아이디어가 뭔지 묻는 것이다. 예를 들어 어떤 증명과 같은 수학의 한 조각은 페이지에 페이지를 이어가면서 미묘한 논리를 이끌고 구체적인 계산을 제시할 수도 있다. 하지만 그 모든 작업의 배경을 이루는 수학적 아이디어는 놀라울 정도로 간략한 것일 때가 많다. 더욱 기이하게도 전문 학술지에 발표되는 연구 논문들 가운데는 이러한 배경 아이디어를 언급하지 않는 경우도 많다. 이런 경우 독자들은 오랜 시간을 바쳐 세밀하게 검토했다 하더라도 핵심적인 아이디어를 붙잡지 못하는 한 이전보다 조금도 더 현명해지지 못한다. 왜냐하면 그런 논문을 쓴 사람은 거기에 담긴 증명을 둘러싼 명확한 아이디어를 갖지 않고서는 그토록 복잡한 논증을 엮어낼 수 없기 때문이다. 이런 뜻에서 수학을 능숙하게 풀어내는 사람들은 수학의 특정 조각들의 배경에 깔린 핵심적인 수학적 아이디어를 잘 드러내는 사람들이다. 또한 능숙한 교사들은 '여기서 정말로 벌어지고 있는 일' 들을 학생들에게 잘 드러내어 보여주는 사람들이다.

수학적 아이디어는 수학적 사고의 구성 요소이다. 아이디어는 무엇일까? 아이디어는 경험의 조직원리이며, 여기서는 수학적 경험에 대한 것이다. 모든 수학적 개념은 아이디어이며, 모든 증명은 아이디어를 중심으로 이루어진다. 경험을 조직화할 아이디어가 없다면 세상은 혼돈에 휩싸여 감당할 수 없을 것이다. 수학에서 우리가 다루는 모든 것들은 아이디어다. '1' 은 수가 아니라 아이디어다. '0' 도 아이디어이며, 이미 이야기했듯 강력하고도 미묘한 아이디어다. 공리는 다른 아이디어를 암시하는 아이디어다. 아이디어들에는 논리적 위계가 없으며, 논리 자체가 하나의 아이디어다. 이 장에서는 '아이디어가 수학의 핵심이다' 라는 말에 담긴 의미를 파헤쳐 본다.

아이디어는 극히 다루기 힘든 대상이다. 아이디어는 짜맞춰지고 명확히 표현된다. 따라서 아이디어 자체는 어떤 명확한 표현 뒤에 도사리고 있다. 유익한 아이디어로부터 매우 풍성한 수학이 도출되어 나온다는 것은 참으로 경이로운 일이다. 아이디어는 완전히 객관적인 게 아니며 주관적이면서도 객관적이다. 나아가 엄밀히 말하자면 아이디어는 논리적이지도 않다. 논리는 나중에 등장하여 아이디어를 구성하고 조직화하는 데에 도움을 준다. 아이디어는 행동이 있는 곳에 존재하며, 수학의 핵심적 국면을 이룬다.

아이디어는 어디에서나 샘솟는 듯 보인다. 오류, 모순, 심지어 역설도 중요한 수학적 아이디어를 도출하는 데에 쓰인다. 수학은 '패턴의 과학' 이라고 불리지만 아이디어가 없다면 패턴이 무슨 소용일까? 사실 패턴이 없다는 것을 뜻하는 '임의(randomness)' 도 중요한 수학적 아이디어의 하나이다. 수학적 지식은 각각의 개인들 모두에게서 '구성' 된다고 보는 게 오늘날의 통상적인 철학적 관점이다. 이 관점에서 보면 아이디어는 현재 있고 또 있을 수 있는 모든 것들이다. 우리가 살고 있는 이 세상, 곧 수학계와 자연계를 모두 아우르는 이 세상은 아이디어의 세계다.

그렇다고 모든 수학적 작업에 수학적 아이디어가 담겨 있다는 뜻은 아니다. 분명 어떤 근본적인 아이디어도 담겨 있지 않을 수도 있다. 아이디어가 없는 수학은 '하찮은 수학' 이다. 주어진 정의들과 몇몇 순수한 논리적 조작에 따라 자동적으로 진행하는 알고리듬적 방식은 '하찮은 논증' 이다.

수학자들에게 아이디어는 모든 것이다. 심원한 아이디어는 마주치기 어렵지만 한번 떠오르면 이로부터 이끌어낼 수 있는 모든 결론들을 가능한 모든 측면에서 철저히 추출해낸다. 수학을 순수논리의 실행이라고 설명하는 사람은 수학의 살아 있는 핵심에 눈을 뜨지 못한 사람이다. 그것은 바로 아이디어이며 수학의 근본원리라고 부를 수 있는

데, 논리적 구조를 포함한 다른 모든 것들은 이차적 요소들에 지나지 않는다.

수학적 아이디어는 "도대체 여기에 무슨 일들이 벌어지고 있나?"라는 의문에 대한 답이다. 수학자들은 어떤 아이디어가 떠오르기 전부터 그 존재를 감지할 수 있다. 이런 현상은 대개 연구 상황에서 일어나지만 학습 상황에서도 일어날 수 있다. 이는 우리가 어떤 수학적 상황을 쳐다볼 때 일어나고, "여기에 뭔가 벌어지고 있다"는 느낌으로 전해진다. 이때 관찰되는 데이터는 임의적이지 않고 어떤 일관성 있는 패턴을 이루며 거기에는 뭔가 이유가 있다. 눈앞에서 어떤 체계적인 일이 진행되고 있는데 그 순간에는 이를 잘 간파하지 못한다. 하지만 이에 대한 느낌은 뚜렷하다. 이를테면 '뭔가 벌어지고 있지만 뭔지는 모르겠다' 는 느낌이다. '뭔가 벌어지고 있는 것' 은 수학적 아이디어지만 이에 대해 우리가 말하고 있는 것은 아직 제대로 구성되지 않은 잠재적인 아이디어다. 이것을 유망한 아이디어의 싹이라고 여겨도 좋을 것이다. 우리는 이 아이디어를 아직 파악하지 못하고 있으며 이것을 의식 속에 불러들이려면 상당한 노력을 기울여야 한다.

'여기에 뭔가 벌어지고 있다' 는 느낌은 하나의 사실이나 하나의 수로부터 얻어질 수도 있다. 이에 대한 적절한 예로는 1978년 나의 동료 존 맥케이(John McKay, 1939~)가 '196884=196883+1' 이라는 식에 주목한 것을 들 수 있다. 우리는 이 식을 보고 한 정수가 그 앞의 정수보다 1만큼 크다는 게 무슨 대수냐고 물을 수도 있다. 하지만 이 두 수는 보통의 수가 아니라 수학의 서로 다른 두 분야에서 발견되는 중요한 상수들이다. 첫째는 모듈형(modular form)의 수학적 이론에서 나오며, 둘째는 괴물군(monster group)이라는 유한단순군(finite simple group)의 기약 표현(irreducible representation)에서 나온다. 맥케이는 이 두 상수들 사이의 관계가 우연일 수 없다는 사실을 직관적으로 간파했다. 그 뒤 이로부터 '기괴한 공상(monstrous moonshine)'이라고 불리게 된 일련의 수학적 의문과 추측들이 꼬리를 물고 제기되었으며, 그 가운데 주된 추측은 마침내 필즈상을 수상한 리처드 보셔즈(Richard E. Borcherds, 1959~)에 의해 증명되었다. 그리하여 위와 같이 보기 드문 우연의 배경에는 필연 어떤 심오한 수학적 의미가 담겨 있을 것이라는 최초의 관찰과 인식은 완전히 새로운 수학적 탐구 영역을 열어제치게 되었다.

헬레나 버릴(Helena Verrill)은 1997년 퀸스 대학교(Queen's University)에서 '기괴한 공상과 거울대칭(Monstrous Moonshine and Mirror Symmetry)' 이란 제목으로 행한 세미나에서 다음과 같은 흥미로운 언급을 했다. "이 결과들은 리처드 보셔즈가 정점대수(頂點代數, vertex algebra)를 이용하여 증명했지만 정말로 무엇이 일어나고 있는지는 아직 이해하지 못하고 있다. 따라서 우리의 문제는 무엇이 일어나고 있는지를 이해하는 것이다."[2] 나의 논점은 바로 이것이다. 맥케이는 거기에 뭔가 이루어지고 있음을 간파했으며, 이로부터 수학적 정리를 만들고 증명하는 활동이 도출되었다. 하지만 그럼에도 불구하고 "정말로 무엇이 일어나고 있는지는 아직 모른다"는 말이 나올 수 있는데, 이것을 이해하는 일은 영속적인 과정이며 수학의 핵심이다.

어떤 사람들은 아이디어의 싹은 아무것도 아니고 아이디어가 실제로 내놓는 것들이 정말로 중요한 모든 것이라고 주장할 수도 있다. 하지만 아이디어의 싹은 창의적 활동의 전제조건이므로 이는 잘못된 생각이다. 우리 모두는 '뭔가 이루어지고 있다' 는 느낌을 감지할 수 있는데, 훌륭한 수학자는 이런 느낌에 아주 민감하다. 물론 수학자들만 이런 뛰어난 능력을 갖는 것은 아니다. "시는 볼 수 있기 전에 냄새를 맡을 수 있다"라는 시인 데니스 레버토프(Denise Levertov, 1923~

1997)의 말에도 이와 같은 잠재적 능력이 암시되어 있다.[3] 시인 토머스 엘리엇(Thomas. S. Eliot, 1888~1965)도 "처음에는 생기 없는 배아 또는 창의성의 싹이 생성되고 이어서 시인이 능란하게 구사할 도구인 언어가 나온다"고 말했다.[4] 시와 마찬가지로 수학에서도 모든 것은 창의성의 싹으로부터 시작하며, 수학자는 "여기에 뭔가 일어나고 있다!"는 느낌을 "아하! 이제 뭐가 일어나고 있는지 알겠다"는 느낌으로 바꿈으로써 이 싹에 생명을 불어넣는다.

수학자들의 연구는 몇 단계로 나눌 수 있다. 첫 단계는 기초작업으로, 관찰하고 자료를 모으고 계산하고 필요한 수학적 현상과 친숙해지는 과정 등이 여기에 포함된다. 다음 단계에서는 어떤 규칙성과 패턴으로부터 뭔가 일어나고 있다는 느낌을 얻게 된다. 이에 이어 싹을 키워서 열매를 맺도록 하는 힘든 작업이 계속된다. 그리고 이로부터 아이디어가 나타나면 마침내 증명의 단계로 접어든다. 과연 이 아이디어는 정말로 옳은가? 하지만 증명 단계도 아이디어의 응용성을 샅샅이 탐사하는 더 광범위하고도 정교한 과정의 한 부분에 지나지 않는다. 이와 같은 후속 단계는 초기의 아이디어를 일반화하고 추상화하는 과정을 포함할 수도 있다. 실제로 어떤 주제를 상세히 설파하는 일은 본래의 아이디어를 변화시키거나 새로운 아이디어를 창출하는 단계가 될 수 있다. 따라서 이 작업은 한편에 아이디어를 놓고 다른 한편에 논리와 증명을 놓는 문제가 아니다. 수학의 연구는 아이디어와 논리적 엄밀성의 상호작용이다. 다만 불행하게도 형식적 구조가 더 확실해 보이고 파악하기도 훨씬 쉬우므로 수학적 아이디어의 중요성은 자주 무시된다. 하지만 그럼에도 불구하고 수학적 활동 무대의 주연은 어디까지나 아이디어다.

앞 문단의 첫 부분에 묘사된 수학적 활동이 불완전하다는 점을 보여주는 것으로는 아이디어와 증명 사이의 상호작용 외에 다른 것도 있다. 사실 위의 묘사는 제1장에서 구상화라고 불렀던 것을 떠올리게 하는 본질적 요소를 무시하고 있다. 기억을 되살리는 데에 도움이 되도록 간추려보면 구상화는 어떤 과정이 대상으로 바뀔 때 나오는 것으로, 1/3 = 0.333…과 같이 어떤 수를 무한소수로 쓰는 게 그 예이며, 우리는 이를 과정-대상의 불명으로 이해할 수 있다. 그러면 이제 이 새로운 대상은 더욱 일반적인 체계나 과정에 도입할 수 있다. 이렇게 함으로써 복잡하고 잠재적으로 무한한 상황은 하나의 수학적 대상으로 개념화하여 다룰 수 있다.

위에서 이야기한 구상화의 메커니즘은 일반적인 수학적 아이디어에 두루 적용된다. 이는 어떤 수학적 상황이 수학적 아이디어에 포착되어 하나의 수학적 대상으로 바뀌고, 이어서 때로 하나의 기호로 나타난다는 뜻이다. 그러면 아이디어는 새로운 생각의 단위, 곧 '생각할 수 있는 요소'라고 부르는 것이 되어 더 높은 계나 과정에 편입될 수 있다. 이로써 우리는 수학적 대상으로서의 아이디어가 점점 더 복잡하고 추상적인 상황에 계속적으로 새로운 아이디어가 되어 체계화되는 과정을 이해할 수 있다. 유능한 수학적 사색가는 모든 과정을 세밀히 파헤치는 게 아니라 이런 아이디어들을 적절한 수준에서 다루며 나아갈 뿐이다. 반면 그렇지 못한 사색가들은 주어진 상황에 적합한 수준을 파악하지 못하며 이에 따라 엉뚱한 세부 사항들에 빠져들어 헤매게 된다. 예를 들어 어린이들이 곱셈을 잘 하려면 이를 단순히 덧셈의 반복 작업이 아니라 그 자체로서 하나의 새로운 계산으로 여기도록 해야 한다.

다시 말해서 여기서 벌어지고 있는 일은 '조직원리로서의 아이디어'가 '생각할 수 있는 요소로서의 아이디어'가 된다는 것이다. 지식의 압축에 대한 이런 메커니즘이 없다면 높은 수준의 수학을 이루는 극도로 복잡한 수학적 구조를 다루기는 불가능할 것이다.

조직원리와 발생원리로서의 아이디어 : 간단한 예

수학적 아이디어는 조직원리로서, 수학적 현상의 몸체를 조직한다. 이는 수학의 핵심이지만 그 자체로 (완성된) 수학은 아니다. 아이디어는 안정되고 변화하지 않고 마무리된 수학이 아니라 동적인 발생원리로 작용하면서 수학을 창조한다. 예를 들어 하버드 대학교는 근본적 아이디어의 중요성을 인식하면서 최근에 '기본 관념 세미나(Basic Notions Seminar)' 라는 제목을 내걸고 세미나를 개최했는데, 이에 대해 수학자 배리 마주르는 다음과 같이 말했다. "이 세미나의 목적은 수학의 중요한 주제들에 대해 매주 논의하고자 하는 데에 있다. 이것들은 수학의 다양한 분야들에서 다양한 모습으로 나타나며 간단히 아이디어라고 말할 수 있다. 다만 단순한 아이디어가 아니라 이런저런 결과들을 얻는 데에 유용하다는 점에서 학생들이 숙고할 만한 가치가 있어야 함은 물론 다양한 분야를 통합하는 실마리로도 작용하는 것이어야 한다."[5]

아주 기초적인 예의 하나로 등비급수의 합 공식에 대한 다음의 '증명' 을 보자.

$S = a + a^2 + a^3 + \cdots + a^n + \cdots$ 이라고 하자.
그러면 $aS = a^2 + a^3 + \cdots + a^n + \cdots$ 이다.
첫째 식에서 둘째 식을 빼면 $S - aS = a$이다.
그러므로 $S = a/(1-a)$ 이다.

이 논증은 옳지 않다. a가 1이면 $S = 1/0$인데 이는 문제이다. 또한 $a = -1$이면 $S = -1/2$인 듯싶지만 무한에 관한 논의에서 이미 보았듯 $S = 1$이나 $S = -1$도 될 수 있다. 이 아이디어와 관련된 문제점은 첫째

식을 중심으로 벌어진다. $a + a^2 + a^3 + \cdots$이라는 무한합은 언제나 수렴하는가, 이것이 필연적으로 어떤 특정한 값을 내놓을 것인가, 다시 말해서 S가 언제나 존재할 것인가? 하지만 여기에 한 가지 아이디어가 있으며, 이것은 다음과 같이 꾸밀 수 있다. 어떤 수 a의 거듭제곱들로 이루어진 합이 있을 때 여기에 a를 곱하고 본래의 식에서 빼면 첫째 항과 있을 수 있는 마지막 항을 제외하고는 모두 상쇄되어 사라진다. 이렇게 얻은 합을 흔히 망원합(telescoping sum)이라고 부르는데, 이 수학적 아이디어에서 여러 가지 의문들이 나타난다. 무한합의 의미는 무엇인가? 수렴은 무엇인가? 위의 마지막 식은 a가 어떤 값일 때는 타당하고 어떤 값일 때는 부당할까? 이 아이디어를 실수의 소수 표현에 적용하면 반복 부분이 있는 모든 무한소수는 분수가 된다는 점을 보일 수 있다. 따라서 이로부터 그 역, 곧 모든 유리수의 소수 표현은 결국 반복 부분을 갖는가와 같은 의문도 제기된다. 또한 이를 통하여 우리는 무리수는 물론 실수 전체, 그리고 이 밖의 다른 문제들에 대해서도 생각해보게 된다.

단순한 듯싶지만 이 예는 또한 앞서 간단히 언급했던 아이디어와 증명 사이의 관계에 대한 의문을 불러일으킨다. 엄밀히 말해서 나는 아이디어가 논리적이지 않다는 입장을 취하지만 그렇다 하더라도 증명은 역시 매우 중요한 과정이다. 아이디어를 명확히 표현하려면 주어진 상황을 좀더 완전히 꿰뚫어봐야 한다. 이를 통해 우리는 새로운 문제를 인식하며, 또 다른 새로운 아이디어가 솟아날 터전을 마련할 수도 있다. 아이디어가 수학적 형태로 표현되었다 하더라도 아직 수학이 아닐 수도 있다. 이런 예비단계에서 아이디어는 타당하지도 부당하지도 않다. 그러므로 아이디어는 증명이나 이로부터 도출되는 결론들보다 더 기본적이며, 조직원리는 우리가 흔히 수학이라고 부르는 것보다 더욱 기본적이다.

패턴으로서의 아이디어

수학적 귀납법에 대해 이야기할 때 들었던 다음 예를 돌이켜보자(128~131쪽).

$$1 = 1^2,$$
$$1 + 3 = 4 = 2^2,$$
$$1 + 3 + 5 = 9 = 3^2,$$
$$1 + 3 + 5 + 7 = 16 = 4^2$$

여기에는 분명 패턴이 있고, 우리는 이를 포착하며, 이에 따라 직관적으로 "뭔가 체계적인 일이 벌어지고 있다"고 느끼게 된다. 이런 패턴을 식별하는 작업 자체가 이미 어떤 수학적 활동이지만 아직 예비단계에 지나지 않는다. 우리는 이 패턴을 명확히 표현함으로써 더욱 진행할 수 있다. 우선 말로는 "첫 n개의 홀수의 합은 n의 제곱과 같다"라고 옮길 수 있으며, 이로써 우리의 직관은 좀더 정확히 가다듬어진다. 하지만 이런 정도로는 아직 충분하지 않다. 여기서 우리는 "이런 패턴이 모든 값의 n에 대해 타당한가?", "계산이 불가능하지는 않더라도 실질적으로는 불필요할 정도의 큰 n값에 대해서도 이 패턴은 참인가?" 등의 의문을 제기할 수 있다. 이 패턴의 타당성 또는 부당성은 "왜?"라는 질문에 대한 답을 요구한다. 왜 이 패턴은 성립할까? 이 의문은 이 패턴을 좀더 깊은 수준에서 검토하도록 한다. 패턴은 그 자체로 하나의 아이디어지만 그 타당성을 증명하는 데에는 다른 아이디어, 곧 이 패턴이 타당함을 우리에게 확신시켜주는 아이디어가 필요하다. 이 경우 이 패턴의 타당성을 보이는 데에는 여러 가지 방법이 있다. 앞서 우리는 그것들 가운데 수학적 귀납법을 이용했는데 그림 5.1에는 더욱 즉각적이고도 만족스러운 기하적 아이디어가 나와 있다.

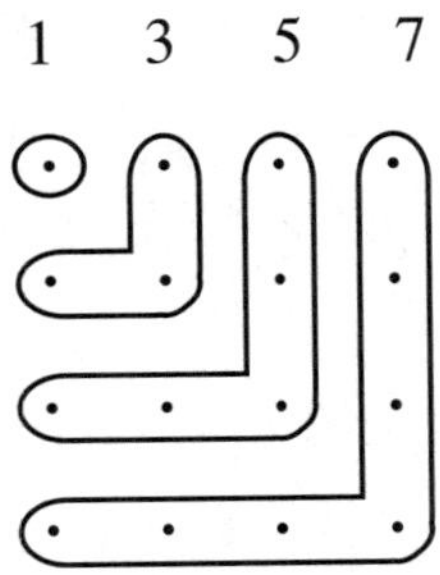

그림 5.1

패턴의 관념은 수학에서 매우 중요하며 이에 따라 수학은 패턴의 과학이라고 정의되기도 했다. 수학 저술가 키스 데블린(Keith Devlin, 1947~)의 다음 말을 보자.

> 수학자들이 하는 일은 수의 패턴, 모양의 패턴, 운동의 패턴, 행동의 패턴, 사람들의 투표 패턴, 반복되는 사건들의 패턴 등에서 나타나는 추상적인 패턴들의 탐사이다. 이 패턴들은 실제이거나 상상일 수도 있고, 시각적이거나 정신적일 수도 있고, 정적이거나 동적일 수도 있고, 질적이거나 양적일 수도 있고, 순수하게 실용적이거나 단순한 여흥 이상일 수도 있다. 패턴은 시간과 공간의 깊은 곳 또는 인간 정신의 운행 등 우리가 살고 있는 세상에서 나타난다. 여러 가지의 패턴은 여러 갈래의 수학을 낳았다.[6]

그렇다면 패턴의 본질은 무엇인가? 잠시 이 기본적인 관념에 대해 생각해볼 때 우리는 그 본질이 모호하다는 사실을 알게 된다. 패턴은 신비롭고 미묘한 관념이다. 사전적 정의를 참조해보면 패턴의 일상적 의미는 틀이다. 예를 들어 청사진은 건물의 패턴이며, 스웨터를 짤 때 패턴을 이용한다. 이런 뜻에서 패턴은 어떤 대상을 나타내는 모델이다. 이 경우들에서 보듯 패턴은 패턴이 나타내는 대상과 다르다. 하지만 완성된 물건을 보면서 우리는 거꾸로 거슬러 올라가 그게 패턴을 가졌다고 말한다. 따라서 청사진의 의미로 볼 때 패턴은 완성된 물건 속에 암시되어 있다.

하지만 패턴에는 이 밖의 다른 의미도 있다. 이는 어떤 자료들에 뭔가 체계적인 게 있음을 알아차릴 때, 곧 "여기에 뭔가 일어나고 있다"는 느낌을 받을 때 드러난다. 예를 들어 2, 5, 8, 11, 14, …라는 수열을 보자. 우리는 여기의 각 수가 앞의 수보다 3이 크다는 패턴이 있음을 발견한다. 이 경우 우리는 수의 목록이라는 결과에서 시작하여 이 목록을 만들어낸 원리로 뛰어든 셈이다.

이처럼 생성의 아이디어는 패턴의 아이디어와 아주 비슷하다. 한편 우리는 "패턴이 어디에 있는가?"라고 물을 수 있다. 패턴은 자료에 암시되어 있는가? 모든 사람이 같은 패턴이 있다고 동의한다는 뜻에서 여기에 어떤 객관성이 존재할까? 또는 자료에 작용하는 지성의 어떤 행동에 의존하므로 패턴은 주관적이라고 봐야 할까? 이런 질문은 패턴이 발견되는가 발명되는가의 문제로 발전하며, 더 나아가 수학 자체가 발견인가 발명인가의 문제로 이어진다. 이것은 중요한 문제로서 지금까지 논의된 많은 것들에 암시되어 있는데, 이에 대해서는 제8장에서 다시 돌아본다.

우리가 패턴을 인식하는지 형성하는지의 문제에 대해서 당분간은 단지 이게 지성의 기본적 작용이라고만 말해두기로 하자. 예를 들어 계절 변화의 규칙성을 인식하는 것은 분명 진화적으로 유리하다. 따라서 자연은 이런 능력을 가진 종이나 개체를 선호했다고 볼 수 있다. 이와 같은 패턴의 인식을 우리가 지성이라고 부르는 것과 관련짓는다면 지성이 생존경쟁에서 유리하다는 사실을 깨닫게 된다. 따라서 우리가 믿고 있듯 수학이 정말로 가장 미묘하고도 복잡한 패턴을 필수적 활동으로 여기는 인간 활동의 영역이라면 우리는 왜 수학을 '활동하는 지성' 으로 여기는지 이해할 수 있다. 또한 수학이 인간 활동의 모든 영역에서 그토록 많은 성공을 거둔 것도 놀라운 일은 아니라고 봐야 한다. 그러므로 수학이 정말로 활동하는 지성의 표현이라면, 그리고 우리가 우리 자신은 물론 우리가 살고 있는 세상을 좀더 이해하고자 한다면, 우리는 수학을 더욱 깊이 있게 이해할 필요가 있다.

"아이디어는 불명하다" 또는 "불명은 아이디어다"

아이디어와 패턴에 대해 말할 때 우리의 묘사에는 필연적으로 어떤 불명이 포함된다는 점은 흥미롭다. 패턴은 일종의 청사진이기도 하고 청사진의 존재를 느끼는 감각이기도 하다. 또한 발견이자 발명이며, 객관적이면서도 주관적이다. 아이디어는 '뭔가 일어나고 있다' 는 느낌임과 동시에 '뭐가 일어나는지 알겠다' 는 느낌이기도 하다. 이는 위대한 수학자들의 천재성을 통해 얻어지지만 한번 명확하게 밝혀진 뒤에는 마치 플라톤이 말했던 천상의 존재들과 같이 우리가 발견하기를 기다리며 언제나 존재해왔던 것처럼 필연적으로 느끼게 된다.

아이디어는 일반적으로도 불명하지만 특정한 수학적 아이디어들도 마찬가지다. 제1장에서 열거했던 예들은 사실 아주 심오한 수학적 아이디어들이다. 미적분의 기본정리의 아이디어는 적분이 미분의 역산이란 것이다. 나는 거기서 미적분이 한편으로는 적분처럼 다른 한편으로는 미분처럼 보이는 연산이라고 말했다. 그런데 이 아이디어를 포착하려면 같은 현상을 다른 관점에서 봐야 하며, 이런 뜻에서 아이디어는 현상을 보는 어떤 관점이라고 말할 수 있다. 한 예로 다음 식과 같이 적분구간의 위쪽을 변수로 놓아서 적분을 함수로 바꾸면 $F(x)$의 미분은 $f(x)$라는 함수가 된다.

$$F(x) = \int_a^x f(t)dt$$

이와 같은 올바른 관점에 서지 않는다면 미적분의 기본정리의 아이디어는 그토록 명확하게 포착되지 않을 것이다.

이상의 논의에서 볼 때 수학에서의 불명과 아이디어 사이에는 어떤 관계가 있음이 분명하다. 고대 그리스인들이 수를 이해하는 데에 2의 제곱근이 장애로 작용했던 것처럼 불명은 장애가 될 수 있다. 이 장애는 이를 해소하는 수학적 아이디어에 의해 허물어졌다. 이 경우 필요했던 것은 무리수의 무한소수 표현을 하나의 실수로 여기는 과정, 곧 극한과정의 구상화에 의해 수의 관념을 확장하는 아이디어였다. 하지만 그럼에도 불구하고 불명은 그 해답에 내포되어 있다. 그렇다, $\sqrt{2}$는 가성수이면서 무리수다. 이것은 유리수나 정수처럼 정당한 수지만 소수 표현에 반복되는 부분이 없다는 점에서는 다르다. 장벽의 다른 쪽에는 이를테면 최소한 두 가지의 기준계가 남아 있다. 다만 차이점은 이제 좀더 일반적인 수의 아이디어로 무장했으므로 수를 유리수나 무리수, 길이나 무한소수 등으로 자유롭게 여길 수 있다는 것이다. 이런 뜻에서 아이디어는 흔히 불명하다. 불명은 아이디어를 제한하지 않으며, 불명은 바로 아이디어로 흘러 들어간다. 따라서 우리는 심지어 (불명한 비유적 의미에서) '불명은 아이디어다' 라고도 말할 수 있다.

수학적 아이디어의 예

수학에는 수학적 아이디어들로 체계화된 엄청나게 복잡한 자료들이 담겨 있다. 그런데 이 자료들 자체는 또한 다른 수학적 아이디어들로 구성되어 있다. 예를 들어 유클리드 기하의 경우, 점, 선, 원, 삼각형 등의 기본적인 기하적 형상, '어떤 두 점은 직선으로 연결될 수 있다' 라는 등의 가정, '전체는 부분보다 크다' 는 등의 기본적인 관념(83쪽) 등으로 이루어져 있으며, 이것들은 모두 수학적 아이디어의 표현들이다. 수학은 자체적으로 체계화된 방대한 아이디어의 집합이다.

유클리드 기하와 같은 공리체계(axiomatic system)는 단순히 타당한 추론을 통해 명백한 진리로부터 좀더 복잡한 진리로 나아간다는 것과 같은 게 아니다. 예를 들어 평행선 공리는 삼각형의 내각의 합이 180도가 된다는 정리와 관계가 있다. 그런데 두 가지 명제가 모두 복잡한 수학적 아이디어들을 품고 있으며, 이것들 사이의 관계도 복잡하다. 우리는 한편으로는 삼각형의 내각의 합이 평행선 공리에 의존한다는 사실에 흥미를 가질 수도 있지만, 다른 한편으로는 그 역, 곧 삼각형의 내각의 합이 180도보다 크거나 작으면 평행선의 아이디어에 어떤 영향을 줄 수 있는지에 대해 흥미를 가질 수도 있다. 나아가 이 둘 사이의 관계는 다른 수학적 아이디어들과 관련된 논리적 추론의 문제이기도 하다. 심지어 논리적 추론 자체도 우리가 수학이라고 부르는 전반적인 아이디어의 흐름을 제어하는 핵심적인 구성원리이다.

추상적인 수학적 아이디어들 속에 나타나는 주제들은 때로 아주 실질적일 수 있다. 제1장에서 제시한 변수에 대한 논의를 돌이켜보자. 변수의 영역은 무한히 많은 값들을 포괄할 수 있지만 그게 실제로 쓰일 때는 어떤 명확하고 특정한 값을 가진 것으로 생각한다. 그리고 이때 우리는 이것을 실질적인 것으로 여기게 된다. 이와 같은 정신적 기법은 수학에서 매우 널리 쓰인다. 우리는 광범위한 상황에서 일어나는 수학적 현상을 이해하고자 한다. 그런데 이런 일반적 현상들을 어떻게 이해해야 할까? 때로 우리는 어떤 계산이나 그림처럼 특정적이면서도 포괄적인 예에 대해 깊이 숙고한다. 물론 올바른 예를 선택하는 데에도 때로 천재성이 필요하며, 따라서 우리는 일반적 상황의 미묘한 점들을 모두 포착할 수 있는 특정한 예를 찾고자 한다. 이에 따라 "뭔가 일어나고 있다"는 상황의 배경은 어떤 특정한 예의 특수한 경우를 통해 드러나기도 한다. 그러므로 이러한 이해를 추상화하고 확장하는 일은 부수적일 수도 있다. 어떤 수학적 이론의 경계를 결정하는 특수한 반례의 역할은 일반적인 상황을 설명한다고 여겨지는 어떤 특정적이면서도 포괄적인 예의 역할과 균형을 이룬다.

수학적 아이디어는 필연적인 위계질서에 잘 맞아 들어가지 않는다고 말하기는 했지만 그럼에도 불구하고 어떤 기본적인 수학적 아이디어들을 선별해낼 수 있다. 여기서 기본적이라 함은 거의 모든 수학적 상황에 관련되어 있다는 뜻이다. 이런 아이디어의 가장 대표적인 하나의 예로 논리를 들 수 있다. 사실 러셀과 화이트헤드(Alfred Whitehead, 1861~1947)는 물론 그 이전의 고틀로프 프레게(Gottlob Frege, 1848~1925)도 논리가 수학의 기본 아이디어라는 점을 밝히려고 했다. 그들은 수학이 본래적으로 명확한 위계질서이므로 수학에는 본질적으로 가장 기본적인 가정이라는 아이디어들이 있으며 다른 모든 것들은 이 공리들로부터 논리적으로 도출된다고 여겼다. 하지만 괴델이 보였듯 실제 상황은 이보다 훨씬 더 복잡하다.

하지만 그럼에도 불구하고 나는 수학의 여러 분야에서 드러나는 몇 가지의 핵심적인 아이디어들을 이용하여 수학적 아이디어에 대한 이야기를 계속하고자 한다. 먼저 제1장에서 제시했던 '1+1=2'에 대한 논의를 돌이켜보자. 이처럼 가장 기본적인 수학적 대상들에도 심오한 수학적 아이디어들이 깔려있다는 점을 설명하기 위해 나는 가장 기본적인 수학적 명제들에서 나타나는 세 가지의 아이디어들, 곧 '1', '2', '같음'에 대한 숙고로부터 시작한다.

기본 아이디어

'1'은 근본적인 조직원리이다. 이는 너무나 근본적이어서 이것 없이는 자연계도 정신계도 존재할 수 없다. 1은 이처럼 근본적이므로 우리는 이것을 매우 당연하게 여기며, 이에 따라 그 중요성이 쉽사리 드러나지 않는다. 데이비스와 허시는 이에 대해 아주 적절하게도 다음과 같이 말했다.[7] "최근 3세기에 걸친 과학적 발전의 후계자인 우리들은 수많은 수학적 대상들을 성스러운 역사 속의 영적인 진리나 일화에 대한 상징으로 여기는 정신 상태를 제대로 상상하지 못한다. 하지만 이런 상상에 대한 노력을 하지 않는다면 수학사의 한 끄트머리에 대한 이해도 불가능하다." 그런데 1이라는 아이디어가 없다면 수학사에 대한 이해는커녕 수학 자체가 존재할 수 없었을 것이다.

1은 수학을 초월하는 아이디어다. '0'이나 '무'의 경우와 마찬가지로 수학적인 '1'은 인간의 조건 자체로부터 흘러나왔다. 이것은 실체의 참으로 근본적인 측면을 가리키므로 그 귀결들을 모두 파악하기란 불가능하지만, 그럼에도 불구하고 이를 이해하고 사용하고 제어하려는 욕구는 감당할 수 없을 정도로 강하다. 신플라톤주의자인 플로티노스(Plotinos, 205~270)는 다음과 같이 말했다.[8] "1은 만물의 절대적인 제1원리다. 1은 자신의 원인이며 우주 안에 있는 다른 모든 것들의 원인이다." 1이 궁극적인 단순함을 나타낸다고 말하는 사람도 있을 것이다. 하지만 플로티노스가 말하는 1이라는 아이디어는 (그가 주장했다시피) 직접적인 서술이 불가능하다. 1은 신성의 다른 이름이며, 이 때문에 종교적 사고의 바탕이 되었고, 유대교, 기독교, 이슬람교, 힌두교, 불교 등을 비롯한 모든 위대한 종교들의 신학 속에서 발견된다. 로는 선불교에 관한 자신의 저서들에서 "1이 있으라!"고 말함으로써 1을 절대적인 권위를 가진 힘으로 간주했다.[9]

더 나아가기 전에 '1' 및 이와 관련된 '단성(單性, oneness)' 은 두 가지의 상충하는 의미로 사용되는 불명한 관념이란 점을 주목하자. 첫째 의미에서 1은 단위라는 측면에서 다른 모든 존재들과 다른 것을 나타낸다. 다시 말해서 1은 모든 개체들로 이루어진 세계에서 하나의 독특한 개체이다. 둘째 의미는 '단성' 또는 '…와 하나로서' 라는 말에서 유래하며 더 큰 전체 속에서 하나의 부분으로 연결되었다는 사실을 나타낸다. 곧 이는 여러 가지의 서로 다른 부분들이 커다란 단일체로 융합된다는 뜻이다. 첫째 의미는 분리성과 유일성을 강조함에 비하여 둘째 의미는 조화로운 일체성을 강조한다. 그러므로 모든 인간은 두 가지 의미에서의 '하나' 이다. 인간은 완전히 독특한 개인이기도 하고 인류라는 총화의 부분이기도 하다. 그리하여 다른 모든 사람들과 동등한 권리와 존엄성을 갖고 인류 공통의 유산을 향유한다.

1이라는 아이디어로 포착하고자 하는 통찰의 본질은 무엇일까? 그것은 이 세계가 우리에게 그 모습을 분화되지 않은 혼돈의 늪이 아니라 분리된 단위들의 연합으로 드러낸다는 사실이다.[10] 이것은 자연계뿐 아니라 정신계에서도 마찬가지며, 형태심리학(Gestalt psychology)은 이 점을 주목하고 또 강조한다. 우리가 알고 있는 세상이 실제로 혼돈으로부터 흘러나온, 일종의 포괄적인 유체라고 상상해보자. 만일 이 유체가 가장 근원적인 것이라면 어떻게 우리는 이 세상을 대상들의 집합으로 인식할 수 있을 것인가? 따라서 이 세상에는 과정을 대상으로 변환하는 메커니즘, 곧 구상화의 메커니즘이 있음에 틀림없다.

신경학자 올리버 색스(Oliver Sacks, 1933～)는 그의 흥미진진한 저서들 가운데 한 곳에서 태어날 때부터 장님이었다가 어른이 되어서야 시력을 얻은 사람의 이야기를 썼다.[11] 수술을 받고 몇 주가 지난 뒤 마침내 붕대를 풀었을 때 그는 과연 무엇을 보았을까? 그가 본 것은 안정성이나 일관성이 없이 혼란스럽고 감질나게 하는 감각적 자극의 호

름뿐이었다. 이 사람은 '본다는 것'을 배워야 했던 것이다. 그는 이와 같은 감각적 자료들을 어느 정도 영구화하여 이름을 붙일 수 있을 정도로 안정된 형태로 변환하는 방법을 배워야 했다. '1'의 아이디어도 사물들이 최소한 우리의 마음이나 감각에 하나의 전체적인 대상으로 제시되는 경우들에 대한 이름 붙이기와 관련되어 있다. 예를 들어 나의 서재를 둘러볼 때 나는 사물들을 하나의 책상, 하나의 컴퓨터, 한 권의 책, 한 권의 노트, 한 자루의 펜 등으로 인식하지 그 부분들로 인식하지 않는다.

세상을 단위화하는 우리의 능력에 어떤 중요한 배경이 있다는 점을 밝히기 위해 인공지능의 분야에서 볼 수 있는 어려운 문제를 살펴보자. 우리가 어떤 '볼 수 있는' 로봇을 만들려 한다고 상상한다. 그러면 이 로봇은 예를 들어 책상의 표면이라는 느낌을 감지할 수 있는 시각 센서를 갖추어야 한다. 그런데 책상 위에 있는 책은 어떻게 감지할 수 있을까? 센서는 책상 전체로부터 시각적 데이터를 받아들인다. 그렇다면 어떻게 이로부터 책이라는 한 대상에서 오는 부분적인 데이터를 식별할 수 있을까? 이를테면 책의 경계는 책과 책이 아닌 것을 나누어줄 것이다. 사실 이는 인공지능 분야에서 참으로 어려운 문제이다.[12] 원천적인 시각 데이터의 영역과 인간이 감지하는 영역의 사이에는 실체를 단위들로 나눈다는 과정, 곧 대상을 분명한 구획들로 나누는 과정이 삽입되어 있다. 이 엄청난 도약과 관련된 과정은 그 본질이 무엇이든 '1'이라는 아이디어의 중요성과도 관련된다.

1과 같은 기본적 아이디어도 수학에서는 여러 가지로 쓰이며, 지금까지 논의한 내용들 가운데서도 여러 군데에서 이런 현상을 찾아볼 수 있다. 유클리드 기하 이래 우리가 마주치는 거의 모든 잘 확립된 수학적 주제들은 알려진 모든 진리들을 하나의 장엄한 공리체계 속에 통합하려고 노력해왔다. 따라서 수학은 그 자체로 엄청나게 복잡한 전체이며, 이런 뜻에서 수학은 '하나'이다. 반면 수학은 어떤 상황에서나 가장 원초적인 요소들을 분리해내려고 끊임없이 노력해왔다. 사실 수학은 수, 함수, 확률, 도형 등등 인간 경험의 가장 기본적인 요소들을 추출해서 모은 결과이다.

원초적인 수학적 대상인 1을 다시 생각해보자. 1은 모든 수계의 생성원이다. 이것을 반복함으로써 양의 정수들이 얻어진다. 양의 정수들을 뒤집으면 음의 정수들이 얻어진다. 정수들의 비율을 취하면 유리수가 나온다. 유리수 수열을 이용하면 실수가 나온다. 실수를 쌍으로 묶으면 복소수가 만들어진다. 이 과정에서 1은 더 이상 간단히 할 수 없는 출발점이다. 그래서 1이 가진 의미의 일부분은 단순성과 관련된다. 이에 대한 느낌은 유클리드 기하의 공리에서 얻을 수 있는데, 예를 들어 거기서 점은 부분을 갖지 않은 것으로 정의된다. 사실 공리계라는 아이디어의 핵심은 어떤 수학적 상황에서 가장 단순한 것들을 추출하는 것이다. 이런 기본적인 요소들을 분리해낸 뒤 다시 체계적으로 엮어 복잡하면서도 조화로운 구조를 만들어내는 과정이 수학이며, 이런 뜻에서 수학은 플로티노스가 말한 '1'을 지향하는 욕망의 구현이라고 풀이할 수 있다.

우리가 감지하고 인식하는 세상은 전체들과 연합들로 이루어져 있으며, 이것들은 내부 구조를 갖고 있다. 우리의 몸은 기관들로 이루어져 있고, 기관은 세포, 세포는 분자, 분자는 원자로 이루어져 있다. 그런데 가장 기본적인 '전체'는 '2'로 표현될 수 있을 것이다. 따라서 잠시 '2'라는 아이디어 및 이것이 '1'과 어떤 관계에 있는지 살펴본다. 만일 책상 위에 두 개의 펜이 가까이 놓여 있으면 우리는 '한 쌍'의 펜이라고 부를 것이다. 여기에는 이 펜들을 하나의 집합이나 단위로 묶는다는 생각이 내포되어 있다. 이로써 '쌍'은 하나의 단위가 된다. 비유적으로는 '둘(쌍)은 하나(단위)이다'라고 말할 수 있다. 그러므로

'둘' 이라는 아이디어는 불명하다. 한편으로 쌍은 두 개의 단위로 이루어졌다는 내부 구조를 가진 반면 다른 한편으로는 통합된 전체로 기능한다.

이 상황은 1을 기하적으로 해석하는 다른 관점에서 볼 수도 있다. 예를 들어 1을 −1과 1 사이의 모든 실수로 이루어진 [−1, 1]이라는 선분의 길이라고 생각하자. 그러면 2는 모든 x를 $-x$와 관련짓는 대칭성을 가진 선분으로 여길 수 있다. 이때 사상으로서 1은 이 구간에서 $i(x)=x$로 관련짓는 것으로 보면 된다. 그러면 2는 $t(x)=-x$라는 사상으로 볼 수 있고, $t(t(x))=x=i(x)$이므로 이 대칭성은 2라는 차수로 나타난다. 다시 말해서 2는 좀더 깊은 구조를 가진 단위다. 사실 우리는 (작은) 양의 정수들을 추가적인 구조를 가진 단위들로 풀이할 수 있다. 바꿔말하면 아이디어로서의 작은 양의 정수들은 1이라는 아이디어의 미묘한 성질이나 측면에 대한 통찰이라는 뜻이다. 어쩌면 이는 심리학자 칼 융(Carl Jung, 1875~1961)과 그의 추종자들이 작은 양의 정수들은 원형(元型, archetype)들, 곧 외부의 자연계와 우리 내부의 정신계를 구성하는 아이디어로 여길 수 있다고 말한 것과 상통할 것도 같다.[13] 융의 생각에 어떤 견해를 갖든 중요한 점은 작은 양의 정수들이 가장 기본적인 아이디어들에 속한다는 사실이다.

사람이 몇 개의 원소를 일일이 세지 않고 하나의 단위로 인식하면서 단일한 대상으로부터 분리해내는 능력을 직산(直算, subitizing)이라고 부른다. 이처럼 직산은 적은 수의 대상들을 모은 집합의 농도를 순간적으로 인식하는 능력이다. 이 능력은 말을 하기 전의 유아들에게서 이미 발견된다.[14] 이 수감(數感, numerosity), 곧 수에 대한 성향은 이를테면 유아(와 많은 동물)들이 선천적으로 갖고 있기에 배울 필요가 없는 듯 보인다. 따라서 (자연)수의 아이디어에 내포된 불명과 이로 인한 융통성은 이와 같은 더욱 기본적인 생물학적 근저에서 유래하는 것 같다.

· · · · ·

다음으로 살펴보고자 하는 기본적 아이디어는 같음(상등, equality)이다. 상등의 아이디어는 수학의 모든 분야에서 여러 가지의 다른 형태 및 기호를 통해 나타난다. 하지만 학생들이 등호를 잘못 쓰고 있는 경우를 목격하는 교사들은 상등의 개념에 뭔가 미묘하고 난해한 점이 있다는 생각에 빠지게 된다. 왜 그럴까? 상등은 서로 같다거나 심지어 동일하다는 뜻이 아니란 말일까? 어떤 두 양이 서로 같다는 사실들은 예외 없이 저울의 비유를 통해 이해할 수 있는 것일까?

수학에서 상등의 아이디어를 이용하는 데에 있어 가장 먼저 주목할 것은 여기에 불명이 존재한다는 점이다. 여기서도 불명은 부정확하다는 뜻이 아니다. 오히려 이는 'A는 B가 아니다' 라는 게 명백할 경우 'A는 B이다' 라고 말하는 비유처럼 '$1+1=2$' 라는 식은 '$1+1$' 이 '2' 와 동일하지 않다면 2가 아니라고 말한다. 그런데 '$1+1$' 은 '$1+1$' 일 뿐이다. 이에 대해 우리는 '$1+1$' 은 추가적인 구조를 가진 2라고 말할 수 있다. 예를 들어 '5' 는 '$3+2$' 이기도 하지만 '$4+1$' 이기도 하기 때문이다. 따라서 '$3+2$' 는 사실 '5' 혼자보다 더 많은 정보를 품고 있다. 이런 생각만으로도 상등의 아이디어는 너무 간명하므로 더 이상 아무것도 말할 게 없다는 통념을 쉽게 물리칠 수 있다.

사실 인간 지성의 가장 기본적인 임무 가운데 하나는 대상들의 분류이다. 그런데 모든 분류는 '같음' 이라는 관념에 의존하며, 이것은 여러 모로 '상등' 과 동의어로 여겨진다. '나무' 라는 명사는 분류이며, 이를 통해 모든 대상은 '나무' 와 '비(非)나무' 로 나뉜다. 우리가 어떤 대상을 나무라고 부르는 행위에는 어떤 기준을 토대로 분류에 대한 결정을 한다는 사실이 암시되어 있다. 곧 이름짓기는 어떤 대상을 어떤 집합에 넣을 것인가 말 것인가를 결정하는 정의가 배경에 도사리고 있음을 암시한다. 모든 나무는 '나무' 라는 집합에 소속되어 있는 한 '나무성(性)' 을 가진다는 점에서 서로 '같다.' 그러므로 이름짓기에는 대상들로부터 어떤 특정한 성질을 추출하고 추상화한 다음 이 기준을 이용하여 그것들 사이의 '같음' 이라는 관계를 확립한다는 뜻이 담겨 있다. 물론 임의의 두 대상은 어떤 면에서는 같고 다른 어떤 면에서는 다를 수 있다. 따라서 '같음' 을 판단하는 기준은 수학에 국한되지 않으며 보다 광범위한 언어의 근본 문제이다. 대상의 분류는 흔히 상식에 근거하는 명백한 작업으로 여겨진다. 하지만 스티븐 핑커(Steven Pinker, 1954~)가[15] 지적했듯 '상식에는 평범한 게 없다.' 분류는 아주 미묘한 작업이며, 이는 우리가 흔히 거의 아무런 힘도 들이지 않고 해내는 분류라도 컴퓨터에 프로그램을 넣어 행하도록 할 경우 얼마나 어려운 일이 될 것인지를 생각해보면 쉽게 이해할 수 있다.

수학에는 '같음' 과 관련되는 아이디어들이 많이 나타난다. 물론 그 극단적인 모습은 '동일함' 이다. 어떤 사람들은 ':=' 라는 기호로 '정의' 를 나타내는데, $x := t + 3$과 같이 한 변수를 다른 변수로 쓰거나 $A := Z$와 같이 어떤 집합을 정의하는 것이 그 예이다. 이런 용법은 컴퓨터 언어를 극히 명료하게 써야 한다는 데에서 잘 드러난다. 하지만 '=' 를 사용하는 대부분의 경우는 그토록 단순하지도 명료하지도 않다. 제1장과 위에서 '2 + 3 = 5' 나 '2 + 3 = 4 + 1' 과 같은 등식에 쓰인 등호와 관련된 복잡성에 대해 이야기할 때 나는 등호가 실행적 의미로 이해된다고 말했다. 대학생들은 계산하는 과정에서 등호의 사용이 수학적으로 적절하든 못하든 너무 자주 쓰는 경향을 보인다. 우리는 앞서 '$x + 2 = 5$' 와 같은 기초적인 대수식도 대상이라기보다 사건임을 보았다. 이 식들은 대상들의 어떤 집합을 상기시키는데, 여기에는 그 해집합에 속하는 수들뿐 아니라 속하지 않는 수들도 포괄된다. 또한 이런 식은 대개 어떤 명확한 수학적 맥락에 대해 정의된다. 하지만 이런 맥락이 없거나 부족하면 식 자체가 이를 상기시킨다. 따라서 어떤 식은 거기에 의미를 부여하는 하나 또는 그 이상의 적절한 맥락을 내포하는 수학적 아이디어라고 말할 수 있다.

등호를 썼지만 실제로는 정의인 경우들도 많은데, $x^2 - 1 = (x+1)(x-1)$이라는 식은 여기의 맥락에 암시된 모든 x에 대해 타당하다. 이런 식들은 기하적 해석을 갖기도 하며 $(x+y)^2 = x^2 + y^2 + 2xy$가 그 한 예인데, 사실 고대 그리스인들은 이를 기하대수(geometric algebra)의 일종으로 여겼다. 삼각법에는, 예를 들어 $\sin^2 x + \cos^2 x = 1$과 같이 여러 가지의 삼각함수들 사이의 관계를 보여주는 유명한 항등식들이 많다. 하지만 항등식은 등식과 사뭇 다른 수학적 아이디어를 나타낸다.

상등은 보통 등식을 통해 이해된다. 하지만 상등에는 수학의 형식적 차원에서 볼 때 기본적인 논리적 의미가 있다. 두 명제는 논리적으로 동등하면 형식적으로 상등이다. 두 명제를 **P**와 **Q**로 쓰면, 논리적 동등성은 **P**가 **Q**의 귀결이며 그 역도 마찬가지임을 뜻한다. 다른 식으로는 '**P**이기만 하면 **Q**이다' 또는 '**P**는 **Q**의 필요충분조건이다' 라고 말하며, 기호로는 '$\mathbf{P} \Leftrightarrow \mathbf{Q}$' 로 쓴다. 나는 이 상황을 동어반복(tautology)으로 부르고자 하는데, 많은 사람들은 이러한 논리적 동등성을 두 명제 **P**와 **Q** 사이에 아무런 차이가 없다는 뜻으로 받아들이지만 이는 전혀 그렇지 않다.

이 점을 설명해주는 몇 가지의 예를 돌이켜보자. 무한집합에 대한 논의에서 우리는 '어떤 집합은 그 부분집합과 같은 농도를 가질 수 있을 때에만 무한집합이 된다' 라고 말했다. 예를 들어 자연수 집합 {1, 2, 3, …}의 농도는 짝수집합 {2, 4, 6, …}의 농도와 같다. 처음에 농도가 같은 부분집합이 존재한다는 사실은 놀라움으로 받아들여졌지만 나중에는 그런 집합이 유한하지 않다는 것과 동등하다는 뜻으로 풀이되었다. 다시 말해서 이 명제는 무한집합에 대한 새로운 사고방식을 제시해주었다. 애초에 어떤 집합이 그 부분집합과 '같다'는 사실은 유클리드의 '전체는 부분보다 크다'는 공리와 충돌하므로 역설적으로 여겨졌다는 사실을 상기하자. 그러므로 이 명제는 무한집합에 대한 새로운 사고방식을 드러내준다. 도대체 이것을 어떻게 단순한 동어반복이라고 말할 수 있단 말인가?

둘째 예는 실수의 영역에서 나온다. 유리수는 정수의 비율로 여기지만 소수로 볼 수도 있다는 사실을 돌이켜보자. 이 후자의 맥락에서 우리는 '어떤 실수는 그 소수 표현이 유한하거나 일정한 부분이 되풀이될 때만 유리수이다'라는 명제를 얻는다. 예를 들어 $0.25 = 1/4$이고 $0.313131\cdots = 31/99$이다. 유리수와 무리수의 소수 표현이 이토록 선명하게 다르다는 점은 아주 놀라운 사실이다. 이 기준은 유리수에 대해 뭔가를 말해줄 뿐 아니라 소수 표현에 반복 부분이 없다는 점을 이용하여 무리수를 쉽게 골라낼 수 있도록 해준다. 이는 이전에는 알려지지 않은 방법으로 무리수에 접근하도록 해준다. 따라서 이 두 가지 표현법은 우리에게 새로운 정보를 준다. 분수를 정수의 비율로 보는 것과 반복 부분을 가진 소수 표현으로 보는 게 동등하다고 말할 수 있는 길은 없다.

예상했으리라 여기지만 나는 논리적 동등성으로서의 동어반복이 불명하다는 관점을 취한다. 그 이유는 동어반복이 하는 일은 두 기준계를 비교하는 것이며 실제로 모두 같은 상황을 가리키고 있음을 보여주는 것이기 때문이다. 물론 동어반복에는 하찮은 것도 있는가 하면 새로운 수학적 통찰을 낳는 중요한 것도 있다. 위에서 제시된 두 명제는 탐구하고 있는 상황의 깊은 구조를 드러내준다는 점에서 모두 중요하다. 그럼에도 불구하고 우리는 동어반복 명제가 단순히 같은 사실을 다른 말로 다시 서술하는 것에 불과하다는 '형식적' 관점과 이 동등성에 실제로는 뭔가 아주 중요한 게 있을 수도 있다고 보는 '불명한' 관점의 차이를 구별해야 한다. 수학에 대해 자주 던져지는 의문 가운데 다음과 같은 게 있다. "수학이 단순히 동어반복이라면 뭔가 새로운 것은 도대체 어떻게 얻을 수 있는가? 왜 수학은 그토록 다양한 방식으로 많은 성공을 거두었을까?" 솔직히 말하자면 이 의문에 대해 형식주의자의 관점에서 제시되는 답은 애매하다. 반면 내 관점에서 말하자면 어떤 동어반복은 불명하다는 사실 바로 그것 때문에 문제가 되는 수학적 상황에 대한 우리의 이해를 넓혀주는 여러 가지의 관점을 포괄하게 되기 때문이라고 풀이할 수 있다.

이런 의미에서 〔내가 알기로 수학자 존 켈리(John Kelley, 1916～1999)의 말로 여겨지는〕 다음과 같은 말로 요약되는 수학의 정상적인 상황을 생각해보자. "근본적인 정리는 정의가 된다."[16] 여기서 우리가 마음에 품은 정리들은 바로 내가 위에서 이야기한 필요충분조건의 관계에 있는 것들이다. 무한집합에 관한 명제에 대해서 보자면 우리는 무한집합은 부분집합과 같은 농도를 가진 집합으로 정의할 수 있다. 다만 이 경우 그렇게 함으로써 무슨 이익이 있는지 확실하지 않다. 그러나 두 가지의 동등한 조건들 가운데 어느 하나가 다른 것보다 일반적인 상황에 더 쉽게 확장해서 적용할 수 있는 경우가 많다. 예를 들어 $y = f(x)$ 라는 형태로 주어지는 일변수함수의 연속성은 서로 동등한 여러 가지의 방법으로 정의할 수 있다. 이 가운데 하나는 이런 함수가 수렴수열을 다루는 것과 관련되며, 이렇게 할 경우 거리가 정의된 거리공간(metric space)에 사뭇 자연스럽게 일반화된다. 또한 다른 하나는 이런 함수가 열린집합(open set)의 일종을 다루는 것과 관련되며, 이는 위상공간(topological space)이라고 부르는 것으로 일반화된다. 따라서 이와 같은 독창적인 정의들은 연속에 대한 새로운 사고방식을 제시하며, 이에 대한 우리의 이해에 융통성을 부여한다.

· · · · ·

수학에서 나타나는 다른 형태의 '상등'으로는 '동등(equivalence)'의 관념을 들 수 있다. 동등이란 무엇일까? 먼저 분수를 보자. 두 분수는 같은 수를 나타내면 서로 동등하며, 예를 들어 1/2, 2/4, 3/6, …은 모두 동등하다. 동등한 분수들은 같은 값을 가지며, 따라서 우리가 분수를 가리킬 때는 그것들의 공통의 값 또는 3/6과 같이 어떤 특정한 것을 가리킬 수 있고, 불명은 여기에 있다.

다른 예는 유클리드 기하에서 나오며, 어떤 두 삼각형이 서로 정확히 겹치면 동등하다[이에 대한 정식 용어는 '합동(congruent)'이다]. 이 밖에 시계산술(clock arithmetic)이라고도 부르는 모듈산술(modular arithmetic)에서도 동등의 예가 발견된다. 예를 들어 시계에서는 12만큼 차이가 나는 수는 서로 같은 위치에 있으므로 동등한데, 구체적인 예로는 1과 13과 25 등을 들 수 있다.

이와 같은 동등의 관념들은 상등의 한 모습이다. 1/2은 4/8와 같다. 각 변의 길이가 3, 4, 5인 직각삼각형들은 어디에 놓여 있든 모두 서로 같다. 시계의 시침은 12시간이 지나면 이전과 정확히 같은 위치로 온다. 동등의 이런 예들은 집합 X에 대한 동등관계(equivalence relation) $\mathbf{R}$이라는 일반적 정의로 추상화할 수 있다. 이것은 집합의 원소들 사이의 관계이며, x와 y가 주어진 관계 $\mathbf{R}$로 맺어져 있다는 것을 $x\mathbf{R}y$로 나타낸다. 구체적으로 이 관계는 다음과 같은 세 가지의 매우 자연스런 규칙을 따른다. (i) $x\mathbf{R}x$: 모든 원소는 자신과 $\mathbf{R}$의 관계에 있다.[17] (ii) $x\mathbf{R}y$는 $y\mathbf{R}x$이다: 이 관계는 대칭이다(symmetric). (iii) $x\mathbf{R}y$이고 $y\mathbf{R}z$이면 $x\mathbf{R}z$이다: 이 관계는 전이한다(transitive). 이런 관계는 이 집합을 서로 소(素)인 부분집합들로 나누며, 각 부분집합에 있는 원소들은 서로 위의 관계를 가진다. 예를 들어 이 집합이 실수의 집합이고 관계는 "정수만큼 차이가 난다"라는 것이라고 하자. 이 관계는 어떤 실수 x, y와 정수 n에 대해 $x - y = n$이라고 쓸 수 있으며, 구체적인 예로 0.5는 −0.5, ±1.5, ±2.5, …와 이 관계를 가진다.[18] 그러면 이 관계 **R**은 실수의 집합을 어떤 실수 x에 대해 일반적으로 $\{x, x\pm1, x\pm2, \cdots\}$로 표현되는 집합들로 나눈다.

매우 기본적인 한 가지 수학적 연산은 어떤 관계로 나누기에 의해 얻어지는 몫공간(quotient space)의 구성이다. 이는 무슨 뜻인가? 새롭게 만들어진 공간은 $X/\mathbf{R}$로 표시되며 그 원소들은 동등집합류(equivalence class)를 이룬다. 여기서 주목할 것은 불명이 의도적으로 도입되었다는 사실이다. 곧 관계 또는 X에 있는 동등한 대상들의 전체 집합류는 이제 $X/\mathbf{R}$의 점 또는 대상으로 여겨진다. x라는 원소를 가진 집합류를 $[x]$로 표시하자. 위의 예에서 각 집합류는 0과 1 사이에서 고유의 대표값을 가질 것이며, 따라서 우리는 이 몫공간을 정수 차이만큼 떨어진 0과 1이 특정된 구간 [0, 1]로 볼 수 있다. 위상수학적으로 이는 원과 같으며, 이로써 우리는 원에 대해 불명한 새로운 해석을 얻게 된다. 첫째로 이 원은 위의 관계 $X/\mathbf{R}$로 나누어진 실수들로 이루어진 것이며, 둘째로 이 원은 이차원 평면에 중심을 둔 것으로, 식으로는 $(\cos 2\pi x, \sin 2\pi x)$, 기호로는 S^1이라는 단위원으로 나타낼 수 있고, $2\pi x$는 이 원의 한 점과 원점을 잇는 직선이 x축과 만드는 각이다. 두 표현 사이의 연결고리는 $2\pi x$라는 각으로 주어지는데, 더 구체적으로 말하면 몫공간 표현의 원소 $[x]$는 $2\pi x$의 각을 가진 점에 대응한다. 이때 실수에서 몫공간 $X/\mathbf{R}$로 가는 자연적 사상이 있고, 이는 임의의 실수 x에 대해 $p(x) = [x]$로 주어지며, 여기의 p는 투영을 뜻하는 projection에서 따왔다. 기하적으로 사상 $p(x)$는 원둘레를 계속 감아 올라가는 나선에 해당한다(그림 5.2 참조). 말로 표현하자면, 이 실수

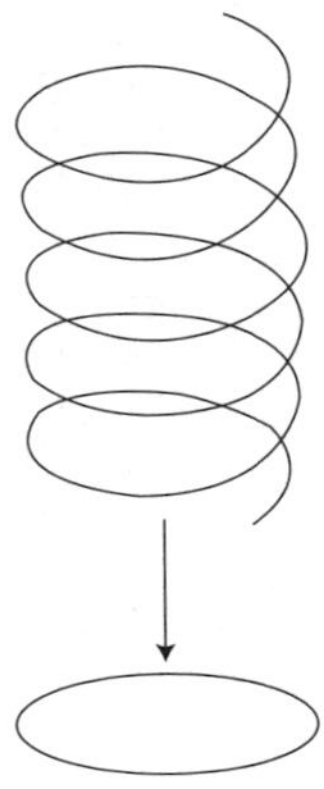

그림 5.2 원을 덮는 실수선

선(實數線)이 원을 덮는다거나, 이 실수선은 원의 덮개공간(covering space)이라고 말할 수 있다.

실수선이 원에 대한 공간을 덮는다는 사실에는 선과 원 사이의 깊은 기하적 및 해석적 관계가 암시되어 있다. 예를 들어 그림 5.3에 보인 원에서 원으로의 연속함수와 선 위의 함수 사이에는 어떤 관계가 있다. 예를 들어 $f(\cos\theta, \sin\theta) = (\cos 2\theta, \sin 2\theta)$와 같이 원을 두 번 감는 원에서 원으로의 함수를 '들어 올리면' 선에서 선으로의 사상 $F(x)$가 되는데, 이 경우 $F(x) = 2x$이다. 일반적으로 우리는 이를 이용하여 주어진 연속사상이 원을 몇 번 감는지 계산할 수 있다(여기서는 두 번). 회전과 원의 사상의 지표는 $F(1) - F(0)$으로 주어지고 이 값은 정수가 되어야 하는데(여기 예의 지표는 $F(1) - F(0) = 2$이다), 이는 일변수복소함수의 이론에서 중요한 개념이다.

반면 실수에 대해 정의된 어떤 함수 $F(x)$는 동등집합류를 보존할 경우, 다시 말해서 이 함수의 값이 우리가 취하는 집합류의 값에 무관할 경우에는 원에 대한 함수를 낳을 수 있다. 그러므로 $F(x) = 2x$는 몫공간에 대한 적절한 함수를 내놓는데, 이는 어떤 정수 n에 대해 $y =$

$$\begin{array}{ccc} \mathbf{R} & \xrightarrow{F} & \mathbf{R} \\ \downarrow P & & \downarrow P \\ S^1 & \xrightarrow[f]{} & S^1 \end{array} \qquad F(p(x))=P(f(x))$$

그림 5.3

$x+n$이라고 하면 $F(y)=2y=2x+2n=F(x)+2n$이기 때문이다.

하지만 $F(x)=x^2$은 원에 대한 함수를 내놓을 수 없다. 예를 들어 4/3와 1/3의 차이는 정수지만 $F(4/3)=16/9$이고 $F(1/3)=1/9$이어서 그 차이가 정수가 되지 않기 때문이다.

이런 이야기의 요점은 무엇일까? 무엇보다 우리는 여기서 동등성이라고 부르는 형식화된 상등의 관념을 얻는다. 으레 그렇듯 이런 관념은 우주(여기서는 집합)를 여러 대상들로 나누며, 이는 곧 분류이자 이름짓기이다. 그러면 수학은 새로운 논의의 우주를 여는데, 그곳의 단위체는 애초의 원소들이 아니라 분류이다. 흔히 새 우주는 이전 우주의 구조를 물려받는다. 여기서 벌어지고 있는 일의 핵심은 과정(동등성)이 대상(동등집합류)이 되는 데에서 보듯 수학적 대상들을 다양한 방식으로 표현하는 것이다.

동형(同型, isomorphism)은 다양한 상등을 나타내는 것으로, 동등의 관념을 군(群, group), 환(環, ring), 위상공간(topological space) 등 수학 전체의 대상들에 적용해서 얻어낸 것이다. 동형은 어떤 수학적 대상들에 대해서나 근본적이고, 어떤 의미로는 그것들을 정의한다. 수학적 대상들의 분류들에는 각각 적절한 동형의 관념이 결부되며, 이는 어떤 두 대상이 어떤 특별한 관점에서 동등하다고 말하는 것을 형식화한 것이다. 예를 들어 어떤 두 집합이 같은 농도를 가진다면 칸토어의 이론적 관점에서 볼 때 서로 동형이다. 만일 추상적인 거리의 개념이 정의된 거리공간에 대해 연구한다면 거리가 보존되는 사상의 동형은 등장(等長, isometry)이라고 부른다. 한편 연구 대상이 위상수학이라면 이에 상응하는 동형은 위상동형(사상)(homeomorphism)이라고 부른다. 사실 일반적인 동형의 관념은 서로 다른 두 대상들 사이의 관계에 대해서만 적용되는 것은 아니다. 제4장에서 보았듯, 수학적 대상은 그 자신 또는 그 자신의 일부에 대해서도 복잡한 방식으로 동형일 수 있다. 무한집합이 그 진부분집합과 같은 농도를 갖는 것이나 프랙털이 자신의 일부와 자기닮음 현상을 보이는 것 등이 그 예이다.

두 수학적 대상이 같다(동형이다)는 말의 의미를 특정한 맥락에서 규정한 뒤에 떠오르는 문제는 실제로 어떤 두 대상이 동형인지 아닌지를 결정하는 것이다. 이는 곧 분류의 문제이며, 어떤 의미로는 수학의 모든 분야에서 궁극적으로 중요한 문제이다. 예를 들어 유한군론(有限群論, finite group theory)의 위대한 성공들 가운데 하나는 가능한 모든 단순군의 분류에 관한 것이다. 또한 위상수학의 핵심 문제는 "두 위상공간이 언제 위상동형인가?"일 텐데,[19] 이는 곧 모든 위상공간을 위상동형에 따라 분류하는 문제이다.

동형에 의한 대상들의 분류가 수학적 이론들의 궁극적 목표임에 비하여 우리가 실제적으로 맞이하는 문제는 이보다는 낮은 차원의 것으로 대개 어떤 두 대상이 동형이 아니라는 점을 밝히는 것과 관련된다. 이런 판단은 불변량(invariant)을 통해 이루어지는데, 이는 동형집합류의 모든 원소에 대해 언제나 같은 수 또는 수학적 대상을 가리킨다. 예를 들어 유클리드 기하에서 서로 합동인 두 삼각형은 같은 넓이를 가지며, 따라서 넓이는 합동의 불변량이다.

위상수학의 연구는 위상동형의 관계와 관련된 불변량들을 창출하며 나아간다고 말할 수 있다. 그 가장 기본적인 것으로는 자연스런 여러 부분들로 나뉜 공간에서 서로 연결된 부분들의 개수를 들 수 있다. 예를 들어 한 원은 두 원과 위상동형이 아니며, 로마숫자 I은 III과 위상동형이 아니다. 하지만 이런 불변량은 좀더 미묘한 방식으로 쓰일 수 있다. 예를 들어 0과 1 사이의 실수로 이루어진 [0, 1]이라는 선분으로서의 집합을 생각해보자. 여기에서 0과 1 이외의 어떤 수를 집어내면 이 구간은 두 개의 부분구간으로 나뉜다. 이것을 원과 비교해보자. 원에서는 한 점을 집어내도 전체적으로 여전히 한 조각이다. 따라서 원은 구간과 위상동형이 아니다. 마찬가지로 글자 X는 글자 Y와 위상동형이 아니며, 글자 8과 원도 위상동형이 아니다.

위상공간과 같은 수학적 주제와 연관된 불변량들은 그 자체로 또 다른 수학적 대상이 될 수 있다. 군, 환, 체(體, field)와 같은 대수적 구조들은 각자 고유의 동형 관념을 갖고 있으며, 따라서 이러한 총체적 대수구조와 연관된 불변량들의 집합류는 주어진 위상공간의 불변량으로 여길 수 있다. 이것은 바로 대수위상수학(代數位相數學, algebraic topology) 분야의 배경 아이디어인데, 여기서는 대수구조가 어떤 공간이 가진 구멍의 수와 같은 위상수학적 특성들의 판별 기준으로 활용된다.

기하학과 물리학은 여러 가지 변환에서의 불변량을 찾는 데에 사뭇 골몰해왔다. 변환은 어떤 요소가 공간에서 움직이는 작용을 나타내는 수학적 함수이다. 물론 불변량과 변환 사이에는 쌍대관계가 있다. 어떤 불변량은 이를 보존하는 변환들의 집합을 결정한다. 예를 들어 넓이는 평면의 이동과 회전에서 불변이다. 반면 한 무리의 변환은 이와 관련된 불변량들의 집합을 결정한다. 예를 들어 평면의 이동과 회전은 길이, 넓이, 각도 등의 양들을 보존한다. 따라서 불변량들의 각 집합은 대상들의 분류를 결정한다. 곧 어떤 두 대상은 불변량들의 값이 같으면 서로 같다.

상등, 항등, 동어반복, 동등, 동형 등으로 다양하게 나타나는 '같음'의 관념은 수학적 사고에서 절대적으로 중요하다. 여기서 주목할 것은 이를 이용하면 단순히 기존의 자료들을 잘 분류할 수 있다는 데에서 더 나아가 이런 분류 자체가 새로운 수학을 창출한다는 점이다. 이 모든 이야기는 수학적 비유의 근본적인 불명에 근거를 두고 있다. "*A*는 *B*이다"라는 말은 "*A*는 한편으로는 *B*와 같지만 다른 한편으로는 *B*와 다르다"는 뜻을 나타낸다.

유클리드식 아이디어

이제 다시 유클리드의 ≪원론≫으로 돌아와 그의 가장 유명한 결론들을 그 아이디어가 생겨난 배경을 중심으로 살펴본다. 증명은 단순한 논리적 알고리듬이 아니다. 유클리드의 각 명제들은 그것만으로는 직관적으로 예상할 수 없는 아이디어들을 품고 있다. 이런 아이디어는 이해하거나 아니면 못하거나 식의 불연속적인 방식으로 나타나는데, 어떤 확신의 느낌과 함께 갑자기 찾아오는 통찰의 순간에 우리는 그 결과가 참이고 왜 참인지를 깨닫게 된다. 사실 아이디어는 이해에 대한 수학자의 필요성, 곧 왜 현상은 꼭 그렇게 되어야 하는지를 이해하려는 필요의 결과로 얻어진다. 유클리드 기하의 몇몇 유명한 결론들의 배경에 자리잡은 아이디어는 흔히 기하적 직관과 연결되므로 그 요체를 분리해내기가 특히 쉬우며, 이제부터는 그중 몇 가지를 검토한다.

이런 예들이 나의 주제인 불명과 무슨 관계가 있을까? 유클리드의 전체 체계는 분명히 뚜렷한 두 가지의 기준계, 곧 기하와 증명 위에 세워져 있다. 본래 이 두 영역은 서로 완전히 분리된 것으로, 기하는 자연계나 기하적 세계의 특성과 관련된 반면, 증명은 인간 사고의 논리적 산물이었다. 이 두 가지는 유클리드의 기적에 의해 가장 유익한 방식으로 결합되었고, 이후의 수학에서도 대부분 그랬으며, 이에 따라 인간의 사고 과정은 경험적 세계에 대해 뭔가 지성적인 것을 말할 수 있게 되었다. 하지만 우리는 이게 얼마나 놀라운 일인지를 대개 잊고 지낸다. 기하적 사실들은 옳지 않으면 틀리다는 식의 이분법적 인상을 전해주는데, 삼각형의 내각의 합은 180도이거나 아니거나 하는 게 그 예이다. 증명이 하는 일은 이러한 기하적 사실들을 더 넓은 맥락에 담아 잠정적으로 더욱 기본적이라고 여기는 다른 기하적 및 논리적 사실들과 관련시키는 것이다. 두 세계가 통합되지 말라는 법은 없으며 이들 사이의 내면적 충돌은 유클리드 기하라고 부르는 경험과 지성의 조화 속에서 해소된다. 하지만 이 두 영역은 그저 수동적으로만 결합하지는 않는다. 기하적 결과들을 증명하고 이것들을 연역적 구조 속에 통합시키는 시도는 새로운 결론들을 낳는다. 이런 공리계를 창출함으로써 우리는 기하를 좀더 잘 이해하게 됨은 물론 이 과정에서 우리가 기하라고 부르는 체계가 구체적 존재로 떠오른다.

삼각형의 내각의 합은 180도이다

아이디어 : 선분 AB에 평행한 선분 CE를 긋는다.

그림 5.4에 의하면 평행선의 성질 때문에 $\angle A = \angle DCE$이고 $\angle B = \angle ECB$이다. 따라서 삼각형의 세 내각의 합은 꼭짓점 C에 그려진 세 각의 합과 같고, 이 각은 직선이 만드는 각과 같으므로, 결국 삼각형의 세 내각의 합은 180도이다. 여기서 우리가 하는 일은 불명을 창조하는 것임에 주목하자. 이 불명은 삼각형의 내각의 합에 대한 두 번째의 기준계, 곧 꼭짓점 C에서 만들어지는 각들의 합이다. 이 결과에 담긴 아이디어는 분명하지만 이 아이디어는 이를 드러내기 위한 평행선을 그

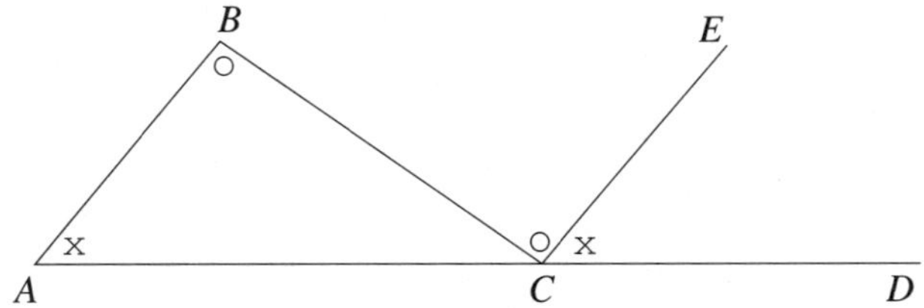

그림 5.4

음으로써 비로소 나타난다. 이것은 바로 영감이다. 적절한 작도를 하고 나면 세부사항들을 채우는 것만 남는다. 물론 이 세부사항들도 힘겹게 구성한 유클리드의 연역계에 의존한다. 왜 우리는 자와 컴퍼스만으로 평행선을 그을 수 있을까? 왜 $\angle A = \angle DCE$일까? 이런 사실들은 이전의 명제들에서 이미 참으로 증명되었다.

피타고라스 정리

피타고라스 정리도 독창적인 작도에 의존하는 또 다른 유명한 예이다. 이 정리는 삼각형 ABC에서 $\angle B$가 직각이면 $AB^2 + BC^2 = AC^2$이라고 말한다.

아이디어 : AE에 평행한 선분 BFG를 긋는다.

그림 5.5를 보면 삼각형 ADC와 ABE는 서로 합동이며 따라서 넓이도 같다. 그런데 ADC의 넓이는 AB를 한 변으로 하는 정사각형의 절반이며 ABE의 넓이는 직사각형 $AFGE$의 절반이다. 여기의 작도는 AC를 한 변으로 하는 정사각형을 두 개의 직사각형으로 나누는데, 그중 하나의 넓이는 AB를 한 변으로 하는 정사각형의 넓이와 같고, 다른 하나의 넓이는 BC를 한 변으로 하는 정사각형의 넓이와 같다. 그러므로

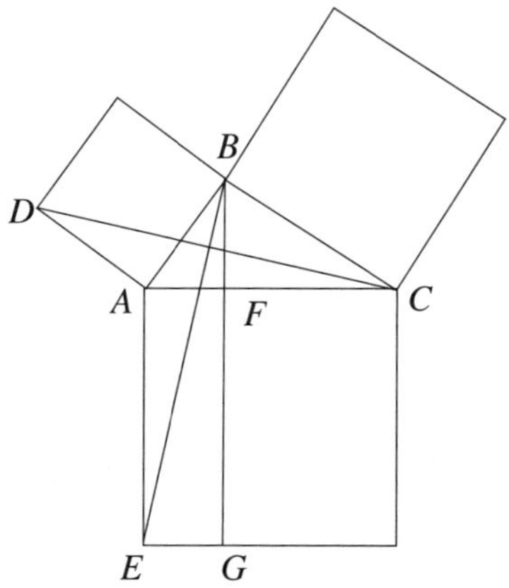

그림 5.5 피타고라스 정리의 증명

이 증명 역시 AC를 한 변으로 하는 정사각형을 두 가지 방법으로 보는 관점에 의존하는데, 그중 둘째는 이 정사각형을 다른 두 정사각형의 넓이와 같은 두 직사각형의 합으로 보는 것이며, 이것이 바로 여기의 불명이다.

피타고라스 정리는 이 밖에도 수많은 방법들로 증명되었는데, 나는 '왜 이게 참인가?' 라는 의문에 많은 답들이 있을 수 있다는 점을 보이기 위해 그중 하나를 살펴보고자 한다. 세 변의 길이가 a, b, c인 직각삼각형이 있을 때 우리는 $a^2 + b^2 = c^2$임을 보이려고 한다. 그림 5.6에 보인 것처럼 $a+b$를 한 변으로 하는 두 개의 정사각형을 그린다. 그러면 왼쪽 정사각형의 넓이는 $a^2 + b^2 + 2ab$이고 오른쪽 정사각형의 넓이는 $c^2 + 2ab$이며, 이로부터 결론은 바로 도출된다. 여기의 아이디어는 하나의 정사각형을 두 가지의 방법으로 분할할 수 있다는 데에 있으며, 이는 곧 한 변의 길이가 $a+b$인 정사각형을 불명의 관점에서 보는 것이다. 둘째 증명은 기하보다는 대수적 성격이 강하며, 이런 뜻에서 유클리드 기하의 정신에 썩 잘 부합하지는 않는다.

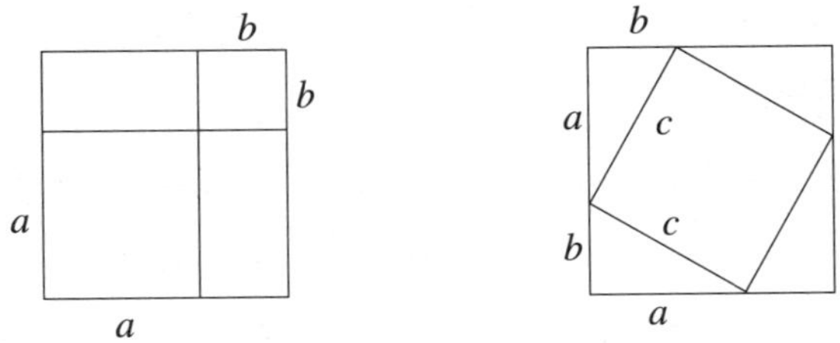

$(a+b)^2 = a^2 + b^2 + 2ab$ $\qquad$ $(a+b)^2 = c^2 + 4(1/2ab) = c^2 + 2ab$

그림 5.6 피타고라스 정리의 또 다른 증명

다섯 가지의 플라톤 입체

유클리드는 그때까지 알려진 모든 기하적 결과를 집성한 그의 대요를 기하의 가장 아름답고도 경이로운 한 결론으로 마무리 지었는데, 이에 따르면 볼록 정다면체는 오직 다섯 가지만 존재한다. 정다면체는 각 표면이 정다각형(정삼각형, 정사각형, 정오각형, 정육각형 등)으로 이루어진 삼차원 입체를 가리킨다. 정다면체의 표면에 있는 어떤 두 점을 연결하는 선분이 언제나 정다면체의 내부에 존재하면 볼록 정다면체라고 부른다. 예를 들어 정사면체는 표면이 정삼각형으로 된 정다면체이고, 정육면체는 표면이 정사면체로 된 정다면체이다(그림 5.7 참조).

정다각형의 종류는 무한히 많으므로 정다면체의 종류도 그럴 것이

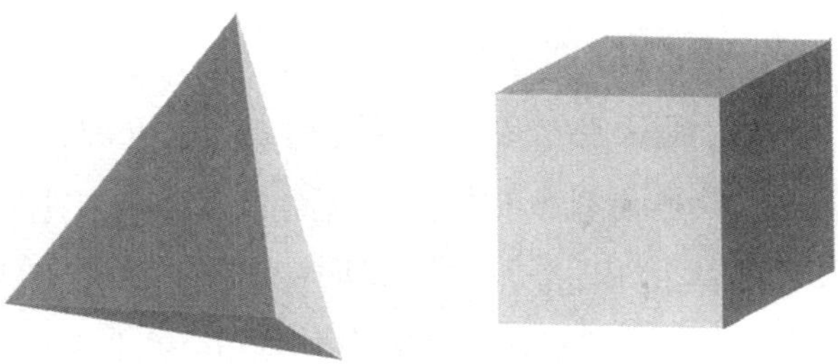

그림 5.7 정사면체와 정육면체

라고 예상하기 쉽다. 하지만 그렇지 않으며 오직 다섯 가지밖에 없다! 이에 대한 설명은 다음과 같다.

어떤 정다면체가 있다고 하자. 그중 한 꼭짓점에 주목해보면 이 점은 정다면체를 이루는 정다각형들로 둘러싸여 있다. 그런데 이 점을 중심으로 정다면체의 일부를 평면에 펼치면 정다면체에 대한 새로운 이차원적 기준계가 창조된다. 이 과정에서 이 꼭짓점을 둘러싼 면들의 각도가 늘어나야 하는데, 그 최대값은 360도이다. 따라서 우리는 아래의 아이디어를 갖게 된다.

아이디어: 정다면체의 꼭짓점을 둘러싼 평면각들의 합은 360도보다 작다.

여기의 증명은 가능한 모든 경우를 열거하는 것으로 이루어진다.

Ⅰ. 표면이 정삼각형인 경우: 한 각의 크기가 60도이므로 각 꼭짓점에는 3, 4, 5개의 정삼각형이 모일 수 있다. 6개 이상일 경우 360도 이상이 되므로 한 점에 모일 수 없다.

Ⅰ(a). 각 꼭짓점에 3개의 정삼각형이 모일 경우: 정사면체

Ⅰ(b). 각 꼭짓점에 4개의 정삼각형이 모일 경우: 정팔면체(그림 5.8 참조)

Ⅰ(c). 각 꼭짓점에 5개의 정삼각형이 모일 경우: 정이십면체(그림 5.9 참조)

Ⅱ. 표면이 정사각형인 경우: 4개 이상이 모이면 360도 이상이 되므로 유일한 가능성은 3개인 경우뿐이며, 정육면체가 된다.

Ⅲ. 표면이 정오각형인 경우: 한 각의 크기가 108도이므로 이때도 유일한 가능성은 3개인 경우뿐이며, 정십이면체가 된다(그림 5.10 참조)

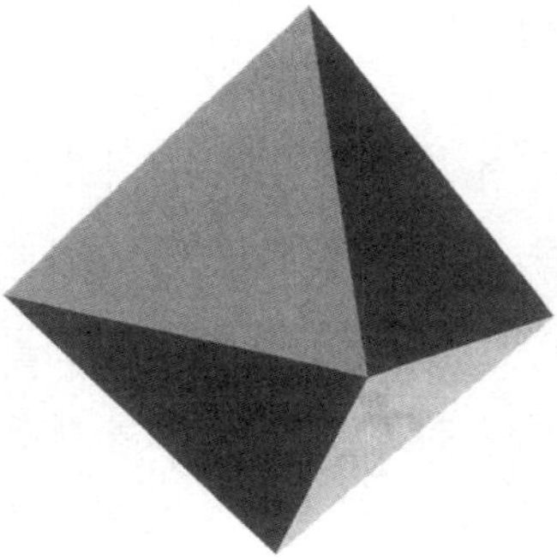

그림 5.8 정팔면체

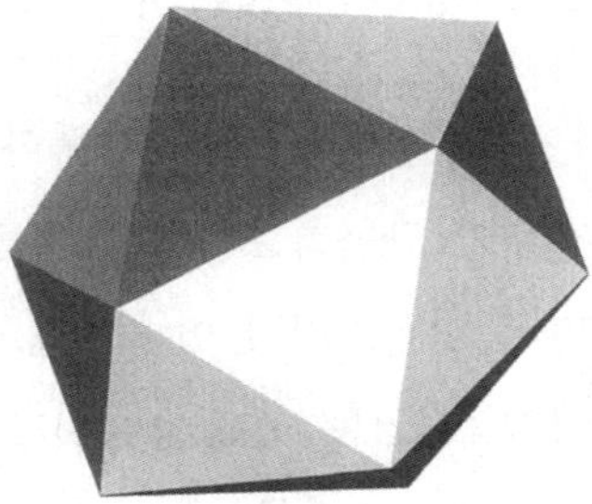

그림 5.9 정이십면체

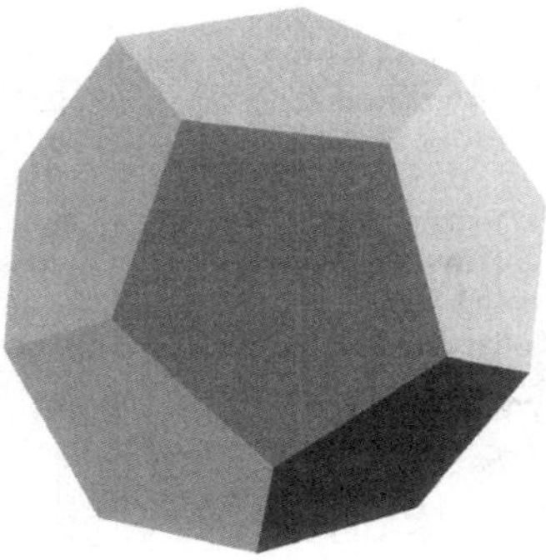

그림 5.10 정십이면체

이상을 종합해보면 있을 수 있는 정다면체는 다섯 가지뿐이다. 그런데 한 가지 의문이 남는다. 우리는 위의 각 경우에 대응하는 예가 하나씩만 있다는 사실을 어떻게 알아낼까? 예를 들어 3개의 정사각형이 한 꼭짓점에 만나서 만드는 정다면체가 정육면체밖에 없다는 사실을 우리는 어떻게 알아내는 것일까? 이는 정다면체에 관한 오일러의 특성(Euler characteristic) 때문인데, 이에 대해 나는 다음 장에서 라카토스의 업적과 관련시켜 살펴볼 예정이다.

소수의 무한성에 대한 유클리드의 증명

소수의 개수가 무한하다는 사실에 대한 증명은 참으로 경이롭다. 소수를 다루어보지 않은 사람에게 가장 큰 소수가 존재하는지 물어본다면 대답하기가 아주 어려울 것이다. 수의 크기가 커질수록 이것을 나눌 수 있는 수도 많아지므로 어느 한계보다 더 큰 수들은 모두 어떤 작은 수들로 나누어지리라고 예상하는 것도 무리는 아니다. 그렇다면 소수의 개수는 유한할 것이다. 하지만 유클리드는 이런 예상이 잘못임을 밝혔다.

아이디어: 소수의 개수가 유한이라 가정하고 이것들을 모두 곱한 것에 1을 더한 새로운 수 N을 만든다. 그러면 N은 (i) 소수이거나 (ii) 기존의 소수가 아닌 다른 소수로 나누어지는 수여야 한다.

우리가 가진 1보다 큰 모든 소수들을 $p_1, p_2, \cdots, p_k$라고 하자. 그러면 $N = p_1 \times p_2 \times \cdots \times p_k + 1$이다. N은 위의 모든 소수들보다 크므로 만일 N이 소수라면 우리는 새로운 소수를 발견한 셈이다. 만일 N이 소수가 아니라면 이보다 작은 어떤 소수로 나누어질 것이므로 이것을 p라고 하자. 만일 p가 본래의 소수들 가운데 하나인 p_i와 같다면 N과 $N-1$은 모두 이것으로 나누어지는데, $N - 1 = p_1 \times p_2 \times \cdots \times p_k$이다. 그런데 연속되는 두 정수를 모두 나눌 수 있는 양의 정수는 1뿐이다. 따라서 p와 p_i는 모두 1이어야 한다. 하지만 애초에 우리는 모든 소수들이 1보다 크다고 가정했다. 그러므로 p는 $p_1, p_2, \cdots, p_k$ 가운데 하나일 수 없으며, 결국 우리는 새로운 소수를 만들어낸 셈이다. 이 과정을 되풀이하면 우리는 계속 새로운 소수들을 만들어낼 수 있다. 예를 들어 p=2로부터 시작하면 3을 얻고, 2와 3으로 시작하면 7을 얻고, 2, 3, 7로 시작하면 43을 얻고, 2, 3, 7, 43으로 시작하면 1807을 얻는다. 그런데 1807은 소수가 아니고 새로운 소수인 13으로 나누어지며, 이상의 과정은 계속 되풀이할 수 있다. 그러므로 우리는 소수의 개수가 무한이라고 결론짓게 된다.[20]

지수셈의 불명한 아이디어

불명은 다양한 맥락이 존재한다는 사실과 관련된다. 하지만 지금껏 보았다시피 이런 맥락들은 역사적으로 또는 학습의 과정에서 동시에 나타나지 않을 수 있다. 어떤 아이디어는 때로 두 번째의 좀더 일반적인 맥락이 나타나는 것과 관련되는데, 복소수를 일깨운 듯한 $x^2 + 1 = 0$에서 이미 이런 경우를 보았다. 이제 여기서 다룰 경이로운 한 역사적 사실에서 우리는 다양한 종류의 불명이 그 핵심에서 운행되고 있음을 보게 될 것이다.

가장 기본적인 지수함수인 e^x는 어떤 수를 지수로 올리는 형태로 되어 있으며, 이는 $2^4 = 16$과 같은 초보적 지수 관계를 확장한 것이다. 여기의 e는 2.7182818…이라는 초월수인데, e^x는 다음과 같은 멱급수로도 쓸 수 있다.

$$e^x = \sum_{n=0}^{\infty} \frac{x^n}{n!} = 1 + x + \frac{x^2}{2!} + \frac{x^3}{3!} + \cdots$$

위의 식은 매우 유용하다. 이것을 항별로 미분해보면 우리는 그 미분이 본래의 식과 같다는 것을 확인할 수 있다. $e^x = 0$이므로 e^x는 가능한 가장 단순한 미분방정식, 곧 $dy/dx = y$, $y(0) = 1$의 유일한 함수 해이다. 그러므로 우리는 e^x를 멱함수(power function)와 멱급수(power series)의 두 맥락에서 볼 수 있다. 첫째 맥락은 이게 예를 들어 2^x에 비해 e라는 수나 e^x라는 함수가 어떤 점에서 더 특별한지 잘 설명해주지 못한다. 반면 둘째 맥락은 e^x가 어떤 의미에서 아주 특별하다는 점을 보여주지만 이 지수함수가 왜 거듭제곱과 관련되는지는 잘 설명해주지 못한다. 지수함수에 대한 두 관점은 같은 상황을 보는 서로 다른 관점이며, 둘 다 나름대로 가치가 있다.

멱급수 표현은 실제로 매우 강력한데, 그 위력은 멱급수 표현을 $\sin x$와 $\cos x$라는 삼각함수와 비교해보면 잘 알 수 있다. 언뜻 보기에 지수함수와 삼각함수 사이에는 아무런 관계도 없는 것 같다. $\sin x$와 $\cos x$는 모두 주기함수이고 함수값은 -1과 $+1$ 사이에 있는 반면, e^x는 주기함수도 아니고 함수값에 한계도 없다. 또한 지수함수에는 신비로운 초월수 e가 관련되지만 사인과 코사인 함수의 정의에서는 이를 찾아볼 수 없다.

하지만 이 함수들 사이에는 깊은 관계가 숨어 있다. 이 관계는 너무나 긴밀하므로 사실 이 지수함수와 두 삼각함수는 서로 같은 함수라고 말해도 좋을 정도이다. 이쯤에서 우리는 그동안 불명의 상황을 보는 방식에 대한 우리의 지식을 적용해서 다음과 같이 말할 수 있다. 지수함수는 지수함수이고 삼각함수는 삼각함수여서 서로 다르지만 깊은 수준에서는 사실 서로 같다.

이 깊은 관계에 대한 실마리는 이 함수들을 모두 멱급수의 형태로 써보는 것이다.

$$\sin(x) = x - \frac{x^3}{3!} + \frac{x^5}{5!} + \cdots,$$

$$\cos(x) = 1 - \frac{x^2}{2!} + \frac{x^4}{4!} + \cdots,$$

$$\exp(x) = 1 + x + \frac{x^2}{2!} + \frac{x^3}{3!} + \cdots$$

위에서 보듯 $\sin x$는 x의 홀수 멱급수, $\cos x$는 짝수 멱급수로 되어 있는데, 지수함수는 이 모두로 되어 있으며, 이것이 바로 이들 사이의 깊은 관계에 대한 실마리다. 하지만 이 관계는 아직 분명하지 않은데, 삼각함수들의 멱급수에는 양과 음의 항들이 교대로 나타나지만 지수함수의 멱급수에는 양의 항들만 나타나기 때문이다. 사실 이 관계는 x를 실수로 한정한다면 드러나지 않는다. 하지만 $i^2 = -1$로 정의되는 허수를 도입하여 복소수까지 포함하면 이 지수함수는 다음과 같이 표현된다.

$$\begin{aligned}\exp(ix) &= x + ix - \frac{x^2}{2!} - \frac{ix^3}{3!} + \frac{x^4}{4!} + \frac{ix^5}{5!} - \frac{x^6}{6!} - \frac{ix^7}{7!} + \cdots \\ &= \left(1 - \frac{x^2}{2!} + \frac{x^4}{4!} - \frac{x^6}{6!} + \cdots\right) + i\left(x - \frac{x^3}{3!} + \frac{x^5}{5!} - \frac{x^7}{7!} + \cdots\right)\end{aligned}$$

다시 말해서 $e^{ix} = \cos x + i \sin x$이며, 이것이 바로 유명한 오일러 등식(Euler equation)이다.

이에 따라 (허수 값에 대한) 지수함수는 사인과 코사인 함수에 의해 완전히 결정된다. 역으로 허수 지수함수의 값을 알면 $\sin x$와 $\cos x$의 값을 다음과 같이 구할 수 있다.

$$\cos(x) = \frac{1}{2}\left(e^{ix} + e^{-ix}\right),$$
$$\sin(x) = \frac{1}{2}\left(e^{ix} - e^{-ix}\right)$$

여기의 상황에는 지금까지 이야기했던 불명의 여러 요소들이 담겨져 있으며, 이에 따라 한 수준에서는 상충하는 듯하지만 더 높은 수준에서는 하나로 통합된다. 나아가 새로운 관점은 이전의 틀에서는 생각할 수도 없는 것들을 보여주기도 한다. 예를 들어 오일러 등식에 $x = \pi$를 대입하면 다음 결과가 나온다.

$$e^{i\pi} = \cos\pi + i\sin\pi = -1$$

그런데 이는 곧 다음과 같다.

$$e^{i\pi} + 1 = 0$$

이 식은 수학에서 가장 중요한 다섯 가지의 상수들 사이에 담긴 전혀 예상하지 못한 관계를 보여준다.

이런 내용을 토대로 우리는 $e^z = e^{x+iy} = e^x\,e^{iy} = e^x\,(\cos y + i\sin y)$와 같은 복소지수함수를 생각해볼 수 있다. 모든 복소수 $z= x+iy$는 x축과 y축으로 이루어진 평면 위의 점으로 여길 수 있다. 그런데 이러한 평면 위의 점을 자연스럽게도 두 가지 방식으로 표기할 수 있다는 것은 흥미롭다. 첫째는 x와 y의 좌표로 나타내는 것이고, 둘째는 원점과 이 점을 잇는 선분의 길이 $r = \sqrt{x^2 + y^2}$과 이 선분과 양의 x축이 이루는 각 θ로 나타내는 것이다. 위에 쓴 복소수 e^z의 경우 원점으로부터의 거리는 $r = e^x$이고 양의 x축이 이루는 각은 y이다. 특히 오일러 등식은 e^{iy}에 있는 y를 복소평면에서의 각으로 보는 표현을 제공해준다.

한편 삼각함수와 지수함수의 결합이 실수의 수준에서 이루어지지 않는다는 점도 흥미롭다. 실수함수로서의 지수함수와 삼각함수는 사실 서로 거의 어울리지 않는다. 하지만 이러한 상충성은 복소함수의 차원에서 화해되며[21] 이 고차원의 화합은 오일러 등식으로 명확히 표현된다.

또한 지수함수는 $(e^{ix})^n = e^{inx}$라는 멋들어진 특성을 갖고 있으며, 이를 오일러 등식에 적용하면 $(\cos\theta + i\sin\theta)^n = \cos n\theta + i\sin n\theta$라는 드 무아브르 공식(De Moivre formula)을 얻게 된다. 이 공식은 거듭제곱근과 관련된 실수 문제, 예를 들어 양수 4는 ±2라는 두 개의 제곱근을 갖지만 음수는 제곱근이 없다는 등의 문제를 해결해준다. 세제곱근의 경우 실수계에서는 모든 수가 단 하나만 가지며, 다섯제곱근 등의 경우에도 그렇다. 나아가 이와 관련된 전체적 상황은 불규칙적이고 모호하여 도무지 만족스럽지 못하다. 하지만 드 무아브르 공식은, 예를 들어 −1의 제곱근에 대하여 다음과 같은 관계를 제시해준다.

$$\cos 2\theta + i \sin 2\theta = -1$$

−1은 x축 양의 방향과 π(180도)의 각을 이룬다. 이제 문제는 2배로 하면 180도가 되는 각을 구하는 것이며, 그 답은 90도와 270도이다(270 × 2 − 360 = 180. 곧 270도의 각을 2배로 하면 평면을 두 바퀴 돌고 180도의 방향으로 간다. − 옮긴이). 이에 따라 −1의 제곱근으로는 두 개의 허수인 $\pm i$가 구해진다. 이 방법은 완전히 일반적이다. 예를 들어 1의 8제곱근은 반지름이 1인 단위원을 8등분해서 구하는데, 그 각들은 $\pi/4$(45도), $\pi/2$, $3\pi/4$, π, $5\pi/4$, $3\pi/2$, $7\pi/4$, 2π(또는 0)이며, 이에 따라 ± 1, $\pm i$, $(\pm 1 \pm i)/\sqrt{2}$의 8가지가 얻어진다. 이처럼 0이 아닌 모든 복소수는 n개의 서로 다른 n제곱근들을 가지며, 이것들은 상응하는 반지름을 가진 원둘레에 아름다운 기하적 패턴으로 분포한다. 복소수와 지수함수의 여러 가지 다른 표현들은 실수의 영역에서 제기될 수는 있지만 해결할 수는 없는 문제를 이해하는 길로 나아가는 방향을 제시해준다. 하지만 이 문제들은 복소수의 영역에 들어서기 전

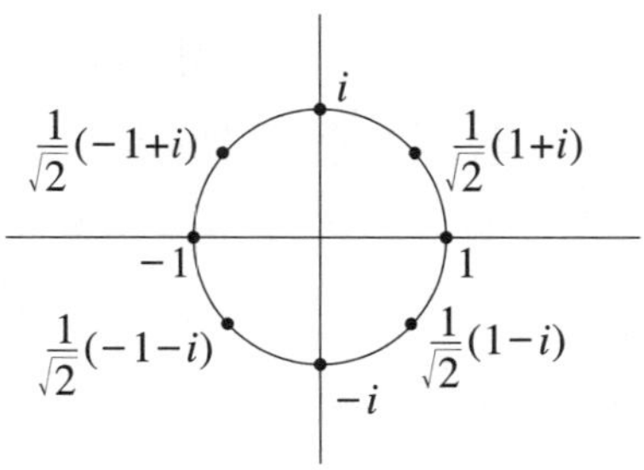

그림 5.11 1의 8제곱근

에는 완전히 해결되지 않으며 거기에 들어선 뒤에야 비로소 자연스런 방식으로 해결되는 듯 여겨진다.

유추는 불명의 단순한 형태지만 때로 중요한 수학적 아이디어를 낳는다. 사실 유추에 의한 추론은 매우 기본적인 사고방식으로 보인다. 수학의 조견법(照見法, heuristics)에 대한 자신의 저서에서 조지 폴리아(George Pólya, 1887~1985)는 유추에 의한 사고를 매우 강조했다.[22] 유추는 두 상황을 비교한다는 점에서 비유와 비슷하다. 비유에서와 같이 유익한 수학적 유추에서도 어떤 종류의 일반화는 유익할 수도 있다는 깨달음에 따른 도약이 일어난다.

지수함수의 멱급수 표현을 보면 우리는 실변수를 복소변수로 대체하면 어찌되는가 하는 유추에 흥미를 느끼게 된다. 멱급수는 덧셈, 곱셈, 수렴 등 실수뿐 아니라 복소수에 대해서도 성립하는 아이디어를 담고 있으므로 이와 같은 대체는 수학적으로 의미가 있다. 멱급수를 이용하여 다음과 같이 새로운 복소함수를 정의하자.

$$e^z = \sum_{n=0}^{\infty} \frac{z^n}{n!} = 1 + z + \frac{z^2}{2!} + \frac{z^3}{3!} + \cdots$$

그러면 우리는 앞서 $e^z = e^{x+iy} = e^x(\cos y + i \sin y)$로 정의했던 복소지수함수의 또 다른 표현을 얻게 된다. 여기에는 실수지수함수가 가진 흥미로운 성질들이 거의 모두 담겨 있으며, 한 예로는 $e^x e^y = e^{x+y}$를 들 수 있다. 또한 복소지수함수는 그 도함수가 본래 함수와 같다는 극히 중요한 성질도 이어받는다. 곧 이것은 $dw/dz = w$, $w(0) = 1$이라는 미분방정식의 해이다.

사실 실수지수함수 e^x를 복소지수함수 $e^z = e^{x+iy} = e^x(\cos y + i \sin y)$로 옮기는 자연스런 방법은 단 한 가지뿐이다. 그러므로 우리는 복소함수가 실수함수에 암시되어 있다고 말할 수 있으며, 더 나아가 오일러가 이룬 통합도 실수적 표현에 이미 암시되어 있었다고 말할 수 있다.

멱급수는 여러 상황에서 의미를 가지므로 이 유추를 더욱 확장해도 된다. 예를 들어 어떤 정방행렬(square matrix) **A**가 있을 때 우리는 이것의 지수행렬(exponential of a matrix)을 다음과 같이 정의한다.

$$e^A = I + A + \frac{A^2}{2!} + \frac{A^3}{3!} + \cdots$$

무한급수를 쓸 때 으레 그랬듯 이 급수에 대해서도 수렴하는지 물어볼 수 있다. 이 경우 우리는 지수행렬이 실제로 처음에 사용했던 행렬과 차원이 같은 새로운 행렬이 된다는 점을 보일 수 있다. 지수행렬이 가진 성질들을 조사할 경우 우리는 보통의 지수함수가 가진 성질부터 시작하여 이와 비슷한 성질이 지수행렬에서 성립하는지 살펴보면 된다.

실수지수함수와 복소지수함수와 행렬지수함수는 '지수'라는 아이디어의 이야기에서 시작점에 지나지 않는다. 이 아이디어는 미분방정식으로부터 미분기하와 리군(Lie group) 등에 이르기까지 전혀 동떨어져 보이는 다양한 수학적 상황들에서 널리 활용된다.

'연속'의 아이디어

유클리드 기하를 논의할 때 나는 유클리드가 전혀 명시하지 않았던 숨은 가정들이 있다는 점을 지적하면서, 그 한 예는 서로 교차하는 듯한 두 원호가 실제로 그렇다고 보는 가정이라고 나는 말했다.[23] 하지만 유클리드가 이런 세밀한 점을 놓쳤다는 사실은 놀라운 게 아닌데, 그 이유는 알고 보면 이게 '연속(continuity)'의 관념에 의존하기 때문이다. 연속은 수학의 가장 심오하고도 흥미로운 아이디어들 가운데 하나이다. 실제로 연속은 과학의 전 분야에서 나타나는 '이산 대 연속'이라는 가장 근본적인 이중성의 하나이다. 공간과 시간은 연속적인가, 이산적인가? 이것은 고대 그리스인들에게도 중요한 의문이었으며 제논의 역설을 낳은 배경이기도 하다.

따라서 수학에서 연속에 대한 문제는 2천 년 이상 숙고되어 온 셈인데 어느 정도 안정된 상태에 이른 것은 비교적 최근의 일이다. 이에 대한 이야기는 기하적 그림에서 시작하면 좋을 것이다.

아이디어: 연필을 종이에서 떼지 않고 그릴 수 있는 곡선은 연속이다.

앞으로 보게 되겠지만 위의 기하적 아이디어에는 놀라울 정도의 수학적 내용들이 숨어 있다. 만일 연필을 종이에서 뗀다면 '틈'이 만들어질 것이므로 연속의 아이디어는 '틈이 없다'는 것이며, 따라서 연속 곡선은 틈이 없는 곡선을 가리킨다. 그런데 선에 틈이 없다는 것은 무슨 뜻일까? 우리는 어떻게 이 아이디어를 수학적 실체로 만들 수 있을까? 밝혀진 바에 따르면 틈이 없다는 것은 사뭇 미묘한 아이디어로, 어떤 상황에서 고려하는 수학적 맥락에 크게 의존한다. 유리수에 주목한 고대 그리스적 관점에서는 모든 선에 틈이 무수히 많이 있으며, 따라서 서로 교차하는 두 선은 사실 서로 접촉하지 않고 지나갈 수 있다. 예를 들어 x축에 해당하는 $y = 0$이라는 직선은 $y = x^2 - 2$라는 포물선과 접촉하지 않는데, 왜냐하면 접촉할 경우 교차점의 좌표는 $(\pm\sqrt{2}, 0)$이기 때문이다. 이처럼 두 선은 유리수의 세계에서는 서로 만나지 않으면서 지나친다. 다시 말해서 이 선들에는 무리수 좌표를 가진 점들에 해당하는 모든 곳에서 구멍 또는 틈이 존재한다.

이런 종류의 틈은 수학적 맥락을 유리수로부터 실수로 확대하면 메울 수 있다. 물리적으로는 유리수를 좌표로 가진 점들만으로 이루어진 유리수선이나 실수를 좌표로 가진 점들로 이루어진 실수선이나 아무런 차이가 없다. 따라서 둘 사이의 차이는 어느 것이 연속에 대한 수학적 직관의 핵심을 더 잘 포착할 맥락을 갖고 있느냐에 있다. 실수는 완비이지만 유리수는 그렇지 않다. 그러므로 완비성은 틈이 없다는 아이디어를 형식화하는 한 방법이다. 이에 대해서는 148쪽에서 이야기했는데, 대략 다시 요약하자면 이는 수렴하는 모든 수열이 실제로 어떤 특정한 수에 수렴한다는 사실을 가리킨다.

실수의 완비성이 실수선에 아무런 틈이 없다는 사실을 실제로 보장할까? 대다수의 수학자들은 그렇다고 말할 것이다. 하지만 좀더 자세히 들여다보면 우리는 이게 온통 '틈을 어떻게 해석할 것인가?' 라는 맥락에 의존한다는 점을 깨달을 수 있다. 예를 들어 200~206쪽의 무한소에 관한 논의에서 우리는 x가 실수이고 h는 어떤 두 실수 사이에나 놓을 수 있는 무한소라고 할 때 실수계가 $x+h$라는 수를 허용한다는 점을 보았는데, 이에 따르면 실수계마저도 틈을 가진다!

연속함수의 그래프는 틈을 갖지 않아야 한다는 아이디어는 곧바로 다음과 같이 재구성할 수 있다.

명제 1: 어떤 함수가 $[a, b]$에서 연속이며, $f(a)<0$이고 $f(b)>0$이라면, a와 b 사이의 어떤 점 c에서 $f(c)=0$이다(그림 5.12 참조).

기하적 언어로 말하자면 이는 어떤 그래프가 x축 아래에서 시작하여 x축 위에서 끝날 경우 어디에선가 축을 가로질러야 한다는 뜻이다. 함수값이 0이 되는 것을 피하려면 그래프를 그리는 도중에 적어도 한

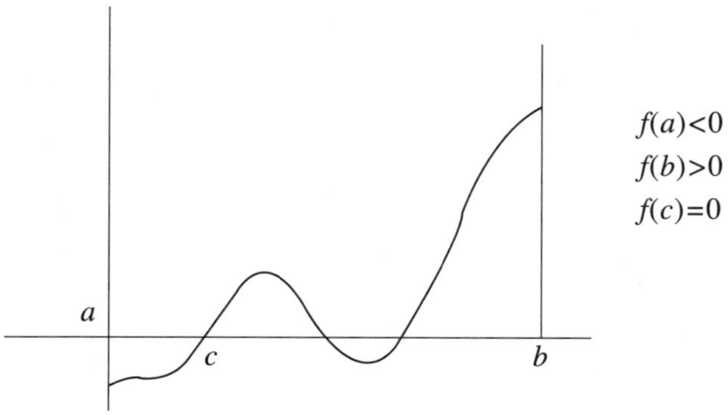

그림 5.12

번은 연필을 반드시 종이에서 떼야 한다. 밝혀진 바에 따르면 이와 같은 중간값 c는 함수 $f(x)$의 연속성에 의해 보장된다. 다시 말하면 이 명제는 연속의 아이디어를 다른 관점에서 서술한 것에 지나지 않는다. 하지만 현대의 해석학을 공부하는 학생들에게 이 문제는 사뭇 전문적이고 어려운 결론이다.

이 명제는 좀더 일반적인 형태로 다시 서술할 수 있다.

중간값 정리: $[a, b]$에서 정의된 어떤 연속함수의 함수값이 $f(a) < k$이고 $f(b) > k$라면 a와 b 사이의 어떤 중간값 c에서 $f(c) = k$이다.

이 정리도 연속의 아이디어를 달리 표현한 것에 지나지 않는다. 따라서 우리는 이것을 $F(x) = f(x) - k$로 정의한 새로운 함수를 이용하여 위의 명제로부터 유도할 수 있다.

중간값 정리는 직관적으로 명백해 보이지만 흥미로운 귀결들을 갖고 있다. 먼저 이것은 존재정리(existence theorem)의 한 예이다. 이것은 $f(x)=k$를 만족하는 어떤 수가 존재한다는 사실을 말해주지만 그

수를 특정하지는 않는다. 이는 제1장에서 논의한 불명의 한 예인데, 이 경우 우리는 어떤 면에서는 이 수를 알지만 다른 면에서는 모른다. 그러나 이처럼 어떤 값을 정확히 알지 못하고 그 존재만 안다 하더라도 그 자체로 중요한 경우가 많다.

참고적으로 중간값 정리는 문제의 값을 계산하는 한 방법을 알려준다. $f(a) < k$이고 $f(b) > k$이므로 우리는 답이 a와 b 사이의 어딘가에 있다는 사실을 안다. 이제 a와 b 사이의 중앙점을 a_1이라고 하자. 만일 $f(a_1) < k$ 라면 c는 a_1과 b 사이에 있으며, $f(a_1) > k$ 라면 c는 a와 a_1 사이에 있다. 이런 과정을 되풀이하면 우리는 c에 접근하는 수열을 얻게 되는데, 물론 가장 효율적인 방법은 아니지만 이로부터 이 식의 답에 대한 어림값을 구할 수 있다.

이런 추론을 이용하면 $\sqrt{2}$가 실수임을 보일 수 있다. 사실 여기서 우리는 $a^2 = 2$가 되는 수, 곧 $a^2 = \sqrt{2}$를 찾고 있다. 이를 위하여 먼저 우리는 $f(x) = x^2$이 연속함수라는 점에 주목하고, 이어서 $1^2 < 2$이고 $2^2 > 2$임에 착안한다. 그러면 중간값 정리에 의해 1과 2 사이의 어딘가에 $a^2 = 2$가 되는 수가 존재함을 알 수 있다.

그런데 왜 위의 명제는 그래프가 x축이라는 직선을 가로지르도록 제한했을까? 만일 어떤 두 함수 f와 g가 $f(a) < g(b)$ 이고 $f(b) > g(b)$ 라면 어떨까?

명제 2: 두 함수 $f(x)$와 $g(x)$가 $[a, b]$에서 연속이며, $f(a) < g(a)$ 이고 $f(b) > g(b)$ 라면, a와 b 사이의 어떤 중간값 c에서 $f(c) = g(c)$ 이다.

여기의 아이디어는 단순히 $f(x) - g(x)$의 값을 살펴보는 것이다. 그런데 이 값은 a에서는 음수이고 b에서는 양수이므로 결국 첫째 명제

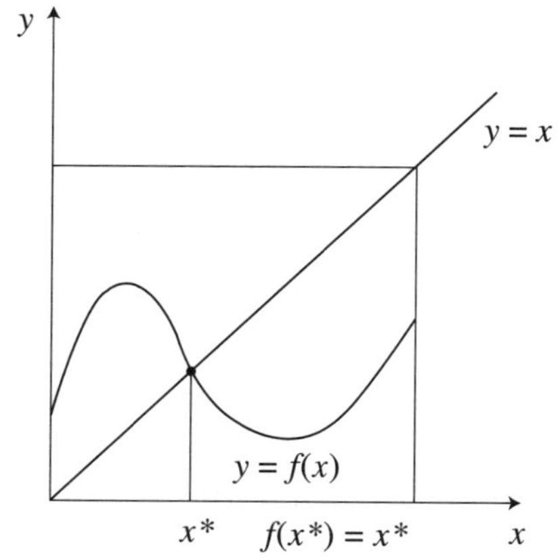

그림 5.13 부동점 정리

의 경우로 돌아간다.

이 아이디어는 수학에서 매우 중요한 부동점 정리(不動點定理, fixed-point theorem)의 가장 기초적인 예를 제공해준다.

명제 3: $f(x)$가 구간 $[0, 1]$ 자체에 대한 연속함수라면 $f(x)$는 0과 1 사이의 어떤 x^*에 대해 $f(x^*) = x^*$인 부동점을 가진다.

이에 대한 논증은 그림 5.13으로부터 곧바로 얻는다. 만일 $f(0) = 0$이거나 $f(1) = 1$이면 0과 1이 바로 부동점이다. 이 밖의 경우에는 명제 2를 $f(x)$와 $g(x) = x$에 대해 적용한다. 그러면 $f(0) > 0$이고 $f(1) < 1$이므로 이 구간 안에서 두 그래프는 서로 교차하는 점, $f(x) = x$라는 부동점을 가져야 한다.

미적분의 기본정리

이 중요한 정리는 제1장에서 이미 불명의 한 예로 다루었는데, 이에 따르면 미분과 적분은 서로 역산 관계에 있다. 이에 대한 논증에는 우리가 다루어왔던 간단한 기하적 아이디어가 담겨 있다. 이 논증은 그 자체는 물론 결론과 그 증명의 배경에 자리잡은 아이디어의 차이를 구별하게 해준다는 점, 곧 이 논증이 말하는 것과 왜 그것이 참인지를 구별하게 해준다는 점에서도 흥미롭다.

이 정리가 왜 참인지를 이야기하려면 우리는 먼저 그 아이디어를 선명히 보여줄 방법을 찾아야 한다. 다음의 적분과 이에 이어 나오는 미분을 보자.

$$F(x) = \int_a^x f(t)dt$$

이 정리는 $F'(x) = f(x)$, 곧 $F(x)$의 도함수가 $f(x)$와 같다고 말한다. $F(x)$의 도함수는 다음 식으로 주어지는 몫의 어림값에 해당하는 유일한 값으로 정의된다는 점을 상기하자.

$$\frac{F(x+h) - F(x)}{h}$$

그림 5.14에 따르면 위 식에 나오는 차는 x와 $x+h$ 사이의 곡선 $f(x)$ 아래의 넓이와 같다.

아이디어: 곡선 아래의 넓이는 $hf(\xi)$와 같다. ξ는 x와 $x+h$ 사이의 값이다.

기본적으로 이 아이디어는 연속적 변화의 한 예이다. $F(x+h)-F(x)$로 쓸 수 있는 문제 영역의 넓이는 mh와 Mh 사이의 값인데, m과 M은 이 구간에서의 함수의 최소값과 최대값이다. 따라서 이것은 $hf(\xi)$와 같으며, 여기서 ξ는 x와 $x+h$ 사이의 값이다.

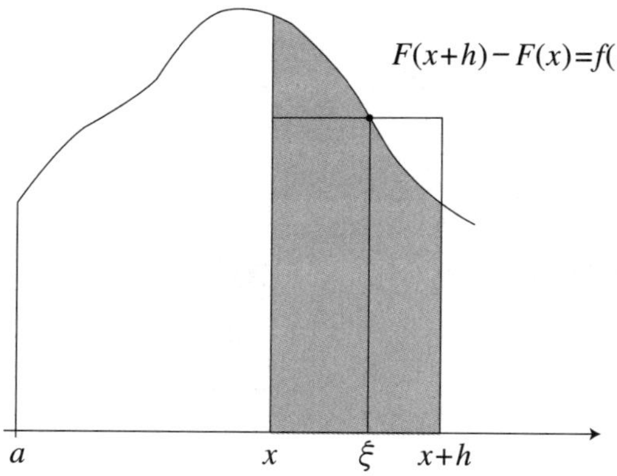

그림 5.14

$$\frac{F(x+h)-F(x)}{h}=f(\xi)$$

그런데 ξ는 x와 $x+h$ 사이에 있으므로 h가 0으로 접근함에 따라 ξ는 x에 접근하며, 결국 위 식의 값은 $f(x)$에 접근한다.

팬케이크 정리

연속변수는 주어진 범위 안에 있는 가능한 모든 값들을 지나가야 한다는 아이디어는 수없이 많은 분야에서 활용되고 있는데, 그중 한 예로는 팬케이크 정리(pancake theorem)를 들 수 있다. 예를 들어 어떤 접시 위에 불규칙적인 모양의 팬케이크가 하나 있다고 하자. 이것을 칼을 한 번만 사용하여 정확히 반으로 나눌 수 있을까? 먼저 칼을 팬케이크의 아래에 대고 차츰 위쪽으로 움직여서 결국 완전히 팬케이크의 위로 나오게 했다고 상상해보자. 이 과정은 연속적이므로 도중의 어느 위치에서는 팬케이크가 정확히 절반으로 나뉘어야 한다.

만일 팬케이크가 둘이라면 어떨까? 이때도 칼을 한 번만 사용하여 두 케이크를 절반으로 나눌 수 있을까? 이 상황을 수학적으로 표현하면 다음과 같이 될 것이다.

> **정리:** A와 B가 같은 평면에 있는 두 군데의 한정된 영역일 경우 두 영역은 평면 위의 한 직선에 의해 각각 정확히 둘로 나뉜다.

자세한 증명은 친(Chinn)과 스틴로드(Steenrod)가 함께 쓰고 미국수학회가 펴낸 아주 훌륭한 소책자를 참조하기 바란다. 그 중심 아이디어는 바로 중간값 정리이다.

연속의 형식화

연속의 관념은 어떤 곡선은 연필을 종이에서 떼지 않고 그릴 수 있다는 단순한 기하적 관찰에서 비롯되었는데 별다른 형식화 없이 사뭇 오랫동안 사용되어 왔다. 우리가 흔히 보는 일차함수나 이차함수를 포함하는 일반적인 고차함수의 그래프는 모두 연속이다(그림 5.15 참조).

하지만 멱급수나 푸리에 급수 등에 의해 암시적으로 정의된 함수들을 고려할 경우 연속의 기하적 정의는 난관에 봉착한다. 우리는 앞서 삼각함수와 지수함수를 멱급수로 표현할 수 있음을 보았다. 그런데 다음과 같은 모습을 가진 임의의 멱급수에서 $|x| < r$일 경우 이 급수가 어떤 유한한 값이 되도록 하는 $0 < r < \infty$인 상수가 존재한다는 점을 보일 수 있다.

$$\sum_{n=0}^{\infty} a_n x^n$$

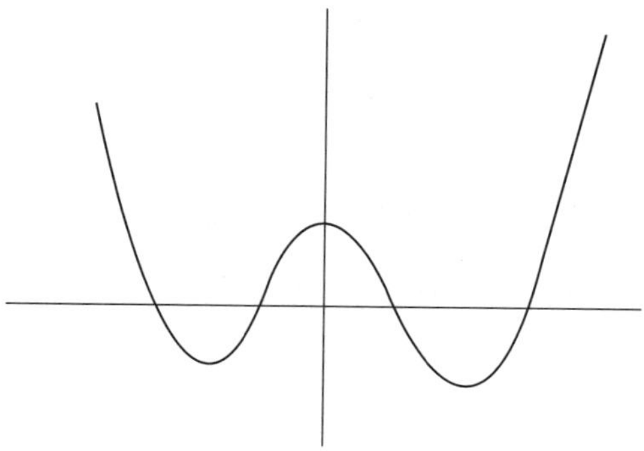

그림 5.15 일반적인 사차함수의 그래프

따라서 사실상 이 급수는 x에서의 이 급수의 값을 함수값으로 갖는 $f(x)$라는 함수를 정의하는 셈이다. 하지만 우리는 이 함수의 그래프가 어떤 모습인지 모른다. 어떤 함수의 그래프를 그릴 수 없다면 그 연속성을 판단하기 위한 근거로 기하적 기준을 사용할 수 없다는 점은 명백하며, 따라서 별도의 해석적 정의가 필요하다. 그런데 연속의 올바른 정의가 어찌되든 몇 가지 조건을 충족해야 한다. 첫째, 기하적 정의에 따라 우리가 이미 연속이라고 알고 있는 함수들은 새로운 정의 아래서도 연속이어야 한다. 둘째, 새로운 정의는 연속함수가 '도약'을 하지 않는다는 우리의 직관을 왜곡하지 말아야 한다.

이런 전제 아래 수학자들은 오랫동안 수많은 시도와 토론을 거친 뒤 마침내 하나의 정의에 대해 합의를 하기에 이르렀다. 이 정의는 x가 a에 접근할 때 $f(x)$도 $f(a)$에 접근하는 상황을 그린 것이라고 할 수 있다. 이를 정확히 말하면 어떤 함수 $f(x)$는 다음 조건을 만족할 때 연속이라고 본다.

> 0보다 큰 모든 ε에 대해 $|x-a|<\delta$이면 $|f(x)-f(a)|<\varepsilon$이 되도록 하는 0보다 큰 δ가 존재한다.

이 정의는 위에서 말한 두 가지 조건을 충족한다. 이것은 연속함수라는 게 어떤 것을 가리켜야 하는지에 대한 우리의 느낌을 형식화하는 한 방법이다. 하지만 수학자들이 연속함수의 정의가 어째야 하는지에 대해 그럭저럭 동의한 뒤에도 수많은 문제들이 제기되었다. 이 정의에 따를 경우 정확히 어떤 함수들이 연속인가? 거꾸로 어떤 종류의 불연속이 가능한지를 규정할 수 있는가? 밝혀진 바에 의하면 함수와 연속의 형식적 정의를 취할 경우 연속함수의 범위는 엄청나게 확장된다. 상대적으로 무난한 다항방정식과 멱급수와 비교할 때 이를 넘어선 대부분의 연속함수들은 훨씬 더 복잡하다. 이런 상황은 앞서 살펴보았던 유리수계를 실수계로 확장할 때의 상황과 비슷하다. 유리한 점은 가능한 모든 소수들이 실수가 된다는 사실이다. 반면 불리한 점은 이 모든 새로운 초월수들이 무엇인지를 직관적으로는 거의 파악할 수 없다는 사실이다. 이와 비슷하게 연속의 추상적 정의는 거의 대부분 극히 복잡해서 묘사하기도 매우 어려운 방대한 부류의 연속함수를 포괄한다.

위에 보인 연속의 형식적 정의에 내포된 아이디어는 더욱 일반화되기를 바라는 듯하며, 사실 여러 가지 갈래로 추상화되었다. 이 가능한 여러 일반화들 가운데 하나는 이 정의가 'x가 a에 접근할 때 $f(x)$는 $f(a)$에 접근한다'는 식으로 거리의 아이디어를 활용한다는 점에 바탕을 두고 있다. 거리의 아이디어는 매우 일반적이며 여러 가지 상황에서 정의될 수 있다. 가장 선명한 예로는 2, 3, …, n차원 등의 고차원 유클리드 공간에서 거리의 개념이 다양하게 이해된다는 점을 들 수 있다. 또한 휘어진 공간, 그리고 원, 구, (도넛 모양의) 원환체(torus)와 같은 미분가능다양체(differentiable manifold) 등에서도 마찬가지다. 이런 공간들은 모두 거리가 정의될 수 있는 거리공간이다. 그러므로 이 모든 경우들에서 연속함수에 대해 이야기할 수 있다. 끝으로, 예를 들어 [0, 1]에서 정의되는 모든 연속함수들의 공간과 같은 함수공간(function space)에서도 거리를 정의할 수 있다. 이를 토대로 우리는 '함수의 함수'에 대해서도 논의할 수 있으며, 이런 함수들이 연속이라는 게 무엇을 뜻하는지도 살펴볼 수 있다.[24]

이상의 논의는 연속이라는 심오한 수학적 아이디어의 복잡성과 다양성에 대한 약간의 암시에 지나지 않는다. 처음에 우리는 단순한 기하적 이미지에서 시작했다. 그런 다음 "정확히 연속이란 게 무엇이며, 여기서 실제로 벌어지고 있는 게 무엇인가?"라고 물었다. 그리고 이어서 연속의 관념을 형식화했는데, 이후에는 이 아이디어를 더욱 일반화하고 확고히 하는 방대한 작업으로 나아가게 되었다. 그런데 이런 상황에서의 형식적 정의는 너무 복잡하기에 "도대체 연속은 무엇인가?"라는 의문이 다시 제기되었고, 이번에는 "그 정의는 과연 무엇을 의미하는가?"와 같이 형식적 정의까지도 문제 삼게 되었다. 이와 같은 노력으로부터 무엇이 벌어지고 있는지에 대한 더 깊고 새로운 아이디어가 도출되고, 새로운 아이디어 자체도 형식화되며, 이런 과정은 아이디어의 분화가 충분히 섭렵되었다고 여겨질 때까지 계속된다. 하지만 그럼에도 불구하고 연속의 아이디어에 대한 형식화가 이런 식으로만 가능한 게 아니며 다른 정의도 있을 수 있다. 따라서 이 아이디어는 잘 정의된 유일한 사고 대상이 아니라 계속적으로 깊은 통찰로 이어지는 일련의 사고 과정이다.

그림으로 전해지는 아이디어

이바르 에클랑(Ivar Ekeland)은 저서 ≪수학과 돌발≫(Mathematics and the Unexpected)에서 그림으로 전해지는 수학적 아이디어들을 다루면서 다음과 같이 썼다. "과학의 역사적 발전 과정에서 그림이나 시각적 표현들의 위력은 이 책에서 거듭 나타나는 주제이다. 거기에 들어 있는 아이디어들이 창조적이고 성공적인 초기 단계에서 이것들은 전체적 과정을 일으키는 작용을 한다. 하지만 나중에는 오래된 이론들을 구동시키는 관성력이 되어 새로운 아이디어가 떠오르는 것을 가로막는 장애물로 작용한다." 에클랑은 한 예로 등속원운동의 아이디어를 들었다. 이에 대한 그림은 천동설의 핵심 아이디어를 담고 있으며, 에클랑에 따르면 이는 고대 사회가 이룬 중요한 지적 성취 가운데 하나였다. 하지만 이렇게 고정된 아이디어는 미래의 발전을 가로막는 장애물이 되었다. 왜냐하면 이후 요하네스 케플러(Johannes Kepler, 1571~1630)에 이르도록 천문학자들은 이 아이디어 때문에 행성들의 궤도를 원들의 결합보다 더 간단한 타원으로 여기기가 어려웠기 때문이었다.

이로부터 우리는 어떤 아이디어를 여러 가지의 다른 관점, 곧 불명한 방식으로 볼 필요가 있다는 사실을 다시금 깨닫게 된다. 위의 예는 아이디어가 고정되어 있거나 절대적이지 않다는 점을 알려준다. 아이디어는 어떤 맥락에서는 가치 있지만 어떤 인위적인 방식으로 몰아붙여지면 마치 원초적인 진리로 여겨져 이와 관련된 주제의 발전에 장애로 작용할 수 있다. 물론 후자의 경우에는 더 이상 참된 아이디어가 아니다. 참된 아이디어는 어떤 일정한 상황에서만 살아난다. 거기에는 역동적인 측면이 있어서 예기치 못한 갑작스런 방식으로 출현하기도 한다. 아이디어를 형식화하고 암기하고 기계적으로 적용하면 창의력을 잃고 다른 아이디어들이 샘솟는 것을 방해한다. 그러므로 수학은 영원토록 변화하는 발전과 흥미에 부응하며, 떠오르는 새로운 아이디어들과 함께 나아가는 살아 있는 진행 과정이다.

비유

많은 중요한 수학적 아이디어들이 본질적으로 비유적이다. 비유에 대해서는 제1장에서 이야기했으므로 여기서는 비유와 아이디어의 밀접한 관계에 대해 강조하고자 한다. 아이디어와 같이 비유는 창의적 활동에서 유래한다. 비유도 아이디어를 얻는 것과 똑같이 얻는다. 예를 들어 $0 \leq x \leq 1$ 사이에서 정의된 모든 연속함수와 같은 함수의 집단을 생각해보자. 그러면 이 함수들은 함수들로 이루어진 공간의 점들로 비유할 수 있다. 이로부터 우리는 점과 공간이라는 기하적 영역에 상응하는 함수의 집합이라는 해석적 영역의 비유를 얻게 된다. 이는 연구해봐야 할 위력적인 주제이다. 한 예로 적분은 이제 함수공간에서 실수로의 연속함수로 여겨지고 있다.

선형성의 아이디어

선형성(linearity)은 수학에서 가장 중요하고도 널리 쓰이는 아이디어 가운데 하나이다. 그 출발은 물론 직선이며, 어원도 선(line)과 같다. 따라서 어떤 자료가 선형(linear)이라고 말하면 이는 그 자료를 나타내는 점들이 직선 위에 놓인다는 뜻이다. 어떤 함수가 선형 그래프를 가진다면 이는 그 함수가 $f(x) = mx + b$의 꼴로 주어진다는 뜻이며, 여기의 m과 b는 임의의 상수들이다. 만일 $b = 0$이면 우리는 그래프가 원점을 지나는 함수들만 고려하는 셈이며, 이런 함수들의 경우 다음 두 가지 성질을 충족한다.

(i) $f(x + y) = f(x) + f(y)$

(ii) $f(ax) = af(x)$

일차원의 경우에서 유추하여 위의 두 관계를 만족하는 모든 함수를 선형함수(linear function)라고 부른다. 이에 따르면 행렬도 선형함수 또는 선형변환(linear transformation)으로 볼 수 있다. 예를 들어 행렬의 곱셈을 이용하여 (x, y)를 새로운 쌍 $(x+2y, 3x+4y)$로 옮기는 함수도 위의 두 관계를 충족하므로 선형이다.

$$\begin{pmatrix} 1 & 2 \\ 3 & 4 \end{pmatrix}\begin{pmatrix} x \\ y \end{pmatrix} = \begin{pmatrix} x+2y \\ 3x+4y \end{pmatrix}$$

이상으로부터 우리는 선형성의 아이디어를 수학적으로 두 가지 맥락으로 이해함을 알 수 있다. 첫째는 기하적인 것으로 직선은 선형의 대상이다. 그러므로 선형은 '휘어지지 않은' 이라는 뜻을 나타내며, 이에 따라 평면은 삼차원 공간에서 선형이고, 이는 더 고차원의 선형공간에 확장해서 적용할 수 있다. 둘째는 (i)과 (ii)를 충족하는 선형함수들에 관련된다. 이 둘 사이의 연결관계는 함수의 그래프를 통해 이루어진다. 곧 함수가 선형이면 그래프도 직선이며, 그래프가 직선이고 원점을 지나면 함수도 선형이다.

선형함수는 가장 단순한 수학적 함수이므로 이에 대한 우리의 지식은 다른 (비선형) 함수들에 대한 것보다 더 풍부하다. 수학의 수많은 부분들이 선형적인 상황과 문제들의 분석에 관련되어 있다.

하지만 비선형적인 수학적 상황과 응용들도 많다. 253쪽에서 이야기한 지수함수의 멱급수 표현을 보자. 첫째 항인 1은 상수이고, 둘째 항인 x는 선형 항이지만, x^2, x^3 등 그 뒤로 이어지는 모든 항들은 비선형 항들이다. 비선형의 상황은 선형인 상황보다 훨씬 더 복잡하다. 따라서 이로부터 떠오르는 한 가지의 중요한 의문은 우리가 이해할 수 없을지도 모르는 비선형의 상황을 우리가 이해할 수 있는 선형의 상황으로 어림할 수 있는가 하는 것이다.

선형어림으로서의 미분

미분은 선형어림(linear approximation)의 과정으로 이해할 수 있다. 예를 들어 어떤 특정한 점에서 어떤 함수의 도함수는 그 점에서 이 함수의 그래프에 대해 그은 접선의 기울기로 풀이할 수 있다. 구체적으로 $x=1$에서 $f(x) = x^3$의 도함수는 3의 값을 가지며,[25] 이는 (1, 1)에서 이 함수가 그리는 그래프의 접선의 기울기가 3이라는 뜻이다. 여기에서 보듯 도함수의 기하적 의미는 직선이다. 따라서 (1, 1)에서 $f(x) = x^3$이라는 곡선에 대한 가장 좋은 어림은 바로 이 직선이다. 다른 식으로는 $x=1$ 부근에서 $f(x)$를 어림하는 최선의 선형함수는 $L(x)=3x$라는 선형함수라고 말할 수 있다(그림 5.16에서 보듯 실제 접선은 $y = 3x-2$이다).

미분을 반드시 이렇게 이해할 필요는 없다. 선형어림으로서의 도함수라는 아이디어는 미분이 일차원적 근원으로부터 고차원의 유클리드 공간이나 미분가능다양체와 같이 더욱 복잡한 상황으로 일반화될 때에 전면으로 부각된다. $x=1$에서의 선형어림이 $L(x) = 3x$라는 함수로 주어지는 $f(x) = x^3$의 경우를 다시 살펴보자. $L(x)$에 대한 모든 정보는 하나의 수 3에 모두 담겨 있다. 예를 들어 이차원 공간과 이차원

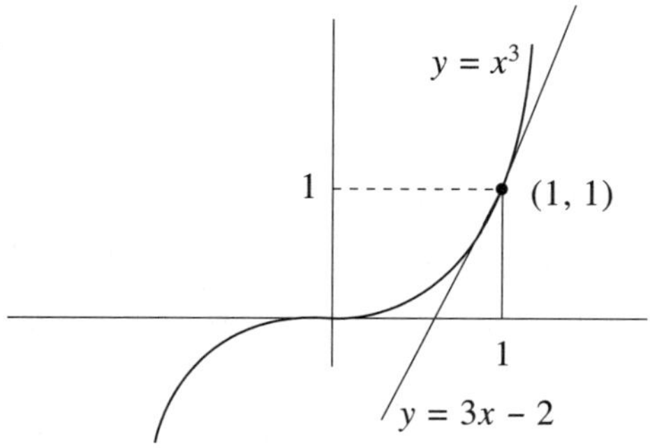

그림 5.16 선형어림

공간을 연결하는 함수와 같은 고차원의 경우에는 적절한 선형함수를 특정하는 데에는 4개의 수가 필요하다. 다음과 같은 비선형함수를 생각해보자.

$$F(x, y) = (x^2 + y^2,\ xy)$$

그러면 $x = 1$, $y = 1$에서 선형어림은 다음과 같이 주어질 것이다.

$$L(x,\ y) = (2x + 2y,\ x + y)$$

비선형의 문제에서도 도함수를 계산함으로써 선형화할 수 있다. 그러면 본래는 아주 어려웠던 문제가 훨씬 단순한 선형의 문제로 바뀌어 쉽게 풀릴 수도 있다. 이제 여기서의 문제는 "이러한 선형 문제의 해답이 본래 비선형 문제에 대해서 무엇을 말해주는가?"라는 것이다. 어떤 그래프의 접선이 우리가 문제의 점 부근에 가까이 다가섰을 때에만 우리에게 뭔가의 정보를 전해주었듯, 비선형 문제를 어림한 선형 문제도 국소적인 정보를 전해준다. 그러므로 예를 들어 평면 위의 평형점(equilibrium point)이라고 부르는 곳 주변에서 미분방정식의 행동 방식을 연구하고 싶다면 이것을 선형화하여 잘 알려진 선형계로 바꾸어 살펴보면 좋다. 그러면 대부분의 경우 평형점 가까운 곳에 머무는 한 본래의 비선형계에 대한 해답을 이와 관련된 선형계로부터 비슷하게 얻어낼 수 있다.

수학의 아이디어에 대한 마무리

수학적 아이디어는 수학의 여러 분야에서 역동적인 조직원리로 작용한다. 이는 문제에 대해 대답하면서 정리를 만들어낼 뿐 아니라 새로운 문제와 다른 아이디어들을 만들어내기도 한다. 아이디어가 만들어내는 활동은 앞으로의 연구가 언제나 가능하다는 뜻에서 열린 활동이다. 하지만 앞서 인용한 것에서 보았듯 아이디어의 잠재력은 어떤 특별한 수학적 결과에서 최적화될 수 있다. 강력한 아이디어는 이와 관련된 최적의 결과를 도출할 수 있다. 나아가 이런 아이디어들은 다른 아이디어들과 결합하여 더 강력한 결과를 낳을 수도 있다. 전반적 과정은 수학적 활동의 역동적인 흐름이며, 때때로 비교적 안정된 매듭이 우리가 정리라고 부르는 모습으로 드러난다.

수학적 아이디어에는 정의, 공리, 정리, 증명의 통상적인 진행 방식은 적용되지 않는다. 아이디어는 때로 결과보다 뒤쳐질 수도 있어서 결과가 선행하기도 한다. '기괴한 공상' 에 대한 헬레나 버릴의 언급에서와 같이 결과를 이해하려고 힘쓰는 과정에서 우리는 비로소 아이디어라고 부르는 것을 깨닫게 될 수도 있다. '정말로 일어나고 있는 그 무엇' 을 분리해냈을 때 우리는 이 원리들을 우리의 지식과 상상력이 미치는 한계까지 널리 적용해 나아갈 수 있다. 나는 수학이 단지 엄격한 논리적 구조에 의해 정당화되는 것도 아니고 사실들의 단순한 집합체도 아니라고 결론짓는다. 수학의 논리적 구조는 정리들에게 안정성을 부여하지만 수학의 초점이 맺히는 자리에서 논리를 배제하고 아이디어를 놓으면 우리는 수학의 겉보기 안정성이 절대적이 아니라는 사실을 깨닫게 된다. 자료들은 우리의 흥미에 따라 여러 가지 다른 방법으로 체계화될 수 있으며 이런 체계를 낳도록 한 수학적 아이디어에 따라 체계화할 수도 있다. 이런 아이디어들은 "여기에 무슨 일이 일어나고 있나?"라는 의문에 대한 답으로 나타난다. 다시 말해서 문제의 현상이 의미를 갖도록 하는 시도에서 유래한다.

이런 상황은 서스턴의 훌륭한 저작에 암시되어 있는데[26] 거기서 그는 수학의 본질에 대해 다음과 같이 썼다.

1. 수학은 수학자들이 연구하는 것이다.
2. 수학자는 수학에 대한 인간의 이해를 넓히는 사람들이다.

그는 또한 "우리 수학자들이 하는 일은 사람들이 수학에 대해 생각할 길을 열어주는 것이다"라고 말한다. 이 관점은 수학적 아이디어의 역할을 밝혀준다. 서스턴은 다음과 같이 계속했다. "아이디어가 선명할 경우 형식적인 절차는 대개 중복적이고 불필요하다. … 우리 수학자들은 수학적 아이디어를 소통하는 데에 더욱 많은 노력을 기울여야 한다." 이러한 말들은 조금은 순환논리이지만 이는 형식계(formal system)로부터 벗어나기 위해서는 필수적이다. 애초에 우리는 수학이 사소하지 않다고 말했는데, 이처럼 사소하지 않은 것에 대해 말하려면 순환성 같은 것을 피할 수 없다. 하지만 그의 말에서 내가 취하고자 하는 요점은 수학에서 가장 근본적인 현상은 수학적 아이디어라는 것이다. 수학에서 무엇이 일어나고 있는지를 이해하려면 우리는 반드시 수학적 아이디어에 초점을 맞추어야 한다.

부록: 카오스의 기원

과학사에서 혁명적인 발전 가운데 하나는 카오스(chaos) 현상의 발견이다. 카오스 현상에서 두 가지 놀라운 것은 결정계(deterministic system)가 극히 복잡해질 수 있다는 점과 그런 복잡성이 매우 정상적일 수 있다는 점이다. 두 특성은 일차원 사상의 역동과 관련된 간단한 정리로 잘 설명할 수 있다. 여기서 우리는 $f(x) = 2x(1-x)$와 같은 일차원 사상의 반복에 주목한다. 먼저 점 x에서 시작하여 그 궤도를 살펴보자.

$$x_1 = f(x_0),\ x_2 = f(x_1) = f(f(x_0)),\ x_3 = f(x_2),\ \cdots$$

만일 고리(loop)만 없다면 우리는 무한히 많은 점들로 이루어진 궤도를 얻는다. 예를 들어 $f(x) = x$이면 x를 부동점이라고 부른다. 한편 $f^2(x) = x$이면 x는 주기가 2인 주기점(periodic point), $f^3(x) = x$이면 x는 주기가 3인 주기점, …이라고 부른다. 역동계는 시간에 따라 변하는 물리학적, 생물학적, 수학적 계를 측정하며, 생성함수 $f(x)$와 관련된 궤도의 구조에 관심을 가진다. 가장 단순한 궤도는 위에서 정의한 주기궤도(periodic orbit)이다. 어떤 역동계를 이해한다는 것은 특히 그 주기궤도를 이해한다는 뜻이다. 아래에서 설명할 결과는 [0, 1]과 같은 실수 구간에서 정의된 연속함수의 주기궤도가 가진 구조를 묘사해준다.

나는 여기의 결과와 그 결과 뒤에 숨은 아이디어 모두에 흥미를 느낀다. 결과에 관심을 갖는 까닭은 이것이 경이로울 뿐 아니라 이와 같은 역동계의 행동에 대해 아주 많은 것을 알려주기 때문이다. 그리고 아이디어에 관심을 갖는 까닭은 이것이 왜 이런 수학이 존재하게 되었으며 일반적으로 아이디어가 수학의 어떤 영역에서 조직원리의 기능을 어떻게 수행하는지를 보여줄 수 있기 때문이다.[27]

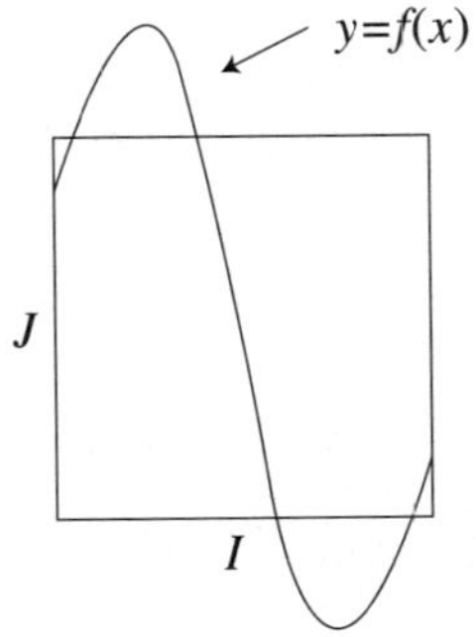

$I \rightarrow J$

그림 1

이 논의는 $[a, b]$의 실수를 다시 이 구간의 실수로 옮기는 일변수 연속함수 $f(x)$를 이용하여 진행한다. 예를 들어 이 함수는 $f^2(x) = x^2$일 수 있다. 그러면 문제의 구간은 $0 \le x \le 1$이 되는데, 이 경우 $0 \le f(x) \le 1$이기 때문이다. 이와 같은 생성함수의 경우 0과 1이 부동점이고, 다른 부동점은 없으며, 어떤 주기점도 없다는 사실은 쉽게 알 수 있다.

이와 같은 연속함수는 엄청나게 많을 것이므로 그 주기점들의 구조에 대해 이야기한다는 게 비현실적으로 여겨질 것이다. 따라서 아래의 명제는 사뭇 놀라운 것이라고 말할 수 있다.

명제 1: 어떤 연속함수가 주기가 3인 점을 가지면 주기가 1, 2, 3, 4, 5, …인 점들도 가져야 한다.

$f(x) = 1-x$라는 함수는 $x = 1/2$이라는 부동점과 주기 2인 주기점들을 갖지만($x \ne 1/2$) 다른 주기점은 갖지 않는다. 따라서 우리는 자연스럽게 '왜 3이 그토록 특별한가?' 라는 의문을 품게 된다. 왜 주기가 3인 점을 가진 함수는 그토록 복잡한 반면 주기가 2인 점을 가진

함수는 그다지 복잡하지 않을까?

주기점에 대한 이야기를 파헤치려면 연속함수에 대한 다음 사실을 알아야 한다.

보조정리 1: $f(x)$가 연속함수이고 I와 J는 $I \subset J$이고 $f(I) \supset J$인 폐구간이면 $f(x)$는 I 안에서 부동점을 가진다.

이것은 264쪽의 명제 3과 같은 중간값 정리로부터 도출된다.

여기에서 $f(I) > J$일 경우 $I \to J$로 쓴다. 곧 I의 이미지가 J를 포함한다.

그러므로 보조정리 1의 상황에서 우리는 다음을 얻는다.

보조정리 2: 부분구간 $J_1, J_2, J_3, \cdots, J_n$으로 구성된 루프가 존재하여 $f(J_1) \supset J_2, f(J_2) \supset J_3, \cdots, f(J_{n-1}) \supset J_n, f(J_n) \supset J_1$이라면(다시 말해서 $J_1 \to J_2 \to \cdots \to J_n \to J_1$이라면), J_1에는 $f(x) \in J_2, f^2(x) \in J_3$이고 $f^n(x) = x$인 점 x가 존재한다.

이 보조정리가 참이란 점은 $f(J_1) \supset J_2$일 경우 $f(K_1) = J_2$인 보조구간 $K_1 \subset J_1$이 존재한다는 사실에서 도출된다. 그러므로 $f^2(K_1) \supset J_3$이며 따라서 $f(K_2) = J_3$인 보조구간 $K_2 \subset K_1$이 존재한다. 이런 추론을 되풀이하면 우리는 J_1의 부분구간 K를 얻는데, 그 점들은 중간의 부분구간들을 모두 지나며 $f^n(K) = J_1$이다. 이 구간에는 필요한 주기점이 들어 있다.

이쯤에서 우리는 핵심적인 아이디어를 분리할 수 있다.

핵심 아이디어: 주기점들의 존재는 부분구간들의 정렬된 그래프 안의 고리들을 통해 추리할 수 있다.

이 아이디어로부터 확고한 결론이 쉽게 얻어진다.

명제: 어떤 구간을 그 자체로 옮기는 연속사상이 주기가 3인 점을 가지면 다른 모든 주기의 주기점들도 가진다.

증명: 주기가 3인 궤도가 $x_1 < x_2 < x_3$이며 $f(x_1) = x_2$, $f(x_2) = x_3$, $f(x_3) = x_1$인 점들로 이루어져 있다고 하자. 그리고 I를 x_1과 x_2, J를 x_2와 x_3 사이의 구간이라고 하면 우리는 다음 그래프를 얻는다.

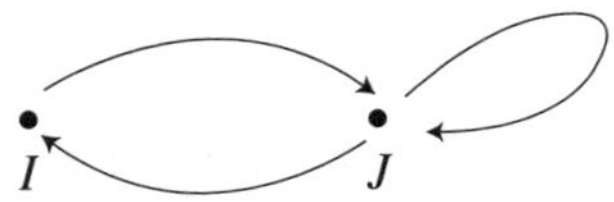

그림 2

이 그림에는 분명히 가능한 모든 길이의 고리가 담겨 있다. 곧 I에 이어 $(n-2)$가 나오고, J에 이어 ($J \to J$라는 고리로부터 나오는 부동점인) 1이 나온다. ■

이 아이디어의 암시는 명백히 주기 3의 경우를 넘어서서, 다른 주기점들에 대해서도 뭔가 말하고 있음에 틀림없다. 그러므로 이 아이디어는 이미 이 특정한 수학적 경관을 체계화하고 있는 셈이다. 이를 살펴보기 위해 다음과 같이 배열된 주기가 4인 점들로부터 시작한다.

$$x_1 < x_2 < x_3 < x_4,$$

$$\begin{pmatrix} x_1 & x_2 & x_3 & x_4 \\ x_3 & x_4 & x_2 & x_1 \end{pmatrix}$$

이로부터 다음 그래프가 나온다.

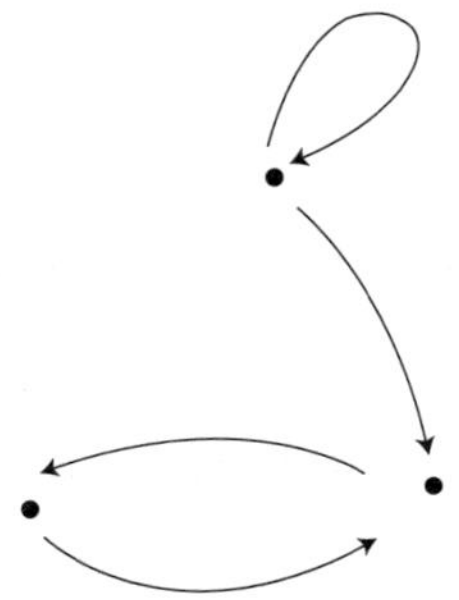

그림 3

이 그래프는 주기가 1과 2인 점들만 보장한다. 따라서 주기가 4인 점들을 가진 사상은 1, 2, 4 외의 주기는 갖지 않는 것 같다. 그렇다면 주기가 4인 점들을 가진 사상은 다른 주기점들이 얼마 되지 않는다는 뜻에서 '단순하다' 고 말할 수 있는 반면 주기가 3인 점들을 가진 사상은 '복잡하다' 고 말할 수 있다. 도대체 어떤 사상이 복잡하며, 어떤 사상이 단순할까?

약간의 수고를 하면 우리의 조직원리는 답을 내놓을 것이다. 하지만 완전한 답을 얻기 전에 다른 예를 하나 살펴보자. 이것은 주기가 5인 점을 가진 사상으로 다음의 순열에 따라 배열된다.

$$\begin{pmatrix} x_1 & x_2 & x_3 & x_4 & x_5 \\ x_3 & x_5 & x_4 & x_2 & x_1 \end{pmatrix}$$

이로부터 다음 그래프가 나온다.

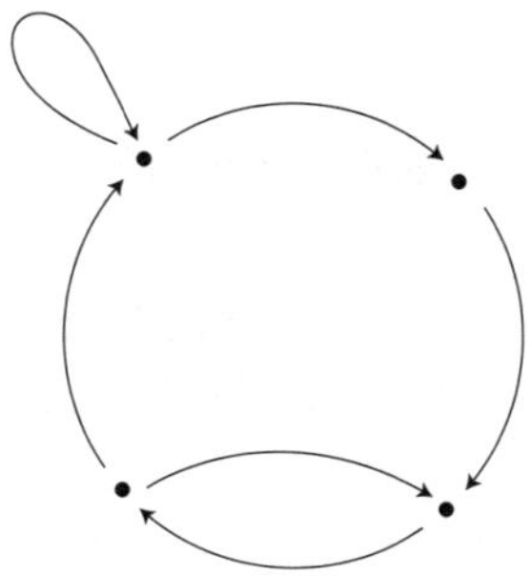

그림 4

이 그래프는 주기가 1, 2, 4, 5, 6, …인 점들을 보장해주며, 실제로는 3을 제외한 모든 주기의 점들이 나온다. 이런 함수에 대한 그래프는 쉽게 그릴 수 있다.

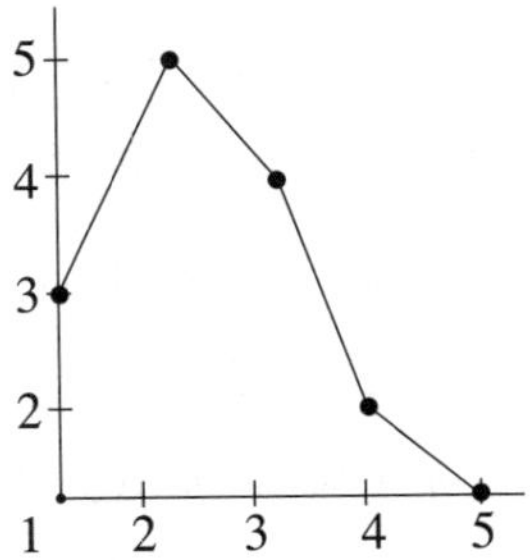

그림 5

이로써 우리는 주기가 3인 점을 가진 함수는 주기가 5인 점들도 갖지만, 주기가 5인 점을 가진 함수는 반드시 주기가 3인 점을 갖지는 않는다는 사실을 밝힌 셈이다. 그러므로 이쯤에서 우리는 '뭔가 (체계적인 게) 일어나고 있다' 고 말할 수 있다. 여기서 실제로 일어나고 있는 이 '뭔가' 는 우크라이나의 수학자 올렉산드르 샤르코프스키

(Oleksandr Sharkovsky, 1936~)가 얻은 아름다운 결과에 묘사되어 있다.

정리 : 모든 자연수는 다음과 같이 배열할 수 있다.

$$3, 5, 7, \cdots, 2\times3, \cdots, 4\times3, 4\times5, \cdots, 2^n\times3,$$
$$2^n\times5, \cdots, 2^n, \cdots, 8, 4, 2, 1$$

어떤 연속함수가 주기가 n인 점을 포함하는 구간에서 역동계를 생성하면 이 함수는 위 목록에 나오는 n의 오른쪽에 있는 모든 정수에 해당하는 주기의 점들도 포함한다. 나아가 모든 정수 n에 대해 주기가 n 및 n의 오른쪽에 있는 모든 정수인 점들을 가지면서 n의 왼쪽에 있는 정수에 해당하는 주기를 가진 점은 갖지 않는 함수의 예가 존재한다.

그러므로 여기에서 우리는 어떤 특정한 수학적 활동의 분야에서 조직원리로 작동하는 수학적 아이디어의 한 예를 본다. 이 분야는 일차원 구간에서 정의된 함수에 의해 생성되는 역동계이며, 특히 그런 사상이 표출하는 주기적인 궤도와 같은 것들이다. 여기의 기본 아이디어는 주기점들을 고립된 것으로 보아서는 안 된다는 것이며, 하나의 주기점은 함수로 하여금 추가적인 주기적 행동을 낳도록 강제할 수도 있다. 위에서 얻어진 정리는 선명하지는 않지만 좋은 정리로서, 경이롭고도 우아하다. 하지만 이 기본 아이디어로부터 더욱 많은 정보가 추출될 수도 있다고 여겨진다. 이런 뜻에서 위의 정리는 역동계가 가진 주기적 궤도의 구조에 대해 제기될 수 있는 더 많은 문제들을 지향하고 있다.

위의 정리에서 나타나는 색다른 질서가 일차원 사상의 역동계와 관련된 다른 상황에서도 나타난다는 점도 흥미롭다. 예를 들어 다음과 같은 단일 매개변수의 사상들을 보자.

$$F_{\alpha}(x) = \alpha x(1 - x),\ \alpha\text{는 1부터 4까지 변한다.}$$

이 함수는 작은 값의 α의 경우 다른 모든 궤도들에 대한 끌개(attractor)로[28] 작용하는 부동점들만 가짐을 알 수 있다. 하지만 α가 커지면 2, 4, 8, …과 같이 2의 거듭제곱의 주기를 가진 점들이 나타난다. 이 모든 2의 거듭제곱의 극한에는 카오스 영역의 시작을 알리는 α의 정확한 값이 존재한다. 그 뒤에는 α의 값이 증가함에 따라 우리는, 이를테면 주기 3의 점들을 가진 함수에서 절정을 이루면서, 위 정리에 나오는 정수 목록을 오른쪽에서 왼쪽으로 훑어간다. 이 한 무리의 사상들에는 주기점들의 구조보다 더욱 흥미로운 수학적 내용들이 많이 담겨 있다. 하지만 우리가 위의 정리에서 분리해낸 행동이 하나의 특정한 사상들에서 발견될 수 있다는 점도 흥미롭다. 사실 부동점들만 가진 간단한 사상에서 시작하여 주기 3의 점들을 가진 사상으로 끝나는 모든 사상은 위의 정리에 언급된 차례를 반드시 거쳐야 한다.

요컨대 수학적 아이디어 또는 조직원리는 수학의 특정한 분야에 역동적으로 작용할 수 있다. 이는 문제에 대해 대답하면서 정리를 만들어낼 뿐 아니라 새로운 문제와 다른 아이디어들을 만들어내기도 한다. 아이디어가 만들어내는 활동은 앞으로의 연구가 언제나 가능하다는 뜻에서 열린 활동이다.

나아가 아이디어는 때로 결과보다 뒤처질 수도 있어서 결과가 선행하기도 한다. '정말로 일어나고 있는 그 무엇'을 분리해냈을 때 우리는 이 원리들을 우리의 지식과 상상력이 미치는 한계까지 널리 적용해 나아갈 수 있다. 그러므로 수학은 엄격한 논리적 구조에 의해 정당화되는 게 아니다. 역동적인 비유를 이와 관련된 유체의 분야에서 찾자면 이는 사나운 강물과도 같다. 물의 흐름은 극도로 복잡한데, 그럼에도 불구하고 우리는 여기저기서 언제나 소용돌이와 같은 안정된 구조를 보게 된다. 수학적인 정리나 명제는 바로 이런 구조들에 적용된다. 수학의 정리에 안정성을 부여하는 것은 논리적 구조이지만 이와 같은 관점에서 보면 수학의 안정성도 절대적인 것은 아니다. 자료들은 우리의 흥미에 따라 여러 가지 다른 방법으로 체계화될 수 있으며 이런 체계를 낳도록 한 수학적 아이디어에 따라 체계화할 수도 있다. 이런 아이디어들은 "여기에 무슨 일이 일어나고 있나?"라는 의문에 대한 답으로 나타난다. 다시 말해서 문제의 현상이 의미를 갖도록 하는 시도에서 유래한다.

제6장
아이디어, 논리, 역설

머리말

제5장에서는 수학적 아이디어의 논의를 시작했다. 나는 거기서 그 전까지 다루었던 수학의 여러 분야에서 추출한 여러 가지의 사뭇 단순한 수학적 아이디어들의 예를 살펴보았다. 제6장에서는 이 논의를 예기치 못했을 뿐 아니라 심지어 약간 충격적일 수도 있는 방향으로 확장하고자 한다. 이로써 내가 일반적인 것들로부터 얻은 관점이 어떻게 분화되는지 알 수 있을 것이다. 아이디어는 불명과 모순과 역설을 내포하는 맥락으로부터 나오기도 한다.

수학의 본령은 이렇게 확대된 분야이다. 아이디어가 샘솟는 듯 보이는 영역은 내가 수학의 전체로 여기는 확장된 분야와 잘 일치된다. 특히 아이디어의 역할에 대한 논의는 수학이 비알고리듬적이라는 나의 반복된 주장을 뒷받침한다.

거듭 말하자면 수학적 아이디어는 수학의 심장이자 영혼이다. 수학은 수학적 아이디어를 매개로 구현되며, 이제 막 싹튼 자료들은 이런 아이디어들을 통해 매우 치밀하고도 정교한 구조로 완성된다. 수학의 논의를 수학적 아이디어의 토대 위에서 전개하는 것은 통상적인 방식과 근본적으로 다르다. 예를 들어 형식주의는 수학을 정적이고 완성된 결과물로 본다. 하지만 아이디어는 정적이지 않고 동적이다. 아이디어의 영역은 생물계를 닮았다. 아이디어는 끊임없이 태어나고 자라나고 서로 경쟁하며, 유용성이 다하게 되면 사라져간다.

아이디어는 원초적이다. 아이디어가 없다면 수학의 세계는 우리에게 혼돈밖에 내놓지 못할 것이다. 성경에 비추어 말하자면 "태초에 아이디어가 있었다"고 말할 수 있다. 물론 여기의 '태초에'라는 말은 일시적이라는 뜻으로 받아들여서는 안 된다. 이는 아이디어가 절대적으로 근본적이라는 뜻이다. 수학은 아이디어를 매개로 구현된다. 그러므로 나는 여기에서 아이디어로부터 시작하며, 이 관점에서 볼 때 수학이 어찌 보일 것인지를 탐사해갈 것이다.

수학적 아이디어의 중요성을 중심으로 하는 관점을 세움에 있어 나는 통상적인 방식과 반대의 방향으로 나아가고자 한다. 특히 수학에서 우리의 일반적인 사고 과정은 가정에서 결론, 단순한 것에서 복잡한 것으로 진행한다. '의식의 흐름'이라는 비유를 사용하면 통상적인 움직임은 흐름을 따라 하류로 내려간다. 나는 이 반대의 과정, 곧 상류로 올라가는 흐름을 제안한다. 다시 말해서 나는 "어디로 가고 있는가?"보다 "어디로부터 오는가?"에 대해 묻는다. 수학적 아이디어를 이로부터 수학이 태어나고 이를 중심으로 자라고 발전하는 가장 기본적인 대상으로 본다면 우리는 우리의 주의를 상류로 돌려야 한다.

수학에서 아이디어의 핵심성은 예를 들어 연구논문과 같은 실제적인 수학적 문장과 컴퓨터 프로그램에 의해 생성될 수도 있는 논리적으로 완전한 증명과 같은 형식적 언어로 된 문장의 차이를 생각함으로써 드러난다. 데이비스와 허시는 "실제적인 수학적 문장에 내포된 단계들은 완전히 기계적인 것들이 아니다. 거기에는 얼마간의 구성적 아이디어가 들어 있고 계산에 쓰이는 어떤 새로운 아이디어가 도입된다. 수학적 문장을 이해하면서 읽으려면 쓰인 단계를 정당화하는 새로운 아이디어를 공급해야 한다"라고 말한다. 기계와 비교하자면 이런 문장들에는 "인간을 위하여 … 그 어느 것도 서술되지 않은 채 방치되어서는 안 되며, 너무 명백하고 너무 '기계적이어서' 정말로 소통해야 할 아이디어를 혼란케 할 수 있는 것들은 무엇이든 포함시켜서는 안 된다."[1] 이처럼 수학적 문장에서 중요한 것은 아이디어이므로 연구논문이나 교재는 배경에 자리잡은 아이디어를 드러낼 수준에 맞추어 서술해야 한다.

그러면 아이디어의 관념을 수학에 관한 논의의 중심으로 옮기는 것의 의미는 무엇일까? 아이디어를 앞세움으로써 우리는 예를 들어 이해에 초점을 맞출 수 있다. 수학을 배울 때, 곧 다른 사람들의 아이디어를 정복하고자 할 때 우리가 힘쓰는 것은 이해이며, 수학적 현상을 이해하면서 수학을 수행할 때 관심을 두는 것도 이해이다. 데이비드 블랙웰이 "기본적으로 나는 연구에 흥미가 없고 지금껏 언제나 그래왔다. 나의 관심은 이해하는 데에 있는데, 이는 사뭇 별개의 것이다"라고 말했던 것이나,[2] 윌리엄 서스턴이 "우리 수학자들이 하는 일은 사람들이 수학에 대해 생각할 길을 열어주는 것이다"라고 말했던 것을 돌이켜보자.[3] 이러한 '사고와 이해'는 수학의 어떤 부분에 관련된 아이디어를 파악하는 것과 밀접하게 관련되어 있다.

이를테면 수학에 대한 도입부로 아이디어를 강조함으로써 우리는 수학을 와일이 말했듯 창조적 활동으로 여기게 된다. "수학화는 언어나 음악처럼 탁월한 독창성이 내포된 인간의 창조적 활동으로 볼 수 있으며 그 역사적 판단은 완전한 객관적 합리화를 배격한다."[4] 수학에 대한 우리의 논의는 오직 이 맥락에서만 수학적 실행의 토대 위에 설 수 있으며, 단순히 수학에 대한 어떤 선험적 이론이 아니라 수학에서 정말로 벌어지고 있는 진정한 현상들의 바탕 위에 설 수 있다. 아이디어의 관점에서 일할 때 우리는 플라톤주의 대 형식주의, 발견 대 발명, 그리고 수학과 논리의 관계에 대한 의문들로 향하는 새로운 접근법을 찾을 수 있다.

수학의 구조와 실행에서 아이디어는 논리보다 근본적이다. 형식적인 수학적 추론은 수학적 아이디어의 차원에 대해 어두운데, 이는 수학의 형식주의는 아이디어보다 더 하류에 있기 때문이다. 수학적 실행은 형식주의를 거의 당연하게 여긴다. 예를 들어 서스턴은 "아이디어가 선명할 경우 형식적인 절차는 대개 중복적이고 불필요하다. 때로 나는 저자들이 실제로 쓴 것을 파악하기보다 내 스스로 써 내려가는 게 더 쉽다는 느낌이 들기도 한다"라고 말했다. 수학적 아이디어의 본질과 기원에 대해 생각하고 싶다면 형식적 증명과 공리들을 지나 상류로 거슬러 올라가 수학적 아이디어의 본령으로 들어서야 한다. 그곳에 들어섰을 때 우리는 학교에서 배웠던 것과 아주 다른 모습의 수학을 만나게 된다. 한 가지 예를 들자면 그런 수학은 절대적 필연성은 조금 잃지만 진리성은 유지한다.[5]

'수학'이라는 용어는 가장 적절하게는 '형식수학'이 아니라 흔히 '격식 없는 수학'이라고 부르는 것을 가리킨다고 이해해야 한다. 형식수학은 단순히 수학의 한 측면으로 이해하면 된다. 이렇게 이해하고 나면 수학이 부수적으로 많은 요소를 거느린다는 점도 그다지 놀라운 일은 아니다. 주어진 수학적 자료는 여러 가지 방법으로 체계화할 수 있다. 따라서 정리들은 주어진 상황에 의해 선험적으로 결정되는 게 아니라 그 상황을 구성하는 우리의 아이디어에 의한 결과로 떠오른다.

아이디어는 조직원리이지만, 다른 아이디어들에 의해 조직된다.

수학은 아이디어를 조직하는 아이디어들에 관한 것으로, 이처럼 반복적인 과정을 통해 엄청나게 복잡해질 수 있다. 조직되는 아이디어들은 수학적 대상으로 구상화되는 과정이기도 하다. 예를 들어 피타고라스를 돌이켜 보면 우리는 언뜻 매우 단순하게 보이는 수학적 대상인 1부터 10까지의 정수가 그들에게는 얼마나 복잡하고 다차원적인 것이었는지 깨달을 수 있다.

그러므로 형식적 구조보다 아이디어에 초점을 맞추면 우리가 묘사하는 수학이 수학자들이 실제로 경험하는 수학과 더 잘 부합한다는 사실이 더욱 잘 드러난다. 특정한 아이디어들이 수학의 여러 분야를 체계화하듯, '아이디어의 아이디어' 라고 할 핵심적인 아이디어는 수학의 본질에 대한 우리의 논의를 체계화한다.

아이디어는 참도 거짓도 아니다 : '좋은' 실수라는 게 있을 수 있을까?

수학은 너무 흔히 소수 표현 구조와 동일시되므로 어떤 아이디어가 참도 거짓도 아니라는 주장은 아주 기이하게 들린다. 이 말에서 내가 뜻하는 것은 데이비드 봄의 다음 말이 뜻하는 것과 비슷하다. "이론은 참도 거짓도 아닌 통찰로, 어떤 영역 안에서는 명확하지만 이를 넘어선 곳에서는 모호해진다."[6] 아이디어를 참과 거짓으로 나누는 것은 이에 대한 가장 좋은 사고법은 아니다. 아이디어들은 심오할 수도 있고, 미묘할 수도 있고, 하찮을 수도 있으며, 우리가 아이디어들에 대해 매기려는 특성은 바로 이런 것들이다. 아이디어를 서둘러 참이나 거짓으로 규정하면 수학적 환경이 고정되어 버린다. 사실 잘못된 아이디어도 가치 있을 수 있다. 예를 들어 앞서 나는 타니야마 시무라 추측이 페르마의 마지막 정리를 성공적으로 해결하는 핵심이었다고 이야기했다.

고로 시무라(Goro Shimura, 志村五郎, 1930~)는 언젠가 작고한 동료 유타카 타니야마(Yutaka Taniyama, 谷山豊, 1927~1958)에 대해 다음과 같이 말했다. "그는 방향은 대부분 옳지만 많은 잘못을 저지르는 특별한 능력을 타고났다. 나는 이를 부러워하여 흉내내려고 했지만 허사에 그쳤으며, 좋은 실수를 저지른다는 게 사뭇 어렵다는 사실을 깨달았다."[7] 실수라는 것은 그 안에 정당한 수학적 아이디어를 담고 있는 한 '좋은' 실수이다.

아이러니컬하게도 형식주의 자체가 실수이다. 수학에 대한 형식주의자들의 관념은 수학의 근본에서 드러난 역설들을 회피하기 위해 노력했던 다비트 힐베르트와 같은 수학자들의 노력에 의해 이룩되었다. 그는 수학의 모든 것을 형식화하여 고대 그리스의 유클리드가 시작했던 것을 완성하려고 했다. 그런데 이는 이 장의 뒷부분에서 보듯 불가능으로 밝혀졌다. 하지만 이게 가능할 것이라고 보았던 아이디어는 지금도 여전히 위대한 아이디어다!

이런 뜻에서 일부 위대한 아이디어들은 장엄한 실패이다. 사실 제7장에서 나는 수학의 이런 아이디어들을 잠시 다룰 예정이다. 수학의 수많은 핵심적 아이디어들이 이런 종류의 것이라는 점은 수학의 본질과 깊이 관련되어 있다. 일반적으로 가장 잘 나가는 추측들은 만들어지는 과정에서 상당한 수정을 거쳐야 했다는 뜻에서 볼 때는 '실수'였던 셈이다. 그럼에도 불구하고 이것들은 충분히 큰 가치를 지닐 수 있다. 전반적인 수학적 연구는 때로 이처럼 영감 어린 실수를 통해 전진한다.

수학적 아이디어는 옳거나 그르며, 수학적 상황을 정리하는 역할을 한다. 아이디어는 비논리적이다. 사실 이 포함관계는 반대로 볼 수도 있다. 곧 논리는 모든 아이디어들을 이에 빗대어 볼 절대적 표준이 아니다. 실제로는 논리 전체가 하나의 아이디어다. 수학은 물론 과학 전반에서 논리는 탁월성과 맞먹는 조직원리이다. 많은 사람들은 이를 너무 명백하다고 여기므로 논리를 일종의 부수적 장치로 보는 사고방식을 보면 언짢게 여기거나 심지어 크게 당황할 수도 있다. 이런 반응은 이성과 논리가 일찍이 일종의 원시적 혼돈 상태로부터 우리를 구원해냈는데, 이와 같은 생각들 때문에 다시 그런 상태로 빨려 들어가지 않을까 하는 두려움에서 유래할 수도 있다. 학교에서 배운 수학은 우리가 세상을 옳고 그름이라는 흑백논리로 선명하게 가르도록 해줄 수 있다는 식의 매력적인 속성을 가졌다. 수학의 이와 같은 선명함과 정확함은 장차 수학자나 과학자가 되려는 사람들에게 아주 매혹적으로 비친다. 하지만 다른 사람들에게는 이런 속성이 오히려 위협으로 작용할 수 있다. 수학의 논리적 및 이분법적 특성은 일부 매우 지적인 사람들까지 포함하는 많은 사람들에게 '수학적 불안'을 야기하는 한 원인이다.

논리의 이용과 남용

위의 이야기들은 수학에서의 논리의 역할에 대한 간단한 논의의 토대를 마련해준다. 논리적 추론은 우리에게 무엇을 해줄까? 논리에서 기대할 수 없는 것은 무엇일까? 논리는 언제 도움이 되며, 혹시 해롭게 되지는 않을까? 이것들은 중요한 의문들이며, 논리를 특수한 종류의 조직원리로 보면 깨끗이 해결될 수 있다.

논리는 수학에서 필수적이므로 아무도 이를 수학에서 제거해야 한다고 주장하지 않는다. 하지만 한마디로 논리는 수학의 결정적 속성이 아니다. 논리가 수학에 어떤 기여를 했을까? 논리는 수학에 필수적인 많은 것들을 이루었다. 첫째로 논리는 수학적 아이디어를 안정화한다. 논리가 없다면 수학은 계속 유동적인 상태에 있을 것이며, 따라서 이를 특징짓는 정교한 수학적 구조와 논증을 구축하기란 불가능할 것이다. 둘째로 논리는 수학의 방대한 영역을 조직화한다. 논리적 구조가 없다면 이론수학의 발전은 상상할 수도 없을 것이다. 논리는 수학적 아이디어를 표현할 공통의 언어를 창출함으로써 우리가 수학을 쉽게 소통하도록 해준다. 마지막이지만 가장 중요한 것은 제1장에서 말했던 '제어된 불명'을 돌이켜 봄으로써 얻어진다. 논리는 제어를 제공해주며, 이게 없다면 이론수학도 있을 수 없다. 그러므로 위대한 수학에서 우리는 심오한 불명이 가장 정교하고 미묘한 논리적 분석과 균형을 이루고 있다는 사실을 발견하게 될 것이라고 예상할 수 있다.

수학에서의 논리의 핵심적 역할에도 불구하고 논리적 구조는 최우선적이지 않다. 그리고 이 때문에 수학을 형식적 관점에서 가르치려 하면 많은 문제들이 야기된다. 우리들 가운데 많은 사람들은 모리스 클라인(Morris Kline, 1908~1992)이 그토록 무자비하게 공격했던 이른바 '새 수학(New Math)'이 초래한 교육적 재앙을 기억하고 있다.[8] 새 수학은 예를 들어 '3+12'가 교환법칙(commutative law) 때문에 '12+3'과 같다고 가르치는 교사들을 매우 많이 키워냈다. 이는 형식적 구조에서 시작하여 산술적 연산의 성질을 형식적이고 논리적인 구조에서 도출하려는 시도였다. 하지만 실제 과정은 이와 반대이다. 더하는 수의 순서에 상관없다는 덧셈의 교환법칙은 어린이들이 덧셈에 대한 경험을 쌓다보면 자연스럽게 얻어진다. 그들은 순서를 바꾸어 12에 3을 더해도 된다는 점을 깨달음으로써, 곧 12부터 시작하여 13, 14, 15까지 헤아려봄으로써 이 아이디어를 '이해'하기 시작한다. 이처럼 대개 아이디어가 논리에 앞서지 논리가 아이디어에 앞서지는 않는다.

이미 말했지만 논리 자체가 하나의 아이디어이며 극히 강력한 조직원리이다. 이는 합리성과 이성의 관념에 관련되는데, 사실 논리는 우리의 과학적 문명에서 이성이 드러나는 모습이다. 그러므로 논리는 심원한 아이디어의 창의성에 대한 최우선적인 예이며, 이런 아이디어는 말 그대로 세상을 변화시켰다. 하지만 우리는 아이디어로서의 논리와 논리적 논증을 아이디어를 생성하기 위해 사용하는 것을 구별해야 한다. 논리적 논증은 아이디어를 생성하지 않는다. 앞서 말했듯 논리는 아이디어를 조직화하고 안정화하고 소통시키지만 아이디어는 논리적 구체화에 앞서 존재한다.

한나 아렌트(Hannah Arendt, 1906~1975)는 아이디어와 논리의 관계에 대해 할 말이 아주 많았다. 그녀는 논리가 사고에 필요한 불안정성을 부정적인 연역의 강제로 대체해버렸다고 느꼈으며, 이에 대해 다음과 같이 말했다. "반드시 사고에 대한 제어일 필요가 없는 사고의 동작으로서의 논리가 아이디어에 적용되면 아이디어는 전제로 전환된다. … 모순을 엄격히 금지하는, 순수하게 부정적인 논리의 강제는 '생산적'으로 되어 우리의 마음을 옭아매면서 일련의 사고 과정을 도출하는데, 이로부터 나오는 결론들은 단순한 확장에 불과하다."[9] 아렌트는 여기에서 그녀의 유명한 전체주의의 분석으로 접어든다. 그 요지는 전체주의의 통치가 매우 위험한 것은 사실이지만, 그게 비이성적이어서 그런 게 아니라 오히려 어떤 의미에서 너무나 이성적이어서 그렇다는 것이다. 전체주의는 이념적인데, 이념(ideology)은 '아이디어의 논리(logic of an idea)'이다. 또한 그녀는 다음과 같이 말했다. "어떤 이념과 그 세계관을 완전히 설명하기 위한 철학적 사고에 필수적인 불안정성을 교환하는 데에 내포된 위험성은, 대체로 통속적이고 언제나 맹목적인 가정들에 빠지는 위험성보다는, 어떤 외적인 힘에 억제되는 것에 못지 않게 강할 수 있는 논리의 구속에 대해 사고할 수 있는 인간의 잠재력에 내재하는 자유의 교환에 내포된 위험성과 같다."

여기의 요지는 논리에 맞서지 않으며 비이성적인 것을 옹호하지도 않는다. 아렌트의 강한 비유적 어조는 그녀가 파헤치려 했던 수많은 재앙들에 의해 정당화된다. 그녀의 논의 가운데 수학에 대한 우리의 논의와 관련되는 것은 논리와 아이디어에 대한 구별이다. 수학적 사고는 아렌트가 "필수적인 불안정성"이라고 부르는 것을 필연적으로 포함하며, 이 불안정성은 수학적 창의성과 이해의 활동에 대한 전제조건이다. 하지만 논리는 이 불안정성을 제거한다. 그러므로 논리를 너무 일찍 도입하면서 수학적 사고의 창조적 특성을 억누르면 파괴적 결과가 초래된다.

수학자들은 아이디어가 없는 논리적 사고를 보면 이를 토대로 하는 논증이나 이로부터 도출되는 결론이 하찮다거나 명백하다고 말한다. 하지만 모든 수학자들이 논리와 아이디어의 이와 같은 구별에 동의하지 않는다는 점을 지적해야겠다. 머리말에서 말했듯, 알고리듬적 과정이 너무나 강력하여 인간 수학자의 중요성은 줄어들거나 없어질 것이라는 꿈을 꾸는 사람들도 있다. 기계에 기반을 둔 지성에 대한 이런 꿈은 물리학의 어떤 영역에서 추구되고 있는 '궁극적 이론'의 꿈과 상통하는 면이 있다. 이 꿈은 우리가 엄청나게 강력한 알고리듬적 아이디어를 발견하여 미래의 모든 수학은 이후에 나타날 독창적인 아이디어들의 도움 없이 수립될 것이라고 보는 예상을 가리킨다. 하지만 나는 이것을 한낱 환상으로 본다는 점이 이쯤에서는 이미 명백해졌을 것으로 믿는다. 내 관점에 따르면 그와 같은 궁극적인 알고리듬의 존재는 수학의 종국을 뜻한다. 그러나 내가 취하는 관점에서는 수학의 종국이란 것은 없다. 수학의 목표는 이성적 사고의 필요성을 제거하는 데에 있지 않다. 이와 반대로 수학은 활동하는 이성이며, 따라서 이성, 곧 수학적 아이디어가 없다면 수학도 없다.

우리는 어떤 증명을 보고 그 뒤에 숨은 아이디어를 얻을 수 있다. 하지만 이와 어긋나게 어떤 수학적 저작들은 그 내용과 관련된 아이디어를 한사코 숨기려는 목적을 가진 듯 보이기도 한다. 훌륭한 수학적 저작들은 아이디어를 전면에 내세우고 이런 아이디어를 흐리게 할 우려가 있는 순수하게 기계적인 내용들은 억누른다. 그럼에도 불구하고 "저자는 어떻게 하면 수학적 아이디어를 독자들이 잘 이해할 수 있도록 소통할 것인가?"라는 의문은 여전히 남아 있다. 논리적으로 완전하게 제시한다고 해서 독자들이 잘 이해하리라는 보장은 분명 없다. 사실 독자들이 잘 이해하도록 보장할 수 있는 제시법은 존재하지 않는다. 아이디어를 얻는다는 것은 무엇이 벌어지고 있는지를 보는 것과 비슷하며, 프로그램될 수 있는 성질의 것이 아니다. 이는 결코 확실하지 않다. 이해와 아이디어를 완벽하게 소통할 수 없다는 사실 자체가 아이디어는 논리보다 더 기본적이고, 더 나아가 동일한 아이디어를 의식화한 어떤 표현보다 더 기본적이란 점을 잘 보여준다. 아이디어를 탐사하면서 우리는 수학적 사고의 심오함을 절감하는 셈이다.

불명과 아이디어의 탄생

아이디어가 논리보다 더 기본적이라는 점은 불명과 모순과 역설에 대한 장들에서 보인 증거들로부터 얻어진다. 모순처럼 보이는 불명과 심지어 역설까지도 강력한 수학적 아이디어의 기초가 될 수 있다. 우리는 이를 0이나 무한대와 같은 수학적 개념의 발전에서 보았고, 아래에서는 유명한 역설들이 정당한 수학적 증명으로 자리잡는 과정에 대한 여러 사례를 살펴볼 것이다. 그런 사례들 가운데 하나는 어떤 집합의 모든 부분집합의 농도는 본래 집합의 농도보다 더 크다는 것이다. 하지만 더 일반적으로 수학은 흔히 서로 상충하는 두 틀이 갈등을 일으키는 상황에서 생성된다. 이처럼 서로 상충하는 상황은 화해를 요구하는데 그 극단적인 형태는 모순이다. 이러한 화해가 가능하다면 이는 새로운 수학적 아이디어에서 도출된다. 그러므로 아이디어는 우리가 불명하다고 여기는 상황에서 나타나며 논리적 연역으로 얻어지지 않는다. 논리적 단계는 아이디어가 모습을 갖추고, 증명되고, 안정되고, 가다듬어져서 다른 사람들에게 전해질 때 나타난다.

아이디어는 언제나 그르다!

주어진 수학적 상황은 아이디어에 결코 완벽하게 들어맞지 않는다. 내 동료 가운데 한 사람은 이런 현상에 대해 "당신은(아이디어는) 언제나 그릅니다"라고 말했다. 아이디어가 의식에 떠오른 뒤에도 해야 할 힘든 일들이 많이 남아 있으며, 따라서 우리는 "진짜 일은 여기서부터 시작이다"라고 말할 수도 있다! 아이디어는 이제 주어진 수학적 상황의 모든 요소에서 작동하기 시작한다. 아이디어는 용어를 적절히 정의하고, 적절한 가설을 세우고, 정리들의 결론을 이끌어내는 데에 기여할 수 있다. 이와 관련된 수학적 영역의 모든 것들은 유동적 상태에 돌입하여 모든 것들이 다른 모든 것들에 의존한다. 개념들은 아이디어를 구현한다는 목적 아래 정의되고 필요하면 새롭게 정의될 수 있다. 또한 결론들도 수정될 수 있다. 나아가 심지어 이 과정 중에 아이디어 자체도 수정될 수 있다. 그리고 이런 일들은 며칠에서 몇 세기에 걸쳐 벌어질 수 있다. 이 작업에는 한 사람 또는 동일한 문제 상황에 흥미를 가진 수백 명의 수학자들이 관련될 수 있다. 그러므로 '아이디어는 언제나 그르다'는 생각은 아이디어가 조직원리라는 생각과는 잘 어울리지만 아이디어가 잘 규정되고 논리적으로 정확한 것이라는 생각과는 어울리지 않는다. 수학을 이렇게 보는 관점은 아래에서 역사적으로 상세히 살펴본다.

오일러 공식의 발전에 대한 라카토스의 설명

임레 라카토스는 수학을 수학자가 실제로 경험하는 것으로 묘사하려는 놀라운 시도를 한 저술가였다. 가장 기본적인 원리에서 시작하여 차근차근 쌓아올리는 형식적 수학 체계 대신 그는 논증과 반증을 만들고 제시하는 인간을 부각시켰다. "수학을 형해화 및 화석화하는 대신 그는 수학을 문제와 추측으로부터 자라나며, 이론이 우리의 눈앞에서 치열한 논쟁과 반론을 통해 형성되고, 의심이 확신에 길을 내주었다가 다시 의문을 품는 과정을 통해 발전함을 보여주었다."[10]

라카토스 업적의 맥락은 주사위처럼 각 면이 다각형인 삼차원 입체, 곧 다면체에 관한 오일러 공식(Euler formula)의 역사적 재구성인데, 그 공식은 다음과 같다.

$$V - E + F = 2$$

여기서 V는 꼭짓점(vertex), E는 모서리(edge), F는 면(face)의 수이다. 예를 들어 사면체의 경우에는 $V = 4$, $E = 6$, $F = 4$이며, 육면체의 경우에는 $V = 8$, $E = 12$, $F = 6$이다(249쪽 참조).

오일러 공식은 타당한가? 이제 라카토스가 내놓은 탁월한 역사적 재구성의 서론을 맛보기로 하자. 전체적 내용은 어떤 가상의 교실에서 벌어지는 한 교사와 여러 학생들 사이의 대화로 진행된다. 교사는 코시(Augustin-Louis Cauchy, 1789~1857)가 제시한 '증명 아이디어(proof-idea)'를 구성하면서 시작한다.

교사: 사실 나는 이 공식의 한 가지 증명법을 알고 있다. 이것은 다음과 같은 사고실험(thought experiment)으로 되어 있다.

단계 1: 다면체가 얇은 고무막으로 만들어졌고 구멍이 있다고 생각하자. 만일 한 면을 도려내면 남은 면을 더 이상 찢지 않고 칠판 위에 펼칠 수 있다. 그러면 면과 모서리는 변형되고 모서리는 곡선이 되기도 하겠지만 V와 E는 변하지 않는다. 따라서 애초에 다면체에서 $V-E+F=2$의 관계가 성립했다면 거기서 한 면을 도려냈으므로 칠판에 펼친 것에서는 $V-E+F=1$의 관계가 성립할 것이다(그림 6.1a는 정육면체의 경우).

단계 2: 다음으로 이렇게 펼친 지도를 삼각형의 집합으로 만드는데, 이는 정말로 지도처럼 보인다. 그러려면 여기의 각 면에 대각선을 그으면 되는데, 펼쳐진 것의 상태는 대개 곡면일 것이므로 이런 대각선들도 곡선이 될 수 있다. 이렇게 대각선을 그으면 E와 F의 수는 1씩 증가하며, 따라서 $V-E+F$의 총수는 변하지 않는다(그림 6.1b 참조).

단계 3: 삼각형들로 재구성한 그림에서 삼각형을 하나씩 제거한다. 삼각형을 제거하려면 모서리를 제거하거나(이때는 그림 6.1c에서 보듯 면과 모서리가 하나씩 사라진다) 두 모서리와 하나의 꼭짓점을 제거하면 된다(이때는 그림 6.1d에서 보듯 한 면과 두 모서리와 한 꼭짓점이 사라진다). 그러므로 삼각형을 제거하기 전에 $V-E+F=1$이었다면 삼각형이 제거된 뒤에도 이는 변하지 않는다. 이런 과정을 되풀이하면 결국 하나의 삼각형만 남는데, 이때도 $V-E+F=1$은 참이다. 따라서 우리는 이 공식을 증명한 셈이다.[11]

이에 대해 어떤 학생들은 수긍하지만 어떤 학생들은 여러 가지의 이의를 제기한다. 이 이의들은 논증의 어떤 특정 단계에 대한 의문부터 정리 자체의 타당성에 대한 의문까지 다양하다. 그런데 특히 여기에는 '국소적 반례(local counterexample)'와 '광역적 반례(global

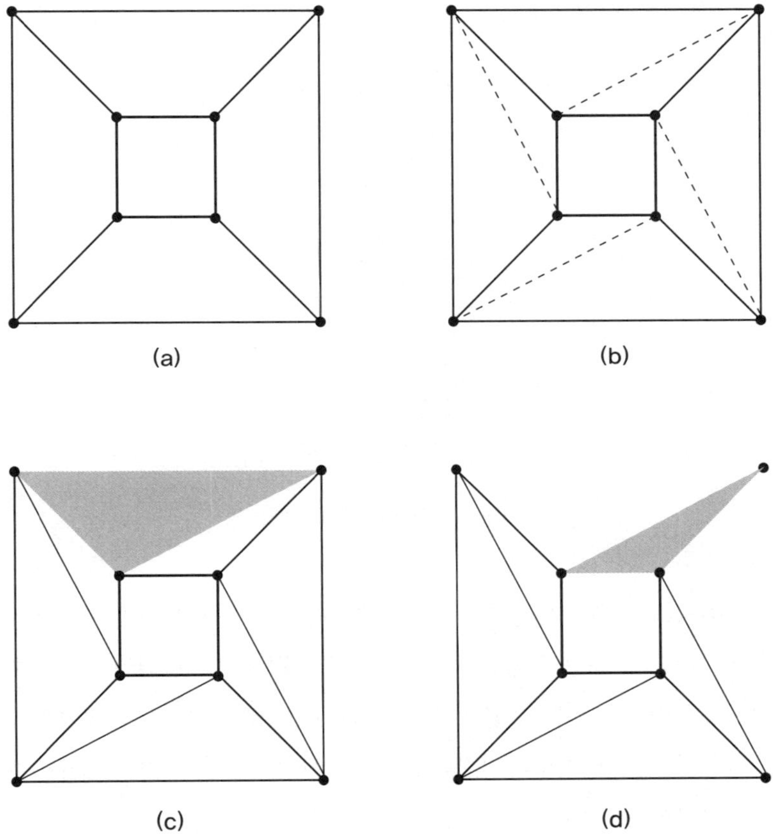

그림 6.1 코시의 '아이디어'

counterexample)'에 대한 논의가 관련된다. 국소적 반례는 주된 결론은 건드리지 않고 부수적인 보조정리를 반박하는 것을 가리키며, 광역적 반례는 주된 결론 자체를 반박하는 것을 가리킨다. 이 가운데 광역적 반례로는 특히 (a) 한 꼭짓점을 공유하는 두 피라미드(그림 6.2 참조) 또는 (b) 작은 정육면체의 빈 공간을 안에 품은 큰 정육면체와 같은 입체와 같은 것들이 있다.[12] 첫째 반례에서는 $V-E+F=3$이므로 이는 참된 반례이다. 그렇다면 우리는 어찌해야 할까? 오일러 공식이

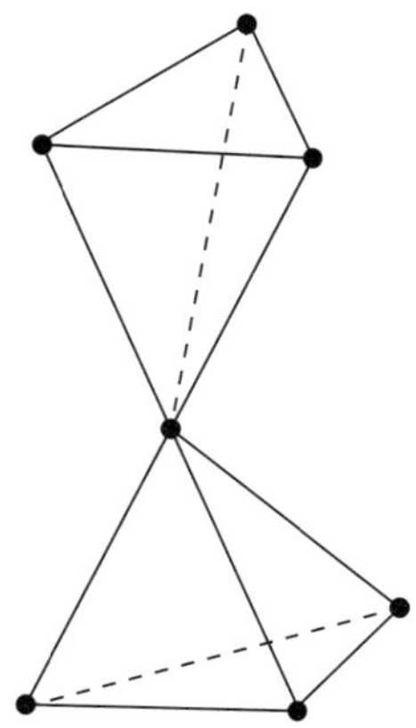

$V=7, E=12, F=8$

그림 6.2 이중 피라미드 괴물

거짓이라고 기각해야 할까? 분명 그렇지는 않다! 이 반례는 다면체의 정확한 정의에 대한 문제로 나아갈 계기가 될 뿐이다. 라카토스는 이 논의 부분을 가리켜 '괴물 장벽(monster barring)'이라고 표현했다. 우리가 어떤 아이디어를 가졌다고 하자. 여기서의 문제는 '그 적용 범위는 어디까지일까?' 이다. 극단적으로 우리는 $V-E+F=2$가 성립하는 물체를 다면체라고 정의할 수도 있다. 하지만 그렇게 하면 어떤 아이디어도 불필요하게 되며, 우리가 다면체라고 부르는 대상의 기하적 구조에 대해 아무것도 밝혀내지 못할 것이다. 사실 이 괴물은 '다면체의 좋은 정의는 어떤 것이어야 하는가?' 라는 의문을 전면에 부각시킨다. 이에 따라 우리는 우리가 연구하고 있는 수학적 대상을 더욱 깊이 검토함으로써 본래의 아이디어에 대한 탐사를 계속해간다.

이 단계에서 우리는 이 아이디어가 논리적인지 비논리적인지 말할 수 없다. 분명 이는 비논리적이지는 않지만 형식적 논증이라고 말할 수도 없다. 또한 이 아이디어에 아무런 수학적 내용도 없다고 말할 수도 없다. 사실 이 아이디어에는 풍부한 수학적 내용이 담겨 있다. 이 아이디어가 제시된 뒤에는 엄청난 수학적 노력을 쏟아 부으면서 거기에 담긴 수학을 파헤치고 밝혀야 한다. 말하자면 이 경우 $V-E+F$로 얻어지는 수는 다양체의 위상불변량으로 일반화된다. 그러므로 여기의 논의는 우리를 $V-E+F$라는 위상불변량에 의해 구별되는 또 다른 종류의 기하적 대상들로 이끌어간다. 다면체의 경우 $V-E+F=2$라면 $V-E+F$가 4이거나 0인 기하적 대상들은 어떻게 설명해야 할까?

'역설의 경계'에 선 아이디어

앞서 나는 역설적인 것들이 아이디어의 원천이란 점을 살펴보겠다고 약속했다. 이를 실천하기 위해 나는 역사적으로 중요한 여러 가지 결론들을 자세히 살펴보고자 한다. 이것들 각각에서 역설은 바로 아이디어이거나 최소한 그 중요한 부분을 이룬다. 나는 이 예들을 통해 세상은 서로 단절된 두 영역, 곧 수학적 진리를 논리적으로 증명할 수 있는 영역, 그리고 불명과 모순과 역설을 가진 영역으로 나뉘어 있다는 견해를 반박할 것이다. 전통적 관점에 따르면 수학은 완전히 위의 첫째 영역에 포함된다. 하지만 수학적 아이디어는 그런 세계관에 쉽사리 포섭되지 않는다. 이런 논지는 수학이 역설을 어찌 활용하는지에 대한 예들을 보면 더욱 명료해질 것이다. 강력한 수학은 역설과 모순을 회피하기는커녕 그 한계까지 치닫는다. 복잡성 이론(complexity theory)에는 흥미로운 생물학적 현상이 혼돈의 경계에서 일어난다는 말이 있다.[13] 역설은 혼돈의 한 형태이므로 역설의 경계에 위대한 수학이 존재한다는 사실은 그다지 놀라운 일은 아니라고 하겠다.

멱집합의 농도

제4장에서 보았듯 칸토어는 무한을 잘 정의된 수학적 대상으로 확립했다. 그러자 다음으로 칸토어의 마음에는 무한에도 크기의 단계가 있지 않을까 하는 의문이 자연스럽게 싹텄다. 칸토어는 무한집합의 농도를 헤아리는 명확한 방법을 갖추고 있었으므로 그의 새로운 관점에 내포된 암시들을 샅샅이 섭렵하는 일은 당연히 우선적으로 그가 할 일이기도 했다. 이렇게 얻어진 결과 가운데 한 특출한 것이 우리의 다음 주제인데, 이는 그 결과 자체도 흥미롭지만 이를 밝히는 데 쓰인 논증의 본질도 흥미롭다. 무한에 서로 다른 두 가지가 있다는 게 역설적으로 보인다면 무한히 많은 무한들이 존재한다는 사실은 더할 나위가 없을 것이다.

여기의 핵심적인 수학적 아이디어는 아주 단순하고도 낯익은 것이다. 예를 들어 $\{a, b, c\}$와 같이 3개의 원소를 가진 집합의 경우 가능한 부분집합의 수는 8가지이며, 구체적으로는 $\{a\}$, $\{b\}$, $\{c\}$, $\{a, b\}$, $\{a, c\}$, $\{b, c\}$, $\{a, b, c\}$이다. 그 수는 $2^3 = 8$로 구하는데, 이는 어떤 특정한 원소의 입장에서 보면 어떤 부분집합이든 이 원소가 들어가거나 들어가지 않는 2가지의 가능성으로 이루어졌다는 점을 생각하면 쉽게 이해할 수 있다. 여기 예의 경우 각 원소가 2가지의 가능성을 가지며, 이 가능성들의 총수는 서로 곱하면 얻어지므로, 원소가 셋인 경우 부분집합의 총수는 2^3이 된다. 여기서 주목할 점은 부분집합의 가짓수가 원래 집합의 원소의 수보다 더 많다는 사실이다. 그런데 이런 추론은 무한집합에도 적용되며, 따라서 무한집합에서도 부분집합의 수는 본래 집합에 있는 원소의 수보다 많다.

이에 대한 증명은 모순과 역설이 긍정적인 수학적 결론을 낳는다는 점을 보여주는 아름다운 예 가운데 하나이다. 이 역설은 여러 가지로 표현되는데 그중 하나는 다음과 같다.

> 어떤 마을에 이발사가 한 사람뿐인데, 그는 스스로 이발하지 않는 사람들의 머리를 깎아준다. 그렇다면 이 이발사의 머리는 자신이 깎는가, 그렇지 않은가?

만일 이 이발사가 스스로 이발한다면 그는 자신의 머리를 깎지 않는다. 반면 스스로 이발하지 않는다면 자신의 머리를 깎는다. 그런데 이와 비슷한 역설이 20세기 초에 수학의 토대에서 발견되었다. 이것은 러셀의 역설(Russell's paradox)이라고 부르며 집합론에서 나왔는데, 특히 '집합이 무엇인가?'라는 의문과 관련된다. 대개 우리는 집합이란 것을 어떤 원소가 거기에 속하는지 속하지 않는지 판가름하는 규칙에 의해 정해진다고 여긴다. 예를 들어 모든 짝수의 집합은 {2, 4, 6, 8, …}이고 모든 소수의 집합은 {2, 3, 5, 7, 11, …}이다. 이런 방식에 따르면 집합이 자신의 원소가 되는 집합도 생각할 수 있으며, '모든 집합의 집합'이라는 게 그 예이다. 이제 어떤 집합이 자신의 원소가 아니면 이를 '정상집합'이라 부르고, '모든 정상집합의 집합' N을 생각해보자. 그렇다면 N은 정상집합일까, 아닐까? 만일 이게 정상집합이라면 자신의 원소가 아니다. 하지만 N은 모든 정상집합의 집합이므로 N은 비정상집합이다. 비슷하게 만일 N이 비정상집합이라면 N은 자신의 원소가 될 수 없다. 하지만 그렇다면 N은 정상집합이다. 자, 어떤가? 여기에는 뭔가 큰 문제가 있는 것 같다. 어쩐지 우리는 무엇이든 집합이 될 수 있다는 생각에 문제가 있다는 느낌이 든다. 따라서 도대체 집합이 무엇이고, 어떤 게 집합이 될 수 있는지에 대해 더 생각해봐야 할 것 같다.

우리의 입장에서 흥미로운 것은 이 역설에 대한 칸토어의 다음과 같은 활용이다.

정리: 어떤 집합 A의 부분집합들을 모두 모은 집합의 농도를 2^A라 고 하자. 그러면 A의 농도는 2^A보다 작다.

우선 A의 각 원소를 모두 a로 쓰면 이것들은 $\{a\}$라는 부분집합과 대응되므로 A의 농도가 2^A보다 같거나 작다는 점은 분명하다. 따라서 이 정리는 A의 농도가 2^A보다 작다는 점만 증명하면 성립한다. 만일 A의 원소와 부분집합들을 일대일로 대응시킬 수 있으면 위 정리에서 문제되는 두 집합의 농도는 같다. 우리는 이게 불가능함을 보여야 하는데, 만일 귀류법으로 이를 보이고자 한다면 먼저 그런 대응이 가능하다고 가정하고 그럴 경우 모순이 일어남을 보이면 된다. 이 논증은 그 자체는 물론 여기서 나타나는 모순도 흥미로우므로 아래서는 이에 대해 좀 자세히 살펴보기로 한다.

먼저 A의 원소와 부분집합들을 대응시키는 어떤 방법을 찾았다고 가정하고, 이 대응을 아래와 같이 나타낸다.

$$a \leftrightarrow s(a),$$
$$b \leftrightarrow s(b),$$
$$\cdots$$

위에서 a, b, …는 A의 원소들이고 $s(a)$, $s(b)$, …는 이에 대응하는 부분집합들이다. A의 모든 원소는 어떤 부분집합과 대응되며(모든 a는 $s(a)$를 가진다), 반대로 모든 부분집합 B는 A의 어떤 원소와 대응된다(임의의 b에 대해 $B = s(b)$이다)는 점을 기억하도록 한다.

그러면 $s(a)$는 부분집합이므로 a는 $s(a)$의 원소이거나 아니거나 둘 중 하나일 뿐이다(그림 6.3 참조). 이제 대응하는 부분집합의 원소

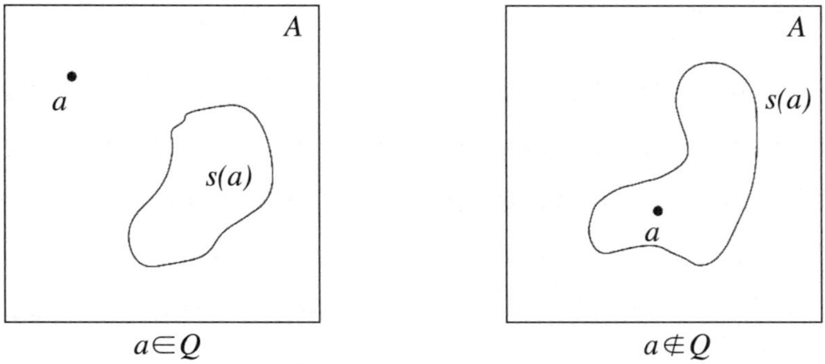

그림 6.3

가 아닌 원소들을 모두 모으고 그것을 Q라고 부른다(곧 $Q = \{a: a \notin s(a)\}$이다). 그런데 이렇게 만든 Q도 부분집합의 하나이며, 앞서 부분집합들은 모두 짝지어졌다고 가정했다. 따라서 이것도 A의 어떤 원소와 짝을 이룰 것이므로 그 원소를 q라고 하자. 다시 말해서 '$Q = s(q)$' 또는 '$q \leftrightarrow Q$'로 쓸 수 있다.

그렇다면 q는 Q의 원소일까, 아닐까? 여기서 우리는 자신의 머리를 깎거나 깎지 않는 이발사의 문제로 다시 돌아간 셈이 된다. 만일 q가 Q의 원소라면 Q의 정의에 따라 q는 Q의 원소가 아니다. 반면 만일 q가 Q의 원소가 아니라면 Q의 정의에 따라 q는 Q의 원소가 된다. 요컨대 여기서 우리는 어떻게 해도 모순에 빠진다.

그렇다면 결론은 무엇일까? 결론은 이와 같은 완전한 대응은 있을 수 없다는 것이다. 따라서 문제의 두 집합은 농도가 같지 않다. 그러므로 결국 우리는 집합 A의 부분집합들을 모두 모은 집합의 농도인 2^A는 A의 농도보다 더 크다고 결론지어야 한다.

A=N인 경우

우리는 문제의 집합이 자연수인 경우의 결과에 대해서는 칸토어의 대각선 논증(diagonal argument)을 이용하여 이미 증명했으며, 그 논증을 여기의 것과 비교하고자 한다. 이를 위하여 자연수의 모든 부분집합은 0과 1의 수열로 여길 수 있다는 점에 주목한다. 여기에서 n번째 자리의 1은 n이 그 부분집합의 원소이며 0은 그렇지 않다는 사실을 나타낸다. 그러므로 {1, 2}는 1, 1, 0, 0, 0, 0, ⋯, 짝수는 0, 1, 0, 1, 0, 1, ⋯, 그리고 0, 0, 1, 0, 0, 1, 0, 0, 1, ⋯은 {3, 6, 9, ⋯}라는 부분집합을 나타낸다.

그러면 논증은 자연수의 모든 부분집합을 목록화할 수 있다고 가정하는 데에서 시작되며, 우리는 다음과 같은 목록을 갖는데, 각 원소는 0 또는 1이다.

$$a_{11}\ a_{12}\ a_{13}\ \cdots,$$
$$a_{21}\ a_{22}\ a_{23}\ \cdots,$$
$$a_{31}\ a_{32}\ a_{33}\ \cdots,$$
$$\cdots$$

집합 Q는 $a_{nn} = 0$인 원소들 n으로 만들어진다. 다시 말해서 $n \in Q \Leftrightarrow a_{nn} = 0 \Leftrightarrow n \notin S_n$이다. 그런데 가정에 따르면 Q도 위의 목록 어딘가에 들어가야 하므로 그 줄을 k번째 줄이라고 하자. 그러면 $k \in Q \Leftrightarrow a_{nn} = 0 \Leftrightarrow k \notin S_k$이다. 하지만 $Q = S_k$이다. 따라서 이는 모순이다.

칸토어의 결과에 대한 촌평

이 논증은 서로 다른 무한기수들의 무한한 계열을 만들기 위하여 고안되었다. 이 논증은 모순이며 러셀의 역설을 핵심 아이디어로 담고 있다. 어떤 의미로 이는 우리가 이 역설을 회피하고 싶다면 무한대의 무한 계열을 받아들여야 한다는 사실을 밝히고 있다. 이 역설은 회피한다기보다 의도적으로 상기되어야 하고 궁극적으로는 배제되어야 한다. 이 거장의 멋들어진 솜씨 앞에서 우리는 마치 탁월한 투우사가 소의 뿔이 허벅지를 스치고 지나도록 하면서도 상처 하나 입지 않고 비껴나는 모습을 보는 듯한 외경에 빠진다.

괴델과 연속체 가설

우리는 방금 위에서 무한의 무한 계열을 만들어냈다. 이는 맨 처음에 자연수 집합 N으로부터 시작했고, 이어서 그 모든 부분집합을 생각했으며, 그 뒤 그 모든 부분집합의 모든 부분집합을 생각하는 과정을 되풀이하는 방식으로 진행되었다. 이런 관점에서 실수는 자연수 집합 N의 모든 부분집합들로 구성된 집합 $Q = S_k$에 해당한다. 위에서 나는 N의 모든 부분집합들이 0과 1의 무한수열로 표현될 수 있음을 보였다. 그런데 이 무한수열은 거꾸로 실수들에 대한 이진법 표현으로 여길 수 있다. 예를 들어 짝수의 집합에 대응하는 010101⋯은 다음과 같은 과정을 통해 특정한 실수로 바꿀 수 있다.

$$0.010101\cdots(2\text{진법}) = \frac{0}{2} + \frac{1}{4} + \frac{1}{8} + \frac{1}{16} + \frac{0}{32} + \frac{1}{64} + \cdots = \frac{1}{3}$$

또 {1, 2, 3}이라는 부분집합을 나타내는 111000⋯은 다음과 같이 바뀐다.

$$\frac{0}{2} + \frac{1}{4} + \frac{1}{8} + \frac{0}{16} + \frac{0}{32} + \cdots = \frac{7}{8}$$

이런 방식을 통해 위에서 생각한 0과 1의 모든 수열은 각각 독특한 실수를 생성하며, 거꾸로 이진법으로 나타낸 모든 실수는 자연수 집합의 모든 부분집합들에 해당한다. 따라서 N의 모든 부분집합의 집합과 실수의 집합 R은 농도가 서로 같다.

그런데 이쯤에서 하나의 문제가 떠오르며, 그것은 '자연수 집합보다 크지만 실수 집합보다 작은 집합이 존재하는가?' 라는 것이다. 연속체 가설(continuum hypothesis)은 그런 집합은 존재하지 않는다고 주장한다. 칸토어는 연속체 가설이 옳다고 믿으면서 이 가설을 증명 또는 반증하기 위해 엄청난 노력을 기울였다. 하지만 그는 끝내 성공하지 못했으며 결국 이는 그의 생애에서 가장 큰 지적 패배 가운데 하나로 남았다.

쿠르트 괴델은[14] 연속체 가설이 집합론의 표준적인 체르멜로 프랑켈(Zermelo-Fraenkel) 공리들을 사용할 경우(선택공리 포함) 반증할 수 없다는 사실을 증명했다. 이로부터 23년 뒤 폴 코헨(Paul Cohen, 1934~2007)은[15] 연속체 가설이 위의 공리들을 사용하여 증명할 수도 없다는 사실을 증명했다. 따라서 연속체 가설은 이 공리들과 독립이며, 이는 현재까지의 수학체계에 연속체 가설을 참으로 보는 공리를 덧붙이거나(유리수 집합보다 크고 실수 집합보다 작은 집합은 없다) 거짓으로 보는 공리를 덧붙일 경우(유리수 집합보다 크고 실수 집합보다 작은 집합이 있다) 각각 나름대로 의미 있는 새로운 수학체계가 성립한다는 뜻이다.

그런데 연속체 가설을 거짓이라고 보는 수학체계가 실수의 다양한 부분집합들을 더 많이 가지므로 그 내용도 더 풍부하다. 어쩌면 괴델은 이런 이유 때문에 연속체 가설을 거짓이라고 믿었던 것 같다. 그는 플라톤주의자였으므로 수학적 명제의 (절대적인) 진리성이나 허위성은 증명가능성과 무관하다고 단언하는 데에 아무런 어려움을 겪지 않았다. 그리고 우리는 여기에서 진리성과 증명가능성의 나뉨에 대한 흥미로운 사례를 목격한다. 어떤 의미에서 연속체 가설은 우리가 논의하고 있는 무한의 역설들 가운데 한 예이다. 이게 참일까, 거짓일까? 이에 대해 우리는 어떤 확실한 답을 할 수 있을 것 같다는 느낌을 받는 사람들도 있을 것이다. 하지만 이것은 견해의 문제가 아니다. 우리 수학자들은 실수계에 대해 아주 깊은 친밀감을 갖고 있으므로 연속체 가설은 가부간에 이 계가 분명히 드러내야 할 매우 실질적인 성질로 보인다. 과연 실수의 집합들 가운데 유리수 집합과 실수 집합 사이의 농도를 가진 집합이 존재할까? 이 문제에 대해 생각하노라면 우리는 수학적 명제의 공리적 지위에 의문이 제기되는 예가 되풀이되는 듯한 느낌을 받는데, 수학사에서 이전에 가장 큰 위기를 초래했던 예는 바로 유클리드의 평행선 공리였다.

사실 연속체 가설이 일깨우는 역설은 수학 자체의 본질과 밀접하게 관련된다. 우리는 실수계의 성질들이 공리계나 인간의 간섭에 상관없이 '저기 어딘가에' 독립적으로 존재한다는 느낌을 갖고 있다. 연속체 가설의 독립성에 대한 괴델과 코헨의 증명은 이 가설의 진리성이 임의적임을 암시하는 것 같다. 다시 말해서 우리는 이것을 우리의 마음대로 취하거나 버릴 수 있다. 하지만 이런 생각은 수학에 대해 완전히 형식주의적인 태도를 취하는 것과 마찬가지로 사뭇 불만족스럽다. 이에 따라 연속체 가설은 우리가 직면해야 할 수리철학의 현대적 문제의 하나로 부각되었다. 포스트모던이라고 불러도 좋은 현대적 관점에서 보자면 주어진 공리계 안에서 증명도 반증도 불가능한 명제가 존재한다는 사실은 그다지 놀라운 일은 아닐 것이다. 하지만 그렇다면 '진리'라는 것에 대해서는 어찌 생각해야 할까?

괴델과 불완전성

괴델의 불완전성 정리는 20세기의 가장 위대한 지적 성취 가운데 하나이다. 그 영향력은 너무나 광범위하여 도무지 과대평가하기가 어려울 정도이다. 괴델의 이 업적은 연역계의 범주에 대한 내재적 한계를 밝혔는데, 이에 따르면 주어진 어떤 (충분히 복잡한) 연역계에는 그 계의 범주를 초월하는 결론이 존재한다. 다시 말해서 이 연역계에는 진리이면서도 그 근본 공리들을 이용하여 증명도 반증도 할 수 없는 명제가 존재한다. 이 새로운 결과는 본래의 연역계에 새로운 공리로 덧붙여도 되고, 다른 새로운 공리를 도입함으로써 증명할 수도 있을 것이다. 하지만 이렇게 확장한 연역계에서는 증명도 반증도 할 수 없는 또 다른 명제가 나타난다. 괴델은 이처럼 어떤 연역계의 한계를 초월하는 결과들이 존재함을 보였다. 하지만 이 증명은 존재정리의 일종이었으므로 그 수학적 내용이 명시적으로 밝혀지지는 않았다. 그 뒤로 이어지는 연구에서 이런 범주에 들어가는 특정한 수학적 결론들이 얻어졌으며, 아래서는 그중 하나에 대해 이야기한다.

서양의 지성사 일반, 또는 특히 수학사를 공부한 사람 가운데 이 결론에 놀라지 않은 사람은 없을 것이다. 이는 유클리드로부터 시작하여 여러 세기를 내려오면서, 프레게, 힐베르트, 러셀, 화이트헤드에 이르기까지 많은 사람들의 업적에서 그려졌던 황홀한 '이성의 꿈'을 산산이 부셔버리는 듯 보였다. 주의할 것은 괴델의 정리가 철학적으로는 이토록 파괴적임에도 불구하고 통상적인 수학자들의 연구에 대해서는 거의 또는 전혀 아무런 영향을 주지 못했다는 점이다. 하지만 수학의 인식론에 관심 있는 사람들에게는 심중한 의미를 가진 것으로 다가왔다.

괴델의 정리는 언뜻 부정적으로만 보인다. 하지만 한 관점의 끝점은 다른 관점의 시작점이 되기도 하므로, 궁극적인 형식론의 희망이 붕괴한 것은 일종의 해방으로 볼 수 있다. 이는 수학의 순수하게 형식적이거나 알고리듬적인 관점으로부터의 해방이었으며, 창의적 가능성으로 충만하고 더욱 개방된 수학적 관점의 가능성을 열어제쳤다.

어떤 지적 성취의 가치를 판단하는 한 가지 방법은 그것이 불러일으킨 후속 연구들의 독창성을 따져보는 것이다. 여기에서 나는 퓰리처상을 획득한 더글러스 호프스태터(Douglas Hofstadter, 1945～)의 1979년 저작 ≪괴델, 에셔, 바흐: 영원한 황금 노끈≫(*Gödel, Escher, Bach: An Eternal Golden Braid*)에 대해 언급해야겠다. 호프스태터는 괴델의 업적에 내포된 방대한 암시와 현대적 사고와의 관련성을 살펴보았다. 불완전성 정리는 여러 수준에서 작동하는 탁월한 걸작이다. 무엇보다 먼저 이는 수리논리학 분야에서 매우 정교하고 찬란한 정리 가운데 하나이다. 한편 좀더 보편적인 수준에서는 과학철학과 수리철학에 대해, 그리고 더 나아가서는 인간 사고의 전반에 대해 심원한 암시를 제시한다.

어떤 의미에서 괴델의 결과는 이 책의 주제를 선명히 드러내고 강화해준다. 내가 수학에 대해 밝힌 철학적 명제들은 초수학의 세계에 속한다. 괴델의 결과에 내포된 특출한 면모 가운데 하나는 초수학적 명제를 놀라운 자기지시의 기교를 통해 수학 안에서 논의할 수 있도록 했다는 것이다. 나는 제3장에서 이미 자기지시의 개념을 제시하고 무한과의 관계에 대해 논의했다. 그러므로 괴델의 불완전성 정리는 수학의 본질에 관한 많은 것들을 명백히 드러낼 뿐 아니라 그 논증법도 우리에게 많은 것들을 전해준다. 요컨대 이 결과는 위의 두 수준 모두에서 타당하다.

'아이디어'는 역설이다

불완전성 정리에 대해 이야기할 중요한 첫째 사항은 이것이 역설을 중심으로 구성되었다는 점이다. 괴델의 뛰어난 계승자인 그레고리 섀틴(Gregory Chaitin, 1947~)이 이에 대해 남긴 말을 보자.

> 불완전성 정리의 증명은 아주 교묘하다. 또한 아주 역설적이다. 그리고 거의 무모하게 보인다. 괴델은 사실상 거짓말쟁이의 역설로부터 시작했다. '내 말은 거짓이다!'는 말은 참도 거짓도 아니다. 괴델이 실제로 한 일은 '내 말은 증명할 수 없다!'는 말을 만들어낸 것이다. 이런 명제를 … 산술에서 만들어낼 수 있다면 … 곤경에 빠진다. 왜? 그 이유는 이 명제의 증명이 가능하다면 필연적으로 거짓이며, 따라서 거짓인 결론을 증명한 셈이 되기 때문이다. 반면 이 명제의 증명이 불가능하다면 이 명제가 스스로 말하듯 이는 참이며, 따라서 수학은 불완전하다.[16]

앞서 우리는 수학에서 어떤 역설적인 요소가 존재한다는 사실 때문에 수학을 형식화하려는 시도는 이런 역설을 제거하는 방향으로 나아가려고 했다는 점을 살펴보았다. 형식계는 참된 명제만 만들어낼 것이며, 나아가 완전하다면 수학에서 가능한 모든 참된 명제들을 만들어낼 것이다. 20세기로 접어들 무렵 프레게는 산술을 굳건한 토대 위에 세우려는 시도를 했지만 러셀의 역설이 발견됨에 따라 물거품이 되고 말았다. 우리는 위에서 러셀의 역설이 이발사의 역설과 관련된다는 점을 보았다. 섀틴이 지적했듯 이런 역설들은 고대 그리스의 철학자 에피메니데스(Epimenides, 기원전 6세기경)가 내놓은 거짓말쟁이의 역설에 연결된다. 이 역설의 핵심은 이게 '이 명제는 거짓이다'로 풀이될 수 있다는 데에서 알 수 있다시피 자기 자신에 대해 말한다는 점이다. 이 명제는 정말로 거짓일까? 만일 이게 거짓이라면 참이 되어야 한다. 하지만 이게 참이라면 거짓이 된다. 다시 말해서 이 명제는 참도 거짓도 아니다.

괴델의 탁월성은 부분적으로 이 역설적 아이디어를 그가 내놓은 논증의 핵심으로 삼을 수 있었다는 데에 있다. 이런 점에서 그의 업적은 이 장의 앞부분에서 이야기했던 칸토어의 증명을 돌이키게 한다. 하지만 괴델은 이 길을 실질적으로 그 누구도 가능하다고 믿기 힘든 곳까지 철저히 탐사하고 나섰다. 무한에 대한 논의에서 나는 무한의 아이디어가 자기지시적 상황에서 상기될 수 있을 것이라는 가능성에 대해 언급한 적이 있다. 괴델의 증명은 참으로 자기지시적이다. 그는 수학에 대한 명제를 수학 자체의 내부로 반사시켰다. 곧 괴델은 역설과 자기지시라는 서로 관련된 관념을 사용했던 것이다. 경이로운 사실은 그의 증명에서 이러한 역설과 자기지시적 요소들이 정교하고도 정확한 논리적 논증에 의해 제어된다는 점이다. 그리고 그 결과는 바로 형식적이고 논리적인 사고의 본질적 한계에 대한 것이었다. 한마디로 이는 참으로 찬탄해 마지않을 업적임에 분명하다!

형식계

괴델의 진행 방식은 수학의 형식화에 대한 이전의 시도에서 큰 영향을 받았는데, 그 한 갈래에는 힐베르트, 다른 갈래에는 러셀과 화이트헤드가 자리잡고 있다. 형식계의 결정적인 특징은 모든 것, 그야말로 절대적으로 모든 것을 정확히 규정하는 것이다. 여기서는 수학적 및 논리적으로 허용되는 '=', '0', '+'와 같은 기호들을 선정하고, 명제를 만들기 위하여 이 기호들을 어떻게 결합하며, 어떤 규칙 아래 한 명제에서 다른 명제가 도출되는지 등을 명확히 규정한다. 이에 따르면 모든 기호와 명제와 공리와 정리, 심지어 논증에 대해서도 어떤 독특한 수를 부여할 수 있다. 그 가장 단순한 방법은 가능한 모든 명제들을 열거할 방법을 찾고 목록을 만드는 것이다. 이 목록에는 첫째 명제가 있으며 아마 이것은 기호들을 나타낼 것이고, 이어서 둘째, 셋째 등등의 명제가 이어질 것이다. 이 목록의 순서는 여러 가지로 정할 수 있을 텐데, 어떤 것은 비교적 단순한 반면 어떤 것은 복잡할 것이다.

그런데 모든 수학적 표현을 열거할 수 있다고 보는 데에는 뭔가 이상한 점이 있으며, 프랑스의 수학자 줄 리샤르(Jules Richard, 1862~1956)는 1905년에 이 점을 이용한 역설을 처음으로 만들어냈다. 위에 열거된 각각의 정의는 독특한 정수와 짝지어지는데, 어떤 정수는 자신과 짝지어진 정의에 규정된 바로 그 성질을 지닐 수도 있다. 예를 들어 어떤 정의의 표현이 '1과 자신 이외의 정수로 나누어지지 않는 수'인데 이게 17이라는 수와 짝지어졌다고 생각해보자. 그러면 17은 분명이 표현에 내포된 성질을 갖고 있다. 반면 다른 어떤 정의의 표현이 '어떤 정수와 그 자신의 곱'이고 이게 15와 짝지어졌다면 15는 이 표현에 내포된 성질을 갖지 않는다. 여기서 나중의 경우를 가리켜 '15는 '리샤르수'이다'라고 말하기로 하자. 그러면 앞의 예에 나오는 17은 리샤르수가 아니다.[17]

이제 '리샤르수'라는 것에 대해 생각해보면 이것은 정수의 한 특성을 나타내는 것이라고 볼 수 있다. 따라서 위에 열거된 목록의 어딘가에 나타나야 하며, 그 자리가 n이라고 하자. 그렇다면 n은 리샤르수일까? 우리는 지금까지의 몇 가지 예들 덕분에 역설에 대해 어느 정도 익숙해 있으므로 여기의 역설도 쉽게 파악할 수 있는데, 이는 바로 "n은 n이 리샤르수가 아닐 때에만 리샤르수이다"라는 것이다.

이 특수한 모순은 극복할 수 있다. "우리는 리샤르의 역설을 산술

안에서의 명제와 산술을 구성하는 어떤 표현 체계에 대한 명제를 주의 깊게 구별함으로써 해결할 수 있다."[18] 하지만 그럼에도 불구하고 이 역설은 괴델의 아이디어에 포섭되었는데, 이에 따르면 "충분히 복잡한 형식계에 대한 초수학적 명제는 계 자체로 사상 또는 투영될 수 있다."

괴델은 형식계의 요소들을 정수로 고쳐서 산술적으로 연산할 수 있도록 하는 경이로운 방법을 고안했다. 도대체 수학적 논증에 담긴 그 복잡한 정보들을 어떻게 하나의 정수 속에 압축시킬 수 있단 말일까? 그러다가 많은 양의 정보를 잃는 것은 아닐까? 자세히 따지기 전에 핵심부터 말하자면 이는 단 하나의 정수라도 소인수분해하면 많은 정보를 담을 수 있다는 사실을 이용한다. 다음 예를 보자.

$$N = 2{,}337{,}185{,}664{,}000 = 2^{10} \times 3^{8} \times 5^{3} \times 11^{2} \times 23$$

여기 하나의 정수 N은 각각 다른 지수를 가진 다섯 소수의 곱으로 되어 있다. 이 소수들과 지수들은 정수 N에 담겨 있는 서로 다른 정보를 나타낸다고 생각할 수 있다. 정수의 이와 같은 심층 구조가 (형식) 수학적인 명제와 논증들을 하나의 (매우 큰) 정수에 담는 방법의 핵심이다. 역으로 이렇게 만든 정수를 소인수분해하면 형식수학의 본래의 정보들을 재구성할 수 있다.

괴델은 수학적 논증에 내포된 정보를 잃지 않고 하나의 정수에 담는 방법을 고안했을 뿐 아니라 서로 다른 수학적 명제들의 관계에 대한 초수학적 명제들을 산술 속으로 불러들이는 방법도 개발했다. 예를 들어 "괴델수(Gödel number)가 x인 일련의 식은 괴델수 z인 식에 대한 증명이다"라는 초수학적 명제를 보자. "이 명제는 x와 z 사이의 순수한 산술적 관계를 나타내는 명확한 산술적 연산으로 표현(투영)되어 있다."[19]

이처럼 괴델은 자기지시적 상황, 다시 말해서 두 가지의 일관된 맥락을 가진 제어된 불명의 상황을 창조했다. 그 하나는 정수 및 정수들 사이의 관계로 이루어진 산술적 구조이고, 다른 하나는 명제와 증명에 대한 형식적이고 초수학적인 구조이다.

이제 이와 같은 괴델수 체계가 만들어졌다고 가정하고, 괴델의 증명에 담긴 핵심적 아이디어에 대한 로저 펜로즈(Roger Penrose, 1931 ~)의 설명을 따라 진행한다.[20] 하나의 변수에 의존하는 명제함수(propositional function)를 생각하고 이것을 k로 나타내며, n번째의 식을 다음과 같이 나타낸다.[21]

$$P_n(k)$$

수학적 명제에 대한 각각의 증명 또는 잠재적 증명은 일련의 명제이므로 이것에도 자연수를 붙일 수 있다. 따라서 n번째의 증명을 다음과 같이 나타낸다.

$$\prod_n$$

이제 아래의 명제를 생각해보자.

$$\neg\exists n\,[\prod_n \text{proves } P_k(k)]$$

말로 하자면 이는 $P_n(k)$에 대한 증명이 없다는 뜻이다. 그런데 모든 명제들은 산술적 용어들로 표현되어 있으므로 이 명제도 목록 가운데 어느 곳에 있을 것이다. 그 자리가 m번째의 위치라고 하면 다음과 같이 쓸 수 있다.

$$\neg\exists n\,[\prod_n \text{proves } P_k(k)] = P_m(k)$$

이제 $m = k$라면 위의 식이 어찌되는지 살펴보자(이것은 칸토어의 대각선 논증을 떠올리게 한다).

$$\neg\exists n\,[\prod_n \text{proves } P_k(k)] = P_k(k)$$

이 명제는 그 자체가 (주어진 체계 안에서) 증명할 수 없다고 말하고 있다. 펜로즈는 자기지시적이고 불명한 식에 대해 다음과 같이 말했다.

> 특정한 명제 $P_k(k)$는 완벽히 잘 정의된 산술적 명제다. 그런데 이게 우리의 형식계 안에서 증명될까? … 이에 대한 답은 '아니오' 이며, 그 이유는 배경에 자리잡은 괴델의 논증을 살펴봄으로써 이해할 수 있다. $P_k(k)$는 산술적 명제에 지나지 않지만 우리는 이것을 좌변에 쓰인 내용, 곧 '$P_k(k)$는 문제의 형식계 안에서는 증명할 수 없다' 라고 단언하도록 만들었다. 우리가 증명 과정에 쓰일 공리와 규칙을 주의 깊게 세우고 번호 매기기를 올바르게 했다면 이 형식계 안에서 $P_k(k)$를 증명할 도리는 없다. 왜냐하면 만일 그런 증명이 있다면 $P_k(k)$가 실제로 선언하는 것, 곧 이에 대한 증명이 없다는 명제의 '의미' 가 거짓이며, 따라서 $P_k(k)$는 산술적 명제로서는 거짓이어야 한다. 우리는 수학적 형식계를 거짓 명제가 증명이 될 정도로 엉터리로 만들어서는 안 된다! 그러므로 $P_k(k)$에 대한 증명은 실제로 없어야 한다. 그런데 이는 $P_k(k)$가 선언하는 바로 그 내용이다. 따라서 $P_k(k)$는 참인 산술적 명제다. 결론적으로 주어진 형식계 안에는 참이면서도 증명이 불가능한 명제가 존재한다![22]

그런데 $P_k(k)$의 부정도 증명할 수 없다. 왜냐하면 이것은 거짓인데, 형식계 안에서는 거짓인 명제를 증명할 수 없기 때문이다. 그러므로 $P_k(k)$와 그 부정은 문제의 형식계 안에서 모두 증명불능이며, 어떤 형식계가 불완전하다는 것은 바로 이런 뜻이다.

괴델은 이처럼 산술을 다룰 정도로 복잡한 형식계, 곧 0, 1, 2, 3, 4, …이라는 자연수를 가지며 덧셈과 뺄셈에 따른 성질들을 가진 것 이상의 형식계는 모순이거나 불완전함을 보였다. 따라서 힐베르트는 틀렸다. 수학에는 참인 명제들만 모두 내놓는 형식계는 존재하지 않는다.

굿스타인 정리 : 참이지만 증명불능인 명제

괴델의 정리는 어떤 형식계에는 참이지만 이를 이루는 공리들로 증명할 수 없는 명제가 존재한다고 말하는데, 어떤 종류의 명제들이 이런 부류에 속하는지에 대해서는 명확히 밝히지 않는다. 하지만 이제 그런 정리를 서술할 수 있게 되었으며, 아래서는 펜로즈의 설명에 따라[23] 영국의 수학자 루벤 굿스타인(Reuben Goodstein, 1912~1985)이 제시한 굿스타인 정리(Goodstein's theorem)를 소개한다.

이 정리의 묘사는 모든 정수는 1과 2만으로 나타낼 수 있다는 사실에서 출발하는데, 여기서는 이것을 이진법이라고 부르기로 한다. 아래 예를 보자.

$$45 = 32 + 8 + 4 + 1 = 2^5 + 2^3 + 2^2 + 1 = 2^{2^2+1} + 2^{2+1} + 2^2 + 1$$

우리는 또한 이것을 1과 2와 3을 사용하는 삼진법으로 나타낼 수도 있다.

$$45 = 27 + 2 \times 9 = 3^3 + 2 \times 3^2$$

또한 1과 2와 3과 4를 사용하는 사진법으로 나타낼 수도 있다.

$$45 = 2 \times 16 + 3 \times 4 + 1 = 2 \times 4^2 + 3 \times 4 + 1$$

이제 임의의 수를 택하고 위에서와 같이 이진법으로 쓴 뒤 거기에 다음 연산을 행한다.

(a) 밑을 1만큼 증가시킨다.
(b) 이 수에서 1을 뺀다.

이후 위의 과정을 되풀이하는데, 아래에는 위에서 보인 45에 대해 몇 개의 단계를 예시했다. 이때 45는 일종의 '씨'로 여길 수 있다.

$$45 = 2^{2^2+1} + 2^{2+1} + 2^2 + 1$$

1단계: $3^{3^3+1} + 3^{3+1} + 3^3 + 1$
2단계: $3^{3^3+1} + 3^{3+1} + 3^3$
3단계: $4^{4^4+1} + 4^{4+1} + 4^4$
4단계: $4^{4^4+1} + 4^{4+1} + 4^4 - 1 = 4^{4^4+1} + 4^{4+1} + 3 \times 4^3 + 3 \times 4^2 + 3 \times 4 + 3$
5단계: $5^{5^5+1} + 5^{5+1} + 3 \times 5^3 + 3 \times 5^2 + 3 \times 5 + 3$
6단계: $5^{5^5+1} + 5^{5+1} + 3 \times 5^3 + 3 \times 5^2 + 3 \times 5 + 2$
7단계: $6^{6^6+1} + 6^{6+1} + 3 \times 6^3 + 3 \times 6^2 + 3 \times 6 + 2$

문제는 '결국 어찌될 것인가?' 라는 것이다. 언뜻 보면 수의 크기가 계속 커지므로 결국 무한대가 될 것이라고 보는 게 자연스럽다.[24] 하지만 놀랍게도 굿스타인 정리에 따르면, 처음의 '씨'가 어떤 수이든 이 과정은 (매우 길게 이어지기는 하겠지만) 결국 언제나 0으로 끝난다.

이를 처음 대할 때는 참으로 기이하고 반직관적으로 여겨진다.

(b)의 단계는 겨우 1씩만 빼가지만 서서히 균형을 허물고 마침내 밑의 증가를 압도하게 된다. 그러나 약간의 계산을 실제로 해보면 왜 이런 결과를 얻게 되는지에 대한 감을 잡을 수 있다. 사실 우리는 위의 4단계부터 이미 이런 흐름을 읽을 수 있는데, 여기에서 4의 거듭제곱은 3의 거듭제곱으로 바뀌며 계속 진행하면 차츰 더욱 붕괴된다.

이 결과에서 흥미로운 것은 이게 괴델의 정리를 산술과 귀납법에 적용하는 구체적 사례라는 점이다. 수학적 귀납법에 대해서는 제3장에서 이야기했는데, 우리는 여기에서 산술의 일반적 연산과 논리와 귀납법을 구비한 계로 연구한다고 가정하자. 그러면 이 계에 대한 괴델의 정리는 굿스타인 정리와 같은 모습으로 다시 표현할 수 있다는 점이 밝혀져 있다.[25] 따라서 이는 계 안에서 수학적 귀납법으로 증명할 수 없지만 참이며, 통상적인 귀납법보다 더 강력한 가정을 동원하면 참임을 증명할 수 있다. 펜로즈는[26] 이 결과를 토대로 수학적 결론의 진실에 이르는 우리의 능력과 선험적인 규칙들에 근거하여 증명할 수 있는 것에는 근본적인 차이가 있다고 주장했다.

콜라츠의 3n+1 문제

굿스타인 정리에서 보는 것과 같은 반복 과정과 관련된 문제들은 많다. 독일의 수학자 로타르 콜라츠(Lothar Collatz, 1910~1990)는 1937년에 처음으로 이런 종류의 한 문제를 제시했으며 흔히 그의 이름을 붙여 부른다. 아래에서 나는 어떤 정수 a_0로 시작하는 a_n($n = 1, 2, 3, \cdots$)을 다음과 같이 정의한다.

$$a_n = \begin{cases} 3a_{n-1} + 1, & a_{n-1}\text{이 홀수} \\ a_{n-1} / 2, & a_{n-1}\text{이 짝수} \end{cases}$$

따라서 '씨'가 되는 a_0는 $a_1, a_2, a_3, \cdots$라는 수열을 만드는데, 예를 들어 a_0로 몇 가지의 가장 작은 양의 정수를 택할 경우에는 다음과 같다.

$a_0 = 1 \quad a_1 = 4 \quad a_2 = 2 \quad a_3 = 1$

$a_0 = 2 \quad a_1 = 1$

$a_0 = 3 \quad a_1 = 10 \quad a_2 = 5 \quad a_3 = 16 \quad a_4 = 8 \quad a_5 = 4 \quad a_6 = 2 \quad a_7 = 1$

이 결과를 계속해서 목록으로 만들면 다음과 같으며, 맨 왼쪽의 수는 해당 수열의 씨이다.

4, 2, 1
5, 16, 8, 4, 2, 1
6, 3, 10, 5, 16, 8, 4, 2, 1
7, 22, 11, 34, 17, 52, 26, 13, 40, 20, 10, 5, 16, 8, 4, 2, 1
…

콜라츠 추측은 처음의 씨가 무엇이든 이 수열들이 결국에는 모두 1로 끝난다는 것이며, 매우 큰 값의 씨들에 대해서도 확인되었다. 그러므로 이 추측은 참일 가능성이 높은데, 문제는 '어떻게 증명하느냐?'라는 것이다. 이 추측이 나온 이래 많은 시도가 이어졌지만 아직도 증명은 이루어지지 않았고 가까운 시일 안에 이루어지지 않으리라는 게 일반적인 예상이다. 이에 대해 헝가리의 수학자 폴 에어디시(Paul Erdös, 1913~1996)는 '수학은 아직 이런 문제들에 대한 준비를 갖추지 못했다'라는 말을 남겼다고 한다. 미국의 수학자 제프리 래거리어스(Jeffrey Lagarias, 1949~)는 이와 관련된 탐사 논문을 여기에 내포된 불명을 강조하면서 다음과 같이 마무리 지었는데, 내 생각에는 이 말 속에 이 문제를 해결할 시도의 핵심이 숨어 있다고 여겨진다.

> $3n+1$ 문제는 정말로 손도 대지 못할 정도로 어려운가? 이 문제의 어려움은 이 문제가 우연적 행동을 흉내내는 필연적 과정이라는 사실에 있는 듯하다.[27] 이에 따라 우리는 다음과 같은 딜레마에 마주친다. 한편으로 이 문제에는 우리가 분석할 수 있는 구조가 있지만, 이 구조는 우연적으로 행동함으로써 우리의 증명을 방해한다. 다른 한편으로 이 문제에는 아무런 구조도 없고 우연적이어서 우리의 분석이 침투할 틈이 없고, 이에 따라 아무것도 엄밀하게 증명할 수 없다.[28]

과연 콜라츠 추측은 증명할 수 있을까? 아직 아무도 모른다. 하지만 이 문제를 일반화한 한 문제는 형식적으로 결정불능임이 알려져 있다. 그런데 현재의 지식으로 접근할 수 없는 추측과 본질적으로 접근할 수 없는 추측 사이에는 큰 차이가 있다. 이런 종류의 문제가 괴델의 정리가 존재한다고 말하는 그런 종류의 문제일까? 충분히 그럴 수 있다. 그런데 여기서 더 나아가 수많은 수학적 결론들도 혹시 이런 종류의 것, 곧 잘 규정되면서도 증명불능인 것들이 아닐까? 이 의문에 대한 답은 수학에 대한 우리의 관념에 엄청난 영향을 미칠 수 있다. 과연 엄밀하게 증명할 수 있는 것들은 어떤 의미로 볼 때 실제로는 예외적이고, '대부분의' 수학적 결론들은 도리어 괴델의 정리가 암시하는 종류의 것들이 아닐까?

괴델의 정리에 대한 촌평

여기서는 괴델의 정리에서 배울 수 있는 몇 가지 사항들을 모아 되새겨본다. 첫째로 이 결론은 초결론, 곧 어떤 특정한 종류의 지식 체계가 가진 가능성에 대한 것이면서도 그 지식 체계 안에서 표현되는 결론이다. 이처럼 어떤 사고 체계의 한계를 바로 그 체계의 논리적 맥락 속에서 밝힐 수 있다는 것은 이 정리의 놀라운 신비로움이다. 괴델의 정리는 자기지시라는 필수적이고도 위험한 요소를 깊이 파헤치면서 얻어진 것이다.

둘째로 이 결론은 특정한 논리적 역설을 토대로 엮어낸 것이지만 그 자체가 역설은 아니다. 내 생각에 이와 같은 역설의 활용은 우연적인 게 아니며, 이런 종류의 심오한 지식을 탐구하는 데에는 필수적이라고 여겨진다.

불명은 증명에서도 아주 중요한 요소이다. 논증은 놀라운 불명을 찾아내는 데에 달려 있다. 정수는 두 가지로 풀이할 수 있는데, 첫째는 산술적 대상으로 보는 것이고, 둘째는 수학적 명제와 논증으로 보는 것이다. 제1장에서 보았던 많은 예들과 마찬가지로 괴델은 두 맥락을 오가는 방법을 창조해냈다. $E = mc^2$이라는 식이 한 맥락에서는 물질이라는 실체지만 다른 맥락에서는 무형의 에너지이듯, 어떤 형식계의 명제들도 한 맥락에서는 통상적인 산술의 명제들이지만 다른 맥락에서는 초수학적 명제들이 될 수 있다.

수많은 사람들을 흥분에 떨게 했던 이 정리의 매력은 과학 및 일반적인 인식론의 문제들에 대한 암시들이다. 이 정리는 형식적이고 연역적인 체계가 어떻게 인간 지식의 생태계 속에 맞추어 들어가게 되었는지에 대해 아주 구체적인 내용을 알려준다. 형식계가 광역적이 아니라 국소적이란 말은 이에 대한 한 표현이 될 수 있다. 형식계들은 어떤 특정한 상황들은 아주 잘 묘사하지만 본래적인 한계를 갖고 있다. 따라서 이런 계로부터 얻어지는 지식은 절대적이 아니라 상대적이다. 우리가 어떤 계를 만드는 이유는 어떤 특정한 문제를 해결하거나 어떤 특정한 수학적 상황을 연구하는 데에 있다. 이렇게 만든 계는 아주 방대할 수 있지만 어차피 한계가 있으므로 탐사를 계속하다보면 언젠가는 그 한계에 부딪친다. 이러한 한계적 상황들은 기존 체계의 붕괴나 역설의 출현 등이 특징이며, 바로 이런 곳에서 우리는 흥미로운 수학적 현상이 펼쳐지리라고 기대하게 된다.

결론

이 장에서는 수학적 아이디어의 관념을 중심으로 수학의 묘사에 대한 조직화의 귀결을 잠시 살펴보았다. 이 논의는 특히 수학과 논리의 새로운 관계로 이끌어졌는데, 이는 논리가 또 다른 아이디어 또는 조직원리로 여겨질 수 있기 때문이었다. 잘못된 아이디어도 가치 있을 수 있으며, 심지어 극단적인 논리적 붕괴라고 할 역설들도 수학의 정당한 원천이 될 수 있다. 그리고 탁월한 수학적 아이디어들이 바로 이 상황에서 도출되어 체계적인 사고의 틀에 편입될 수도 있다.

따라서 수학과 논리의 관계는 크게 변했다. 우리는 역설을 회피하거나 배제할 대상이 아니라 아이디어의 풍성한 잠재적 원천으로 여기기 시작했다. 나아가 옳음과 그름, 참과 거짓의 구별도 훨씬 미묘한 문제라는 점이 밝혀졌다.

다음 장에서 나는 이런 논의의 일부를 더 굳건히 할 것이다. 앞서의 장들에서 이야기한 많은 아이디어들은 불명할 뿐 아니라 때로는 모순적이거나 역설적이기까지 한 핵심부를 갖고 있다. 돌이켜보면 나는 불명의 요소들이 극도로 상충하는 아이디어들을 논의하는 데에 상당히 많은 시간을 보냈다. 이것들은 내가 때때로 불가능이었지만 그럼에도 불구하고 아직도 존재한다고 말했던 아이디어들이다. 나는 이제 이런 것들을 '위대한 아이디어'라고 부르고자 한다. 다음 장에서 나는 위대한 아이디어들에 대해 좀더 이야기하고, 특히 무작위(randomness)라는 경이로운 주제도 살펴보고자 한다.

제7장
위대한 아이디어

모든 진정한 선은 모순적이고 따라서 불가능한 조건을 갖고 있다. 이 불가능에 철저히 집중하고 행동하는 사람은 선을 행할 것이다. 마찬가지로 모든 진리는 모순을 품고 있다.

—시몬 베유(Simone Weil, 1909~1943)[1]

머리말

이제 우리는 이 책에서 구축해온 수학관의 핵심에 이르렀다. 이 관점은 앞으로 '위대한 아이디어(great idea)'라고 부를 여러 가지의 수학적 아이디어들에 대한 논의를 통해 더 분명해질 것이다. 위대한 아이디어에 대해 논의할 것이란 점은 이 책 전체의 머리말에서 시사했고, 제1장과 제5장에서도 잠깐 내비쳤다. 수학에서 위대하다는 게 무엇인지를 감히 정의하고자 나설 정도로 뻔뻔스런 사람이 누가 있을까? 이는 수학적 아이디어의 내용에 관한 관점에서 보자면 분명 불가능한 일이다. 따라서 앞으로 이야기할 것은 어떤 근본적인 수학적 아이디어들이 출현할 무대를 마련하고 거기에 딸려 나올 일반적인 상황에 대한 스케치다. 이 상황들은 우리의 통상적인 관점과 너무나 다르므로 이를 진지하게 다루려면 근본적인 관점의 변화, 곧 우리 자신들의 위대한 아이디어가 필요하다.

어떤 의미에서 위대한 아이디어의 관념은 위에 인용한 시몬 베유의 말을 깊이 숙고함으로써 얻을 수 있는데, 다만 거기의 '선'을 '위대한 아이디어'로 대체해야 한다. 이렇게 하면 이 말은 도덕의 영역에서 지성의 영역으로 옮아온다. 그리하여 "위대한 아이디어는 모순적이고 따라서 불가능한 조건을 갖고 있다"라고 새겨진다. 이 말의 뜻은 '불가능'이란 단어에 달려 있다. 불가능이라 함은 우선 표면적으로 뭔가 일어날 수 없는 일을 가리킨다. 그렇다면 '불가능'은 '불가능한 듯한'으로 고치는 게 더 정확할 것 같다. 위대한 아이디어는 어떤 관점에서는 불가능하게 보인다. 사실 일종의 불가능성은 위대한 아이디어가 출현할 필요조건이기도 하다.

왜 불가능할까? 위대한 아이디어는 우리가 그 안에 있는 모순을 발견할 때 불가능해 보인다. 이는 불가능하지만 그럼에도 불구하고 존재한다. 도대체 이 말의 뜻은 무엇일까? 우리는 이런 현상을 이미 여러 곳에서 목격했다. 예를 들어 제2장에서 이야기한 0을 생각해보자. 고대 그리스인들에게 0은 불가능이었는데, 여기에 담긴 모순은 '무'를 나타내는 '무엇'의 존재였다. 0은 이런 모순을 품고 있으며, 여전히 그렇지만 오늘날 우리는 이에 대해 거의 아무런 주의도 기울이지 않으면서 다른 일반적인 수학적 대상들과 같이 사용하고 있다. 오늘날 우리가 이처럼 0을 자유롭게 사용한다는 점이 처음에 그 발전을 가로막았던 불가능성에 대한 사고를 가리고 있다.

위대한 아이디어는 불가능의 맥락에서 솟아 나온다. 불가능이란 말은 우리가 위대한 독창성이 담긴 상황에 주목하도록 하는 특성을 지녔다. 이는 순수한 논리의 수준에서는 고려될 수 없다. 왜냐하면 그 수준에서는 불가능한 것은 일어날 수 없기 때문이며, 정말 그뿐이다. 어쩌면 이런 상황은 불가능이란 말 대신 최소한 어떤 일정한 시간 동안이나마 '가능한 것을 초월했다'고 묘사하는 게 더 나을 수도 있다. 그 상황들은 새로운 아이디어가 불가능하다는 점에서 불가능하다. 그런데 이 새로운 아이디어는 마른하늘의 벼락처럼 놀랍게 출현한다. "아, 그 뜻은 이것이구나. 이제 알겠다. 그런 식으로는 꿈에도 생각해보지 못했다." 수학책에서 '기적' 이란 말을 쓰는 것은 어딘지 부적절해보이지만 위대한 아이디어는 지성의 지평을 근본적으로 변화시킨다는 점에서 기적과도 같다. 위대한 아이디어에는 기적적인 요소가 담겨 있으며, 그래서 불가능하게 보인다.

데이비스와 허시가 무한에 대해 이야기하면서 "… 힘과 역설의 원천인 긴장이 존재한다"라고 말했던 것을 돌이켜보자(121쪽과 125쪽). 역설은 내가 불가능이라고 부르는 특성을 가리킨다. 반면 불가능성은 아이디어의 힘 또는 창의성과 분리할 수 없다. 위대한 아이디어의 논의에서 불가능과 힘은 동전의 양면이다. 한편으로 아이디어는 불가능하므로 존재할 수 없지만 다른 한편으로 우리의 이해를 변혁하는 뛰어난 독창성을 발휘한다. 이런 모든 상황은 불명과 관련된 여러 가지의 상황에서 보았던 현상들을 떠올리게 한다. 이것들은 어떤 관점에서는 극복할 수 없는 듯 보이지만 다른 관점에서는 융통성이 풍부한 넓은 시야로 작용한다.

창의성과 불가능성을 나란히 놓는 것은 위대한 아이디어에 필수적이며, 이 책에서 펼치고 있는 종합적 관점에 대해서도 마찬가지다. 창의적 상황에는 긍정적 요소와 부정적 요소가 있다. 새로운 것들을 세우려면 예전의 것들을 극복해야 한다고 말할 수 있다. 모든 수학적 상황은 어떤 기준계라는 맥락과 함께 나타난다. 그런데 문제를 표현하는 데에 적절한 맥락이 반드시 문제의 해결에도 가장 적절하다고 볼 수는 없다. 어떤 상황이 불가능하다고 말해지는 것은 애초의 기준계에서 보았을 때 그 상황이 어찌 보였는지를 알려준다. 이 불가능성이 바로 이 기준계의 부적합성을 웅변해준다. 이 불가능성을 진지하게 고려하면서도 거기에 머물지 않을 때, 다시 말해서 불가능을 대면하면서도 계속 연구해갈 때 창의적인 수학자는 "고전적 관점"이라고 부를 수 있는 틀로부터 벗어나게 된다. 이렇게 하여 애초의 기준계는 붕괴되며, 이는 창의적 통찰이 출현할 필수적인 전제조건이다.

무한에 대해 이야기할 때 가우스는 "무한대를 완성된 양으로 보는 것에 반대한다. 수학은 이를 허용하지 않으며, 무한대는 단지 화법의 일종에 지나지 않는다"라고 항의했다는 점을 되새겨보자. 아리스토텔레스와 마찬가지로 가우스도 실무한은 불가능이라고 여겼으며, 이런 경향은 칸토어가 위대한 성공을 거두기까지 계속되었다. 앞서 무한에 대해 논의할 때 나는 초창기에 이 개념은 참으로 이상했고 이해하기 어려웠으며 이에 따라 많은 논란이 있었다는 점을 강조했다. 칸토어는 수학계가 자신의 아이디어를 진지하게 받아들이도록 하는 데에 엄청난 어려움을 겪었다! 이에 대해 숙고해보았던 그 수많은 뛰어난 지성들은 왜 물러서고 말았을까? 왜 프랑스의 위대한 수학자 앙리 푸앵카레(Henri Poincaré, 1854~1912)는 칸토어주의(Cantorism)를 수학에서 몰아내야 할 질병이라고 불렀을까?[2] 요컨대 당시 대부분의 수학자들은 실무한을 불가능한 개념으로 여겼다고 결론지어야 한다! 하지만 바로 이 때문에 이는 위대한 아이디어의 자격을 갖추었다고 볼 수 있다.

이 책에서 지금까지 논의된 아이디어들은 불명하다는 특성을 가졌다. 불명한 아이디어는 여러 맥락으로 다가오므로 언뜻 상충하는 듯 보인다. 그런데 위대한 아이디어에서는 이런 상충이 극히 치열하여 화해할 수 없을 것처럼 여겨지며, 이에 따라 우리는 이를 불가능이라고 말한다. 하지만 위대한 아이디어들은 그런 곳에 존재한다! 위대한 아이디어들을 논의할 때 우리는 내가 제안하고자 하는 비정통적인 수학적 접근법의 핵심에 다가서야 한다. 위대한 아이디어는 불가능성의 차원을 가지므로 주류에의 포섭은 언제나 많은 논쟁을 거치면서 느리게 이루어진다. 나는 제1장에서 불명의 상황에 대한 일반적 반응은 상충하는 한 측면을 억누르는 것이며, 이렇게 함으로써 상충이 야기한 위협을 제거하면서 조화를 되찾게 된다고 말했다. 위대한 아이디어의 경우 상충은 더욱 거세며, 따라서 어느 한 측면을 억누르려는 경향은 극도로 높아져간다. 이런 경우 아이디어는 우스꽝스럽도록 불가능할 뿐 아니라 위협적으로 여겨지기도 하는데, 단지 사람들의 정신적 건강에 해로운 정도가 아니라 공공질서를 해치는 정도에 이를 수도 있다. 이처럼 위대한 아이디어의 출현은 문화적 위기를 낳을 수도 있다.

0과 무한의 경우 두 맥락 사이의 틈은 아주 넓었으며, 사실상 한 맥락은 다른 맥락의 존재를 부정했다. 예를 들어 0은 그 존재가 부정되었을 뿐 아니라 그런 아이디어가 존재할 수 있다는 가능성마저 부정되었다. '0이라는 수'와 '생각할 수도 없는 0' 사이의 틈은 참으로 엄청나서, 이 모순적인 상황을 표현과 연구가 가능한 상황으로 이끈 천재들의 위대한 업적을 보면 오직 경외하는 마음이 솟구칠 뿐이다. 오늘날의 관점에서는 이와 같은 아이디어들이 포섭되는 과정에서 펼쳐진 위협과 이를 극복하는 용기 및 창의성을 실감나게 음미하기란 어려운 일이다. 한쪽에서 '실무한은 존재하지 않는다'고 말하는 데에 맞서 우리는 다른 쪽에서 가산집합과 불가산집합, 심지어 무한기수의 무한한 계열까지 도출해냈다. 이 얼마나 경이로운 일인가!

제1장에서 나는 2의 제곱근이 무리수라는 점이 밝혀진 것과 관련된 위기를 다루었다. 이 위기의 핵심에 있었던 것은 무엇일까? 어쩌면 문제는 고대 그리스인들이 '이성적'이란 말에 담긴 두 가지의 의미를 혼동한 데에서 유래했는지도 모른다. 그들은 이성적 사고를 하는 이성적 인간들이었는데, 정의상 이성적 사고는 분명하고 타당하고 편견이나 감정에 휩싸이지 않은 것을 말한다. 그들에게 이성적 사고는 외부

세계의 참된 지식을 얻는 수단이었을 뿐 아니라 그 세계의 배경에 자리 잡은 구조의 반영이기도 했으며, 이는 곧 그들이 이 세상 자체도 이성적으로 되어 있다고 믿었음을 뜻한다. 이런 사실은 자연계의 구조가 수학과 수, 특히 이미 보았듯 유리수에 의해 포착될 수 있다는 가정에 잘 반영되어 있다. 수학적 합리성은 사뭇 합리적인 가설이며, 음악의 화음들이 유리수를 통해 완벽하게 설명될 수 있다는 게 밝혀지면서 더욱 확고하게 정립되었다.

'모든 수는 유리수이다' 라는 명제는 수학적 결론이라기보다 전반적인 세계관을 드러내는 명제다. 따라서 2의 제곱근이 무리수임을 밝히는 증명에서 우리는 이 맥락을 고려해야 한다. 우리는 합리적 논증이 오히려 이 세상이 합리적이지 않다는 점을 밝혔다고 말할 수 있다. 이게 왜 딜레마일까? 한 관점에서 보자면 2의 제곱근이 무리수라는 것은 불가능하다. 하지만 그런 수는 분명 존재한다. 2의 제곱근은 피타고라스 정리를 통해 하나의 기하적 대상으로 존재하는데, 이게 유리수가 아니라는 사실은 흠잡을 데 없는 논증을 통해 규명되었다. 우리가 위대한 아이디어에 대해 이야기할 때 예상되는 요소들은 바로 이런 것들이며, 이는 문화적 위기의 요소들이기도 하다.

다른 예로 뉴턴과 라이프니츠가 발명한 미적분과 관련된 위기를 생각해보자. 미적분은 한편으로 모든 이성과 충돌하는 무한소와 유율(流率, fluxion)이라는 모호한 아이디어를 도입했다. 제3장에서 보았다시피 버클리 대주교가 이런 결론에 이의를 제기한 것은 타당하다. 그는 이것들이 불가능이라고 말했으며, 아무런 의미가 없다. 하지만 미적분은 잘 작동한다! 이런 사실들은 한데 어울려 미적분이 위대한 아이디어를 중심으로 이루어졌음을 웅변한다. 이제 미적분은 결론이 너무나 훌륭해서 매우 가치 있는 수단이 되었으므로 미세한 논리적 공격으로는 허물 수 없게 되었다. 따라서 논리를 확장하여 새로운 수학을 설명할 수밖에 없었고, 실제로 그렇게 진행되었다. 이 과정에는 상당한 시간이 필요할 것으로 보였으며 사실상 한 세기가 걸렸다. 여기서 우리는 궁극적으로 세상을 변화시킨 위기와 관련된 위대한 아이디어의 또 다른 예를 목격한다.

수학이 단순히 합리적이고 이성적이라고 여기는 사람들은 위대한 아이디어와 그것이 야기한 문화적 위기에 대한 설명을 받아들이는 데에 어려움을 겪는다. 이런 사람들에게 수학은 계산기 또는 정신을 기계와 같은 방식으로 사용하는 사람들이 수행하는 활동으로 비쳐진다. 하지만 머리말에서 말했듯 이 책은 다른 관점, 곧 불명과 역설과 모순, 그리고 이에 따르는 창의성과 위대한 아이디어에 근거한 관점을 제시한다. 내 관점에 따르면 수학의 위대한 창의성이라는 측면은 불명과 불가능성 및 이로 인한 위기라는 다른 측면이 없다면 나타날 수 없다. 이처럼 불가능과 모순에 밀접하여 위기가 초래되는 곳이야말로 수학적 과업의 핵심이 살아 숨쉬는 자리이다.

위대한 아이디어로서의 형식주의

위대한 아이디어는 역설로 태어나 때로 위기를 낳는다. 잠시 비유클리드 기하의 발견에 수반된 위대한 위기를 돌이켜보자. 제4장에서는 이 위기에 의해 위험에 빠졌던 물리적 실체의 본질에 대해 논의했다. 과연 공간은 유클리드적인가? 또는 과연 유클리드 기하는 공간의 단순한 모델에 지나지 않는가?

오늘날의 관점에서 보자면 무엇 때문에 이 온갖 소동이 일어났는지를 이해하기는 쉽지 않다. 예를 들어 오늘날 우리는 쌍곡선 기하(hyperbolic geometry)도 고유의 정의와 공리와 정리를 가진 또 다른 수학적 이론으로 여긴다. 하지만 예전에는 그렇지 않아서 가우스도 과학계의 부정적 반응을 염려하여 자신의 연구 결과를 펴내지 않았다. 당시 대부분의 수학자들은 비유클리드 기하를 불가능이라고 보았다. 오늘날 우리는 이어지는 위기의 결과로 성립된 관점에 서 있으므로 이러한 불가능을 음미하는 데에 어려움을 겪는다. 사실 문화적 위기를 나중에 음미하기란 언제나 어렵다. 그런 위기의 결정적 특성들 가운데 하나는 나중에 되돌아볼 때 시야에서 위기감이 사라진다는 점이다. 하지만 이는 이런 때에 일어나는 '패러다임 전환(paradigm shift)'의 참된 척도이다.

본래의 문제는 수학과 진리 사이의 관계와 관련이 있을 것이다. 수학, 특히 유클리드 기하는 우리에게 참된 정보를 제공하는가? 수학의 결론은 무엇이 실체인지를 드러내는가? 진리의 한 특성은 유일성이다. 둘 이상의 진리가 존재할 수 있을까? 이는 둘 이상의 실체가 존재할 수 있는지를 묻는 것과 같다. 2천 년이 넘도록 유클리드 기하는 물리적 공간의 자세한 구조를 밝혀왔다. 소박한 실재론의 관점에서 공간은 우리 주위와 우주 전체에 존재하며 유클리드 기하와 공간 사이에는 아무런 차이가 없다. 따라서 다양한 기하가 존재할 수 있고 또 모두 타당하다는 주장을 담은 아이디어는 엄청난 충격이었다. 이때 위험에 처한 것은 물리적 공간의 본질을 넘어서며, 수학과 진리 사이의 관계에 대해서도 의문이 제기되었다. 사실 진리 자체에 대해서도 의문이 던져졌고, 이로부터 감당할 수 없는 혼란이 초래되었다. 문화란 것은 사회에 일체화된 토대와 실체에 대한 공통의 경험을 부여하기 위해 존재한다고 말할 수 있다. 학교는 이와 같은 문화적 가정들을 후손들에게 전해주기 위해 존재한다. 실체에 대해 이와 같은 공통된 관념이 없다면 사회적 질서는 불안정해져서 혼돈에 빠질 것이다. 따라서 여기의 경우처럼 근본적인 문화적 가정에 의문이 제기되면 안정된 진리의 관념을 재정립하는 게 절대적으로 필요하다.

비유클리드 기하의 존재는 잠깐 동안 수학의 배경에 깔린 인식론적 가정들을 드러내고 여기에 의문을 제기하게 했다. 이런 현상은 위기의 성과라고 할 수 있는데, 이에 의해 이전부터 줄곧 존재해왔지만 포착되지 못했던 가능성들이 드러나게 된다. 그러므로 위기는 지금껏 당연하게 여겨졌던 가정들을 드러낸다는 점에서 흥미롭고 가치 있다. 이런 위기에 대한 반응도 마찬가지다. 이 의문들의 경우 수학자들은 파괴되고 산산이 찢긴 상처를 치료하는 데에 주저하지 않았다. 문제는 '수학을 어떻게 완전히 굳건한 토대 위에 세울 것인가, 어떻게 진리를 회복할 것인가?' 라는 것이었다.

19세기에 들어 유클리드 기하도 논리적으로 완벽하지 못하다는 점이 분명해졌다. 필요한 공리들이 빠져 있으며 명백하다고 여겼던 것들 가운데는 명시되지 않은 것들이 있었다. 제2장에서는 이 가운데 하나에 대해 이야기했다. 언뜻 서로 만나는 듯 보이는 두 원호가 실제로 한 점에서 만난다는 것을 우리는 어떻게 확신할 수 있을까? 돌이켜보면 알겠지만 이런 교차점이 존재한다고 단언하는 데에는 연속공리(axiom of continuity)가 필요하다. 또한 더 명확히 해야 할 다른 것들도 많으며, 다비트 힐베르트가 이 임무를 완수해냈다. 그는 유클리드 기하를 확장한 업적에서 모든 것을 명확히 내세웠다. 그리하여 완비된 공리의 집합으로부터 모든 결론들이 엄격한 논리적 추론 과정을 통해 도출되었다. 이제 증명들은 유클리드 기하에서 언제나 활약했던 기하적 도형이나 작도에 사실상 의존하지 않는다. 이런 그림들은 직관을 안내하고 논증을 더욱 명료하게 하는 데에 도움을 주기는 하지만 논증의 논리 자체는 본질적으로 이와 무관하다. 아이러니컬하게도 기하는 이런 방식을 통해 그 기하적 기원으로부터 해방되어 형식적이고 연역적인 사고체계로 탈바꿈했다. 비유클리드 기하는 단순히 또 다른 연역계에 지나지 않으며, 이는 유클리드 기하의 평행선 공리를 조금 수정해서 얻은 공리계이다. 사실 모순이 없다면 원칙적으로 어떤 공리계도 각자 나름의 수학적 체계를 세울 수 있다. 이에 따라 형식주의가 탄생했는데, 그 과정에서 진리의 관념은 혁명적 변화를 겪었다.

형식주의는 위대한 아이디어의 특징들을 모두 갖추고 있으며 비유클리드 기하의 불가능성으로부터 태어났다. 위대한 아이디어는 근본적인 창의적 통찰과 관련되므로 이 분야는 기하를 넘어 새로운 지평으로 확대되었다. 사실 힐베르트는 유클리드 기하에 대해 적용했던 자신의 아이디어가 수학 전반에 대해서도 적용될 수 있을 것으로 믿었다. 그렇게 하려면 수학 전반에 대한 유한하고도 완벽한 공리들의 집합을 찾아야 한다. 이게 성공적으로 이루어진다면 수학자들은 이 공리들로부터 논리적으로 연역된 모든 정리들이 (최소한 공리들이 타당한 범위에서는) 타당하다고 확신할 수 있을 것이다. 당시에는 이런 형식계가 수학의 모든 타당한 정리들을 도출할 수 있으리라고 예상하는 게 합리적일 것이라고 여겨졌다.

이렇게 하여 수학에 대한 '형식주의자의 꿈'이라고 부르는 게 탄생했는데, 이는 가능한 모든 타당한 결론을 도출하는 연역계를 가리킨다. 이 얼마나 강력한 꿈인가! 어떤 의미로 이는 아리스토텔레스와 유클리드의 옛 꿈에 해당하며, 합리성에 대한 고대 그리스의 꿈을 2천년가량 뒤로 옮긴 것이라고 말할 수 있다. 앞서 이야기했다시피 이 꿈은 우리의 문화를 지탱하는 기초의 일종이기도 하다. 수학자로서 나는 이 신화 속에서 자라났으며, 이런 관점이 의식 속에 너무나 깊이 뿌리박혔기에 이게 불가능하다는 아이디어를 받아들이기가 힘들었다. 이 꿈의 설득력은 참으로 강해서 괴델과 같은 사람도 우리가 그런 꿈을 거부하기란 불가능하다는 점을 밝혔다. 우리는 아마 이런 꿈을 포기하기보다는 불가능성을 한쪽에 제쳐두고 마치 아무것도 변하지 않은 양 계속 밀고 나아갈 것이다.

형식주의는 수학적 지평을 혁신적으로 변화시키려고 했으며, 철학으로서의 형식주의는 군론(群論, group theory)으로부터 대수위상수학(algebraic topology)의 복소해석(학)(complex analysis)에 이르기까지 수학의 각 분야의 구조를 결정하려고 했다. 이는 수학을 초심자나 수학 이외의 분야에 어떻게 제시할 것인지에 대한 궁리이기도 하지만, 더욱 중요하게는 수학자들이 자신들에게 수학을 어떻게 묘사할 것인지를 결정하려는 시도이기도 했다. 많은 사람들에게 형식주의는 수학과 동일시되었다. 다시 말해서 수학과 수학의 형식화된 형태 사이에는 아무런 차이가 없는 것이나 마찬가지였다. 형식주의는 깨인 의식 속에 자리잡은 현대수학의 모습이었다. 그리하여 수학의 본질에 관한 의문에 대해서는 공리로부터 정리의 도출, 수학자가 하는 일에 관한 의문에 대해서는 정리의 증명이라는 간편한 답을 제시해주었다. 하지만 다른 모든 간편한 답들과 마찬가지로 여기에도 많은 허점이 도사리고 있었다.

모든 위대한 아이디어들은 한편으로 뭔가를 잃는 반면 다른 한편으로 훨씬 많은 것을 얻는다. 잃는 것에 대해서는 나중에 이야기하겠지만 우선 짚어둘 것은 위대한 아이디어들에는 그 영역을 확장하여 일종의 보편성을 주장하려는 경향이 있다는 사실이다. 형식주의가 얻은 것에는 수학이 일찍이 가져본 적이 없는 자유를 획득했다는 게 포함된다. 수학자들은 이 자유를 통해 수학 자체의 내부적 상황으로부터 도출되는 수학적 주제들을 창조할 수 있게 되었다. 나아가 이런 주제들은 수학자들의 순수한 상상의 산물이거나 또는 세상에 대한 경험과 느슨하게만 관련되어도 무방하다. 수학은 이제 자연계나 다른 과학에 대해 뭔가 반드시 직접적으로 이야기할 필요가 없어졌으므로 오직 그 자체의 본래적인 흥미와 아름다움을 추구하며 연구할 수 있게 되었다. 이런 뜻에서 우리는 형식주의가 '순수수학'을 낳았다고 말해도 좋다.

물론 임의적이고 추상적인 계를 만들려는 경향은 너무 지나칠 수 있다. 그리하여 단순한 게임에 지나지 않은 모호하고 부적절한 결과를 낳기도 한다. 오랫동안 물리학과 밀접한 관계에 있었던 수학은 어쩌면 형식주의 때문에 한동안 독자적인 길을 가게 되었다. 예를 들어 여러 세대에 걸쳐 수학자들은 물리학을 배우지 않았고 물리학자들은 그들에게 필요한 수학을 나름대로 개발했으며, 수학과는 독립적으로 발전시켜갔다. 이런 현상은 문제가 아닐 수 없는데, 최근 들어 수학과 물리학을 거칠게나마 재결합시킴으로써 교정하고 있다.

어쨌거나 수학이 형식주의를 통해 얻은 자유는 가치 있는 것이다. 수학이 내적 요구에 따라 독자적으로 발전했음에도 불구하고 다른 영역들에서도 커다란 가치를 지닌다는 점은 과학의 가장 위대한 신비들 가운데 하나이다. 이에 대한 훌륭한 예로는 아인슈타인이 일반상대성 이론의 수학적 기초를 세우는 데에 미분기하를 활용했다는 사실을 들 수 있다. 미분기하는 이런 목적으로 개발하지 않았고 단지 어딘가에 활용할 수 있도록 이미 연구되었을 뿐이었다. 이런 현상이 바로 일찍이 인용했던 유진 위그너(Eugene Wigner, 1902~1995)가 말한 '자연과학 분야에 대한 불가사의할 정도로 놀라운 수학의 효용성'이며, 수학이 보편적이란 점을 잘 보여준다.

비유클리드 기하로부터 형식주의에 이르는 전체 과정에는 위대한 아이디어의 여러 특징들이 담겨 있다. 섀틴은 이 상황을 다음과 같이 간추렸다.

> 힐베르트의 제안은 사뭇 단순하다. … 그는 수학의 모든 것을 형식화하고자 했다. 그런데 가장 놀라운 것은 이게 이루어질 수 없다고 판명되었다는 점이다. 힐베르트는 틀렸다. 하지만 **매우 유익한 방식으로 틀렸는데**, 이는 그가 던진 질문이 아주 좋은 것이기 때문

이었다. 실제로 그는 이 질문을 던짐으로써 초수학이라고 부르는 완전히 새로운 분야를 창조해냈다. 초수학은 수학 자체를 살펴보면서 수학이 할 수 있는 것과 할 수 없는 것을 연구한다.(볼드체로 된 곳은 지은이가 강조한 부분)[3]

여기서 우리는 위대한 아이디어의 중요한 특성들을 보게 되는데, 이에 대해서는 다음 절에서 이야기한다. 우선 간단히 말하면 여기에는 이미 살펴보았던 불가능성과 실재성 사이의 상호작용이 있다. 또한 갈 데까지 가보려는 경향이 있는데, 사실 너무 지나치게 나아간다. 끝으로 아이디어는 유익하게, 다시 말해서 창의적 방식으로 잘못되는 느낌이 든다. 이 모든 특징들은 지금까지 다루었던 위대한 아이디어들, 0, 무한, 무리수, 도함수, 형식주의 등에 서로 다른 정도로 내포되어 있다. 분명 이 경우들이 모두 동일하다는 주장은 어디에도 없다. 하지만 이것들에는 충분한 공통점들이 있어서 여기에 뭔가 주목할 만한 게 벌어지고 있다는 주장을 뒷받침해준다.

위대한 아이디어의 특성

앞서 강조했다시피 위대한 아이디어는 메울 수 없을 것처럼 보이는 틈으로부터 시작된다. 제3장에서 나는 수리철학의 관념을 생각해봄으로써 무한의 개념을 특징짓는 환원불능의 불명에 대해 논의했다. 정의상 수리철학은 말로 나타낼 수 없다. 그런데 불행하게도 (또는 다행하게도?) '불가언' 은 말이다. 따라서 불가언이란 말을 쓸 때 우리는 정의상 말로 나타낼 수 없는 것을 말로 나타내고 있는 셈이다. 불가언의 아이디어는 이처럼 교묘하게 메울 수 없는 틈을 갖고 있다. 수학에서 0과 무한에 대한 논의는 마찬가지의 틈을 보여준다. 이 틈은 아이디어에 존재하며, 따라서 그런 아이디어에 대한 사람들의 반응에도 존재한다.

이 겉보기 모순을 탐구하는 한 가지 방법은 위대한 아이디어는 양면에서 접근할 수 있다고 보는 것이다. 한쪽 면은 절대면이라고 부를 수 있는 것으로, (절대적) 무한은 존재하지만 표현될 수 없다고 말한다. 아리스토텔레스와 가우스의 견해는 이 면에서 유래했으며, 칸토어의 아이디어에 대한 크로네커의 통렬한 거부도 여기에 근거한다. 다른 면은 상대면이라고 부를 수 있는 것으로, 위대한 아이디어에 명확한 정의를 부여한다. 이 관점에 따르면 아이디어에는 아무런 문제가 없으며, 나아가 이를 둘러싼 온갖 소란들이 왜 일어나는지 이해하기 어렵다. 무한기수도 이 관점에서는 예를 들어 정수처럼 논리로 다루는 보통의 수학적 대상에 지나지 않는다.

독자들은 내가 이 상황을 불명하다고 부르고, 더 나아가 절대면과 상대면이 모두 타당하다고 주장하는 것에 대해 놀라지 않을 것이다. 현대의 수학자와 철학자와 다른 지성인들에게는 이 절대면이 더 문제가 많은 차원이다. 그 이유는 수학의 형식적 측면에서는 절대면을 구별할 수가 없고, 따라서 형식적인 것들이 수학의 실제적인 모든 것이라고 여기는 사람들에게는 보이지 않기 때문이다. 나는 이 절대면이 어떤 사람들에게는 거의 신학적인 것으로 비쳐져서 진지한 고려의 대상으로 받아들여지지 않는다는 점을 발견했다. 실체의 모습을 논의할 때 이게 말이나 개념으로 완전히 파악되는 일은 결코 없으며, 따라서 어떤 의미로 볼 때 궁극적인 불명으로 남는다는 점은 사실이다. 그리하여 세상을 이해하고자 하는 인간 욕구의 핵심에 하나의 수수께끼로 자리잡는다. 그럼에도 불구하고 이는 우리가 수학사의 어떤 발전을 이해하도록 하는 맥락을 창조한다.

하지만 절대적인 관점을 유용하게 생각할 방식이 있을 수도 있다.

어떤 아이디어들은 절대적 관점에서 볼 때 일종의 무한한 심오함을 가진다. 서스턴은 도함수의 서로 다른 정의 10가지를 열거했다.[4] 이것들 각각은 도함수에 대한 우리의 이해에 뭔가를 더해주지만 이 모두를 합쳐도 반드시 완전한 이해가 되지는 않는다. 따라서 장차 어떤 사람이 도함수에 대한 새로운 사고방식을 개발하여 또 다른 흥미로운 수학을 만드는 데에 쓸 수도 있다. 수학의 많은 근본 아이디어들이 이런 종류의 심오함을 지니고 있으며, 두 가지 예만 들자면 앞서 이야기한 실수와 연속이 있다.

아이디어의 잠재적 심오함과 관련된 이러한 상황은 양자역학의 자료들에서는 낯익은 것이다. 독일의 물리학자 하이젠베르크는[5] 입자를 관찰함으로써 파동함수가 응축되기 이전의 상태를 잠재상이라고 불렀다. 확률적 또는 파동적 묘사는 가장 심오한 관점에 해당하며 관측되는 입자는 이 관점의 특수한 구현이다. 좀더 실제적인 예로는 우리의 삶에는 말로 표현할 수 없는 측면이 있다는 사실을 들 수 있다. 하지만 이는 우리가 현실적으로 말로 표현할 수 없다는 뜻은 아니다. 사실 어떤 경험을 말로 표현하면 그 경험을 풍부하게 하는 효과가 있으며, 이는 무한에 대한 좋은 정의가 수학을 풍부하게 하는 효과를 발휘하는 것과 같다. 하지만 그럼에도 불구하고 예를 들어 어떤 감정을 표현하는 시도 자체가 그 감정에 영향을 미쳐서 본래의 감정과 같은 수준에 있지 않은 분명하고도 확실한 감정으로 변화시킨다. 이는 마치 우리가 각자 좋아하는 음악에 대한 반응을 설명할 수 있지만 그 음악에 대한 설명과 감정적 반응은 완전히 다른 차원에 속한다는 것과 같다.

절대면은 명확하게 구현될 수 없으며, 어떤 특수한 형태에 의해 완전히 포착될 수도 없다. 예를 들어 칸토어는 무한은 신이 준 것이라고 깊이 믿었다.[6] 다시 말해서 그는 '절대의 무한'이라고 부를 수 있는 것이 있다고 믿었다. 어쩌면 우리는 신플라톤주의로부터 암시를 얻어 절대를 어떤 대상이나 개념이 아니라 이것들을 낳는 과정이나 경향으로 보아야 할 것도 같다. 불가언에 대한 논의에서 나는 이게 표현될 수 없기는 하지만 우리에게는 이를 표현하려는 불가항력적인 욕구가 있다는 점도 지적했다. 무한은 이 표현할 수 없는 절대를 가리킨다. 칸토어의 일생을 돌이켜보면 우리는 이 압도적인 욕망이 무한에 대한 그의 아이디어에 어떤 표현을 하도록 했다는 점을 발견할 수 있다. 하지만 이와 동시에 우리는 무한이 무한의 기수나 서수가 아니며, 예를 들어 농도의 정의에 내포되어 있지 않다는 점도 알 수 있다.

어떤 사람들에게는 비개념적인 것의 존재가 문제였다. 이는 인간의 지성으로 포착할 수 있는 것에 한계가 있다고 보기 때문이다. 절대의 차원에서 보면 이 문제는 "그것을 뭐라고 말하든 그것은 그게 아니다"라는 말로 요약할 수 있다. 이런 관점에서 우리는 시시포스(Sisyphos)처럼 끊임없이 노력하고 끊임없이 추락하는 운명에 처해 있다. 우리가 아무리 교묘하고 탁월하다 하더라도 '절대'는 결코 유한하고 상징적인 모습으로 환원되지 않을 것이다. 하지만 문제를 이런 관점에서만 보는 것은 심각한 잘못이다. 무엇보다 이는 칸토어를 비롯한 많은 사람들의 업적을 과소평가한 것이다.

이 잘못을 이해하려면 다음 장의 내용들을 참조해야 하며 어떤 과정과 이 과정의 결과를 구별해야 한다. 이는 과정이 대상으로 바뀌는 구상화에 대한 논의와 비슷하다. 심오한 관념으로부터 명확한 대상을 추출하려는 노력은 결코 성공할 수 없겠지만 그렇게 하려는 노력 자체는 절대의 한 표현이다. 그러므로 우리는 수학이 무한을 유한한 내용으로 표현하려는 욕구에 의해 구동되며, 이 욕구야말로 활동하는 절대라고 말할 수 있다. 위대한 아이디어는 특히 이런 현상이 운행되는 모습을 가장 뚜렷이 보여준다. 위대한 아이디어에는 미지의 세계, 결코 완전히 알 수는 없겠지만 우리의 가장 깊은 본성이 알아야 할 필요가 있는 그런 세계를 지향하는 갈망이 있다. '1'에 대한 플로티노스의 주장을 다룰 때 썼다시피 자연계와 우리 자신을 이해하려는 욕망은 사치가 아니라 절대적으로 절실한 것이다. 거기에 어떤 명확한 해답이 없다는 게 문제가 되지는 않는다. 이는 창의성에 끝이 없다는 뜻이며, 예를 들어 수학에도 끝이 없다는 뜻이다. 모든 위대한 아이디어는 거대한 창의적 도약의 예이며, 세계는 그 순간에 획기적으로 변한다. 절대는 바로 이 순간에 인간의 영역에서 잠시 그 모습을 내비친다.

절대에 대한 이 모든 논의는 캐나다의 시인이자 작사가인 레너드 코헨(Leonard Cohen, 1934~)의 다음 구절로 요약할 수 있다.

> 만물에는 틈이 있다.
> 이를 통해 빛이 스며든다.[7]

위의 첫째 행은 모든 게 불완전하며 어떤 이론이나 이데올로기도 실체와 동일시할 수 없다. 곧 절대는 결코 명확하게 포착될 수 없다는 사실을 가리킨다고 볼 수 있다. 둘째 행의 빛은 물론 절대 자체를 가리키는데, 코헨은 절대가 형식적 이론 자체에서는 나타나지 않으며, 오히려 이 이론이 붕괴할 때 우리가 불명이라고 부르는 곳에서 나타난다고 말한다. 두말할 것도 없이 이는 위대한 아이디어에는 일종의 무한한 심오함이 있으므로 이론에 틈이 생길 때면 언제나 절대가 출현할 여지가 있기 때문이다. 이와 같은 절대의 출현은 창의적 통찰의 활동 속에서 이루어진다.

위대한 아이디어는 극심한 불명에서 나타난다는 점을 되새기는 게 중요하다. 위대한 아이디어는 불가능에 맞닥뜨릴 때 나타난다. 그러므로 이를 옹호하는 사람들은 커다란 용기를 발휘해야 한다. 이들은 다른 사람들의 조롱에 맞서야 하며, 추방을 당할 수도 있고 심지어 폭력에 노출되기도 한다. 한 예로 피타고라스 학파의 한 사람은 2의 제곱근이 유리수가 아니라는 사실을 누설하는 죄를 저질렀다는 이유 때문에 물에 빠뜨려져서 죽었다고 한다. 위대한 아이디어는 천재의 산물인데, 이런 경우들에서 발휘되는 천재의 필수적인 자질은 무엇일까? 그것은 불가능에 맞서 버티는 강인함이며, 이를 통해 불명과의 긴장 속에서 오랫동안 살아가야 한다. 요컨대 이는 좌절에 대한 내성(耐性)인데, 인간의 사고를 알고리듬으로 환원시키려는 사람들이 없애고자 하는 바로 그 특성이다.

위대한 아이디어는 경이로운 창의성의 활동에 힘입어 태어나는데, 이에 의해 이루어진 것들은 당시의 문화적 직관과 충돌한다. 위대한 아이디어들이 초창기에 여러 가지의 저항에 시달리는 이유는 바로 이것이다. 이런 저항을 극복하려면 '현상은 이렇게 일어나고 달리 일어날 수 없다' 는 느낌에 대한 강한 확신을 가져야 한다. 돌파구를 연 사람과 그 직속 추종자들에게는 절대적 진리를 발견했다는 느낌이 솟구칠 수도 있다. 따라서 위대한 아이디어의 한 특성은 그게 그 자신을 위해 수립되었다고 주장하는 경향이 있다는 것이다. 예를 들어 형식주의를 보자. 형식주의가 처음 나타났을 때는 유클리드 기하를 완전히 굳건한 토대 위에 세우게 되었다는 생각이 팽배했다. 이어서 모든 수학도 마찬가지로 다룰 수 있을 것이라는 아이디어가 나타났다. 그리고 끝으로 형식주의가 곧 수학이라는 주장이 제기되었다. 나아가 다른 모든 과학도 이런 방식으로 펼칠 수 있을 것이라는 아이디어도 있었다. 또한 인간의 사고 과정 자체가 형식주의적이며, 따라서 컴퓨터도 생각할 수 있다는 등의 견해도 제시되었다.

이런 식으로 위대한 아이디어는 도입된 이후 끝없이 널리 적용될 것처럼 갈수록 장엄한 주장이 이어지는 팽창의 단계를 거치곤 한다. 물론 이런 현상은 수학에 한정되지 않는다. 칼 마르크스(Karl Marx,

1818~1883) 나 지그문트 프로이트(Sigmund Freud, 1856~1939) 의 이론을 옹호하는 주장들만 살펴봐도 이는 쉽게 이해할 수 있다. 이와 같은 팽창의 시기는 우리가 위대한 아이디어라고 부르는 게 거의 필수적으로 겪어야 할 자연스런 과정이다. 위대한 아이디어는 이를테면 절대를 붙들고 진리에 명확한 형식을 부여하기 위한 압도적인 욕구에서 나오는 것이므로 위와 같은 주장들은 피할 수 없을 것처럼 보인다.

위대한 아이디어가 살아가는 생애의 셋째 단계는 이것에도 한계가 있다는 사실을 알게 되는 시기이다. 이때 사람들은 팽창기의 주장들이 과장이었음을 깨닫게 된다. 가끔씩 이 시기에 이 아이디어가 잘못이라고 반박되기도 한다. 하지만 아이디어 자체는 오류가 아니며 이를 만능이라고 보는 게 오류이다. 형식주의는 오류가 아니지만 형식주의가 수학의 모든 것을 포괄한다고 보는 것은 분명 오류이다. 흥미롭게도 우리가 원한다면 '오류' 라고 부를 수 있는 것은 수학에서 완전히 엄밀하게 증명될 수 있는데, 물론 이는 앞서 논의했던 괴델의 업적 바로 그것이다.

그러므로 그 한계에서조차 위대한 아이디어는 불명하다. 수리철학과 형식주의에 대한 섀틴의 말을 다시 인용하자면 "힐베르트는 틀렸다. 하지만 매우 유익한 방식으로 틀렸는데, 이는 그가 던진 질문이 아주 좋은 것이기 때문이었다." 이 말은 '좋은 실수' 를 저지를 수 있는 타니야마의 능력에 대한 시무라의 코멘트를 상기시킨다. 이런 관점에서 보자면 수학과 과학에서의 많은 혁명적 진보는 잘못된 것들이었다.

문 또는 창문

위대한 아이디어는 열린 창문으로 변하는 닫힌 문에 비유된다. 닫힌 문의 단계는 위에서 우리가 위대한 아이디어의 불가능성이라고 불렸던 것을 가리킨다. 그러다가 닫힌 문은 어찌어찌 열린 창문으로 변하여 예상하지 못했던 새로운 지평을 보여준다. 수학은 애초에 형성되었던 영역에서는 해결할 수 없는 문제들로 가득 차 있다. 올바른 해결은 처음의 수학적 맥락을 새로운 맥락으로 확장할 때 떠오르는데, 나중에 돌이켜보면 이 새로운 맥락은 본래의 문제 속에 암시되어 있었다.

예를 들어 $x^2 + 1 = 0$이라는 방정식을 보자. 이 문제 자체는 실수나 유리수는 물론 정수의 영역에서도 완전한 의미를 갖지만 해답은 이 영역에서는 찾을 수 없다. 이 방정식은 우리로 하여금 '$x = i$'라는 해답을 발명해내도록 강요하는 듯하다($i = \sqrt{-1}$). 하지만 이 해답 하나만으로는 어딘지 불안정하며, 실수를 확장하여 모든 수를 $a+bi$라는 복소수의 집합으로 여길 때에 비로소 안정해진다(a와 b는 실수). 예기치 못하게도 이 새로운 영역은 대수적으로 닫혀 있다. 따라서 $x^4 - ix^3 + (2 - i)x^2 + 3x + 2 = 0$과 같이 계수들이 모두 복소수인 경우 4개의 근이 존재하며 이 모두는 역시 복소수이다. 이처럼 한 맥락에서는 불가능이었던 것이 복소수라는 더 넓은 맥락에서는 열린 창문이 된다. 이것은 본래의 방정식에 대한 해답을 담고 있을 뿐 아니라 그 자체가 경이롭고도 방대한 새로운 수학적 영역을 이룬다.

잠시 실수와 복소수에 머물면서 실수인 x로 만들어진 $f(x) = 1 + 1/(1 + x^2)$이라는 함수를 생각해보자.[8] 이 함수는 아래와 같이 무한급수로 쓸 수 있다.

$$1 + \frac{1}{1 + x^2} = 1 + \frac{1}{1 - (-x^2)} = 2 - x^2 + x^4 - x^6 + x^8 + \cdots$$

이 급수는 어떤 값의 x에 대해 수렴하고 그 외의 경우에는 발산하며, 실제로는 -1과 1 사이의 x값에 대해 수렴한다. 우리는 이 경우 수렴반경(radius of convergence)이 1이라고 말하는데 그 이유는 이 급

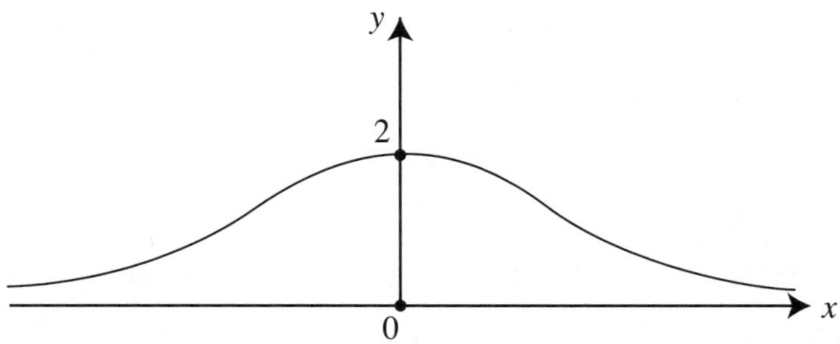

그림 7.1 $f(x) = 1 + 1/(1 + x^2)$**의 그래프**

수가 $|x| < 1$일 때 수렴하기 때문이다. 이 수렴반경은 이 함수의 매우 중요한 성질이다. 여기서의 미스터리는 "어떻게 이 수가 본래의 (실수) 함수가 가진 성질로부터 얻어졌는가?"라는 점이다. 예를 들어 이 함수의 그래프를 볼 경우 우리는 어디에서 1이라는 수를 찾을 것인가?

하지만 이 함수를 복소수 영역의 함수로 여긴다면 이 비밀은 바로 해결된다. x가 실수면 분모인 $1 + x^2$은 1보다 크므로 결코 0이 되지 않는다. 그러나 복소수까지 허용하면 분모인 $1 + z^2$은 $z = \pm i$일 경우 0이 된다.[9] 따라서 복소함수 $f(z) = 1 + z^2$이 0이 아닐 최대의 반경은 다음과 같다.

$$|z| < 1$$

실수함수 $f(x)$를 나타내는 멱급수의 수렴반경은 이와 관련된 복소함수 $f(z)$를 고려할 때에 비로소 이해될 수 있다.

이 예는 지수함수가 사인과 코사인이라는 삼각함수와 관련되어 있다는 논의를 되새기게 해준다. 이것들의 실수함수들 사이에는 아무런 관계가 없는 듯 보이지만 그 복소함수들은 오일러 등식이라는 관계식에 의해 얽혀져 있다.

$$e^{ix} = \cos x + i \sin x$$

실수함수 $f(x) = 1 + 1/(1 + x^2)$의 면모는 역시 이와 관련된 복소함수를 고려해야 비로소 설명된다.

이처럼 어떤 수학 문제가 한 영역에서 설명될 수 있지만 더 적절히 구현되기 위해서는 더 넓은 영역이 필요해지는 현상은 실제로는 사뭇 일반적이다. 예를 들어 대수의 기본정리(fundamental theorem of algebra)에[10] 대한 가장 이해하기 쉬운 증명은 해석학이나 위상수학의 아이디어를 이용한 것이다. 수학에서 대수학과 해석학은 사실 서로 독립적인 영역으로 볼 수 없다. 수학의 위대한 발전은 때로 두 하위 영역이 만나는 곳에서 일어나는데, 물론 이것도 불명에서 유래하는 현상의 일부이다.

이런 종류의 상황들은 형식주의가 수학의 적절한 묘사가 될 수 없다는 점도 드러내준다. 어떤 주제를 공리와 정의와 정리와 증명으로 펼쳐 가는 과정은 사람들에게 형식계가 바로 그 주제이며, 이와 같은 형식적 전개에 그 주제의 가능성이 모두 담겨 있는 듯한 느낌을 전해준다. 하지만 이런 과정은 문제가 꾸며졌던 본래의 계와 전혀 다르게 보이는 분야의 아이디어가 바로 이 문제를 해결하는 데에 필요할 수도 있다는 사실을 깨닫게 하는 데에 아무런 도움을 주지 못한다.

괴델의 정리도 같은 점을 시사한다. 어떤 결과는 참이기는 하지만 주어진 형식계에서는 증명이 불가능할 수도 있으며, 제6장에서 그런 예를 살펴보았다. 수학은 수학자들을 끊임없이 본래의 기준계에서 밀어낸다. 이는 수학의 문제적 측면으로 여기에서 창의적 해결이 요구되는데, 때로 이는 전혀 예상할 수 없었던 것이지만 돌이켜보면 필수적이었음을 알게 된다.

이와 같은 더 높은 관점으로의 도약은 예측할 수 없고 따라서 프로그램할 수도 없다. 수학자들은 다음 차례의 확장이 어디에서 나타날 것인지를 그냥 앉아서 추측해낼 수는 없다. 새로운 관점은 어떤 특정한 문제와 상황에 의해 강제되어야 한다. 실수에서 복소수로의 확장은 커다란 돌파구였다. 이에 의해 많은 문제들이 해결되었고 이전에는 모호했던 것들을 이해할 수 있게 되었으며, 많은 새로운 문제들이 제시되었다. 복소수에서 사원수(四元數, quaternion)로[11] 넓혀진 다음 번 확장은 흥미롭기는 했지만 실수에서 복소수로의 도약처럼 극적이지는 않았다.

임의

이 절에서는 현대의 과학적 사고의 아이디어 가운데 가장 경이로운 것의 하나인 임의(randomness)의 아이디어를 생각해봄으로써 앞서의 논의를 더욱 명확히 설명하고자 한다. 임의에 대한 논의만으로도 한 권의 책, 심지어 몇 권의 책이 될 수 있다. 따라서 여기의 논의는 완전한 것이 아님을 미리 밝혀둔다. 이 논의의 목적은 다른 곳에 있는데, 위대한 아이디어의 결코 사소하지 않은 예를 들어 과학적 문화에 미친 영향을 살펴보고자 하는 게 바로 그것이다. 임의는 현대에 들어 특히 중요하게 부각되었다. 임의는 이를 어찌 생각하는 게 올바른 사고법인가에 대해 분명한 합의가 없다는 점에서 미해결의 주제라고 말할 수 있다. 이는 마치 이전에 논의되었던 해석학의 의문들에 대해 분명한 합의가 없었던 것과 비슷하다(사실 해석학의 근거가 영원히 변하지 않도록 명확히 밝혀졌다고 말하기는 아직도 이르다). 따라서 개념으로서의 임의에는 약간의 설익은 점이 있으며, 바로 이 때문에 위대한 아이디어의 하나로 탐구해봐도 좋을 듯 싶은 흥미를 느끼게 된다. 앞서 위대한 아이디어는 어느 정도의 불가능성과 함께 열린 융통성을 가진다는 특징이 있다고 말했음을 상기하자. 여기의 논의는 임의의 불가능성에서 시작하여 현대의 과학적 사고에 미치는 다양한 응용으로 나아간다.

임의는 무엇인가? 일상적 경험의 수준에서는 낯익게 느껴지는 '우연' 과 같은 것으로 생각할 수 있다. 곧 이는 뭔가 예상하지 못한 것, 행운이나 불운처럼 어떤 특별한 이유 없이 일어나는 것들을 가리킨다. 어떤 의미로 볼 때 임의는 결정론의 반대편에 있다. 또한 뭔가 너무 복잡해서 단순한 설명을 물리치며 심지어 어떤 설명도 할 수 없을 듯한 느낌이 드는 것들을 가리킨다. 왜 어떤 사람들은 가장 건강한 생활 습관을 가졌으면서도 젊은 나이에 죽는 반면 다른 어떤 사람들은 자신들을 전혀 돌보지 않는 듯한데도 장수할까? 이런 생각을 해보지 않은 사람들은 이에 대해 아무런 논리적인 대답을 할 수 없다. 삶과 죽음은 예견할 수 없으며 피할 수 없는 우연적 요소에 관계되는 것 같다. 이처럼 우발적인 사건들은 우리의 삶 및 세상에 대한 우리의 경험에 한데 엮여 있는 듯하다. 어떤 사람들은 인간의 문화와 종교라는 게 삶에 퍼져 있는 이러한 우연적인 요소들을 완화하거나 제어하기 위한 시도에서 유래했다고 말하기도 한다. 어떤 의미에서 보면 우발적인 것들을 임의라 부르고 이 아이디어를 토대로 수학과 과학의 이론들을 구축한 것은 인류의 문화적 과업 가운데 가장 야심 찬 것이라고 말할 수 있다. 우발적인 것들이 우리의 악몽을 이루는 것이라면 임의의 개념화는 그 괴물의 심장에 직접적인 타격을 가하는 시도라고 할 것이다.

임의의 현상은 수학의 가장 원초적인 원천이다. 예를 들어 영국의 수학자이자 과학 저술가인 이언 스튜어트(Ian Stewart, 1945~)는 수학적 아이디어의 5가지 원천을 열거했는데, 바로 수(number), 모양(shape), 배열(arrangement), 운동(movement), 우연(chance)이었다.[12] 이 가운데 그는 우연 또는 임의를 가장 최근의 원천으로 꼽았다. "우연이 독자적인 패턴과 규칙성을 갖고 있다는 점이 알려진 것은 몇 세기밖에 되지 않으며, 이에 대해 명확하게 기술할 수 있게 된 것은 겨우 50년밖에 되지 않는다."[13] 이처럼 먼저 우연 속에 암시된 패턴을 발견하고 나중에 명확하게 서술했다는 점에서 이 과정은 수학과 과학의 정상적인 발전 과정의 하나로 이해된다. 이는 우연이 어느 한 순간에는 명확하게 파악되지 못할지라도 언제나 확실한 의미를 가진다는 사실을 암시한다. 따라서 그 핵심은 명확한 수학적 구조에 의해 포착된다.

실제로는 일이 이처럼 단순하지 않다. 임의라는 개념은 여러 가지 다른 방식으로 정확하게 규정되었으며 그 어느 것도 결정적이지 않기 때문이다. 임의에 대한 결정적인 정의는 있을 수 없다. 각각의 정의는 임의의 여러 측면들을 드러내주며 그것들을 수학과 과학의 이론들에 투입한다. 우리가 임의라는 용어를 사용할 때 이 정의들은 실체의 해당 측면들을 우리에게 전해준다. 임의가 (예를 들어 수와 같은) 수학의 다른 원천들보다 뒤늦게 개념화되었다는 사실은 임의와 관련된 복잡성을 대변해준다. 사실 아래의 논의에서 보게 되겠지만 (무한의 경우와 마찬가지로) 우연이 정당한 수학적 의문의 대상이 될 수 있는지에 대해 나름대로 타당한 의혹이 제기되고 있다.

임의는 언제나 인간 문화의 중요한 요소였다. 옛날에는 여기에 신의 뜻이라는 의미가 담겨 있었다.[14] 예를 들어 고대 그리스, 유대, 중국의 문화 등에서 보듯, 고대에는 제비를 뽑거나 동전 또는 주사위를 던져서 높은 지혜를 헤아렸다. 제비뽑기와 주사위 던지기 등을 이용하여 임의화하는 목적은 인간의 조작 가능성을 없애고 신들이 신성한 의지를 분명하게 드러낼 수 있도록 하기 위함이었다.[15] 이러한 '높은 지혜'의 본질을 생각해보는 것은 흥미로운 일이다. 현대인들은 이것을 어찌 풀이해야 할까? 어쩌면 불명과 아이디어가 논리보다 더 기본적이란 점에서 볼 때 '높은'이란 말은 어폐가 있으므로 '더 기본적'이란 말로 바꿔야 할 것 같다. 임의는 무엇보다 더 기본적일까? 많은 문화에서 우연은 실체의 여러 측면들 가운데 의식이 닿지 못하는 면을 상기시키며, 이성은 이와 더욱 거리가 멀다고 믿는 듯하다. 달리 말하자면 모든 사람들은 각자의 사고와 감각으로 이루어진 고유한 우주라고 할 수 있는 투명한 거품에 갇혀 있다. 과연 우리는 각자의 우주와 외부의 우주를 어떻게 구별할 수 있을까? 한 가지 방법은 우연을 통해서일 것 같다. 우리의 세계관이 아무리 완벽하더라도 실체는 어떻게든 언제나 우리를 놀라게 한다. 뭔가 예기치 못했던 것, 뭔가 우연한 것, 뭔가 임의적인 것들이 언제나 일어나는 것 같다. 이처럼 임의적인 것들은 자족적인 틀을 벗어난다. 고대의 문화에서는 임의적 사건을 체계적으로 다루었다. 그들은 이성적인 자아를 잠시동안 물리치고 신성한 존재가 스스로 또는 그들을 통해 드러나기를 바랐다. 임의는 실체의 더 높고 초월적인 측면으로 나아가는 출구였다. 하지만 임의를 개념화하자면 곧바로 문제에 부딪친다. 정의상 개념을 넘어선 것들을 어떻게 과학적 개념으로 포섭할 수 있단 말일까? 이처럼 무한과 마찬가지로 임의도 본질적인 문제를 안고 있다.

임의에서 문제가 되는 측면을 좀더 명확히 분리해보도록 하자. 내 사전에는 '임의적(random)' 이란 말에 대해 여러 가지 정의가 나와 있는데, 그 가운데 첫째는 "일정한 패턴이나 계획이나 관계가 없이 행해지거나 선택되거나 발생하는 양상"이라고 풀이한다. 따라서 임의는 패턴이나 규칙성이 없는 상황을 가리킨다. 앞서 우리는 패턴에 대해 살펴보았고 이게 아이디어의 개념과 아주 가깝다는 점을 보았다. 또한 그때 수학은 때로 패턴의 연구로 정의된다는 점도 언급했다. 하지만 임의는 패턴이 없음을 가리킨다. 따라서 수학의 영역에 속하지 않는 듯싶다. 그러나 실제로는 그렇지 않다. 이미 말했듯 이것은 수학은 물론 여러 과학 이론들에서 필수적인 아이디어다.

문제를 다시 되새겨보자. **수학은 패턴에 관한 것이다. 임의에는 패턴이 없다. 수학은 임의를 다룬다.** 이와 같은 내적 모순은 다음과 같이 생각해볼 수도 있다. 제5장에서는 수학적 아이디어가 수학적 상황에 내재하는 질서를 어찌 드러내는지에 대해 살펴보았다. 그런데 임의의 상황에 대한 정의에는 질서가 없다. 그럼에도 임의는 어떤 아이디어이므로 반드시 뭔가 조직적인 것을 담아야 하고, 어떤 질서나 규칙성을 드러내야 한다. 과연 그게 무엇일까?

수학은 이런 상황에서 좌절하기는커녕 그 안에 담긴 엄청난 가치를 찾아 나섰다. 임의의 가능성은 놀라울 정도이며, 과학적 풍성함의 무한한 원천이다. 임의가 이처럼 풍부한 관념이 된 이유는 거기에 담겨 있는 내적 모순에도 불구하고가 아니라 오히려 바로 그 때문인 것 아닐까? 임의에서 우리가 느끼는 심원함은 이에 대한 모든 수학적 정의의 배경에 자리잡은 무엇인가로부터 유래한다. 수학자들이 패턴이 없는 게 특징인 상황에서 패턴을 발견했다는 사실은 얼마나 경이로운가! 여기서 펼쳐진 지성의 활용은 참으로 미묘하다! '임의는 패턴 없는 패턴' 이라는 표현은 언뜻 보기에 말장난에 지나지 않아서 더 논의할 게 없는 듯싶다. 하지만 실제로는 인간의 이해를 아주 중요한 방식으로 확장하고 있다. 사실 임의에 대해서는 근본적이면서도 다양한 의미를 부여할 수 있다. 그러나 이렇게 할 수 있다는 사실이 우리가 임의를 수학과 과학에서 사용할 수 있는 방식으로 개념화하기 위해 성공적으로 이끌어가야 할 근본적인 불명성을 가리게 해서는 안 된다. '0은 존재할 수 없다' 거나 '무한은 개념화할 수 없다' 라고 하는 말과 마찬가지로 임의도 내적 모순을 안고 있다. 따라서 이는 이런 방식으로 불가능한데, 불가능하면서도 절대적으로 근본적이다. 임의는 이 두 차원 때문에 위대한 아이디어가 된다.

가장 순수한 임의는 동전 던지기에서 볼 수 있다. 동전 던지기가 임의적 사건이라는 말은 앞면(H, head)과 뒷면(T, tail)의 두 가지 결과가 나올 수 있는데, 그 확률은 같지만 각각의 던지기에 대한 결과는 예측할 수 없다는 사실을 뜻한다. 따라서 한 번의 던지기가 임의적 사건이라고 말하기는 하지만 이 임의를 입증하려면 동전 던지기를 아주 많이 시행하고, 예를 들어 *HTTHHHTHTTTTTHHTT*…와 같은 일련의 결과를 확인하는 수밖에 없다. 이렇게 얻은 결과가 정말로 임의적이라고 하려면 적어도 두 가지 조건을 충족해야 한다. 첫째로 여기에는 어떤 유한한 패턴이 영원히 계속되어서는 안 된다. 따라서 예를 들어 *HTHTHTHT*…와 같은 결과는 임의적이 아니다. 둘째로 장기적으로 볼 때는 앞면과 뒷면이 나오는 횟수가 같아야 한다. 다시 말해서 처음에 n번을 던졌을 때 앞면과 뒷면이 나오는 횟수를 $H(n)$과 $T(n)$이라고 한다면 n이 커질수록 $H(n)/T(n)$의 비율은 차츰 1에 가까워져야 한다. 이처럼 정말로 임의적인 사건은 한편으로는(개별적인 던지기에서는) 완전히 예측불가능이지만 다른 한편으로는(장기적으로는) 반대로 완전히 예측가능이어야 한다(장기적으로는 $H(n)/T(n)$의 비율이 1이어야 한다).

두 가지 조건에 대해 몇 가지 언급해둘 점이 있다. 첫째 조건은 부정적으로 서술되어 있으며 임의에는 질서가 없다고 말한다. 이런 뜻에서 임의는 우리가 마주쳤던 여러 가지 개념들과 비슷하다. 유리수가 아닌 무리수, 대수수가 아닌 초월수, 가산집합이 아닌 불가산집합, 유한이 아닌 무한 등이 바로 그렇다. 둘째 조건은 긍정적으로 서술되어 있고 앞면과 뒷면이 균일하게 분포되어 있다고 말하며, 이처럼 정의상 명확한 요소는 입증될 수 있다. 따라서 임의에 대한 이와 같은 단순한 예에서도 우리는 임의의 불명과 마주치게 된다. 나아가 임의에 대한 이런 종류의 예는 무한이라는 어려운 개념과도 관련된다. 두 가지 조건 모두 아주 길기는 하지만 어디까지나 유한한 앞면과 뒷면의 배열을 통해 유추할 수밖에 없는데, 엄밀히 말하자면 예를 들어 앞면만 백만 번 연속해서 나온다 하더라도 실제로는 임의적인 수열의 시작에 지나지 않을 수도 있기 때문이다.

임의는 뜬구름과 비슷한데, 이는 일상적으로 경험하는 그 어떤 실체에 해당하지만 세밀히 들여다보면 사라져버리는 듯 보이기 때문이다. 과연 임의는 존재할까? 정말로 그 어떤 실체에 대응할까? 예를 들어 진짜로 임의적인 동전 던지기가 있을까? 동전 던지기의 실험에 관한 자료를 완벽하게 모두 확보한다면 물리학의 법칙에 따라 던질 때마다 그 결과를 정확히 예측할 수 있지 않을까? 다시 말해서 임의는 일종의 환상으로 단순히 자료가 충분하지 않다는 상황을 나타내는 말에 불과한 것은 아닐까? 이런 관점에서 볼 때 '어린이들은 임의의 관념을 수긍하지 않는다'는 사실은 흥미롭다. 데보라 베넷(Deborah Bennett, 1950~)은 장 피아제(Jean Piaget, 1896~1980)와 배르벨 인헬더(Bärbel Inhelder, 1913~1997)가 어린이들은 임의적인 결과들을 감춰진 규칙들에 의해 제어되는 것으로 인식한다는 사실을 발견한 것을 주목했다.[16] 여기에서 어린이들은 도박사들이 겉보기로 임의적인 사건들의 배경에 숨겨진 패턴이 있다고 믿는 것과 같은 상황에 있다. '임의는 존재하는가?'라는 의문은 중요하며 나중에 다시 논의할 예정이다. 이에 대해 대답하기는 어렵지만 참으로 매우 중요하다!

역설과 임의

임의의 개념에 본질적인 문제가 있다면 이와 관련된 역설이 많다는 것은 놀랄 일이 아니다. 역설은 위대한 아이디어와 얽혀 있고, 그 불가능성을 담고 있다. 데보라 베넷은 간단히 ≪임의≫(*Randomness*)라는 제목을 붙인 작은 저서의 마지막 장을 '확률의 역설'에 할애했는데, 여기서 그녀가 다룬 일련의 역설들 가운데 하나는 다음과 같다.

유명한 의과대학의 한 연구에서 의사와 레지던트와 4학년 학생들에게 다음 질문을 했다.

> 1000명당 1명꼴로 감염된 어떤 질병에 대한 검사가 5%의 잘못된 양성반응을 보인다면 양성반응을 보인 어떤 사람이 실제로 이 질병에 걸렸을 확률은 얼마인가?

거의 절반에 이르는 사람들이 95%라고 대답했으며, 단지 18%의 사람들만이 약 2%라고 옳게 대답했다.[17]

문제의 상황에서 1000명 가운데 1명이 실제로 이 병에 걸려 있지만, 이에 상관없이 1000명 가운데 50명은 양성반응을 보인다. 따라서 양성반응을 보일 어떤 사람이 실제로 감염자일 확률은 1/50인 2%에 지나지 않는다.

지성인들도 왜 이런 문제에 많은 어려움을 겪을까? 베넷은 이에 대해 다음과 같이 말했다. "여기서의 핵심은 임의의 이해에 대한 어려움으로 보인다. 확률은 임의적 사건의 개념을 토대로 하며, 통계적 추론은 임의적으로 추출한 표본의 분포에 근거한다. 우리는 흔히 임의의 개념을 당연시하지만 실제로는 심지어 오늘날까지도 많은 전문가들이 다양한 견해들을 갖고 있다."[18]

하지만 우리의 논의에 비춰볼 때 사람들이 확률과 임의에 대해 어려움을 겪는 데에는 충분한 이유가 있음을 알 수 있다. 어려움에 대해서 보자면 확률과 임의는 무한과 무리수의 아이디어에 비교하는 게 적절하며, 양쪽이 모두 직관적 느낌을 얻기 어렵다는 점에서 그렇다. 여기의 문제는 학교에서의 교육이 잘못되었다는 게 아니라 임의가 본질적으로 역설적이라는 데에 있다. 임의는 열린 개념이어서 한번 명확히 이해하고 나면 제쳐둘 수 있는 성질의 것이 아니다. 베넷의 언급 뒤에는 임의를 이해하는 명확한 방법이 있다는 느낌이 깔려 있다. 하지만 여기서 제기된 의문은 바로 이를 향해 있다.

임의와 질서의 관계

임의의 개념이 중요하다는 점은 이게 양자역학과 진화론과 카오스 이론 등 오늘날 가장 중요한 과학적 이론들의 근본적 양상으로 나타난다는 사실에서 잘 드러난다. 이보다 훨씬 이전에 임의는 우연적인 게임을 묘사하는 과정에서 수학에 편입되었다. 이 시도로부터 현대적인 확률과 통계의 이론이 나왔으며, 오늘날 이 이론들은 매우 널리 쓰이고 있다. 그런데 이 각각의 분야에서 임의는 조금씩 다른 방식으로 개념화된다. 이런 뜻에서 이 각각은 임의에 대한 개별적 탐사로 여길 수 있다. 질서의 결여라는 임의가 이와 같은 근본적인 과학적 이론들에서 자연계의 질서를 발견하거나 창조하는 데에 쓰이고 있다는 점은 괴이한 일이다. 역설적이고 기이하게도 임의와 질서는 서로 분리할 수 없으며, 이런 뜻에서 '임의/질서' 라고 일컬어지는 이중성보다 더욱 근본적인 불명은 없다.

언뜻 보기에 임의와 질서는 서로 반대되면서 보완적인 아이디어를 나타내는 것 같다. 임의는 무질서이고 질서는 무임의다. 그런데 두 관념이 모두 하나의 실체적 현상을 가리키는가, 아니면 하나는 그렇고 다른 하나는 환상을 가리킬 뿐인가? 예를 들어 우리는 자연계가 질서 있게 꾸며져 있고 그 질서는 과학이 찾고 이론으로 반영한다고 주장할 수 있으며, 사실 이게 전통적인 과학관이었다. 이 관점에 따르면 무질서가 감지될 경우 이는 그럼에도 불구하고 그 시점에서 분명 존재하는 기본적 질서를 감지하거나 이해하지 못하는 우리의 무지와 무능력을 나타낼 뿐이다. 이는 동전 던지기의 비유와 비슷하다. 이 관점에 따르면 우리가 동전 던지기라는 상황에 대한 완벽한 지식을 갖고 있다면 개별적인 결과도 모두 예측할 수 있다. 따라서 이 관점에서는 임의는 존재하지 않으며 단지 아주 복잡한 상황을 다루는 전략의 일환을 가리키는 개념이다. 이런 뜻에서 이는 '이성의 꿈' 이라고 불렀던 관점과 비슷하다. 세상을 이런 견지에서 보면 자연계는 암시적이지만 객관적인 질서를 갖고 있으며 과학의 할 일은 이 질서를 명확히 드러내는 것이다.

하지만 다른 관점도 있다. 우리는 구약성서에 따라 신이 원시적 혼돈에서 질서 있는 세상을 창조했다고 주장할 수도 있다. 다시 말해서 가장 근본적인 상황은 질서가 없는 혼돈의 세계이며, 이는 곧 임의와 동의어이다. 이런 세계관은 우리와 다른 대부분의 문화들에서 보편적이다. 그런데 이런 관점에 따를 경우 우리의 주위를 둘러싼 질서들은 어떻게 창출되었을까? 물론 우리는 일부 심리학자들의 견해에 따라 감성과 이성, 곧 감각과 지각이 질서를 창조했다고 말할 수도 있다. 예를 들어 어떤 사람에게 임의로 배열된 흰색과 검은색의 점들을 보여주면 얼마 뒤에는 이로부터 어떤 패턴을 느끼게 된다. 별자리는 이런 현상의 대표적인 예이며 구름의 배열에서 어떤 형상을 감지하는 것도 이런 예에 속한다. 여기서의 패턴은 물리적 배경을 갖고 있지만 우리가 감지하는 질서는 물리적 자료와 마음 사이의 상호작용과 관련된다. 이런 관점에서 보면 질서의 창조 과정인 질서화는 우리의 마음에 내재하는 자연적인 경향의 반영이며 지성의 가장 주된 기능이다. 수학이 정말로 "패턴의 과학" 이라면[19] 우리는 수학이 왜 그토록 중요한지를 깨달을 수 있다. 다시 말해서 수학은 인간의 지성이 자연계라는 질서와 상호작용하는 가장 중요한 방식이다.

우리는 두 가지 정반대의 견해를 간략히 살펴보았는데, 하나는 임의, 다른 하나는 질서의 존재를 부정한다. 아마 진실은 그중 어느 것보다 더 복잡하겠지만 실체의 묘사에는 질서와 임의 모두가 필수적인 듯하다. 어떤 특정 현상을 이해하려고 할 때 우리는 사실상 무질서를 제거해간다. 예를 들어 수학의 한 분야가 이해되기 전에는 자료들의 임의적 집합에 불과하지만 일단 이해된 뒤에는 충분히 다룰 수 있는 질서 있는 체계가 된다.

프랙털은 임의와 질서 사이의 관계에 대한 좋은 기하적 비유이고, 한 예로는 그림 7.2에 보인 것과 같은 만델브로 집합(Mandelbrot set)을 들 수 있다. 많은 사람들이 프랙털에 강한 미학적 흥미를 느끼며 그 수학적 및 기하적 성질을 소개하는 책들도 많이 나와 있는데, 그중 하나에는 심지어 ≪프랙털의 아름다움≫(*The Beauty of Fractals*)이라는 제목이 붙여졌다.[20] 프랙털이 이토록 매력적인 이유는 무엇일까? 프랙털에는 극도로 미세한 단계들이 담겨져 있으며 구체적으로는 인간의 지각능력을 초월하는 것 같다. 하지만 그 미세한 모습에는 선명한

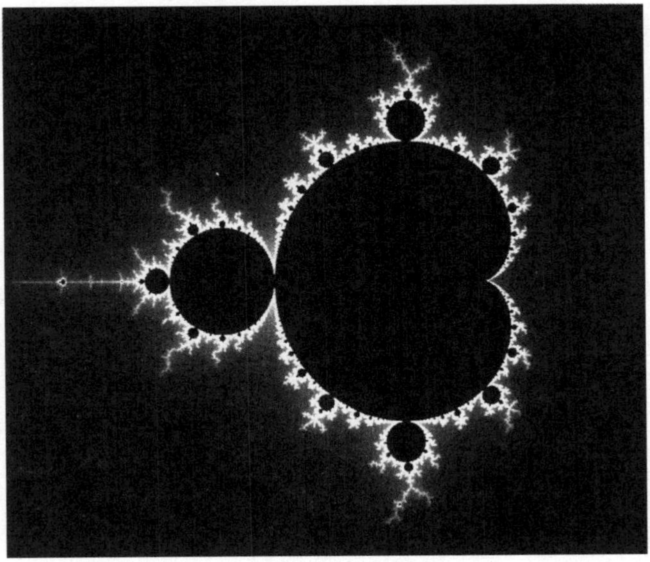

그림 7.2

질서가 자리잡고 있다. 물론 이 질서는 아주 미묘하여 이를 충분히 이해하는 데에는 상당한 수준의 수학적 묘사가 필요하다. 이러한 질서와 복잡성은 모두 그 기하 속에 담겨 있으며, 사람들이 그토록 매혹되는 이유는 바로 이 질서 있는 복잡성 때문인 듯하다. 자연계에는 이와 같은 구조적 또는 체계적 복잡성이 도처에 깔려 있다. 예를 들어 나뭇잎을 보자. 우리의 눈에 이는 매우 복잡하게 보이지만 그 속에 고도의 질서가 존재한다. 그리하여 단 하나의 나뭇잎도 헛된 곳에 있지 않은 듯하며, 실제로 모든 잎들은 이런 식으로 서로 잘 맞아 들어가 완전히 자연스럽게 보인다. 세계는 바로 이처럼 질서 있는 임의의 장으로 우리의 감성과 지성에 비쳐진다. 질서와 임의의 두 특성은 이와 같이 함께 드러난다. 복잡성은 이를 가리키며 한마디로 질서 있는 임의라고 말할 수 있다.

프랙털에서 경이로운 것은 그 놀라운 복잡성이 비교적 간단한 규칙에서 나온다는 점이다. 이런 뜻에서 프랙털은 수학 자체와 과학계에 대한 훌륭한 비유이다. 수학은 질서 있는 복잡성, 다시 말해서 복잡한 패턴의 세계이다. 물론 이런 패턴은 지적인 것이므로 반드시 시각적 영역에서만 나타나는 것은 아니다. 하지만 어쨌든 우리의 미적 반응은 마찬가지다. 모든 수학적 결과는 무한한 자료의 집합에 질서를 부여한다. 우리의 마음은 임의 속의 질서를 찾아내며 이에 대한 우리의 반응은 일종의 놀라움이다. 우리는 복잡성 속에 숨은 질서를 음미하면서 수학, 나아가 우리 모두가 가진 능력에 대한 외경에 빠진다.

질서와 임의 사이의 수학적 관계

질서와 임의 사이의 밀접한 관계에 대한 더 많은 증거는 영국의 통계학자 모리스 바틀렛(Maurice Bartlett, 1910~2002)이 제시한 예에서 찾을 수 있는데 이는 에드워드 벨트라미(Edward Beltrami)의 저서 ≪임의성은 무엇인가?≫(*What Is Random*?)에 잘 설명되어 있다.[21] 바틀렛은 임의의 수열을 만드는 다음과 같은 간단한 방법을 제시했다.

> 이는 0과 1 사이의 '씨' u_0로 시작하여 $n = 1, 2, \cdots$에 대응하는 수열 u_n을 만들어낸다. 여기서 u_n은 바로 앞의 수 u_{n-1}에 0 또는 1로 주어지는 임의의 이진수 b_n을 더해 만든다.

예를 들어 씨가 0.5이고 임의의 이진수들이 0, 1, 1, 1, 0, …이라면 만들어지는 임의의 수열은 0.5, 0.25, 0.625, 0.8125, 0.90625, 0.453125, …가 된다.

위에서는 보통의 십진법으로 나타냈지만 0과 1만 사용하는 이진법으로 쓰면[22] 처음의 씨는 0.1이고 이로부터 만들어지는 수열은 0.1, 0.01, 0.101, 0.1101, 0.11101, 0.011101, …이 된다. 위의 두 수열은 실제로는 같은 수열이며, 예를 들어 다음과 같이 확인할 수 있다.

$$0.1101(\text{이진법}) = 1/2 + 1/4 + 1/16 = 13/16 = 0.8125(\text{십진법})$$

십진법에서 이진법으로 바꾸는 것은 다른 언어들 사이에서 번역하는 것과 같다. 따라서 이 번역 때문에 수학적으로 잃는 것은 없다. 그런데 이진법으로 바꾸면 변환의 본질이 더 투명하게 보인다는 장점이 있다. 씨로 쓴 수가 이진법으로 다음과 같다고 하자.

$$u_0 = 0.\,n_1 n_2 n_3 \cdots$$

여기서 각 n_k는 0 또는 1이며 따라서 이후의 수들은 다음과 같다.

$$u_1 = 0.b_1n_1n_2n_3 \ldots$$
$$u_2 = 0.b_2b_1n_1n_2n_3 \ldots$$
$$u_3 = 0.b_3b_2b_1n_1n_2n_3 \ldots$$
$$\cdots$$

다시 말해서 각 단계에서 우리는 단순히 0 또는 1을 임의로 소수 첫째 자리에 넣고 다른 수들은 한 자리씩 오른쪽으로 이동시킨다.

이제 이 과정을 거꾸로 하면 어찌되는지 생각해보자. 예를 들어 u_3에서 u_2로 가면 b_3가 없어지므로 이전 수의 소수 둘째 자리 수(u_3의 b_2)가 새로운 수의 소수 첫째 자리 수가 된다(u_2의 b_2). 이처럼 거꾸로 가면 일반적으로 소수 첫째 자리의 수가 제거되고 나머지의 수들은 모두 왼쪽으로 한 자리씩 이동한다. 한 예로 0.01110010…은 0.1110010…이 되고, 한 번 더 계속하면 0.110010…이 된다.

여기서는 이진법을 사용하고 있으므로 역변환은 다음과 같이 정의할 수 있다.

$$T(x) = \begin{cases} 2x, & x = 0.0\cdots \\ 2x - 1, & x = 0.1\cdots \end{cases}$$

다시 말해서 x가 1/2보다 작으면 $T(x)$는 $2x$이고, x가 1/2보다 크면 $T(x)$는 $2x-1$이며, 흔히 이를 '$T(x)=2x(\text{mod } 1)$'로 나타낸다. 이진법으로 쓰인 소수에 2를 곱하면 소수점을 오른쪽으로 한 자리만큼 이동시키는 것과 같은데, 이는 십진법으로 쓰인 소수에 10을 곱하면 소수점이 오른쪽으로 한 자리 이동하는 것과 같다. 따라서 $T(1/3)=2/3$이고 $T(2/3)=2(2/3)-1=1/3$이다.

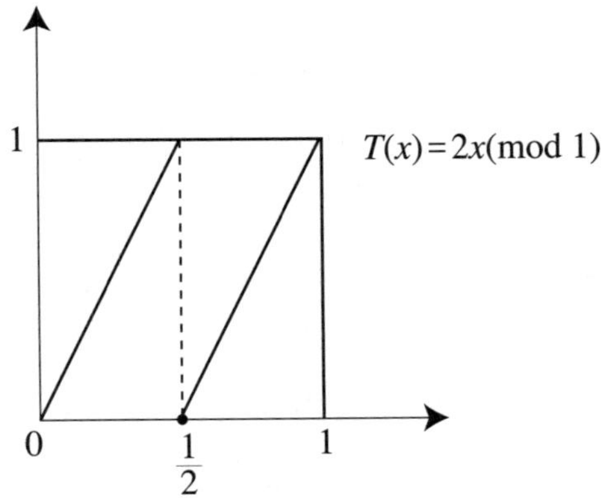

그림 7.3

$T(x)$는 잘 규정된 절차이다. 따라서 x만 알면 $T(x)$를 계산한다. 이런 뜻에서 $T(x)$는 결정론적이며 본래의 정의에서 보는 것과 같은 임의성은 개입될 여지가 없다. 기이하게도 이 임의적 과정의 역과정은 결정론적 과정이며, 벨트라미는 이에 대해 다음과 같이 말했다.

> 이처럼 미래는 바틀렛을 통하여 임의적으로 0 또는 1이 발생하기를 기다리면서 전개된다. 하지만 그 역과정은 현재를 잊고 과거를 추적해간다. 불확실한 미래와 과거에 대한 명료한 지식은 동전의 양면이다. 이 때문에 나는 반대쪽을 향한 두 얼굴을 갖고 과거와 미래를 동시에 살펴본다는 로마신화에 나오는 신의 이름을 따서 이것을 야누스 수열(Janus sequence)이라고 부른다.[23]

야누스라는 이름으로 지칭된 특징들은 불명한 상황이 드러내는 이중성 바로 그것이다. 사실 쾨스틀러도 야누스의 이름을 빌려서 불명을 설명했다. 이 예에서 임의와 결정론은 함께 엮여 있다. 본래의 변환이라는 관점에서 보자면 이 과정은 임의적이지만 반대의 관점에서는 결정론적이며, 전체적으로는 반직관적인 것 같다. 하지만 좀더 깊이 조사해보면 상황은 더욱 복잡해진다.

우리는 이진법을 쓸 경우 T의 변환이 간단히 나타난다는 점을 보았다. 만일 씨가 $v = 0.v_1v_2v_3v_4\cdots$라면 $T(v) = 0.v_2v_3v_4\cdots$이고 $T^2(v) = 0.v_3v_4\cdots$이며 이후 마찬가지로 계속된다. 실제로 우리는 씨를 어떤 일정한 정확도로 추정할 수 있을 뿐이며 이 정확도는 소수점 이하의 자리수에 따라 결정된다. 다시 말해서 소수 첫째 자리는 씨를 1/2, 둘째 자리는 1/4의 범위 안에서 결정할 수 있으며, 일반적으로 소수 n째 자리는 $1/2^n$의 범위 안에서 결정할 수 있다. 이제 우리가 씨를 소수 n째 자리의 범위 안에서 정확히 결정할 수 있다고 상상하자. 그러면 n째 자리 이후에 나타나는 $v_{n+1}, v_{n+2}, \cdots$는 본질적으로 임의적이며, 이는 다음과 같이 나타낼 수 있다.

$$T^n(v) = 0.v_{n+1}v_{n+2}\cdots$$

n번 되풀이하고 나면 T의 원래 값에 들어 있던 정보는 모두 사라지며, 이렇게 하여 결정론적인 변환은 임의적 과정과 구별할 수 없는 자료들을 만들어낸다.

이 상황을 다른 관점에서 볼 수도 있다. 애초에 아주 비슷한 값을 가진 v와 w라는 두 씨가 있는데, 소수점 이하 n째 자리까지 일치한다고 하자. 그러면 이 둘 사이의 차는 기껏해야 $1/2^n$을 넘지 못한다. 하지만 $T^n(v)$와 $T^n(w)$의 차는 아주 작을 수도 있고 아주 클 수도 있어서 이를 정확히 결정하기란 불가능하다. 다시 말해서 v의 값에 대한 작은 오차는 $T^n(v)$의 값에 대해서는 아주 큰 오차를 낳을 수 있다. 이런 현상은 카오스계의 중요한 특징 가운데 하나로 '초기조건의 예민한 의존(sensitive dependence on initial conditions)' 이라고 부른다.

카오스와 결정론

카오스는 위에서 본 T와 같이 간단한 조작이지만 계속 되풀이할 경우 아주 복잡하고 심지어 임의적인 모습을 보이는 현상을 가리킨다. 나는 $f(x) = 4\alpha x(1-x)$처럼 간단한 이차함수들이 매개변수 α의 값이 변함에 따라 오늘날 우리가 카오스라고 부르는 역동적인 현상을 펼쳐내는 것을 보고 과학계가 열광의 도가니에 빠졌던 때를 기억한다. 당시 과학계는 이런 종류의 함수를 완벽히 이해하고 있지만 역동계를 만들어내기 위해 거듭 사용할 경우 매우 복잡한 행동을 보인다는 사실에 놀랐다.

이 놀라움은 부분적으로 예전에는 고전적이고 결정론적인 영역으로 알려졌던 곳에서 임의적이고 통계적인 현상이 일어났다는 데에서 기인한다. 이것을 자연계가 미분방정식에 의해 지배되는 기계라고 보았던 뉴턴의 비유와 비교해보자. 미분방정식은 현재가 과거와 미래를 완전히 결정하는 특성을 갖고 있다. 다시 말해서 $t = 0$에서 어떤 초기 조건이 주어지면 계의 상태는 t가 음수든 양수든 언제나 명확히 결정된다. 이와 대조적으로 카오스 이론은 각각의 계가 '사상의 지평선(event horizon)'을 갖고 있으며, 이를 넘어서는 곳에서는 계의 상태를 결정하는 게 불가능하다고 말한다. 위에서 본 $T(x)$가 n번의 반복을 거치면 초기의 정보를 잃는 것도 그 한 예이다. 카오스 이론은 일상에서 보는 거시적인 물리적 계들이 본질적으로 임의적이고 통계적이라는 사실을 새삼 일깨워주었다. 이는 임의성에 대한 통계적 기법이 복잡하지만 결정론적인 실체를 어림하는 데에 유용한 것이라는 고전적 관점을 뒤엎었다. 따라서 이와 반대로 우리는 고전적 결정론이야말로 오히려 본질적으로 임의적인 실체에 대한 유용한 어림법이라고 말할 수 있다.

카오스의 경계

'카오스'나 '복잡성'이란 말이 들어가는 이론들이 임의와 질서의 이중성에 대해 나름의 접근법을 개발했다는 점은 흥미롭다. 고전적인 계들은 결정론적이다. 그런 계의 행동이 미분방정식에 의해 지배되면 그 장기적 행동은 끌개(attractor)의 수에 달려 있다. 끌개는 그 이름이 시사하듯 어떤 미분방정식의 모든 해들이 어떤 집합 A의 부근에서 시작했을 때 시간이 흐름에 따라 갈수록 A에 가까워질 경우 이 집합 A를 가리키는 말이다.[24] 미분방정식들로 나타나는 고전적인 계들의 끌개는 해들이 시간에 따라 변하지 않는 평형점이거나 주기적인 해들을 나타내는 폐곡선이다. 따라서 이러한 고전적인 계들의 장기적 또는 점근적 행동은 유한한 개수의 상태들로 이루어져 있다.

이와 정반대의 극단에는 이상적인 동전 던지기와 같은 고전적인 임의적 현상이 있다. 이 경우의 장기적 행동은 전혀 예측할 수 없다. 동전 던지기에서는 앞면과 뒷면이 불규칙적으로 나오지만 비율은 갈수록 1에 가까워진다. 그러므로 고전적으로 임의적인 경우들은 비교적 이해하기가 쉽다. 어떤 면에서 이 경우들은 대조적인 양면성을 가진다. 한편으로는 결정론적이고 다른 한편으로는 임의적인데, 달리 풀이하자면 이 용어들은 의미만 다를 뿐 예측이 가능한 계들을 나타낸다고 말할 수 있다.

이 두 극단 사이에 카오스의 이론으로 연구되는 복잡계(complex system)가 위치한다. 그중 어떤 것들은 결정론적이면서 임의적인데, 이런 계들은 위에서 이야기한 것보다 훨씬 복잡한 끌개, 곧 이상한 끌개(strange attractor)들을 갖고 있다. 예를 들어 $f(x)=\alpha x(1-x)$라는 함수는 본질적으로 제4장에서 다루었던 칸토어 집합과 같은 끌개를 만들어낸다. 이상한 끌개에 의해 제한된 계의 행동은 때로 확률적 분포로 다루는 게 가장 좋을 정도로 임의적이다. 반면 이런 계의 행동은 어떤 의미로 볼 때 결정론적인데, 그 이유는 이 계가 유한한 개수의 끌개를 갖고 있으며 임의의 초기 위치에서 시작한 계의 해는 이 끌개들 가운데 하나에 끌리게 되기 때문이다.

이에 따라 물리학 및 생물학적으로 흥미로운 현상은 완전히 결정론적이지도 임의적이지도 않은 영역이라고 할 카오스의 경계에서 일어난다는 아이디어가 나오게 되었다.[25] 이런 곳이 바로 안정하면서도 복잡한 구조가 발달하리라고 예상할 수 있는 곳이다. 다시 말해서 생물학적 계를 모사하기 위하여 복잡계의 이론을 적용할 경우 카오스의 경계야말로 배경에 자리잡은 변환 법칙들에 대한 지식으로 명확하게 예측할 수 없는 규칙성이 창출되는 곳이라고 말할 수 있다.

과학적으로 흥미로운 현상들이 카오스의 경계에서 일어난다는 아이디어에서 우리는 수학의 비유적 힘에 대한 또 다른 예를 본다. 특히 거기에는 이를테면 자신을 모방한다고 말할 수 있는 수학의 자기지시적인 놀라운 능력이 자리잡고 있다. 지금까지 여러 장들에서 우리는 중요한 수학적 결과들이 논란거리의 경계들에서 떠오른다는 사실을 보았는데 카오스의 경계도 분명 논란이 많은 곳이다. 임의적인 현상들이 없다면 생명은 물론 진화나 개혁이나 창의성도 없었을 것이다. 반면 완전히 혼란스런 세상은 예측이 불가능하고 규칙성도 없으며 너무나 끔찍하여 역시 아무런 생명도 존재할 수 없다. 그러므로 우리가 앞으로도 창조적이고자 한다면 카오스의 경계야말로 우리가 머물면서 살아가야 할 곳이며, 이는 수학의 경우에도 마찬가지다.

알고리듬적 임의성[26]

임의에 대한 정상적인 수학적 접근법은 고전적인 확률론에 근거한다. 확률론은 통계학의 기초이며 과학과 공학에 걸쳐 널리 응용되고 있다. 그런데 근래에 들어 앞서 언급했던 그레고리 섀틴과 러시아의 위대한 수학자 안드레이 콜모고로프(Andrey Kolmogorov, 1903~1987)의 업적에 근거한 새로운 접근법이 떠올랐다. 이들의 정의에 따르면 어떤 수열은 이것을 특정하기 위해 컴퓨터에게 투입하는 가장 작은 알고리듬의 비트 수가 수열 자체의 비트 수와 비슷하면 임의적이다. 예를 들어 0101010101010101이라는 수열은 임의적이 아닌데, 이는 '01을 8번 인쇄하라'는 명령으로 특정할 수 있기 때문이다. 만일 이 수열이 더 길어진다면, 예를 들어 '01을 1000번 인쇄하라', '01을 백만 번 인쇄하라' 등으로 특정할 수 있으므로 더욱 그렇다. 예를 들어 01이 백만 번 되풀이되는 0101…01이라는 수열의 경우 우리는 이것이 압축가능(compressible)이라고 말한다. 만일 어떤 수열의 정보가 압축불능(incompressible)이라면 어떨까? 만일 어떤 수열을 특정하기 위한 가장 효율적인 방법이 그 수열을 그냥 쓰는 것이라면 어떨까? 바로 이런 경우 우리는 해당 수열이 임의적이라고 말한다.

임의성에 대해 압축불능성으로 접근하는 방법은 실제로는 아주 자연스런 방법이다. 섀틴은 과학적 귀납법에 대한 레이 솔로모노프(Ray Solomonoff, 1926~)의 모델을 참조했는데, 이에 따르면 과학적 이론은 과학자가 관측으로 얻은 자료들을 압축한 것이다. 이런 뜻에서 가장 좋은 과학적 이론은 관측된 자료를 생성해낼 수 있는 최소의 프로그램이며, 임의적인 이론은 본래의 관측 자료보다 조금도 나을 게 없다.

임의성에 대한 알고리듬적 접근법에 힘입어 임의성의 측정 수단이 개발되었는데, 이는 복잡성의 개념과 관련된다. 이에 따르면 어떤 수열의 복잡성은 이 수열을 만들어내기 위해 컴퓨터에 투입해야 할 가장 작은 프로그램의 비트 수이다. 그러므로 임의적인 수열은 그 복잡성이 대략 그 자체의 크기와 비슷하다.

임의성에 대한 모든 접근법은 이에 대해 뭔가 새로운 것을 말해주지만 동시에 근본적인 불가해성도 일깨워준다. 알고리듬적 접근법은 매력적이며 여러 모로 깊은 암시를 품고 있다. 무엇보다도 이에 따르면 대부분의 수들은 임의적임을 알 수 있는데 개별적인 수들이 임의적인지 아닌지는 결코 증명될 수 없다. 이 마지막 결과는 제6장에서 다룬 괴델의 불완전성 정리와 부합한다. 괴델의 정리가 역설에서 출발했듯이에 대한 논증도 그러한데, 이와 관련된 역설은 베리의 역설(Berry paradox)이다. 또한 괴델의 정리와 마찬가지로 섀틴의 연구도 수리철학에 영향을 미쳤으며, 특히 이는 어떤 형식적 공리계에서 도출될 수 있는 정보에 대해 한계를 설정한다.

알고리듬적 임의성도 지금껏 다루었던 수많은 수학적 결론들처럼 수학의 본질에 대해서도 우리에게 뭔가 이야기해준다. '괴델과 튜링과 나의 연구는 어떤 면에서 부정적이며 모두 불완전한 결과들이다. 하지만 다른 한편으로는 모두 긍정적인데 왜냐하면 이것들은 각각 불완전성, 계산불능성, 알고리듬적 임의성이라는 새로운 개념들을 내놓기 때문이다. 그러므로 어떤 의미로 이것들은 수학이 새로운 개념들의 도입과 함께 전진한다는 점을 보여주는 예들이다.'[27] 섀틴의 연구는 이 책에서 논의한 많은 점들을 훌륭하게 설명해준다. 아이디어(개념)들은 수학의 본질적 요소이며, 따라서 수학은 무한히 창의적이다. 만유의 이론이란 것은 없고 모든 아이디어(형식계)에는 한계가 있다. 수학은 역설을 피하지 않으며 오히려 이를 발견하고 다루고 길들여서 새로운 수학을 창조하는 데에 사용한다.

양자역학과 임의성

임의성은 양자역학으로 세상을 묘사하는 데에 필수적인 요소이다.

이는 임의성이 자연의 실체에 대한 현대과학의 가장 깊은 통찰을 어찌 이끌었는지 보여주는 또 다른 예이다. 그런데 임의성의 아이디어가 나타나는 곳마다 그에 대한 의문도 함께 출현한다. 여기서의 의문은 양자적 실체의 본질과 관련된다. 우리는 양자역학이라는 수학적 양식에 의해 그토록 성공적으로 묘사되는 실체의 본질을 어떻게 이해할 수 있을까?

20세기 초에 아인슈타인과 보어 사이에 유명한 논쟁이 벌어졌으며, '신은 주사위 놀이를 하지 않는다'는 아인슈타인의 유명한 말은 이로부터 유래했다. 여기서의 문제는 지금은 낯익은 임의의 본질에 대한 입장이다. 과연 이는 실체의 환원될 수 없는 그 어떤 본질적 측면을 나타내는가, 아니면 단순히 언젠가 더 완전한 이론이 개발되면 필연적으로 축출될 운명에 있는 오늘날 우리가 가진 무지를 반영하는 것에 지나지 않는가?

예를 들어 때로 큐온(quon)이라고도 불리는 근본적인 소립자의 하나인 전자의 본질에 대해 생각해보자. 전자는 하나의 입자일까, 아니면 확률분포를 나타내는 파동일까? 과연 그 위치나 운동량은 정확한 값으로 나타내질까? 동전 던지기에 비유하자면 전자는 한 번의 던지기에 해당할까, 아니면 여러 번의 던지기에 해당할까? 전자의 본질은 근본적으로 불명하며 측정 행위에 의존하는 듯하다.

> 우리가 관찰할 때마다 전자는 입자처럼 보인다. 하지만 관찰과 관찰 사이에는 파동처럼 행동한다. 관찰된 전자는 관찰되지 않은 전자와 현격히 다르므로 우리는 이 큐온을 관찰과 상관없이 묘사할 수는 없는 듯하다.
>
> 잠시 관찰을 무시한다면 우리는 전자가 완전히 파동이라고 말하고 싶은 유혹을 느낀다. 관찰하지 않는 동안은 그렇게 행동하기 때

문이다. 하지만 이런 묘사는 관찰할 때마다 전체적인 패턴만 파동일 뿐 개별적으로는 작은 입자로밖에 보이지 않는다는 엄중한 사실을 무시하는 것이다. 반면 관찰과 관찰 사이에는 정말로 파동이라고 말한다면 양자적인 사실들을 설명할 수 없다. 어떻게 각각의 전자는 파동과 같은 에어리 패턴(Airy pattern) 속에서 차지할 각자의 위치를 알아내는 것일까? 각각의 전자는 무엇과 서로 간섭하여 에어리의 검은 고리(iry's dark rings)를 만들어내는 것일까?[28]

전자를 완전히 파동으로 본다면 확률적 묘사가 더 근본적, 다시 말해서 임의성이 본질이라고 말하는 셈이다. 반면 입자적 묘사를 고집한다면 어떤 숨은 변수 또는 어떤 더 정확한 묘사가 진정한 본질을 보여줄 것이라고 바라는 셈이다. 그러면 확률적 묘사는 현재 우리가 가진 무지를 드러내줄 것이다. 하지만 양자역학에는 하이젠베르크의 불확정성원리(uncertainty principle)라는 근본적인 법칙이 있다. 이 원리는 어떤 주어진 큐온과 관련된 완전한 한 세트의 관측량에 대해 실험가들이 얻을 수 있는 정보의 정확성에 본질적인 한계를 설정한다. 사실 이는 제1장에서 이미 설명한 내용의 반복으로, 양자역학에 의해 드러나는 자연계의 본질은 불명하다는 것이다. 이 불명의 핵심은 임의의 불명한 본질과 직접적인 관계가 있으며, 이는 임의성이 참으로 위대한 아이디어임을 뒷받침하는 여분의 증거이다.

진화론과 임의성

임의성의 아이디어는 또 다른 위대한 과학적 이론인 진화론에서 핵심적 역할을 한다. 진화론은 인간의 본질에 대해 물을 수 있는 가장 근본적이고도 혼란스런 의문에 대한 틀을 제공해준다. 왜 우리는 이렇게 살고 있으며 왜 이렇게 되도록 살아왔을까? 이 과정에서 임의성이 핵심적 측면으로 떠오르게 된 까닭을 살펴보는 것도 흥미롭다. 진화론의 간단한 설명은 유전적 변이가 임의적으로 일어난다는 것이다. '적자생존(survival of the fittest)'은 종의 생존 확률을 높여주는 변이가 살아남는 현상을 설명해주는 메커니즘이다. 그러므로 여기의 방정식은 '임의성 + 경쟁 = 진화'인 것 같다. 물론 상황은 결코 이처럼 단순하지 않다. 하지만 어쨌든 임의성은 진화의 원동력임에 분명하다.

진화론도 과학적 이론의 하나이므로 기본 용어들은 명확하게 정의되어야 한다. 그러나 대부분의 사람들이 '우연'이란 말을 상식적으로 이해하기는 하지만 자세히 들여다보면 임의성이란 용어는 그다지 선명하게 정의되어 있지 않다. 변이가 임의적이라고 말할 때 우리는 어떤 정의를 염두에 두고 있는 것일까? 여기의 임의성은 동전 던지기에서의 임의성과 같을까? 만일 그렇다면 DNA를 이루는 '글자'들은 다른 것으로 바뀔 확률이 모두 같고, 따라서 장기적으로 볼 때 가능한 모든 변이들이 같은 빈도로 일어나야 한다. 이와 달리 어떤 변이는 다른 변이보다 더 잘 일어날까? 나아가 어떤 복잡한 기관들은 '실수'[29]를 줄임으로써 DNA를 더 안정하게 유지하는 것 같다. 그렇다면 왜 어떤 변이는 살아남고 다른 어떤 변이들은 사라질까?

사실 우리는 다른 상황에서 임의성에 대해 제기한 것과 같은 질문들을 임의적 변이에 대해 제기할 수 있다. 임의적 변이에 대해 이야기할 때 우리는 우리의 무지에 대해 말하는가, 아니면 알 수 있는 능력의 한계에 대해 말하는가? 생물학적 상황은 결정론적일까? 주어진 상황에 대해 완전한 지식을 갖고 있다면 변이의 결과를 예측할 수 있을까? 이처럼 완전한 정보가 확보된 경우 어떤 변이가 일어날 것인지를 정말로 예측할 수 있을까? 진화론에 내포되는 임의성의 요소가 우리의 예측 능력을 본질적으로 제한하는 것은 아닐까?

교양 있는 사람들은 대부분 진화론을 확립된 과학적 사실로 여긴다. 하지만 때로 '지적 설계론' 이라고 불리는 전통적인 관점을 지지하는 보수적인 세력도 있으며, 이에 따르면 진화의 배경에는 성스럽거나 자연으로부터 유래하는 지성이 작용하고 있다. 어떤 지역에서는 이 견해들 사이의 논란이 아직도 치열한데, 내가 보기에 이 논란은 임의성의 올바른 해석을 둘러싸고 펼쳐지는 듯하다. 한편에서는 임의성을 가장 근본적인 메커니즘으로 봄에 비하여 다른 편에서는 진화의 임의성은 단지 우리의 무지를 가리키는 것에 불과하다고 본다. 후자에 따르면 인간의 지성이 닿을 수 있는지 알 수 없는 깊은 수준에서는 진화도 그 어떤 지적 설계에 의해 진행될 뿐 우연적인 것은 없다.

다시 말해서 전통적인 진화론에 따르면 변이가 임의적이고 그 귀결은 거의 기계적으로 나타나므로 적자는 살아남고 부적자는 사라진다. 반면 이와 대조적인 관점에 따르면 진화 과정에는 어떤 창조적 지성이 관여한다. 물론 이 지성이 때로 전능한 신의 개념과 얽히는 것도 사실이다. 하지만 여기서 상정하는 지성이 수리철학이 자연계의 외부에 있는 초자연적 힘에 의지한다고 볼 필요는 없으므로 자연계 자체에서도 얼마든지 유래할 수 있다고 생각할 수 있다. 그렇다면 자연적 과정이 지성적일 수 있다고 보는 게 합리적일까? 이 의문에 답하려면 진화적 사건을 창조적 행위와 비슷하다고 보는 게 필요할 수도 있고, 실제의 연구에서 이 문제에 대한 해답은 때로 어떤 우연한 사건을 통해 얻어질 수도 있다. 하지만 과학자들이 이 문제에 대해 상당한 시간 동안 완전히 몰입하지 않는다면 이런 사건들은 아무런 영향도 미치지 못할 것이다. 곧 임의적 사건은 정신적 긴장이 상당한 곳에서 일어나지 않는 한 아무런 효과가 없다.

마찬가지로 어떤 진화적 사건은 이미 존재하는 긴장에 들어선 임의적인 듯한 사건에 의해 초래된 문제 또는 긴장에 대한 성공적인 해답일 수 있다. 또한 이런 문제의 해결은 그 자체가 지성의 활동일 수 있다. 물론 지성을 대개 이런 식으로 풀이하지는 않는다. 내가 이 책에서 주장하는 접근법에 부합하려면 지성은 불명한 상황에 특징적인 서로 반대되는 두 힘이 맞서는 곳에서 갑자기 창출되는 새로운 질서라고 정의되어야 한다. 우리는 수학의 경우 이 새로운 질서는 아이디어의 도래를 통해 떠오른다는 사실을 보았다. 진화의 경우 창조적 행위는 진화적 적응이다. 따라서 고전적인 진화론과 지성을 통한 진화라는 두 관점은 반드시 서로 맞설 필요가 없으며 오히려 서로 보완하면서 완전해진다. 이처럼 참으로 많은 것들이 임의성에 대한 해석에 달려 있다.

결론

이 장에서는 상당히 많은 복잡한 아이디어들을 다루었으므로 마무리 삼아 몇 가지의 언급을 할 필요가 있다고 여겨진다. 질서와 무질서와 창의성은 수학적 우주의 기본적인 구성 요소들이다. 질서는 창의적 활동에서 우러나온다. 이 질서의 본질은 알고리듬적일지 모르지만 창출되어 나오는 방식은 그렇지 않다. 질서는 불명의 한 차원에서 유래하는데 거기에는 문제가 도사리고 있으며 극단적으로는 불가능이라고 일컬어진다. 지성은 질서를 향한 경향이라고 정의할 수 있다. 수학의 가장 깊은 근본에서는 패턴의 인식이라고 할 지성의 활동이 펼쳐진다.

수학에서 논의되는 질서는 매우 미묘한 문제이다. 질서는 자연계에서 완성된 형태로 자리잡고 있으면서 발견되기를 기다리는 게 아니다. 수학은 질서가 없는 곳에서 질서를 만들어낼 수 있다. 자연계가 근본적으로 질서정연한 곳인가, 아니면 혼란스런 곳인가 하는 의문과 상관없이 과학은 임의를 가장 유익한 과학적 개념의 하나로 편입했다는 것은 두말할 필요가 없는 사실이다. 우리는 이 과정이 유일한 방식이 아니라 서로 다른 수많은 방식에 의해서 이루어졌으며 거기에는 어떤 공통점이 있다고 말할 수 있다. 하지만 임의에 대한 이 다양한 접근법들에는 힘과 역설이라는 블랙홀이 깔려 있으며, 임의가 대담하고도 위대한 아이디어가 되는 이유는 바로 여기에 있다.

여기의 논의는 자기지시라는 측면에서도 흥미롭다. 진화론, 양자역학, 카오스 이론과 같은 위대한 과학적 이론들은 임의를 이 이론들 자신이 생성되어 나오는 과정의 핵심적 요소로 삼고 있다. 수학에는 무질서에 대한 질서 있는 탐구가 담겨 있다. 카오스 이론은 그 자신 안에 카오스 이론이 창출되어 나올 암시를 품고 있다. 따라서 위의 모든 이론들이 고유의 자연적인 과학적 영역을 훨씬 뛰어넘는 상황들에 대한 비유로 쓰인다는 것은 놀라운 일이 아니다. 특히 '질서/임의'라는 보완적인 쌍은 우리에게 '수학은 무엇이며 어떻게 존재하게 되었는가?'와 같은 수학의 본질에 대해 뭔가를 전해준다. 수학은 초수학과 긴밀히 얽혀 있다. 수학의 내용과 수학이 창조되고 이해되는 방식을 선명하게 분리할 수는 없다.

03

빛과 관찰자의 눈

제3부는 이전의 장들에서 논의했던 것들의 귀결들을 이끌어내면서 시작한다. 수학의 창의성과 관련된 '빛'은 형식화된 수학이 아니라 수학자들의 인간적인 창조에서 발견된다. 수학이 인간의 활동이라면 단어의 통상적인 의미에서 볼 때 수학은 객관적인 게 아니다. 하지만 그렇다고 수학이 단순히 주관적인 것만도 아니다. 이런 점들 때문에 나는 수학적 진리에 대해 수학적 마음을 포함하는 특수한 관점을 취한다. 언젠가 르네 톰은 전 세계 최고의 다섯 수학자가 참이라고 말한 것은 실제로 참이라고 말한 적이 있다. 도대체 그는 무슨 뜻에서 이런 말을 했을까?

또한 나는 이 때문에 전통적인 수리철학에 속하는 형식주의, 플라톤주의, 신구의 구성주의에 대해 새로운 관점을 취하게 되었다. 이들 각각은 수학의 중요한 면들을 드러내지만 반대로 어떤 면들은 놓치기도 한다. 수학의 핵심에는 불명이 있다. 내가 보기에 수리철학의 역할은 모든 종류의 수학적 활동에서 불명이 어떻게 드러나는지를 밝히는 것이다.

그런 다음 나는 알고리듬과 창의성의 비교로 눈길을 돌리는데, 전자는 사소하고 후자는 심오하다. 알고리듬에는 빛이 불필요하지만 창의성에는 언제나 적절한 정도로 빛을 밝히는 게 필요하다. 여기에는 수학자와 컴퓨터의 활동을 인간의 마음과 기계의 마음으로 선명히 구별하는 요소가 담겨 있다.

제8장
수학의 진리

'즉각적 확신'의 빛

수학은 진리에 관한 학문이다. 진리를 발견하고, 이해하고, 널리 퍼뜨리며 공유한다. 진리는 수학의 핵심이므로 진리와의 관계를 도외시하면서 수학을 논의한다는 것은 큰 잘못이다. 진리의 순수성을 찾기 위해 수학은 나름의 언어와 방법론을 개발했으며, 이를 통해 실체를 한 꺼풀씩 벗기면서 내부의 핵심에 이르고 이 핵심을 미묘한 사고의 패턴으로 포착한다. 수학은 진리의 깨침이라는 목표를 갖고 마음을 사용하는 방법, 곧 확신을 얻기 위한 방법이다.

불행하게도 오늘날 진리의 관념 자체가 문제가 되고 있다. 우리는 가끔씩 "진리는 상대적이다"라거나 "진리는 구성된다"라는 말을 듣는다. 심지어 수학에 대해서도 "수학은 인간의 활동이므로 잘못될 수 있다"라는 이단적인 말을 하는 사람들이 있다. 이런 관점에 대해서는 할 말이 아주 많다. 우선 이는 분명 이 책에서 주장한 내용과 부합하는 면

이 많으며 특히 수학적 아이디어의 논의와는 더욱 그렇다. 하지만 진리의 관념을 완전히 무시하는 것은 수학의 중요한 원천을 포기하는 것이다. 따라서 이 장에서 대면할 의문은 '현재 수행되고 있는 수학적 연구의 관점에서 볼 때 어찌하면 수학에 있어서 진리의 역할과 본질에 대해 의미 있는 논의를 할 수 있는가?' 라는 것이라고 하겠다.

수학에서의 진리에 대한 논의는 자연계와 이를 이해하려는 마음 사이의 관계에 대한 이야기이다. 이는 가장 오래되고 신비로운 미스터리 가운데 하나인데, 수학은 바로 이 미스터리를 향한 창문이다. 수학적 진리에 관한 가장 오래된 수수께끼 가운데 하나는 이게 발견되는가, 발명되는가 하는 것이다. 수학의 진리는 어디에 있는가? 그것이 인간의 마음을 벗어난 외부의 어느 곳에 있다면 발견되어야 하며, 마음속에 있다면 발명되어야 한다. 달리 묻는다면 수학의 진리는 객관적인가, 주관적인가? 나아가 도대체 진리란 무엇인가? 이것은 심오하고도 경이로운 의문이다. 수학에 관해 생각해보면 진리의 본질 및 이것과 인간 지성의 관계에 대한 특별한 관점을 얻게 된다.

제2장에서 버트런드 러셀이 다음과 같이 말했다는 것을 인용했다. "11세 때 나는 … 유클리드에 대해 공부하기 시작했다. 이는 내 생애의 가장 중요한 사건의 하나로 마치 첫사랑처럼 경이로운 경험이었다." 유클리드 기하는 수많은 세대의 사색가들에게 특출한 영향을 미쳤다. 이 많은 지적인 사람들의 지성을 일깨운 것은 과연 무엇이었을까? 더 일반적으로 수많은 사람들을 수학의 연구로 이끈 것은 무엇이었을까? 러셀은 다른 곳에서 다음과 같이 말했다. "나는 사람들이 종교적 신앙을 바라는 방식으로 확신을 추구했다. 나는 이를 다른 어느 곳보다 수학에서 발견할 가능성이 크다고 보았다."[1] 바로 이것이다! 이는 사람들이 수학에 끌리게 되는 중요한 이유로, 수학적 활동의 결과는 확실하며, 수학을 통해서 확신을 얻을 수 있을 것이라는 느낌을 가리킨다.

수학에서 얻는 확신은 좀더 순수하고 강력하다는 점에서 다른 분야에서 얻는 확신과 다르다. 확신을 가지려면 알아야 한다. 우리가 뭔가를 안다는 것, 그리고 우리가 뭔가를 안다는 사실을 안다는 것은 얼마나 경이로운 일인가! 이 관점은 참으로 튼튼하다! 어떤 수학적 정리의 진실을 깨달을 때 우리는 얼마나 확고한 확신에 가득 차는가! 삼각형의 내각의 합은 180도이다. 이것은 '아마', '거의 언제나', '경험상', '우리가 아는 한' 그렇다는 종류의 결론이 아니다. 어떤 일반적인 단서도 붙지 않으며 어떤 군소리도 필요 없다. 철저히 확신하지 못하고 일말의 의심이라도 남아 있으면 이해하지 못한 것이다. 수학적 진리에는 이처럼 냉철한 확신이 있으며, 이것이 그 핵심이다.

프랑스의 위대한 수학자 앙리 푸앵카레는 나중에 푹스 함수(Fuchsian function)라고 이름 지은 일련의 함수들이 존재한다는 사실을 증명하려는 연구를 하던 과정에서 다음과 같이 말했다.

> 나는 바로 그때 광물학과의 후원을 받아 당시 살고 있었던 캉(Caen)을 떠나 지질학적 탐사 여행을 떠났는데, 이렇게 바뀐 분위기 덕분에 나는 수학의 연구를 잠시 잊게 되었다. 쿠탕스(Coutances)에 도착한 우리 일행은 버스를 타고 이곳저곳을 둘러보기로 했다. 그런데 발을 발판 위에 얹는 순간 미리 떠오른 생각이 전혀 없었던 듯한데도 불구하고 내가 훅스 함수를 정의하는 데에 썼던 변환이 비유클리드 기하에 나오는 것과 같다는 아이디어가 떠올랐다. 버스에 자리를 잡은 나는 옆 사람과 이미 시작했던 대화를 계속하느라 시간이 없었기에 이 아이디어를 증명할 생각을 할 수 없었다. 하지만 나는 이를 확신했으며, 캉에 돌아온 뒤 마음의 부담을 털기 위해 한가로운 시간을 틈타 이를 증명했다.

푸앵카레는 계속해서 다음과 같이 말했다.

> 그뒤 나는 몇 가지의 산술적 문제로 주의를 돌렸지만 별다른 성과를 거두지 못했고, 이전 연구들과의 관련성도 발견하지 못했다. 이런 실패에 실망한 나는 며칠 동안 해변에서 지내며 다른 일들을 생각했다. 어느 날 아침 절벽 위로 난 길을 걷던 중에 한 아이디어가 뇌리를 스쳤다. 부정삼원이차식(indeterminate ternary quadratic form)의 산술적 변환이 비유클리드 기하에 나오는 것과 같다는 이 아이디어는 여느 때처럼 갑작스럽고 간결하게 떠올랐지만 즉각적 확신(immediate certainty)을 안겨주었다.[2]

푸앵카레의 즉각적 확신은 수학적 진리의 매우 중요한 요소지만 흔히 무시된다. 수학에서의 진리와 이 진리가 밝혀졌을 때 떠오르는 확신은 서로 다른 현상이 아니다. 이 둘은 서로 분리할 수 없으며 배경에서 펼쳐지는 같은 현상의 다른 측면들이다. 여기서 말하는 확신은 어떤 연구의 도중에서 수행되는 정확한 계산과 추론에서 우러나오는 확신과는 다르다. 즉각적 확신은 흔히 아하 경험(aha experience)이나 유레카 경험(eureka experience)이라고 부르는 현상의 일종으로 수학이나 다른 분야에서 수행되는 창의적 과정의 정점에서 얻어진다. 이런 현상에 대해 이야기할 때 사람들은 대개 어떤 해답이 자신의 모습을 갑자기 드러낸다는 점을 강조한다. 이처럼 어떤 통찰이 순간적으로 자신의 모습을 드러내는 즉각성은 분명 존재하며 확신도 마찬가지다. 이때 사람들은 방금 마음속에 떠오른 해답이 옳다는 사실을 절대적으로 확신한다. 오랫동안 붙들고 씨름해온 문제가 갑자기 해결되는 것이다. 마치 조각조각 흩어졌던 자료들이 마술처럼 짜맞춰지면서 완전한 그림을 만들어내는 것과 같다. 이런 이유들 때문에 와일스는 머리말에서 인용한 '불 켜기' 의 비유를 사용했다. 이 비유에서 불은 즉각적 확신과 같으며, 이를 통해 갑자기 모든 것이 의미를 갖게 된다는 점에서 보듯 숨겨진 구조가 순간적으로 드러난다는 사실이 강조되어 있다. 따라서 확신과 빛과 완전한 그림은 서로 다른 현상이 아니다. 이것들은 객관적이고 형식적인 영역뿐 아니라 주관적이고 인식론적인 영역에서도 함께 일어나는 동일한 상황을 가리킨다.

이 장에서 '확신' 이라는 말을 쓸 경우 이는 대개 푸앵카레의 즉각적 확신을 가리키며 이는 '창의적 확신' 이라고 불러도 좋다. 창의적 통찰을 묘사할 때 사람들은 흔히 통찰의 대상, 발견된 해답, 해결된 문제, 확립되거나 설명된 정리 등에 초점을 맞춘다. 물론 우리가 수학에서 뭔가 확신할 때는 말 그대로 '뭔가' 에 대해 확신하며, 우리가 '안다' 는 것은 '뭔가' 를 아는 것이다. 다시 말해서 '안다' 는 말은 대개 타동사적 의미로 이해된다. 하지만 여기서의 제안은 자동사적 차원에서 생각해보자는 것이다. 즉각적 확신을 그 자체에 관심을 쏟을 만한 것으로 여김으로써 우리는 수학을 새로운 관점에서 바라보게 되며, 이와 달리 볼 때는 어둠에 가려졌던 수학의 본질에 대한 다양한 의문들을 해결할 수 있게 된다.

확신과 진리

진리는 일반적으로 확실하고 안정하여 믿을 수 있는 지식을 가리킨다. 사전적 정의에 따를 경우 진리이려면 어떤 실체나 사실과 일치해야 한다. 이 정의에서 실체나 사실은 독립변수이고 이것과 일치하는 것의 존재는 실체나 사실에 의존하는 종속변수이다. 따라서 진리라는 말이 전통적으로 쓰일 경우 그 배경에는 이중성이 가정되어 있다. 과학에서 '일치하는(또는 일치하지 않는) 것' 은 법칙이나 이론이며, 한 예로는 뉴턴이 제시한 중력의 법칙을 들 수 있다. 이렇게 제시된 이론은 이후 실험이나 관찰을 통해 경험적 증거와 부합하는지의 여부가 검증된다. 수학에서는 주제들이 수나 함수와 같은 개념들과 이것들로 짜여진 구조로 이루어져 있으며, 따라서 대응성의 검증은 더 어렵다. 그럼에도 불구하고 수학 자체보다 수학을 수행하는 수학자들의 태도에 모종의 이중성이 더 남아 있다는 점은 흥미롭다. 대부분의 수학자들은 수학적 명제의 진위가 수학자의 마음 밖에 있는 객관적 영역에 존재한다고 느낀다는 점을 쉽게 인정할 것이다. 이처럼 수학적 진리가 객관적이고 플라톤적인 영역에 존재한다고 보는 믿음에 대해서는 이 장에서 나중에 다시 논의한다.

어떤 지식으로 이해되는 진리는 언제나 인간의 주요 목표였다. 모든 학문은 나름대로 확신이라는 미묘한 현상을 추구한다. 수학적 진리에 대해 이야기할 때 대부분의 사람들이 일컫는 진리는 객관적인 진리이다. 따라서 이런 진리는 모든 사람에게 동일하다. 심지어 많은 사람들은 수학적 진리가 보편적이어서 인간이든 외계인이든 과학적으로 발달해온 지성이라면 똑같이 인식하리라고 믿는다. 그러므로 언뜻 보기에 진리의 핵심은 객관성에 있는 듯하다.

하지만 오늘날 절대적으로 객관적인 지식은 얻을 수 없다고 보는 게 일반적이다. 이런 관점에 의하면 절대적 진리는 결코 파악될 수 없으며 단지 어림잡을 수 있을 뿐이다. 따라서 과학은 실체의 모델을 만드는 일로 여겨진다. 그런데 이와 같은 객관적 진리와 근사적 진리라는 관점이 서로 아주 다르게 보임에도 불구하고 이들 모두는 어딘가에 진리가 살고 있는 객관적인 영역(과학의 경우에는 자연계)이 있다고 보는 데에는 의견을 같이 한다.[3] 앞서 말했듯 수학자들은 수학이 과학과 비슷한 상황, 곧 수학적 진리도 어떤 객관적 영역에 있다고 여기는 경향을 보인다.

이제 푸앵카레가 말한 내적인 '즉각적 확신'을 수학과 과학의 목표인 '절대적이고 객관적인 지식'과 비교해보자. 이 둘 사이의 관계는 무엇일까? 언뜻 이것들은 서로 정반대인 것 같다. 전자는 마음의 주관적 영역인 '여기'에 있는 반면 후자는 객관적 영역인 '저 너머'에 있는 듯하다. 물론 수학의 경우 이 객관적 세계가 어디에 있는지는 분명하지 않다. 하지만 내적인 확신은 단순히 개인적인 것을 초월한 그 무엇인가를 반영해야 한다는 점에서 두 영역은 연결되어 있다. 푸앵카레의 경험과 같은 일화적 설명은 두 영역이 아주 긴밀히 연결될 수 있다는 사실을 명확히 보여준다. 아인슈타인은 전형적인 역설적 경구의 형태로 다음과 같이 말했다. "우주에 대한 가장 난해한 사실은 이 우주가 이해될 수 있다는 것이다."[4] 마음과 물질 사이의 이 놀라운 고리, 곧 자연계의 이해가능성은 바로 아인슈타인이 품은 개인적 종교라고 말할 수 있다.[5] 왜 수학은 자연계를 그토록 잘 묘사할까? 물리학자 유진 위그너가 제기한 유명한 의문, 곧 "자연과학 분야에 대한 불가사의할 정도로 놀라운 수학의 효용성"은 어찌 설명해야 할까? 자연계의 구조와 이 구조를 조사하여 우리의 의식으로 불러들이는 수학적 지성 사이에는 근본적인 관계가 있는 듯하며, 이 관계가 바로 우리의 탐구 주제이다.

"즉각적 확신과 진리 가운데 무엇이 우선일까?"라는 의문을 생각해보자. 전통적 관점에서는 진리가 우선이고 확신은 진리와의 접촉에서 우러나온다고 본다. 하지만 나는 잠시 이와 반대의 입장에 서서 확신이 앞서고 이로부터 진리가 나온다는 주장을 할 경우 어떤 귀결이 나오는지 살펴보고자 한다. 이런 입장에 대한 가장 뚜렷한 반론은 우리가 느끼는 확신 또는 느낀다고 생각하는 확신은 불완전하고 심지어 오류일 수도 있다는 것이다. 물론 이런 확신이 잘못이라고 말하는 것은 이미 그 옳고 그름을 판정할 수 있는 어떤 객관적 진리의 존재를 전제하는 셈이다. 그런데 이와 같은 절대적 진리라는 영역의 존재가 바로 의문의 대상이다. 제5장에서 이야기한 '좋은 실수'와 제7장에서 인용한 섀틴의 "힐베르트는 매우 유익한 방식으로 틀렸다"라는 말을 되새겨보면 통찰과 창의적 확신이라는 현상을 볼 새로운 관점이 감지된다. 다면체에 대한 오일러 공식 '$V - E + F = 2$'는 옳은가 그른가? 그 답은 온통, 예를 들어 '무엇을 다면체라고 부르는가?'에 달려 있다. 정리는 수학적 아이디어의 최적화의 일종이라는 말을 상기해보자. 이런 면에서 보면 수학에서 우리가 하는 일은 진리를 창조하는 것이라고 주장하는 게 완전히 부당하지만은 않으며, 따라서 진리는 어떤 뜻에서 확신으로부터 유래한다고 볼 수도 있다. 단 아무리 그렇더라도 진리가 완전히 임의적이란 뜻은 아니다. 다만 이런 관점에서 우리는 '객관적 진리가 존재한다'라는 순진한 수준의 믿음에 의문을 제기할 수 있다.

어떤 사람은 "진리는 분명 객관적임에 비하여 당신이 말하는 내적 확신은 단순히 주관적인 현상에 불과한 것 아닌가요?"라고 반박할 수 있다. 사실 어떤 수준에서는 분명 그렇다. 확신은 마음속에서 일어나며 '주관적'에 대한 한 정의는 "마음속에서만 존재하고 마음과 독립적이지 않은"이다. 일반적으로 주관은 사실이나 증거가 아니라 어떤 사람의 느낌이나 의견에 근거한 것을 가리킨다. 이런 뜻에서 마음의 한 상태인 확신은 주관적인 것이다.

하지만 푸앵카레가 말한 즉각적 확신도 객관적이며, 상황에 따라 변하지 않는다. 위 인용문에서 푸앵카레는 이 감정을 서로 다른 두 경우에서 이야기하는데, 모두 같은 확신이었음은 분명하다. 그런 상황에서 어떤 사람이 얻은 즉각적 확신은 다른 모든 시기의 모든 사람들에게도 마찬가지일 것이다. 이런 경험을 동료나 친구들에게 이야기하면 그들 모두 그런 경험을 해보았다고 말할 것이며, 따라서 이는 특정한 상황이나 문제나 연구자의 개성 등과 무관하다. 그러므로 확신은 뭔가 실체적인 것과 관련된다고 여겨진다.

심지어 동물들도 이런 확신을 경험한다. 예를 들어 술탄(Sultan)이란 이름을 가진 재능 있는 침팬지에 대해 심리학자 볼프강 쾰러(Wolfgang Köhler, 1887~1967)가 실시한 실험을 보자.

> 실험실 한쪽에 있는 장애물 너머 팔이 닿지 않는 곳에 바나나가 놓여 있고, 반대편에는 잘라놓은 나뭇가지들이 있는데 쉽게 부러진다. 나뭇가지들은 모양이 이상해서 그대로는 장애물을 통과할 수 없을 뿐 아니라 덩치가 큰 원숭이들 외에는 거기까지 옮기지도 못한다. 술탄을 이 실험실에 들여놓자 처음에는 바나나를 쳐다보지도 않았는데, 주변을 무관심하게 둘러보다가 나뭇가지에 눈길이 닿았다. 그러더니 갑자기 바나나에 관심을 보이면서 장애물로 다가가 건너편을 살펴보았다. 다음 순간 나뭇가지들이 있는 곳으로 돌아선 술탄은 가느다란 가지를 골라 홱 잡아채서 부러뜨렸다. 이어 이것을 들고 다시 장애물 쪽으로 간 술탄은 결국 이것을 이용하여 바나나를 손에 넣었다. 나뭇가지 쪽으로 돌아서서 가지를 부러뜨리고 뒤이어 바나나를 얻기까지의 동작들은 짧은 일련의 과정이었다. 그 사이에는 어떤 단절도 없었고, 객관적으로 보았을 때 술탄이 얻은 해법에 제대로 부합하지 않은 동작은 전혀 없었다.[6]

술탄은 가지를 도구로 썼을 뿐 아니라 가지를 부러뜨려 이 도구를 창조했다. 통찰이라고 부를 수밖에 없는 것을 얻은 뒤에 펼쳐진 술탄의 행동은 앞서 우리가 즉각적 확신이라고 불렀던 것을 상기시켜 줄 정도로 어떤 목적 의식 아래 경제적으로 활동하는 특징을 보여준다. 문제해결력, 창의성, 확신은 모든 생물들의 본래적 속성으로 보인다. 따라서 수학적 통찰의 불빛에 뒤따르는 즉각적 확신은 특정한 형태의 통찰보다 더 원시적인 수준에 자리잡은 그 무엇이라고 말할 수 있다. 이런 뜻에서 우리는 이와 같은 창의적 확신이 마음속에서 일어나는 객관적 현상이라고 결론지어야 한다. 창의적 확신이 주관적이라는 점을 이유로 이것을 연구의 주제로 삼지 못하게 할 수는 없다.

수학적 활동에서 나타나는 확신은 모든 의심을 뛰어넘어 수학적 진리를 들여다보는 감정이라는 점에서 진리의 주관적 관계이다. 이는 성공적인 수학적 활동에서 얻을 수 있으며 영원한 세계에 들어선다는 찬연한 느낌이다. 확신은 수학에서 환원이 불가능한 핵심적인 측면이다. 수학을 단순히 사용하는 사람들은 수학이 그들의 삶에서 도움이 되고 나아가 필수적이라고 여길 수 있으며, 심지어 수학의 불가사의할 정도로 놀라운 효용성에 매료되기도 한다. 하지만 수학의 유용성은 진리와 확신이라는 더 근본적인 측면으로부터 어찌어찌 도출되는 이차적 성질에 지나지 않는다. 진리는 앎과 확신이라는 특징을 가진 인식과 풀어헤치기가 불가능하도록 얽혀 있다. 수학에서 진리는 수학 고유의 속성인 순수성과 선명성을 띠면서 발견된다. 수학은 진리를 드러내지만 수학이 드러내는 진리는 신비롭고 미묘하다.

증명은 무엇을 증명하나?

수학에서 확신이 나타나는 주된 통로의 하나는 증명이다. 수학적 진리는 증명 자체에 있을까, 아니면 증명과 독립적으로 존재할까? 사람들은 대개 수학적 명제가 증명되면 그 진리성이 확립된다고 본다. 하지만 동일한 수학적 명제에 대해 다수의 독립적인 증명들이 있을 수 있으므로 증명이 곧 그 명제의 진리성이라고 볼 수는 없다.

수학적 명제에 대한 증명이 있다고 해서 절대적 의미에서 진리라고 할 수 있을까? 한 예로 평면 삼각형의 내각의 합은 180도라는 명제를 생각해보자. 이는 절대적 진리일까, 상대적 진리일까? 이 의문에 대한 현대의 답은 상대적 진리라는 것이다. 이 명제는 유클리드 기하의 범주에서 서술되어 있으며, 따라서 앞서 보았듯 비유클리드 기하의 범주에서는 성립하지 않는다. 다시 말해서 이 정리의 진리성은 전제된 상황에 의존하는데 이 경우는 유클리드 기하이다. 형식주의자들은 이런 입장에 있으며, 이에 따르면 진리는 없고 논리적 추론만 있다.

한편으로 수학에는 경험계의 우연성에 맞서는 견고함이 있으며, 이 때문에 우리는 수학을 사랑한다. 신경학자 올리버 색스는 자서전에서 제2차 세계대전 중 디킨스 기숙학교(Dickensian boarding school)에서 겪었던 일들을 기술했는데, 거기서 그는 맞고, 굶주리고, 고문을 받곤 했다. 이 상황에서 그는 삶의 고통으로부터 헤어날 길을 찾게 되었다. "내 경우 첫째로 떠오른 피난처는 수였다. … 나는 수가 변함 없이 확고하다는 점이 마음에 들었다. 수는 혼돈의 세계에서도 동요하지 않고 우뚝 서 있었다. 수와 수들 사이의 관계에는 뭔가 절대적이고 확고하고 의문의 여지를 넘어서는 면들이 있었다." 많은 사람들이 수학에서 찾고 얻는 것은 바로 이와 같은 확신이다.

고대 그리스인들은 삼각형의 내각의 합이 180도라는 정리가 진리라고 여겼고, 그것으로 그만이었다. 그들은 이것이 자연계의 성질로서 절대적이고 객관적인 진리라고 보았다. 그런데 이는 단순한 옛날 이야기가 아니며, 이 장에서 나중에 이야기할 플라톤주의와 관련된다. 수학자들은 자신들이 단순히 논리적 게임이 아니라 실체를 다룬다는 느낌을 갖고 있다. 여기서 실체란 진리의 다른 말이다. 평면 삼각형의 내각의 합은 분명 180도이다. 수학적 결과에는 진리가 들어 있다. 수학자들에게 수학이 그토록 잘 응용된다는 사실은 놀라운 일이 아니다. 어떤 사람들은 세상이 기본적으로 수학적이기 때문에 그렇다고 말한다. 하지만 수학에 뭔가 실체적인 게 있다는 점을 인정하기 위해 그렇게까지 나아갈 필요는 없다. 수학은 임의적인 게 아니다!

증명의 아이디어를 얻으면(평면 삼각형의 내각의 합에 대한 정리의 경우 제5장에서 보인 적절한 평행선을 그은 그림이 이에 해당한다) 우리는 그 명제가 성립한다는 점에 대한 즉각적 확신을 느낀다. 그러고 나면 실제의 증명은 뒤처리에 지나지 않으며, 푸앵카레가 '마음의 부담을 털기 위해 한가로운 시간을 틈타 이를 증명했다' 라고 말한 것은 바로 이를 가리킨다. 여기서 '증명했다' 는 말이 이런 맥락으로 쓰였다는 것도 흥미롭다. 다시 말해서 증명은 기계적 과정이므로 이해가 필요 없다. 따라서 대부분의 증명들이 어떤 수학적 아이디어를 중심으로 진행되지만 불행하게도 아이디어 자체는 증명에서 명확하게 드러나지 않는다. 사실 어떤 증명들은 그 토대가 되는 아이디어를 감추기도 한다. 이런 증명들은 "$f(x)$가 …과 같이 정의된다고 하자"라는 식으로 시작되는 경우가 많으며, 이어서 $f(x)$가 문제의 결과를 확립하는 데에 필요한 성질들을 가진다는 점을 증명하는 식으로만 진행된다. 이때 증명하는 사람이 어떻게 $f(x)$를 이런 식으로 선택할 수 있었는지는 독자들에게 미스터리로 남곤 한다. 그리하여 전개된 논증이 옳다는 점을 받아들여야 하며, 따라서 정리가 참임은 확실하지만 그럼에도 불구하고 정작 왜 그런지는 여전히 어둠에 묻혀버린다. 어떤 사실을 증명하는 것과 이해하는 것은 사뭇 다르다. 증명에는 즉각적 확신의 순간이 불필요하지만 이해에는 필요하다. 따라서 증명과 아이디어는 서로 다르며, 증명을 받아들이면서도 즉각적 확신은 경험하지 못할 수 있다.

대부분의 수학자들은 아이디어를 가장 깊은 수준으로 본다. '뭔가 일어나는' 곳이 바로 그곳이기 때문이다. 제5장에서는 수학적 아이디어를 조직원리라는 역할을 중심으로 살펴보았다. 아이디어는 다른 방법으로는 드러나지 않는 관계를 밝힘으로써 수학적 상황을 조직화한다. 수학적 아이디어는 수학적 대상과 절차들 사이의 관계와 수학적 영역 안에 있는 패턴에 대한 통찰이다.[7] 수학적 아이디어를 의식했을 때 느끼는 확신은 아이디어와 함께 떠오른다. 그 다음에 이어지는 형식적 증명은 이 확신을 객관화하고 소통하는 방법이다. 아마 수학적 상황의 진리는 수학적 아이디어라는 수단을 통해 다가설 수 있을 것이다.

그러므로 내적 창의성은 문제가 되는 영역을 구성하는 아이디어의 탄생과 함께 나타난다고 생각할 수 있다. 그렇다면 진리는 어떤 수학적 아이디어의 존재로부터 유래하는 귀결일 것이며, 확신은 이 아이디어가 의식 속에 완전히 피어날 때 수반되어 나타날 것이다. 앞서의 장들에서 아이디어가 발달하는 여러 단계에 대해 이야기했다. 이 단계들 가운데 일부는 무의식에 잠겨 있거나 절반 정도만 의식 속에 떠오른다. 와일스가 '불을 켜는' 때라고 표현했던 찬연한 순간에 아이디어가 의식 속에서 완전히 꽃을 피우면 푸앵카레가 말한 즉각적 확신이 갑작스럽게 수반되어 떠오른다.

그런데 앞의 문단이 증명과 아이디어를 절대적으로 양분한다는 느낌을 주는 한 이에 대해 몇 마디 덧붙이는 게 필요하다. 어떤 곳에서 나는 심지어 아이디어는 좋고 증명은 나쁘다는 뉘앙스를 풍기기도 했다. 하지만 이는 나의 의도가 아니다. 나는 증명의 한계를 강조했는데, 왜냐하면 논리적 논증은 아렌트가 경고했던 방식으로 사고의 자연적인 역동적 경향을 얼어붙게 할 수 있기 때문이다. 체계적인 사고의 힘을 처음 맛보게 되면 사람들은 그 가능성에 의해 심적인 변화를 겪는다. 이런 변화는 그 자체가 나중에 미묘한 감옥이 되며, 이후 그들이 보는 세상은 이전과는 전혀 다르다. 예를 들어 어떤 낯선 수학적 상황을 이해하려 할 때 이들은 이전에 파악했던 요소들을 단순히 논리적으로 허용되는 패턴으로 재배열하려고 한다. 이와 같은 안전한 방법만으로는 덧셈의 이해로부터 곱셈의 이해로 결코 나아갈 수 없다. 궁극적으로 곱셈은 고유의 셈으로 이해해야 하며, 그러려면 예전의 사고를 뛰어넘는 인식적 도약이 필요하다. 논리가 우리의 도약을 가로막는 한 나의 첫째 임무는 논리에 의해 얼어붙은 우리의 사고방식을 해체하는 것이다.

그러나 거듭 강조하지만 나의 의도는 증명을 모욕하자는 게 아니라 증명을 더 실질적인 관점에서 보자는 것이다. 사실 모든 증명이 똑같이 창조된 것은 아니다. 이 책에서 인용되었던 많은 증명들을 포함한 최고의 증명들은 핵심적인 수학적 아이디어를 중심으로 이룩되었다. 훌륭한 증명이 그토록 만족스런 이유는 바로 여기에 있다. 만일 수학이 완전히 객관적이고 형식적이라면 증명들 사이에는 아무런 중요한 차이가 없을 것이며 중요한 것은 다만 증명이 있느냐 없느냐 하는 차이 그뿐일 것이다. 하지만 대부분의 수학자들은 증명들 사이에 질적인 차이가 있다고 본다. 훌륭한 증명은 그 결과가 정당한 이유를 선명히 드러내며, 때로 연후의 전반적인 수학적 탐구와 일반화를 선도하기도 한다.

실제적으로는 증명과 아이디어 사이에 미묘하고도 역동적인 관계가 존재한다. 아이디어가 없다면 우리는 증명을 시작할 수 없으며 문제의 대상인 어떤 정리가 왜 옳은지 알 수 없다. 그러나 조지프 오슬랜더(Joseph Auslander)가 내게 지적했듯 수학적 아이디어는 흔히 어떤 수학적 결과들을 얻어내려고 노력하는 과정에서 떠오른다. 우리는 아이디어로부터 시작하여 아이디어에 논리적 구조를 부여하려는, 곧 어떤 결과를 증명하려는 방향으로 나아간다. 하지만 때로 이런 시도는 불명과 모순이라는 문제에 부딪치며 이에 따라 이런 문제들을 해결해야 한다. 만일 운이 좋다면 불명이 이끄는 대로 분투하는 과정에서 새로운 아이디어에 이르고, 이어서 이 아이디어를 증명으로 풀어내고, 그 뒤로 이런 과정은 계속 되풀이된다. 우리는 이런 과정이 유한한 단계 안에 본래의 문제에 대한 해답으로 수렴하며 끝나기를 기대한다.

수학적 추측이나 미해결 문제에 접근할 때 우리는 "이게 참인가?"라고 물을 뿐 아니라 "이것을 어떻게 증명할까?"라고도 묻는다. 앞서 이야기했다시피 어떤 명제의 진리성은 그 증명가능성과 동일하지 않다. 사실 괴델에 따르면 어떤 명제가 참이면서도 증명불능일 수 있다. 하지만 그럼에도 불구하고 어떤 증명을 하려는 시도 자체에서 하나 또는 일련의 수학적 아이디어들이 샘솟기도 한다. 따라서 실제로는 아이디어와 증명을 깨끗이 분리한다는 게 불가능하다. 사실 증명은 아이디어를 구조화하며 아이디어는 증명을 내포하기도 하고 증명에 의해 창출되기도 한다. 이 모든 과정은 일종의 상호작용이다. 수학의 실행이라는 과정은 아이디어와 증명, 불명과 논리라는 양극단의 상호보완 작용을 특징으로 한다.

객관적인가, 주관적인가?

아이디어와 확신의 분출을 진리에 대한 논의에 도입하면 이야기는 완전히 객관적인 영역을 넘어선 곳으로 접어든다. 기이하게도 수학과 수학적 진리의 미묘한 본질을 이해하려면 절대적 객관성의 아이디어에 대한 우리의 집착을 포기하는 게 필요하다. 그와 같은 객관적 영역의 존재는 우리가, 특히 과학에서, 경솔하게 만들어놓은 가정이다. 잠시만 생각해보면 이는 단지 일종의 신조에 지나지 않으며, 결코 증명될 수 없다는 점이 드러난다. 실체에 대해 인간이 가질 수 있는 유일한 체험은 감각과 마음을 통해 얻는 인상뿐이다. 인간이 표현할 수 있는 최대의 한계에서 보더라도 객관적인 세계라는 것은 완전히 객관적이지 않다. 우리는 그것을 감각과 지각의 활동을 통해 안다. 요컨대 절대적으로 객관적인 영역은 가정일 뿐이며 경험적으로 정당화될 수 있는 성질의 것이 아니다.

많은 사람들이 절대적 객관성의 포기를 혁명적이며 심지어 위험한 일이라고도 여길 것이다. 우리는 주관과 객관의 이중성이라는 데카르트식의 패러다임에 아주 익숙해져 있으므로 이 밖의 가능성을 생각하는 것은 난해할 뿐 아니라 생각만 해도 불편한 느낌까지 들 수도 있다. 이러한 긴장감은 낯익은 패러다임을 벗어나거나 위대한 아이디어를 초월하는 아이디어에 대해 숙고할 때 초래된다. 하지만 이러한 전환은 비유클리드 기하의 혁명으로부터 오늘날에 이르기까지 인류의 사고가 죽 겪어온 길이다. 우리는 그와 같은 전환의 메아리를 예를 들어 일부 인지학자들로부터 전해듣는다. 조지 레이코프(George Lakoff, 1941~)와 마크 존슨(Mark Johnson, 1949~)은 공저 ≪삶의 비유≫(*Metaphors We Live By*)에서 스스로 "객관주의와 주관주의의 신화(the myths of objectivism and subjectivism)"라고 부른 것에 대한 대안을 제시했는데,[8] 그들은 비유에 대한 연구를 통해 얻은 이 대안을 "경험론자의 대안(experientialist alternative)"이라고 불렀다. 그들은 절대적 진리의 존재를 부정하지만 그 존재가 반드시 "우리가 성공적으로 행동하고 부당하지 않고 공정하게 살려는 생각"과 충돌하지는 않는다고 주장했다. 비유는 내가 이 책에서 쓰는 의미에서 볼 때 분명 불명하므로 진리에 대한 그들의 비유적 접근법과 불명에 대한 나의 논의 사이에는 분명 깊은 관계가 있다.

절대적 객관성의 영역이 존재하는지의 여부는 양자역학과 일반상대성이론의 더욱 깊은 의미를 파헤치기 위해 물리학이 맞서야 할 과제이다. 양자역학의 경우 이 문제는 파동함수의 응축과 관련되며, 상대성이론에서는 관찰자의 운동 상태에 대한 동시성과 같은 개념들의 의존성으로 나타난다. 이것들은 모두 절대적이고 객관적인 특별한 관점이 존재하는지에 대해 재고해보기를 요구하는 듯하다. 어쩌면 수학도 이제 같은 입장에 처하여 절대적 객관성과 절대적 진리를 추구하고자 하는 자연적 욕구를 포기해야 할 때인지도 모른다.

여기에는 위험이 도사리고 있는데, 그 위험은 소중한 진리가 절대적 객관성이라는 하찮은 것에 휩쓸려 사라져버릴 수 있다는 점이다. 이 때문에 우리는 진리가 존재하지만 완전히 객관적이지는 않다는 생각을 받아들여야 한다. 이와 같은 원초적 진리의 존재는 추정해야 할 뿐 객관적으로 증명될 수는 없다. 그 존재는 이른바 주관적이고 객관적이며, 내부적이고 외부적이라고 부르는 영역에 드리워지는 그림자로 추정된다. 우리는 그 내적인 그림자를 확신, 외적인 그림자를 체계적 사고라고 부르는데, 후자에는 특히 증명이 포함된다. 이와 같은 원초적 진리의 존재는 과학에서 절대적 객관성이 가정되는 것과 마찬가지로 일종의 가설로 받아들여져야 한다. 그러면 남은 할 일은 두 관점의 장점과 단점을 비교하는 것이다. 모든 개념적 틀은 대상의 어떤 측면은 흘려보내고 어떤 측면은 강조하게 마련이다. 수학적 진리에 대한 이 관점은 과거와 현재와 미래의 수학에 대해 어떤 틀을 내놓을까?

절대적 객관성을 포기하는 것은 객관성 자체를 포기하는 것과 같지 않다는 사실을 기억하자. 왜냐하면 앞서 이야기했다시피 아이디어와 즉각적 확신은 객관적 현상이기 때문이다. 하지만 수학자들의 창의적 통찰은 말할 것도 없고 계산수학과 같은 다른 형태의 수학적 활동은 물론 정리와 증명과 객관성의 통상적인 정의를 포함하면서 수학을 바라보는 관점을 개발하려면 객관과 주관의 의미를 좀더 면밀히 살펴보는 게 필요하다. 흔히 수학의 객관적 요소라고 여기는 것에는 많은 사람들이 주관적이라고 부르는 것들도 포함되며, 이는 무엇이 일어나고 있는지에 대한 완전한 그림을 얻는 데에 필요하다. 즉각적이거나 창의적인 확신은 '객관적 주관성'의 영역에 존재하며 수학적 진리는 전통적인 객관성과 함께 이러한 객관적 주관성도 포괄한다.

진리의 묘사에 즉각적 확신의 요소를 포함시키는 전환은 내가 앎을 확신과 거의 동의어로 썼을 때 이미 암시되었다. 하지만 두 용어는 그 내포가 다르다. 무엇보다 확신은 뭔가 정적인 것을 나타냄에 비하여 앎은 동적인 것을 나타낸다. 우리는 확신이 확고하고 심지어 영원하기를 기대하며, 이것은 우리가 품는 확신의 대상과 관련된 특성이다. 하지만 우리가 '안다는 것'은 '아는 것'과 다르고, 앎이라는 말이 가리키는 현상은 정적인 게 아니다. 나는 오래 전에 내가 쓴 논문을 다시 읽어볼 때 무슨 내용인지 전혀 파악하지 못하곤 한다. 그런 논문을 쓸 때 나는 그 주제에 완전히 몰입해있었으며, 따라서 각각의 문장들이 온갖 연상들을 불러일으켰다. 하지만 나중에는 그중 많은 것들을 잊어버린다. 그리하여 예전에 썼던 것들을 정말로 이해하고자 한다면 그때의 상황으로 돌아가 그 주제에 대한 이해를 새로 구성해야 한다. 요컨대 수학적 서술은 주어진 맥락 속에서 의미를 가지며, 따라서 어느 한 시점에 확실했더라도 다른 시점에서는 전혀 확실하지 않을 수 있다. 이런 뜻에서 앎이나 즉각적 확신은 정적 현상이 아니어서 왔다갔다한다. 절대적이고 불변할 것 같은 인상은 앎의 내용인 지식으로부터 나온다.

확신으로서 앎은 스스로 정당화하므로 더욱 근본적인 다른 것으로 정당화할 필요가 없다. 지식은 정당화되어야 하지만 지식을 얻는 과정은 그 자체로 정당화된다. 수학자들은 왜 독창적인 결과를 얻기 위해 그토록 노력할까? 단순히 명예나 부를 얻기 위해서일까? 그게 아니라 수학을 사랑하기 때문이며 그 고뇌와 환희를 사랑한다. 환희는 앎과 확신의 영역에 닿았을 때 얻어진다. 그리고 한번 맛을 들이면 더욱 깊이 빠져든다. 왜냐하면 창의적 경험은 인간이 얻을 수 있는 가장 강렬하고 가장 진실한 경험이기 때문이다.

우리는 "왜 고대 그리스인들은 그토록 기하에 매료되었을까?"라고 물을 수 있다. 왜 플라톤은 아카데미의 입구에 "기하를 모르는 자는 들어오지 말라"고 썼을까? 이는 아마 기하의 실용적 응용 때문은 아니었을 것이다. 유클리드의 ≪원론≫은 순수수학의 탐구였으며 그 자체의 즐거움을 추구한 것이었다. 유클리드 기하의 정리나 결론 하나씩을 깨칠 때마다 사람들은 잠시나마 마술과도 같은 앎의 영역으로 접어들었다. 유클리드 기하의 결론들 가운데 순수하게 알고리듬적인 것은 거의 없으며 대부분 다른 아이디어나 지적인 구성을 요구한다.

내가 강조하고자 하는 수학의 특성이 모든 사람들에게 잘 알려져 있지는 않은데, 왜냐하면 이는 내가 수학의 알고리듬적 측면이 아니라 카오스 이론 측면에 중점을 두기 때문이다. 앞서 어떤 사람들이 인간의 사고에 강력한 알고리듬을 도입함으로써 부수적으로 얻는 이익을 어찌 강조했는지에 대해 설명했다. 그런데 데카르트도 그런 사람 가운데 한 사람이었다는 점은 흥미롭다.

> 생애를 통해 데카르트는 고대 그리스인들의 업적에 대해 일반적으로 아주 비판적이었으며 특히 기하에 대해서는 더욱 그랬다. 그들의 기하는 사뭇 어색했으며 쓸데없이 어렵게 보였다. 데카르트는 그리스의 기하가 필요 이상으로 어렵게 공부하도록 구성된 방식에 분개했다. 예를 들어 파푸스(Pappus)가 제시한 문제를 분석하면서 데카르트는 '이에 대해 너무 많이 써야 했기에 나는 이미 지쳐 버렸다' 라고 썼다. 그는 그리스인들의 증명법이 각각의 새 증명마다 나름대로 극복해야 할 독특한 어려움을 내놓는다는 데에 대해 비난했다. 한 예로 그는 '조건에 대한 내용만으로도 나의 상상력은 고갈되어 버렸다' 라고 썼다.[9]

여기서 우리는 카오스 이론 접근법과 알고리듬적 접근법 사이의 긴장을 본다. 우리는 데카르트가 특정한 전투에서는 승리했지만(그는 기하를 산술화하는 데에 성공했다) 전쟁에서는 패배했다고 말할 수 있는데, 그 이유는 수학의 특정한 부분은 알고리듬화될 수 있지만 모든 분야는 분명 그럴 수 없기 때문이다. 데카르트가 놓친 점은 그가 상상력이라 부르고 나는 카오스 이론 지성이라고 부른 것이 그 자체로 가치가 있다는 사실이다. 상상이나 카오스 이론 활동은 물론 힘들고 피곤하다. 하지만 모든 문제를 기계적으로 풀 수는 없다는 점에서 이는 가치 있는 일이다. 그러나 카오스 이론 수학이 가치 있다고 말하는 것만으로는 충분하지 않다. 내가 말한 앎 또는 확신이라는 주관적 측면으로부터 필연적으로 진리가 함께 떠오르기 때문이다. 이는 푸앵카레뿐 아니라 새로이 수학의 작은 부분들을 배워가는 꼬마들의 경우에도 마찬가지다. 푸앵카레가 묘사한 특징들을 띠면서 나타나는 진리들은 알고리듬적 증명 과정으로부터 나오는 진리들과 전혀 다른 현상이다. 내가 말하는 '창의적 진리' 는 '알고리듬적 진리' 라고 부를 수 있는 것들보다 높은 수준에 있다. 사람들은 흔히 두 가지를 같은 것으로 생각하여 혼란에 빠진다. 이런 혼란은 진리가 주관적 측면과 객관적 측면을 모두 가진다는 점을 깨닫지 못하고 모두 완전히 객관적 영역에 존재한다고 여기기 때문에 일어난다.

그러므로 창의적 확신이라는 현상을 단순히 어떤 명확한 진리의 빛을 반사한다는 점에서가 아니라 그 자체로 가치 있는 것으로 봐야 할 여러 가지 이유가 있다. 지금까지의 논의에 따르면 주관적 부분이 객관적 부분보다 더 높은 지위를 차지하는 듯하다. 이는 왜냐하면 '객관적 주관성' 이라는 요소가 수학의 논의에서 일반적으로 타당한 요소로 여겨지지 않았기 때문이다. 하지만 실제 상황은 좀더 복잡하다. '진리의 앎' 이라는 표현을 되새겨보자. 이 표현에는 객관적 진리와 주관적 앎이라는 이분법이 담겨 있다. 하지만 이 이중성은 단순히 언어적 현상일 뿐 언어가 묘사하려는 실체의 속성이 아니다. '진리의 앎' 은 하나의 통합체로서, 대상이고 사건이며, 객관이고 주관이다. '진리의 앎' 은 두 가지가 아니라 같은 실체의 서로 다른 측면들이다. 진리가 없다면 앎이 없고, 앎이 없으면 진리도 없다. 다시 말해서 진리는 알려지지 않으면 진리가 아니다. 하지만 그럼에도 불구하고 진리와 앎은 같지 않다. 이것들은 '진리/앎' 으로 쓸 수 있는 불명의 쌍을 이루며, 두 기준계를 가진 하나의 실체이다.

수학적 진리의 무지개이론

제7장을 시작하면서 인용했던 "모든 진리는 모순을 품고 있다"는 시몬 베유의 말을 되새겨보자. 거기서 위대한 아이디어는 모순을 피하기는커녕 오히려 이런저런 방식으로 모순을 품고 있을지 모른다고 지적했다. 이제 여기서 베유의 말을 다시 생각해보는데, 이번에는 수학적 진리에 적용하여 살펴본다. 수학적 진리는 모순의 반대명제가 아니라는 아이디어는 통상적인 게 아니다. 이런 관계를 본능적으로 거부하는 것을 막기 위해 때로 베유가 말한 모순 대신 불명이라는 말이 쓰인다. 하지만 그럼에도 불구하고 진리를 모순의 근처에서 논의한다는 것 자체가 진리의 의미를 재평가하게 한다. 진리가 절대적이고 객관적이고 영원한 것으로 여겨진다면 진리에는 절대적으로 어떤 의미도 없다. 하지만 수학적 아이디어처럼 진리도 존재로 구체화되고 발달할 수 있다면 모순과 밀접한 관계를 갖는 게 가능해진다.

수학의 본질에 대한 논의는 흔히 수학을 완전히 객관적으로 묘사하려는 욕망을 특징으로 한다. 이때 객관적이라 함은 인간과 사고와 마음과 특히 창의성과 독립적이라는 뜻이다. 하지만 대부분이 분명 구성된 것이라고 할 수학이 어떻게 인간의 사고와 완전히 독립적일 수 있을까? 실용적인 수리철학의 확립이 그토록 어려운 것은 이를테면 '네

모원 만들기(square the circle)' 라고 할 이런 시도 때문이었다.

'객관적이고 절대적인 수학적 진리' 대신 여기서 제안하는 것은 '불명의 이론' 이다. 이쯤에서 이미 명확해졌겠지만 불명은 단순히 수학적 상황의 객관적 요소가 아니라 우리의 지성을 사용하는 방법이다. 으레 그랬듯 불명한 상황은 두 기준계를 동반하는데, 여기서는 이것들을 '객관성' 과 '객관적 주관성' 으로 불렀다. 나는 전통적 객관성을 단순히 하나의 관점이라는 역할만 하도록 내쫓는 것은 이해하기 어려울 뿐 아니라 이런 시도를 받아들이기는 더욱 어렵다는 점을 깨달았다. 이는 수학을 절대적이고 객관적인 진리의 핵심으로 보는 관점에 의문을 제기하는 것으로 보인다. 하지만 이러한 의문의 메아리는 다른 분야에서도 찾아볼 수 있다. 아래의 인용문은 닉 허버트(Nick Herbert)가 양자역학의 코펜하겐 해석(Copenhagen interpretation)을 설명하는 가운데 드러난 물리적 실체에 관한 이야기다.

> 일상계의 분명한 특징은 물체들로 이루어진 듯 보인다는 점이다. 하나의 물체는 관점에 따라 다른 이미지를 만들어낸다. … 하지만 이 이미지들은 모두 하나의 핵심적 원인이 만들어내는 것들로 여길 수 있다. … 물체들로 나눌 수 있다는 것은 일상계의 가장 중요한 특징의 하나이다. 하지만 양자계에서는 상황이 다르다. …
>
> 서로 다른 실험적 관점을 통해 양자계로부터 얻어지는, 예를 들어 파동과 입자라는, 분리된 세계는 하나의 일관된 전체를 이루지 않는다. 하나의 전자에 해당하는 단일한 이미지는 없다. 양자계는 물체들로 이루어져 있지 않다. 하이젠베르크가 말했다시피 '원자는 물체가 아니다.'
>
> 그렇다고 양자계가 주관적이라는 뜻은 아니다. 양자계는 우리 자신과 마찬가지로 객관적이다. 같은 관점을 가진 서로 다른 사람

들은 같은 물체를 본다. 하지만 양자계는 물체들로 이루어져 있지 않으므로 서로 다른 관점들을 융합할 수 없다. 양자계는 객관적이지만 객체가 없다.

객체가 없는 객관적 현상의 한 예로는 무지개를 들 수 있다. 무지개는 물체가 아니므로 경계가 없다. 무지개는 관찰자의 위치에 따라 달리 보인다. 사실 우리의 두 눈이 보는 무지개도 서로 다르다. 하지만 무지개는 사진을 찍을 수 있다는 점에서 보듯 객관적 현상이다.[10]

무지개와 양자역학에 의해 묘사된 상황과 마찬가지로 수학적 진실도 객관적이다. 하지만 허버트의 말처럼 물체가 아니며, 이는 여기에 절대적인 불변의 관점은 없다는 뜻이다. 기하적 비유를 쓴다면 모든 수학이 명확하게 위치할 절대적으로 유클리드적인 맥락은 없다고 말할 수 있다. 그러므로 어떤 수학적 대상을 아무런 관점 없이 마주할 수는 없으며, 우리가 어떤 주어진 상황에서 택한 관점은 수학에 대해 이야기할 때 반드시 고려할 필요가 있다. 예를 들어 연속에 대해 이야기할 경우 우리가 뭔가 객관적인 실체에 대해 논의한다는 느낌은 환상이 아니다. 연속은 현실 세계의 객관적 성질에 대응한다. 하지만 우리가 이것을 명확히 정의하고, 이에 대한 정리를 증명하고, 더 큰 연역적 사고의 체계 속에 위치시키고자 한다면 연속에 대한 어떤 특정한 관점을 필연적으로 택해야 한다. 물론 다른 수학자들은 나름대로 타당한 다른 관점을 택할 수 있고, 이를 통해 연속의 본질과 귀결에 대한 새로운 통찰을 얻을 수 있다.

무지개 또는 불명한 관점은 제5장에서 패턴의 본질에 대해 논의할 때 이미 드러났다. 거기서 나는 주어진 수학적 패턴이 어디에 있는지 물어보았다. 이는 마음속에 있는가, 아니면 어떤 객관적 영역에 있는가? 그런데 주관과 객관의 어느 쪽에 있다고 보더라도 불완전하며, 따라서 수학자가 경험하는 상황을 제대로 묘사하지 못하는 듯하다. 하지만 그럼에도 불구하고 패턴에는 마음의 요소가 있다. 우리는 아이디어를 보는 것과 같은 즉각적인 방식으로 패턴을 본다. 그러나 수학이 연구하는 패턴에는 분명 객관적인 차원이 숨어 있다. 따라서 패턴은 완전히 주관적이지도 객관적이지도 않은 무지개 세계에 살면서 주관적 및 객관적인 관점을 모두 포괄하고 있다.

다시 말하지만 나는 주관성의 그림자만 비쳐도 (객관적) 진리라는 아이디어와 상충한다는 점을 깨달았다. 그러나 물론 이것은 불명한 상황의 모습이며, 특히 위대한 아이디어의 경우에는 더욱 그렇다. 어느 한 관점에서 보았을 때 상충하는 현상은 불명한 상황이 장벽으로 여겨지는 데에 필요한 조건이다. 여기서의 장벽은 진리의 결정적 속성이 절대적 객관성이라고 보는 아이디어 바로 그것이다. 반면 이와 대조되는 다른 관점은 이미 이야기한 즉각적 확신으로, 수학의 기본적 특징인 객관적 주관성의 형태를 띤다. 이 관점에 따르면 우리 각자는 나름의 진리를 택할 수 있는 특유한 수학을 구축할 수 있으므로 형식수학의 객관성을 포기할 필요가 없다. 그런데 이렇게 하고 나면 전통적인 수학관이 불완전해진다. 수학은 이제 어떤 형식적 이론에 내포된 것을 넘어서며, 이에 대해서는 다음과 같은 로저 펜로즈의 열정적인 말이 아주 적절하다. "내가 보기에 수학적 진리라는 개념은 어떤 형식적 구조로도 포괄할 수 없으며 이는 괴델의 논증이 뒷받침하는 명백한 귀결로 여겨진다. 수학적 진리는 단순한 형식주의를 초월하는 그 무엇이다."[11] 펜로즈는 형식주의를 초월하는 그 '무엇'을 명확히 밝히지 않았는데, 이는 그가 여전히 '객관적 진리'라는 전통적 관점에 서 있기 때문이다. 하지만 앞서 제시한 논의에 따르면 이 추가적인 요소가 밝혀지는데, 그렇게 하는 과정에서 수많은 전통적 아이디어가 뒤집어진다.

이렇게 함으로써 얻어지는 이익은 배우고 이해하고 창조하는 활동이 수학의 적법한 부분으로 자연스럽게 자리잡게 된다는 점이다.

수학을 이런 관점에서 볼 경우 진리의 의미도 재평가해야 한다. 진리는 수학이 불명한 것과 마찬가지로 불명하다. 앞 문단의 이야기와 부합하려면 어떤 절대적이고 객관적인 진리의 존재를 부정하는 게 필요하다. 그 해결책은 진리를 포기하지 않고, 순수한 임의의 영역까지 내려가지 않고, 절대적 진리를 포기하는 것이다. 다시 말해서 진리는 어떤 형식주의에든 포착되기를 거부하면서 존재하고 인간은 거기에 접근할 수 있다. 진리는 완전히 객관화될 수 없다. 진리는 완전히 '저 너머'에 존재할 수 없다. 따라서 여기에 다시 '객관적 주관성' 또는 '주관적 객관성'이 개입한다. 포스트모더니즘은 진리가 존재하지 않는다고 말할지도 모른다. 하지만 여기서의 이야기는 이게 아니고, 이는 여기 이야기의 일부에 지나지 않으며, 여기서 말하는 부분은 진리가 포착될 수 없다는 것이다. 한편 다른 부분은 창의적 확신의 순간에는 진리에 다가설 수 있다는 것이다. 또는 부정적으로 말하면 통찰의 번득임이 없다면 이해가 없는 것과 마찬가지로 진리도 없다. 물론 여기의 이해는 우리가 논의하고 있는 확신과 같은 말이다. 이러한 깨침의 순간은 진리에의 입장권이라 할 수학적 아이디어의 탄생을 알려준다. 하지만 그럼에도 불구하고 여기서 벌어지고 있는 일은 아주 미묘한데, 이렇게 해서 얻는 내용이 (완전한) 진리는 아니기 때문이다.

내 접근법의 비정통적인 점은 진리가 '즉각적 확신'이라고 부르는 환원불능의 주관적 요소를 가진다는 것이다. 물론 이 주관적 요소가 이야기의 전부는 아니다. 여기에는 객관적인 요소도 있으며 이 때문에 아이디어들이 더 넓은 맥락에도 부합하는지의 여부를 증명해야 한다. 하지만 그럼에도 불구하고 창의적 순간은 진리에 대한 어떤 이야기에서나 그 한 부분으로 반드시 포함되어야 한다. 이는 일반적인 객관적 성분에 속하지 않는 필수적 성분이다. 사실 창의적인 사람은 이 점을 절실하게 깨닫고 있으며 이 때문에 그러한 내적 진리의 상태에 돌아갈 수고를 기꺼이 감수한다. 이는 목표에 다가설 수단이 아니라 목표 그 자체이다.

수학적 진리는 영원할까, 아니면 그저 오고가는 것일까? 이는 객관과 주관에 대한 의문을 달리 꾸민 것에 지나지 않는다. 완전히 객관적인 수학은 영원하지만 객관적 주관성을 특징으로 하는 수학은 연속성을 주장하지 않는다. 거기에는 뭔가 불연속적인 면이 있다. 예를 들어 수학의 이해는 크고 작은 돌파구들이나 통찰들에 의한 불연속적인 과정으로 이루어진다. 이는 마치 연구 활동에서 나타나는 창의적 돌파구들과 같다. 그런데 이른바 '기계적 연구'라는 말이 뜻하는 것과 같은 통찰 없는 연구라는 게 있을 수 있다. 이런 종류의 활동은 연속적이라 하겠지만 이와 다른 진정한 창의적 활동은 불연속적이다. 자기지시적이게도 불연속과 연속의 이중성은 수학의 중요한 불명 가운데 하나이다. 이는 대수학 대 기하학(또는 해석학)의 구도로 떠오른다. 두 관점이 수학의 내용 안에서는 물론 수학 자체에 대한 논의의 맥락에서도 떠오른다는 점은 흥미롭다고 하겠다.

전통적 수리철학의 재고찰

> 수학은 일체이다. 플라톤주의자, 형식주의자, 구성주의자의 관점들은 이것들이 각각 수학을 어떤 각도에서 쳐다보거나 특정한 관측 수단으로 검사했을 때의 모습들에 대응하기 때문에 믿는다.[12]

위에 인용한 데이비스와 허시의 말은 정확히 옳다! 수학은 통합된 하나의 학문이며, 수리철학들은 장님과 코끼리의 우화에서 보는 바와 같이 이 체계의 각 부분에 대한 묘사일 뿐이다. 이를 내가 써온 용어로 말하자면 수학은 불명하다고 할 수 있다. 전통적인 수리철학의 갈래들은 자기일관적인 기준계나 관점에 해당한다. 이 접근법들이 상충하는 것은 사실이지만 지금까지의 논의에 의해 우리는 이런 현상이 더 넓은 통합적 관점을 얻는 데에 필수적임을 알고 있다. 아래에서는 수학의 본질에 대해 나름대로 적절한 통찰을 제시하는 플라톤주의, 형식주의, 구성주의라는 세 갈래의 수리철학들을 살펴본다. 이들 각각은 나름대로 중요하고도 적절하지만 그 각각만으로는 불완전하다. 그러므로 아래의 논의에서는 이 접근법들의 장단점을 간단히 정리하고 그 각각에 담긴 핵심적 진리를 파헤쳐 본다. 어떤 의미에서 볼 때 플라톤주의, 형식주의, 구성주의는 수학에 대한 독립적인 조직법이며, 따라서 고유의 이해법이기도 하다.

수학의 본질은 내가 생각해본 다른 수학적 의문들과 견줄 정도로 근본적인 의문이다. 이것을 여기서 생각해보는 이유는 앞서 살펴본 다른 수학적 의문들과 같은 방법으로 접근해보기 위해서이다. 예를 들어 0의 개념은 어떤 불명한 상황과의 투쟁에서 얻어졌으며, 인간의 어떤 경험을 명확히 할 필요성 때문에 만들어진 것이다. 하지만 그 경험은 논리적으로 일관되거나 명쾌하지는 않다. 0의 개념이 유래한 상황은 복잡하고 혼란스러웠으며 많은 모순적 요소들을 품고 있었다. 지금까지 내가 이야기한 바에 따르면 0의 개념은 그동안 내내 잠재적으로 존재해왔던 상황을 그저 말끔히 정리하기 위해 도출된 게 아니다. 이에 대한 접근법은 볼썽 사나운 정원을 손질하는 지적 과업에 비유할 수 있다. 잡초들을 제거하기만 하면 관심을 끄는 식물들은 자연히 두드러져 보인다. 0의 개념은 처음부터 거기에 있었던 게 아니라 '무(無)' 나 '공(空)' 의 경험이라고 부를 수 있는 인간 경험의 부조화와 투쟁하는 과정에서 유래했다. 하지만 나중에 되돌아보면 전혀 우연이랄 수 없는 필연적인 과정으로 보인다. 그렇다면 필연적인 수리철학은 어떤 모습일까?

수학의 새로운 통합적 관점은 적절한 불명의 상황에 대한 투쟁에서 나온다. 전체적으로 수학은 인간의 경험 세계가 펼치는 경관의 기본적인 내용을 명확히 할 필요에서 이룩되었는데, 이 세계는 완전히 객관적이지도 완전히 주관적이지도 않다. 세상의 특징 가운데 수학이 관심을 가진 것들은 다른 곳에 열거되어 있으며, 여기에는 양과 패턴과 우연 등이 포함된다. 이와 같은 수학의 근본적 개념들은 인간 경험의 기본 요소들이다. 수학은 이러한 기본적 주제들의 명확한 표현이다. 하지만 수학이 발달함에 따라 수학적 및 초수학적 수준에서 부조화와 위기가 초래된다. 이런 것들 가운데 가장 근본적인 것의 하나는 진리와 의미에 대한 의문이다.

'수학이 발견되는가, 발명되는가?' 라는 의문을 보자. 이 의문은 나중에 이 장에서 다시 살펴보는데, 이는 생각하는 사람이라면 누구나 가장 근본적으로 여기는 미스터리를 싸고돈다. 과연 우리의 마음은 우리에게 실체에 대한 정확한 정보를 전해주는가? 다시 말해서 우리의 주관과 객관적인 세계의 관계는 무엇인가? 우리는 인간 의식의 근본적인 이중성을 어떻게 연결할 것인가? 정녕 근본적인 불명이란 게 존재한다면 이게 바로 그것이다. 이 불명의 극단들을 구별하기는 쉽다. '발명/발견', '주관/객관' 등 여러 가지로 표현할 수 있기 때문이다. 수리철학의 진정한 목표는 조화될 수 없을 듯 보이는 이 관점들을 통합하는 고차원의 관점을 찾아서 이 불명을 해소하는 것이다. 각각의 전통적인 수리철학들은 이와 같은 불명한 상황에 대한 접근법들이다. 그런데 이 다양한 접근법들 사이의 부조화는 무엇보다도 그 극단들 가운데 하나를 억누름으로써 불명을 해소하려는 시도에서 초래된다.

모든 수리철학은 수학이 뭔가 근본적이지만 명확히 밝히기가 어려운 것에 접촉하고 있다는 생각에서 유래한다. 예를 들어 우리는 수학이 양이나 패턴에 관한 것이라고 말할 수 있다. 하지만 양이나 패턴은 무엇일까? 여기에 미스터리가 있으며[13] 수학을 사랑하는 사람이라면 누구나 이런 미스터리의 존재 앞에서 외경에 사로잡힌다. 피타고라스학파의 사람들도 이해했듯, 1, 2, 3, 4, 직선, 원 등의 아주 단순한 수학적 개념들마저도 결코 사소하지 않으며, 사실 이것들은 매우 심오하고 신비롭다. 우리는 수학이 인류 문명을 떠받치는 기둥 가운데 하나임을 알고 있다. 하지만 수학은 도대체 무엇이며 어떻게 작동하는 것일까? 수리철학에 대한 타당한 접근법들은 중요한 아이디어, 곧 수학의 본질에 대한 올바른 통찰을 담고 있는 아이디어에 다가서면서 얻어내야 할 해답들을 제공한다. 그러므로 이제 설명할 수학에 대한 이 각각의 접근법들은 더 넓은 '불명한', '무지개'의 조망 가운데 한 측면을 강조하는 것들이며, 따라서 이것들은 다른 접근법들을 부정하면서 서로 갈등을 일으키는 측면들이라고 여길 수 있다.

플라톤주의

플라톤주의(Platonism)는 수학의 대상이 실체이며 이것들은 이에 대한 우리의 지식과 독립된 어떤 객관적인 영역에 존재한다고 주장한다. 수학의 진리는 수학자들의 인식 여부와 상관없이 모두 이 플라톤적 영역에 존재한다. 이 관점에서 수학자의 할 일은 이처럼 미리 존재하는 진리들을 찾는 것이다. 이런 뜻에서 수학자는 과학자와 같다. 사실 수학의 플라톤주의를 과학의 소박한 실재론에 비유하기도 한다. 대부분의 과학자들이 실재론자이듯(예를 들어 이들은 그들이 다루는 원자, 전자, 질량, 에너지 등이 실제로 존재한다고 믿는다), 플라톤주의자들도 그렇다. 그래서 플라톤주의자들은 그들이 다루는 연속, 미분불능함수, 무한집합, 공간충전곡선 등이 실제로 존재한다고 믿는다.

대부분의 수학자들은 자신들의 플라톤주의를 잘 드러내지 않는다. 기이할 정도로 복잡한 수학적 대상들이 돌이나 나무처럼 실제로 존재한다고 주장하는 게 너무나 환상적이기 때문이다. 하지만 두드러지게 예외적인 인물들이 있으며 그중 한 사람인 쿠르트 괴델은 다음과 같이 말했다.

> 초한집합론의 대상들은 … 분명 물리적 세계에 속하지 않으며 물리적 경험과의 간접적 관계마저도 거의 없다. … 하지만 이처럼 감각경험과 동떨어짐에도 불구하고 우리는 집합론의 대상들을 분명히 감지한다. 이는 마치 원자들이 우리에게 그들의 존재를 믿도록 요구하는 것과 같다. 나는 이런 종류의 지각을 확신하지 못할 이유가 없다고 생각한다. 다시 말해서 우리는 감각지각을 통해 물리적 이론들을 세우고 미래의 감각지각들도 이에 부합하리라고 믿는 것과 마찬가지로 수학적 직관도 믿어야 한다. … 이것들도 객관적 실체의 어떤 측면들을 나타낼 것이다.[14]

프랑스의 위대한 수학자 르네 톰은 집합론의 대상이 아니라 기하의 대상들을 가리키며 다음과 같이 말했다.

> 수학자들은 그들의 가장 근본적인 신념에 대해 용기를 가져야 하며, 이에 따라 수학적 형상들이 이를 다루는 마음과 독립적으로 실제로 존재한다고 확언해야 한다.[15]

끝으로 또 다른 저명한 수학자이자 수리물리학자인 로저 펜로즈의 입장을 들어보자.

> 나는 절대적 존재들이 사는 플라톤적 세계와 그 역할, 특히 수학적 진리들이 사는 세계로서의 역할에 대해 이야기해야겠다. … 어떤 사람들은 이런 세계가 그 자체로 존재한다고 상상하는 데에 어려움을 겪는다. 그들은 수학적 개념들이 단지 우리가 사는 물리적 세계의 존재를 이상화한 것에 지나지 않는다고 여기고자 한다. … 하지만 나는 수학을 이렇게 생각하지 않으며, 나아가 대부분의 수학자와 수리물리학자들도 마찬가지라고 믿는다. 이들은 약간 달리 생각하는데, 이에 따르면 수학은 시간을 초월한 수학적 법칙들이 지배하는 구조 바로 그것이다. 그러므로 이들은 물리적 세계가 (시간을 초월한) 수학적 세계로부터 유래했다고 보는 게 더 타당하다고 여긴다.[16]

펜로즈는 많은 수학자들의 관점을 간결하게 드러냈다. 플라톤적 세계는 수학적 진리 및 이 세계로부터 유래한 (객관적인) 물리적 세계가 존재하는 세계이다(물리적 세계로부터 플라톤적 세계가 유래하는 게 아니다). 사색가들은 이처럼 반직관적인 듯한 관점을 어떻게 받아들일까? 예를 들어 펜로즈가 말하는 수학적 진리들이 사는 플라톤적 세계의 본질은 무엇일까? 회의론자들은 플라톤적 세계가 구성된 것이며 따라서 분명 비현실적인 환상에 지나지 않는다고 말하는데, 왜 그는 수많은 동료들과 함께 이 세계가 실제로 존재한다는 깊은 신념을 품고 있을까? 수학에서의 플라톤주의는 수학적 연구의 경험에 근거한 신념으로, 수학적 대상들이 실제로 존재하며 수학적 진리는 어떤 안정성을 갖고 있다고 본다. 요컨대 이에 따르면 수학의 진리는 객관적 영역에 존재한다. 여기서 내가 '경험에 근거한 신념' 이라고 말했음에 주목하기 바란다. 수학자들은 수학이 객관적으로 그렇다는 주관적 감정을 갖고 있다. 내 견해에 따르면 수학에서 플라톤주의는 수학의 진리들이 존재하기는 하지만 고전적인 방식으로 객관적이지는 않다는 사실에 대한 증언이다.

수학자들은 자신의 직관에 큰 믿음을 갖고 있으며 이에 대한 충분한 이유도 갖고 있다. 수학에서 플라톤적 실체에 대한 믿음은 이들의 수학적 연구, 곧 미지의 영역을 향한 이들의 항해를 뒷받침해준다. 수학이 실체라는 내적 확신을 무시한다면 잘못인데, 이는 우리에게 수학의 본질에 대해 뭔가 중요한 것을 말해주기 때문이다. 만일 수학이 구성된 체계이고, 따라서 물리적 세계의 대상들과 같은 참된 실체가 아니라는 입장에 선다면 플라톤주의는 하찮은 오류에 지나지 않을 것이다. 이에 대해서는 두 가지의 답변을 할 수 있다. 첫째는 물리학의 대상도 역시 구성된 체계라고 말할 수 있다는 점이다. 그리고 둘째는 플라톤주의는 어떤 추상적인 천상의 세계가 존재한다고 확언하는 게 아니라는 점이다. 플라톤주의는 바로 우리가 살고 있는 세상에 관한 것이며, 이 세계의 본질이 객관성과 확신의 차원을 가진 객관적 주관성을 띤다고 말한다. 순수하고 절대적인 객관성처럼 플라톤적 세계는 모호하고 신비로운 직관의 세계이다. 내가 옹호하는 수학적 진리관은 이렇게 수정된 플라톤주의에 의해 뒷받침되고 있다. 역으로 이 진리관은 플라톤주의가 수학의 본질에 대한 타당한 관점임을 뒷받침해준다.

수학의 플라톤주의는 주관과 객관의 불명에 대한 응답으로 볼 수 있다. 이 주의는 수학적 진리의 주관성으로부터 벗어나기 위해 객관적이고 이상적인 영역을 가정한다. 이상적 영역은 물론 아이디어의 세계이고, 아이디어는 실체이다. 소박하게 말하자면 아이디어는 주관적이므로 이 이상적 영역은 객관적 주관성의 영역이어야 하며, 객관적 요소는 외부의 어떤 이상적이고 객관적인 영역으로 투영된다. 플라톤주의는 주관적 요소를 부정하고 객관적인 체하지만 분명 주관적 측면에 근거를 두고 있다. 주관성의 여러 측면에 대해 내가 논의한 바에 따르면 플라톤주의는 수학적 진리가 '주관적 주관성'을 띤다는 점을 올바르게 부정하고 있으며, 객관적 주관성의 존재를 확언한다고 풀이할 수 있다. 거듭 말하자면, 내 견해에 따를 경우 플라톤주의는 수학적 진리가 존재한다고 보는 직관을 지지하는 반면 이 진리에 객관적 차원과 주관적 차원이 공존한다는 사실을 간과하고 있다. 이렇게 함으로써 플라톤주의는 우리가 수학이라고 부르는 활동에 내재하는 불명에 완전히 정면으로 맞서지 않고 교묘히 피해간다.

형식주의

형식주의(formalism)는 증명을 수학의 결정적 속성으로 본다. 형식주의는 이 책의 여러 곳에서 언급되었는데, 특히 제7장에서는 장단점도 다루었다. 그 장점은 수학이 이전까지 갖지 못했던 새로운 자유를 얻는 것과 관련되며, 궁극적으로 이 자유는 수학을 추상적 패턴의 과학이라고 보는 관점을 도출했다. 형식주의는 단순히 논리적인 패턴의 과학이므로, 아이러니컬하게도 이 관점은 형식주의를 넘어선 경지까지 수학을 이끌어가게 되었다. 하지만 여기서의 나의 목적을 위해서는 형식주의가 위기에서 솟아나 수학적 진리의 안정적인 관념을 재확립하는 데에 성공했다는 점을 강조하는 게 더 중요하다. 형식주의는 진리의 관념을 논리적으로 타당한 추론이라는 관념으로 변화시켰다. 이 때문에 논리적 고려가 수학의 핵심으로 떠올랐으며, 수학의 내용인 수학적 아이디어와 창의성은 (형식적으로) 그 의의를 잃게 되었다.

형식주의에서 진리는 논리적 엄밀성이며, 여기에도 일종의 확신이 남는데, 이는 이상화된 기계적 확신이다. 사실 이상적인 형식적 논증에는 어떤 생략이나 비약이 없으므로 컴퓨터는 원칙적으로 엄밀한 증명을 할 수 있다. 그런 증명은 완전하지만 이런 식의 완전성은 의미를 희생한 대가로 얻어진다. 왜냐하면 엄밀한 증명은 단순히 타당한 추론의 연속일 뿐이므로 전제와 다른 내용은 아무것도 말해주지 않기 때문이다.

형식주의는 수학에서 진리의 반대명제로 여겨져 왔던 주관성을 없애려는 야심 찬 시도였다. 그 취지에 따르면 즉각적 확신의 차원은 심리학적 현상으로, 형식수학이라는 실체와는 완전히 동떨어진 것이었다. 하지만 확신은 사라지지 않았고 내가 창의적 확신이라고 부른 것은 증명에서 발견되는 논리적 확신으로 대치되었다. 이런 종류의 확신은 논리실증주의와 결합하여 수학뿐 아니라 널리 일반적인 과학적 이론들에 대해서도 확고한 근거를 제공할 것으로 여겨졌다. 따라서 앞서 논의했던 수학적 진리에 대한 입장에 따르면 형식주의는 중요한 진보였고 커다란 영향을 미쳤다. 이는 객관적 지식이라는 이상적 상태에 도달하려는 시도로서, 다른 무엇보다 논리적 기준에 중점을 두었다. 이런 뜻에서 보면 프레게, 러셀, 화이트헤드와 같은 사람들이 수학을 완전히 논리학으로부터 도출하려고 노력했다는 것도 놀라운 일은 아니다. 이런 시도가 수학의 전 분야에 걸쳐 가능할 것처럼 여겨졌다는 사실은 형식주의의 세계관과 잘 부합한다.

하지만 수학의 세계는 그처럼 단순하지 않다. 사실 이는 무한히 풍부하며, 형식주의가 내놓는 그림보다 훨씬 더 흥미롭다. 논리를 통해 객관적 진리와 확신에 이르려는 시도는 괴델의 정리와 같은 관점에서는 물론 근본적인 관점에서 보더라도 오류이다. 논리는 주관에서 벗어날 길을 제시해주지 못한다. 도대체 논리란 무엇이고 어디에 존재하는가? 논리는 분명 인간의 마음을 사용하는 방법이다. 따라서 논리는 자연계에 존재하지 않으며, 본질적으로 주관적인 현상이다. 사고의 알고리듬적 측면에 주목해보면 논리는 조직원리로서의 아이디어다. 논리는 수학에 질서를 가져왔지만 형식주의조차도 주관성을 모두 없애지 못했다는 점에서 수학을 확고한 토대 위에 올려놓았다고 볼 수는 없다. 물론 논리는 '주관적 주관성' 이라고 부를 수 있는 것, 곧 임의적인 개별적 견해들을 다소간 없애는 데에 성공하기는 했다. 하지만 내가 '객관적 주관성' 이라고 부른 것은 없애지 못했는데, 이는 오직 수학의 핵심 자체를 파괴함으로써만 가능하기 때문이다.

사실 조금만 생각해보면 형식주의가 수학의 대부분을 놓치고 있다는 점이 드러난다. 형식계의 근본을 이루는 공리들은 어디에서 올까? 공리계에도 '좋은 것', '나쁜 것', '하찮은 것' 들이 있을까? 수학적 정의들은 또 어떤가? 그것들은 어디에서 올까? 좋은 정의와 나쁜 정의의 차이는 무엇일까? 어떤 형식계 안에서는 이런 구별이 있을 수 없다. 예를 들어 연속에 대한 적절한 정의를 얻기 위해 수학계에서는 왜 그토록 많은 노력을 기울였을까? 또한 이 개념은 어떤 함수의 미분가능성과 관련해서는 어떤 의미를 가질까? 그리고 자꾸 반복하지만, 수학적 아이디어들은 어디에서 오는 것일까? 어떤 증명이 옳다는 것을 보이기는 어렵지 않을 수 있다. 하지만 그 증명에 대한 아이디어는 어디에서 올까? 이 모든 것들(공리나 정의나 증명 등)은 분명 수학의 형식적 차원에서는 나오지 않는다. 이는 마치 기하적 그림 없이 유클리드 기하를 하는 것과 같다. 그런 그림이 없어도 기하를 할 수는 있지만 기하의 핵심을 잃게 되며, 그런 상황에서는 유클리드 기하가 아니라 무미건조한 다른 주제를 공부하는 셈이다. 나아가 이는 수학 전반에서 마찬가지다. 아이디어를 배제할 수는 있지만 그런 다음에 남는 것은 수학과는 전혀 동떨어진 것이 되고 만다.

형식주의는 수학에 객관적으로 확실한 분야가 있다는 가정에 근거한다. 그런 다음 논리적 연역을 통하여 그 분야들을 엮고, 궁극적으로 수학의 모든 분야를 확실하게 구축하고자 한다. 불행하게도 수학의 모든 분야, 심지어 가장 기본적이고 유한한 분야라도 객관적으로 확실하지 않다. 가장 간단한 개념은 0, 1, 2, 3과 같은 작은 정수들일 텐데, 나는 이런 것들조차도 단순하지 않다는 점을 거듭 설명했다. 형식주의는 지식이란 게 최초의 원리로부터 차근차근 쌓아올려야 확고하다고 믿는다. 그런데 흥미롭게도 실제의 수학적 연구는 전문가 집단이 받아들인 어떤 결과로부터 시작해서 진행된다. 원칙적으로 우리는 공리들로 돌아갈 수 있지만 실제로는 결코 그렇게 하지 않으며 어떤 중간 영역에서 진행한다. 아마 수학의 모든 분야가 그와 같은 중간 영역에서 이루어질 것이다. 이런 뜻에서 수학에는 원자적 진리가 없으며, 절대적 의미에서 가장 근본적인 공리들도 없다. 사소하지 않은 모든 수학적 대상들은 나름대로의 내부 구조를 갖고 있으며 이에 따라 복잡하다고 말한다. 어떤 특별한 논의의 목적상 우리는 어떤 개념이나 결과가 근본적이라고 가정하고 이를 토대로 더 복잡한 구조를 엮어가기도 한다. 수학의 공리와 정의들은 풍부한 수학적 경험에서 우러나온다. 거기에는 오랜 역사와 그런 것들이 추출되어 나온 수학적 상황의 요소들이 모두 담겨 있다. 우리는 언제라도 이와 같은 수학적 경험들을 온통 새로운 관점에서 살펴볼 수 있으며, 그럴 경우에는 새로운 공리와 정의가 필요하게 된다.

형식주의는 불완전하다는 점도 명백해졌을 뿐 아니라 최근까지 이에 대해 지겨울 정도의 공격이 가해졌으므로 나는 이 절을 마무리하면서 오히려 그 가치와 중요성에 대해 몇 마디 덧붙이고자 한다. 내 견해에 따르면 형식주의는 진리와 확신이 수학의 핵심이라는 신념에서 우러나왔다. 데이비스와 허시는 이에 대해 힐베르트의 다음과 같은 말을 인용했다. "수학이 진리와 확신을 주지 못한다면 다른 어느 곳에서 찾을 수 있단 말인가?"[17] 사실 말하자면 힐베르트의 관점에는 극단적인 형식주의자들보다 논리학자들의 뉘앙스가 더 짙게 풍긴다. 논리학자들은 그 이름이 암시하듯 의미가 배제된 증명을 믿는다. 하지만 힐베르트는 자연계에서 도출된 수학적 직관의 역할을 부정하지 않았다. 그는 "순수이성의 창의력이 활동하는 동안에도 바깥 세상은 우리에게 영향을 미쳐 실제의 경험으로부터 새로운 의문을 제기하도록 한다"고 말했다. 힐베르트는 어떤 문제의 완전한 해답은 엄밀한 증명이 필요하다는 생각을 고수했다. 그러나 그는 "새로운 개념에는 그에 상응하는 새로운 기호가 필요하다. 그 기호를 고를 때 우리는 새로운 개념이 형성되었을 때의 상황을 상기시켜주는 것을 택할 필요가 있다"고 말했다. 또한 그는 공리적 방법의 위력과 가치를 강력히 옹호하면서도 공리계가 수학의 모든 것이라고 시사하지는 않았다. 실제로 힐베르트 자신의 수학적 업적을 보면 그가 수학적 활동의 핵심적 구동력이라고 할 진리와 확신을 추구하는 마음으로 나아갔음을 분명히 알 수 있다. 형식주의는 이와 같은 근본적 욕구를 강조한다. 어떤 의미로 형식주의는 언뜻 무관해보이는 모든 요소들을 배제하면서 객관적이고 안정한 진리를 추구하는 과정에서 이런 욕구를 그 극단까지 몰아붙인다고 말할 수 있다.

형식주의의 궁극적 교훈은 미래에 대한 암시에 있다. 형식주의는 예전의 진리 개념에 대해 여러 가지의 도전이 닥치고 위기가 초래됨에 따라 새롭고도 안정된 진리의 개념을 수립해야 한다는 필요에서 유래했다. 그런데 내가 보기에 수학은 다시 그런 도전을 맞고 있는 것 같다. 이 도전은 괴델의 연구에 내포된 암시를 계기로 여러 분야에서 밀려오고 있다. 형식주의에 대한 노골적인 한 도전은 비형식적 수학과 과학 사이의 유사성을 강조한 라카토스의 연구에 나타나는데, 그 가운데는 특히 수학의 불확실성도 포함되어 있다. 하지만 형식주의는 새롭게 떠오르는 실험수학(experimental mathematics)과도 맞서야 한다. 이 수학은 컴퓨터를 과학에서와 마찬가지로 연역적이 아니라 귀납적으로 사용하여 어떤 결론들을 얻어내며, 이런 결론들을 반드시 증명하지도 않는다. 이 모든 요소들은 수학에 대한 형식주의적 관점을 뒤흔들면서 현대의 연구자들이 경험하는 수학에 더 잘 부합하는 수학관을 수립하도록 요구하고 있다. 이런 뜻에서 수학은 현재 새로운 위기를 맞고 있으며, 이에 따라 더욱 새롭고도 안정된 수학적 진리의 아이디어를 도출할 필요가 있다.

구성주의

구성주의(constructivism)는 전통적으로 네덜란드의 수학자 루이첸 브로우베르(Luitzen Brouwer, 1881~1966)가 창시한 관점을 가리킨다. 그는 모든 수학이 자연수를 토대로 구성되어야 한다고 여겼다. 구성주의자들은 무리수나 초월수의 무한집합이 존재함을 증명하는 데에 쓰이는 귀류법을 부정한다. 심지어 그들은 기본적이며 직관적으로도 명백한 삼분법(law of trichotomy)도 부정한다. 삼분법에 따르면 모든 실수는 양이거나 음이거나 0인데, 구성주의자의 관점에서는 이것도 성립하지 않는다. 실수의 무한소수 표현에는 무한히 많은 정보가 담겨 있다는 점에 비춰보면 이 관점은 실수가 실제로는 아주 복잡하다는 점을 드러낸 셈이다. 실수는 이처럼 복잡하므로 초월수의 예를 몇 가지밖에 제시하지 않으면서 귀류법을 통해 대부분의 실수가 초월수라고 밝힌 것은 역설적이라고까지는 못하더라도 사뭇 기이하게 보인다. 이런 점에서 구성주의에도 분명 뭔가 일리는 있다. 사실 그들의 관점은 여러 면에서 중요하다. 첫째로 그들은 귀류법이 수학에서 많은 암시를 하고 있다는 점을 지적했다. 이미 여러 번 이야기했듯 귀류법은 증명하고자 하는 명제의 반대명제로부터 시작하여 이게 모순임을 보임으로써 본래의 명제를 증명한다. 둘째로 그들은 칸토어의 업적을 재평가하도록 했다. 그들은 칸토어가 실수는 그 자체로 매우 복잡한 대상이며, 실수의 무한집합은 여러 면에서 더욱 복잡하고 반직관적이라고 지적했다.

그럼에도 불구하고 구성주의는 결국 형식주의와의 싸움에서 패배하고 말았다. 0이 없는 수학을 상상하기란 거의 불가능하며, 칸토어가 증명한 실수의 성질들을 포기할 수학자들도 사실상 없었기 때문이었다. 우리가 편안하게 여기는 것, 곧 자연수라는 것은 단순하고 합리적으로 보인다. 반대로 새로운 것은 흔히 복잡하고 반직관적으로 보인다. 하지만 지금껏 이야기했듯, 자연수마저도 복잡한 수학적 대상이다. 아무튼 우리는 초기의 구성주의자들이 "수학적 대상들이 존재한다는 게 무슨 뜻인가?"라는 문제를 제기한 데 대해 적절한 경의를 표해야 한다. 그것들은 모두 같은 방식으로 존재할까, 아니면 어떤 것들은 다른 것들에 비해 더 실질적일까? 끝으로 구성주의적 관점은 구성주의자의 기계라고 할 컴퓨터의 등장에 비춰보아도 흥미롭다. 우리는 컴퓨터에 자연수(모든 자연수는 아니지만) 또는 유한소수는 넣을 수 있지만 무리수나 무한소수는 넣을 수 없다. 어쩌면 구성주의는 똑같이 타당한 다른 종류의 수학을 말하고 있는지도 모른다.

급진적 구성주의

같은 구성주의라는 이름으로 불리는 더욱 현대적인 흐름이 있다. 나는 그중 일부를 급진적 구성주의(radical constructivism)라고 부르고자 하는데, 단지 수학의 본질에 관한 부분에 대해서만 그럴 뿐이다. 이 주의는 다음과 같은 단순하지만 논란 많은 관점에서 시작한다. "관찰자가 자신이 하는 일과 독립적으로 존재하는 한 대상과 요소와 관계에 대해 어떤 서술이나 주장을 할 실행적 근거를 갖지 못한다."[18] 나는 앞서 모든 사람이 거품 안에 산다는 비유를 들어 이 관점을 설명한 적이 있다. 이 거품에는 모든 지각과 인식이 포함되어 있다. 따라서 거품

밖의 세계에 대해서는 아무것도 알 수 없다. 급진적 구성주의자들은 '그 자체로', 다시 말해서 관찰자나 실험자가 없이 존재하는 것에 대해서는 아무것도 말하지 않는다.[19] 이 점에 대해서도 나는 완전히 객관적으로 존재하는 수학적 지식은 없다는 식으로 설명한 적이 있다. 수학적 지식과 진리는 객관적 및 주관적 측면을 함께 가진 것으로 여겨야 한다. 아무도 알지 못하지만 홀로 존재하는 객관적인 수학적 지식이 있다는 믿음은 그 본질이 믿음이므로 비객관적이다. 따라서 앎과 동떨어진 지식은 없으며, 절대적이고 객관적인 진리도 없다.

관찰자와 독립된 객관적 실체의 존재를 증명하는 게 불가능하다면 사람들은 각자 고유의 의미와 이해와 지식을 토대로 고유의 실체를 구성해야 한다. 급진적 구성주의는 특히 수학의 교육과 학습에서 자못 중요한 의의를 가진다. 교육은 단지 아는 사람이 모르는 사람에 대해 행하는 지식의 전달에 지나지 않는 것일까? 학생들의 오해에는 어떤 의미가 있을까, 아니면 수학의 모든 것들은 단순히 옳고 그름 가운데 하나에 지나지 않을까? 어떤 학생이 수학의 새로운 부분을 배우려고 노력하고 있을 때 그의 머릿속에서는 무슨 일이 벌어지고 있을까? 수학적 개념의 본질을 가르쳐줄 최선의 방법은 무엇일까? 학생이 독자적으로 의미와 이해를 구성한다는 관점에 서면 이 의문들에 대한 해답과 수학을 가르치고 배우는 것과 관련된 모든 일에는 많은 변화가 일어날 것이다.

한 가지 유의할 것은 '구성'이란 단어는 어딘지 기계적인 느낌을 풍기지만 수학적 의미의 구성은 결코 기계적이지 않다는 사실이다. 이는 창의성이라고 부르는 불연속적인 도약을 통해 이루어진다.

이 관점에서 보면 우리는 각자 고유의 수학적 이해를 가진 셈이다. 위대한 수학자들은 수학의 어떤 부분에서 동료들과 사뭇 다른 사고방식을 가졌을 것이다.[20] 하지만 이 점을 더 깊이 파고들기 전에 나는 각자의 이해가 서로 다를 수 있지만 완전히 임의적이지는 않다는 사실을 강조하고자 한다. 지식의 구성에 대해 강조하다 보면 나는 나대로 너는 너대로 얼마든지 자유롭게 나름의 진리를 가질 수 있다는 잘못된 상대론에 빠질 위험이 있다. 내가 지금까지 수학은 객관적 요소와 주관적 요소를 함께 가진다는 뜻을 나타내는 '객관적 주관성' 이란 말을 통해 강조한 것은 바로 이처럼 잘못 풀이된 포스트모던적 사고에 빠져서는 안 된다는 점이었다.

이 책의 논의와 관련하여 급진적 구성주의가 갖는 중요성은 이 관점이 앞서 이야기했던 앎이라는 인지적 측면을 전면에 내세웠다는 점이다. 그런데 급진적 구성주의는 바로 이 점, 곧 절대적 객관성을 비판한다는 점 때문에 많은 논란에 휩싸였다. 또한 인간의 배움이라는 측면에 마주치지 않을 수 없는 수많은 교육자들의 관심이 이에 쏠리게 된 것도 바로 이 점 때문이었다.

수학은 발견인가, 발명인가?

나는 앞서 "수학이 발견인가, 발명인가?"라는 경이롭고도 난해한 문제를 다룰 것이라고 약속했다. 이제 나는 이 문제를 지금까지 펼쳐왔던 불명의 관점에서 접근하고자 한다. "수학이 발견인가, 발명인가?"라는 의문은 특히 수학적 진리에 대한 논의와도 관련된다. 한편 이 의문은 "수학은 발견되었거나 아니면 발명되었다"는 식의 단순한 선택의 문제로 환원시켜서는 안 된다. 이는 이 문제에 대한 통상적 접근법인데, 이에 따르면 수학이 발견이라면 발명이 아니고, 발명이라면 발견이 아니다. 또한 이 문제는 상호보완적인 것으로 환원시켜서도 안 된다. 이런 관점의 배경에는 수학이 발견의 영역과 발명의 영역이라는 두 영역으로 구성되어 있고, 따라서 수학은 두 영역의 연합이라는 생각이 깔려 있다. 하지만 두 가지 접근법은 모두 발견과 발명의 본질적 갈등을 놓치고 있으며, 그 결과 이 문제에 대한 창의적 해결의 가능성을 저해한다.

나는 발견과 발명을 수학의 본질에 대한 서로 다른 두 측면을 환기시키는 관점으로 여기자고 제안한다. 발견은 수학을 플라톤적 방식으로 보는 관점이다. 발견은 수학에서 이루어지고 있는 일이 각 개인의 개성이나 특성과 무관하게 '저 너머'에 있는 존재에 관한 것이라는 점을 반영한다. 앞서 말했듯 이는 수학이 임의적이 아니라 보편적, 곧 진리에 연결되어 있다는 점을 드러낸다. 발명은 다른 기준계이다. 이것도 수학의 어떤 진정한 면모를 드러내는데, 이는 형식주의가 암시한 것으로, 수학은 인간의 문화 속에서 형성되었다는 사실을 가리킨다. 두 기준계는 서로 충돌하며, 우리의 문명 전체에 스며든 '두 문화'라는 괴리를 떠올리게 한다. 한편에는 과학의 소박한 실재론이 있는데, 이것은 수학을 발견으로 보는 것과 비슷하다. 다른 한편에는 인문학의 포스트모더니즘이 있는데, 이것은 수학을 발명으로 보는 것과 비슷하다. 이런 뜻에서 수학은 그 안에 큰 문화적 갈등을 반영하고 있다고 말할 수 있다. 발견과 발명은 서로 충돌하지만 나름대로는 타당하고 일관된 기준계를 떠올리게 한다. 다시 말해서 "수학이 발견인가, 발명인가?"라는 문제는 이 책 전체를 통해 논의해온 불명이라는 용어의 의미에 정확히 부합한다.

이분법은 불명과 관련된 문제들에 대한 가장 쉬운 접근법이다. 이것은 어떤 대상의 서로 충돌하는 불명한 면들에 대한 것으로, 한 면은 다른 면에 대해 장애로 여겨지기 때문에 결국 선택에 의해 해결한다. 하지만 둘 중 하나를 택한다는 것은 나름대로 타당한 다른 하나를 포기한다는 뜻이다. 이에 대한 대안은 창의적 해법을 찾는 것이다. 이와 같은 종합적 관점은 무엇이며 어디에서 찾을 수 있을까? 언뜻 상충하는 경향을 보이는 두 관점을 통합할 더 높은 관점은 무엇일까? 이것은 이 책의 핵심적 질문이자 목표이다. 개별적인 수학적 사건에서 우리는 창의적 활동에 의해 더 높은 관점이 떠올랐음을 보았다. 이제 우리는 이 패러다임을 수학 전반에 대해 적용하고자 한다. 여기서 우리가 다루는 문제는 참으로 근본적이고 과학철학의 다른 문제들과도 깊은 관련을 맺고 있으므로 그 해결책은 수학을 넘어 널리 적용될 수 있을 것이다.

이 책을 주의 깊게 읽어온 사람이라면 아마 미묘하고 언뜻 도무지 헤아릴 수 없는 듯 보이는 불명이라는 관념에 대해 어려움을 겪고 있을 것으로 여겨진다. 하지만 불명이야말로 바로 우리가 찾는 해법이다. 이 해법은 '발견 아니면 발명'이라는 이분법은 물론 단순히 상호보완적이라고 보는 사고도 거부한다. 수학은 하나의 통합된 활동이지만 한쪽에서 보면 발견으로 다른 쪽에서 보면 발명으로 보일 뿐이다. 이런 뜻에서 우리는 수학의 본질에 대해 무지개를 보는 것과 같은 입장에 있다.

이와 같은 통합적 수학관을 어떻게 생각해야 할까? 수학은 창의적 활동이 펼쳐지는 분야로, 정적이 아니라 새로운 존재가 계속 생성되는 역동적인 분야이다. 이 복잡한 활동 분야는 여러 축을 중심으로 나눌 수 있는데, 이 책에서 논의된 것들만 조금 열거한다면, 증명과 아이디어, 과정과 대상, 주관과 객관 등을 들 수 있다. 이런 이중성들은 수학의 본질에 대해 나름대로 뭔가를 전해주며, 여기서 우리는 그 가운데 발견/발명의 축을 중심으로 이야기한다. 이 특정한 렌즈를 통해 보면 수학은 어떤 모습으로 보일까?

발명은 수학적 활동에 내재하는 자유를 나타낸다. 이 자유를 통해 우리는 이전의 어떤 이론이나 관점을 벗어난다. 수학에는 자유로운 발명, 구속받지 않는 마음의 활동이라는 느낌이 있다. 수학은 아름답고 정교하며 정신을 홀리는 게임과 같다. 또한 예측이 불가능하여 다음 번의 돌파구에 대해서는 아무것도 말할 수 없으므로 전혀 예기치 못한 발전이 이루어지기도 한다. 발명은 수학이 창조된다는 점을 강조한다. 수학은 창조되었고 역동적으로 진화한다. 따라서 발명은 수학의 과정적 차원을 상기시킨다.

한편으로 돌파구를 얻은 뒤에 새로운 정의, 정리나 관점들을 이해할 때 우리는 발명을 완전히 자연스럽고 명백하고 필연적이라고 느끼게 된다. 그래서 이런 것들이 본래부터 그곳에 있으면서 그동안 내내 우리를 기다렸다는 느낌을 받는다. 앞서 말했듯 수학에는 확실함과 견고함이 있으며, 무시한다면 큰 잘못이라 할 진리가 들어 있다. 따라서 수학은 또한 발견되는 것이다. 발견은 수학에 정적이고 변화하지 않는 측면이 있다는 느낌을 준다. 이처럼 발견은 수학의 객관적 차원을 상기시킨다.

제1장에서 보았던 젊고 늙은 여자의 게슈탈트 그림을 되새겨보자. 거기서 나는 젊은 여자와 늙은 여자가 모두 전체적 상황의 특징이라고 말했는데, 이 점은 발견과 발명의 이중적 관점에서도 마찬가지다. 전체로서의 수학은 발견으로 보나 발명으로 보나 일관된 체계로 여겨질 수 있으며, 이 때문에 우리는 선택을 해야 한다는 느낌을 받는다. 하지만 불명의 상황에서는 오히려 이런 선택이 거부된다. 따라서 '발견/발명'은 참된 불명이며, 비유적으로 말하자면 수학은 '발견/발명'이다.

'발견/발명'의 불명은 수학에 대해 더 완전하고도 통합된 관점으로 나아갈 길을 열어준다. 앞서 보았듯 전통적인 수리철학들은 발견과 발명의 의문과 관련하여 각각 어느 한 면만을 강조한다. 하지만 이 관점들이 서로 완전히 별개라고 보는 것은 잘못이다. 예를 들어 언뜻 발명은 주관적이고 발견은 객관적으로 보인다. 그러나 앞서의 논의에서 보았다시피 발명과 창조는 분명히 객관적인 요소를 품고 있는 반면 발견은 발견을 하는 주체와 관련된다는 점에서만 보더라도 필연적으로 주관적 요소를 품게 된다. 각각의 관점만으로도 수학 전체를 묘사할 수 있지만 각각 그 안에 다른 관점의 요소들을 품고 있으므로, 다른 관점을 부정하면 그 자체도 불완전해진다. 따라서 이 관점들은 함께 통합되어 수학이라는 방대한 영역을 서술하는데, 역동적이고 창의적인 활동이 펼쳐지는 이 영역은 계속 변화하기 때문에 어떤 일정한 절대적 네트워크로서는 결코 파악할 수 없는 진리와 밀접하게 관련되어 있다. 이처럼 수학은 언제나 스스로 자신을 재발명해가며, 이런 뜻에서 가장 오래되었으면서도 가장 새로운 분야라고 말할 수 있다.

수학 공부의 장애

전통적인 과학철학의 단점은 수학의 교습과 학습에 관한 문제들과 대면할 때 두드러지게 나타난다. 그 핵심적인 요소는 이 장에서 씨름하고 있는 문제, 곧 "수학은 '저 너머'에 존재하는 완전히 객관적인 것인가?"라는 것과 관련되어 있다. 수학적 측면에서 볼 때 우리들 대부분은 형식주의가 지배하는 분위기에서 자라났다. 이 관점의 귀결이 교육 현장에서 어떻게 나타날지를 살펴보기 위해 다음과 같은 가상의 상황을 생각해보자. 불행하게도 이런 모습은 대학의 강의실에서 너무 자주 눈에 띈다. 교수는 강의실에 들어서면 어떤 정리에 대한 증명을 정교하게 설명해가고 학생들은 조용히 이를 지켜본다. 이윽고 교수가 눈길을 돌려 학생들을 바라보면 대부분의 경우 학생들은 교수의 설명을 이해하지 못한 채 멍한 표정을 짓고 있다. 학생들은 아무 말도 하지 않는데, 어쩌면 자신의 무지가 드러날까 두려워서 그럴 수도 있고, 질문을 한다는 게 위험할 수 있다는 사실을 경험을 통해 배워서 알고 있기 때문일 수도 있다. 하지만 마침내 어떤 용감한 학생이 설명된 논증의 어떤 특정한 부분에 대해 질문을 하면 교수는 이에 대해 설명해준다.

교수는 자신에게는 그토록 명백한 것을 학생들은 왜 아무도 이해하지 못하는지를 기이하게 여긴다. 그래서 한껏 선의를 베풀어 문제되는 부분들을 친절히 짚어가며 전체적으로 다시 설명해준다. 하지만 이때 교수가 하는 일은 무엇일까? 물론 그는 좀더 천천히 진행하면서 빠뜨렸던 부분을 보충하기도 하겠지만, 어디까지나 단순히 같은 말과 논증을 되풀이할 뿐이다. 그러고는 "자, 이게 얼마나 간단한 것인지 잘 알겠지!"라고 말한다. 그러나 학생들은 여전히 질문하기 전과 똑같은 상태에 머물러 있으며, 장차 그런 질문을 할 때는 더욱 신중히 해야겠다고 생각한다.

이처럼 황당한 사태는 흔히 이론 수학의 강의를 그 형식적 구조에 대한 의사소통과 같은 것이라고 보는 데에서 유래한다. 이해는 형식적 구조의 배경에 깔려 있고, 구조에 의해 포착되지 않는다. 형식적 구조는 수학의 아이디어를 알지 못하며, 그 결과 가르치는 사람은 자기의 할 일이 아이디어를 주고받는 게 아니라고 여기기 쉽다. 위에서 설정한 가상적 상황은 물론 약간 과장된 것으로, 여기에는 숙제나 시험의 형태로 학생들에게 풀어보도록 제시되는 문제나 과제들은 포함되어 있지 않다. 실제의 상황에서는 대개 교수가 강의를 통해 이론적인 형식적 구조를 설명해준 뒤 학생들은 문제를 풀어봄으로써 관련된 아이디어를 이해하는 식으로 진행된다. 하지만 이런 경우에도 가르치는 사람들이 "무엇이 일어나고 있는가?"라는 것을 분명한 교육의 목표로 삼는 일은 드물다. 이런 상황은 오늘날 수학 교육과 학습의 모든 수준에서 커다란 문제를 야기하고 있으며 특히 대학 수준에서 더욱 심각하다. 그리고 그 원인은 대부분의 수학 교육자들이 갖고 있는 무의식적인 수리철학에 자리잡고 있다.

제1장에서 나는 불명과 역설은 이 용어들의 통상적 의미에서만 보자면 '해결' 되지 않는다고 지적했는데, 이 '해결'은 대개 다음 두 가지

로 풀이된다. 첫째로 불명의 해결은 흔히 이것을 어떤 형식적이고 논리적인 체계로 포괄하여 없애는 방식으로 이루어진다. 하지만 이는 실제적인 학습 및 이해의 과정과는 아주 동떨어진 것이다. 실제의 과정에서는 '장애로서의 불명'이 이해를 통해 '개방성과 유연성으로서의 불명'으로 대체된다. 그러므로 불명을 없애는 게 교육의 목표가 될 수는 없다. 참된 목표는 불명을 통달하는 것이며, 제거와 통달은 결코 같은 게 아니다. 불명을 통달하려면 우선 불명과 친숙해져야 하고, 다음으로 이를 건설적으로 이용하는 방법을 배워야 한다.

제1장에서 나는 또한 이 책 전체를 통해 살펴보았던 것들과 같은 수학사에서 나타나는 역설들이 오늘날 '인식론적 장애(epistemological obstacle)'로 작용한다는 점도 지적했다. 이러한 인식론적 장애란 무엇일까? 아래에는 안나 시어핀스카(Anna Sierpinska)의 말을 인용했다.

> 여기에서 가스통 바슐라르(Gaston Bachelard, 1884~1962)의[21] 인식론적 장애라는 개념이 매우 유용하다. 학생들의 사고는 새로운 개념을 맞이하면 극복해야 할 어떤 인식론적 장애에 처하는 것으로 보인다. 인식론적 장애는 수학의 본질과 예를 들어 수, 공간, 원인, 우연, 무한 등의 근본적 관념에 대해 별다른 의문 없이 무의식적으로 습득한 문화적 구도에 근거한 사고방식이 오늘날의 이론과 일치하지 않는 데에서 초래되는 어려움을 가리킨다. 이러한 인식론적 장애는 역사에 그 발전의 흔적을 남겼는데, 봄의 용어를 빌려 쓴다면, 그 의미는 대략 '암시적인 상태로' 남아 있다.
>
> 따라서 연구의 중점은 이 장애로 모아진다. 그런데 인식론적 장애에 대한 사냥은 무엇보다 먼저 이 용어를 명확히 규정하는 것으로부터 시작되어야 한다. 여기서 제기되는 문제들은 다음과 같다.

"우리는 무엇을 근거로 학생들의 사고방식이 인식론적 장애를 겪고 있다고 주장하는가? 인식론적 장애라는 것은 실수인가, 오해인가, 아니면 단순히 어떤 좁은 영역에서는 잘 적용되는 사고방식이 이를 벗어난 곳에서는 잘 적용되지 않는 현상을 가리킬 뿐인가? 또는 어떤 사실에 대해 다른 견해를 허용하거나 일반적인 법칙들의 확실성에 대해 의문을 제기하는 자세를 가리키는가 …?"[22]

어떤 의미에서 보자면 이 책 전체의 내용이 바로 이런 장애들에 관한 것이다. 어떤 상황을 묘사하기 위하여 내가 사용했던 불명, 모순, 역설 등의 용어와 이런 상황에 대한 사람들의 반응은 사람들이 그런 상황을 장애로 받아들였음을 증언한다. 일반적으로 수학은 무리수, 허수, 음수 등에서 보듯 그 배경에 자리잡은 아이디어가 애초에는 장애로 작용했음을 보여주는 용어들로 넘친다. 새로운 개념이나 아이디어가 나올 때마다 이에 대한 저항이 있었다는 점에서 볼 때 인식론적 장애라는 관념은 수학의 학습뿐 아니라 수학의 문화 전반에 적용된다. 예를 들어 기수의 개념이 도입될 때는 '전체는 부분보다 크다' 라는 장애가 극복되어야 했다. 또한 무리수라는 일반적 관념은 무한소수를 하나의 수로 볼 수 있다는 난관을 극복해야 했다. 수학사는 여러 가지의 인식론적 장애에 맞서기 위한 시도로 여길 수 있다. 그런데 이와 같은 만남은 과거에 국한되지 않는다. 이는 오늘날에도 진행되고 있으며, 이게 바로 삶이고 수학의 생명이다.

시어핀스카는 이런 장애가 단지 실수나 오해에 불과한지 물었다. 이게 단지 실수라면 주어진 개념을 올바르게 이해할 방법, 곧 그 개념에 대한 어떤 명확하고도 객관적인 관점이 존재하므로, 다른 것들을 거기에 비추어 이해하고 판단할 수 있다는 뜻이 된다. 하지만 과연 그처럼 명확한 관점이 존재할까? 이는 우리를 수학적 진리에 대한 앞서

의 논의와 관련된 의문으로 이끈다. '수학의 연구와 학습에서 나타나는 장애들은 객관적일까, 주관적일까?'

이 장의 앞 부분에서 이야기한 것들과 일치시키기 위하여 나는 수학의 실행과 이해에서 나타나는 장애가 객관적이면서도 주관적이라고 주장해야겠다. 인식론적 장애라는 말이 쓰일 때는 대개 이 장애의 객관적 측면이 강조된다. 학생들이 실수의 개념이나 연속함수의 정의에서 어려움을 겪을 경우 이는 그들이 수학을 배울 능력이 결여되었다는 뜻일까? 또는 과거에 최고의 수학자들도 이에 대해 어려움을 겪었다는 점에서 볼 때 이 개념들은 본질적으로 어려운 것이라고 봐야 할까? 이 장애는 주제의 내용과 함께 객관적으로 존재한다. 그리고 이 개념들을 배우자면 이런 장애를 지나가야 하며, 그러자면 이를 붙들고 분투하는 것 외에 다른 쉬운 길은 없다. 학생들은 과거의 수학계가 이 아이디어들을 파헤칠 때 겪었던 것과 마찬가지로 진지하게 이 어려움과 맞서야 한다.

역사는 수학에 본질적인 어려움이 존재한다는 점을 가르쳐주며, 내가 이 책에서 사뭇 역사적인 접근법을 취하는 이유도 여기에 있다. 하지만 이 과정을 완전히 역사적인 관점에서 바라본다면 우리는 혼란스런 역사적 발전의 늪에 빠지고 말 것이다. 따라서 라카토스의 방식에 따라 역사를 되돌아보며 창의적으로 재구성했을 때에만 위대한 주제와 아이디어들은 우리의 앞길에 찬란한 빛을 비쳐줄 것이다.

수학의 학습과 관련하여 나타나는 장애에는 또한 분명 주관적인 요소도 있다. 학생들은 저마다 재능과 능력이 다르다. 하지만 그럼에도 불구하고 수학의 학습과 관련하여 나타나는 장애는 순수하게 주관적인 것이고 이른바 '수학적 능력'이라고 부르는 것에만 의존한다고 보는 것은 너무 단순한 생각이다. 거듭 말하지만 수학적 장애는 객관적 측면과 주관적 측면을 모두 갖고 있다. 지금까지 완전히 개인적이고 주관적인 것으로 보았던 요소들도 실제로는 객관적 주관성이라고 부르는 것들을 품고 있다. 만일 이게 사실이 아니라면 수학 교육이라는 학문은 존재할 수 없다.

결론

요컨대 수학적 진리의 관념은 수학 및 가능한 모든 수리철학의 핵심에 자리잡고 있는데, 특히 그것이 객관적인 한에서는(심지어 '객관적'이라는 말의 의미 자체까지도) 더욱 그렇다. 지금껏 논의했던 서로 다른 관점들을 나누는 핵심적 기준은 수학적 진리에 대한 접근법이다. 나는 여기서 객관성의 의미를 재고하지 않는다면 수리철학에 더 이상의 진보는 있을 수 없다고 주장한다. 그 진보를 가로막고 있는 것은 절대적 객관성의 신화이다. 이를 극복할 길은 객관성을 배제하지 않으면서 절대적 객관성의 관념을 수정하는 것이다. 의미와 이해는 분명 구성될 수 있지만 이 사실이 객관적인 체계를 온통 부정하는 것은 아니다.

끝으로 이런 생각은 수학과 수학 교육에는 물론 수학계를 넘어선 분야에서도 중요하다는 점을 강조해야겠다. 다음 장에서 논의하겠지만 수리철학에 대한 우리 사회의 생각, 곧 수학은 무엇이고 수학적 진리는 무엇인가에 대한 우리의 생각은 그 자체로 수학의 경계를 초월해서도 커다란 영향을 미친다. 수학은 자연계의 운행, 우리의 생각과 행동, 진리의 관념에 대한 모델이다. 수학의 본질에 대한 우리의 관점은 우리 자신에 대한 관점에 심대한 영향을 미치며, 미래의 인류에 대해서도 그럴 것이다.

제9장

결론: 수학은 알고리듬적인가, 창의적인가?

이 마지막 장의 목표는 지금까지 펼쳐온 나의 수학관을 요약하고 이에 내포된 암시들을 이끌어내는 데에 있다. 나는 수학을 역동적이고 창의적이며 마음의 작용에 맞추어 맥동하는 활동이라고 기술했다. 이는 아주 독특한 앎의 방식이다.

하지만 수학은 인간 활동의 어떤 어슴푸레한 구석에 외따로 있지 않으며 인간 경험과 인류 문화의 중심에 있다. 따라서 오늘날 많은 위대한 의문들이 수학 속에 이런저런 식으로 반영되어 있다는 것은 놀라운 일이 아니다. 이 장에서 내가 탐구해보고자 선택한 문제는 수학과 계산, 수학적 사고와 사고 과정의 컴퓨터 모사 사이의 관계이다. 이 논의는 이 책에서 지금까지 이야기해온 많은 것들을 요약하도록 해줄 것이며, 그 중요성이 왜 수학 자체를 넘어서는지 알려줄 것이다. 또한 이는 내가 취해왔던 관점과 수학이나 과학을 다루는 많은 사람들과 기술계에 퍼져 있는 관점과의 차이는 물론 일반 대중들이 가진 관점과의 차이도 잘 조명해줄 것이다.

어떤 주제를 수학으로 연구한다는 것은 대개 수학적 모델을 창조한다는 뜻이며, 이때 수학적 기법들을 사용하여 이 모델로부터 수학적 결론들을 이끌어내고, 끝으로 이 결론들을 번역하여 다시 본래의 상황에 투입한다. 하지만 나는 수학을 이런 식으로 사용하지 않는다. 내가 논의하고자 하는 결론들은 어떤 수학적 모델이나 이론의 내용으로부터 오지 않으며, 수학의 본질 자체에서 온다.

컴퓨터가 수학을 할 수 있는가?

내 논의의 출발점으로 삼고자 하는 의문은 현재 또는 미래에라도 "컴퓨터가 수학을 할 수 있는가?"라는 소박한 것이다.

"컴퓨터가 수학을 할 수 있는가?"라는 의문으로 내가 묻고자 하는 것은 무엇일까? 나는 수학에서의 컴퓨터의 유용성이라든지 심지어 수학자에게 인간적으로 필수적인 도움을 준다든지 등을 살펴보고자 하는 게 아니다. 후자의 예로는 사색정리(four-color theorem)의 증명을 들 수 있다. 이 정리는 평면 위에 그려진 지도의 각 구획을 서로 인접한 곳은 서로 다른 색으로 칠할 경우 모두 4가지의 색만 있으면 된다는 것을 가리키는데, 그 증명은 1976년에 컴퓨터를 이용하여 매우 많지만 유한한 경우들을 모두 섭렵하며 일일이 검토하는 방식으로 이루어졌다. 하지만 이 문제에서도 이게 증명이 가능한 경우들로 환원된다는 점을 보인 존재는 컴퓨터가 아니라 수학자였다.

또한 나는 컴퓨터가 데이터나 그래픽들을 만들어내어 수학자들에게 어떤 수학적 상황에 대한 '감(感)'을 얻도록 하는 데에 도움을 줄 수 있는지를 묻는 것도 아니다. 그리고 컴퓨터를 이용하여 어떤 추정이 옳을 확률을 형식적으로나 비형식적으로 판정하도록 하는 데에 쓰일 수 있는지를 묻는 것도 아니다.

나는 미래의 어느 시점에 컴퓨터가 수학을 처음부터 끝까지 모두 할 수 있도록 프로그램되어 인간의 수학적 역할을 모두 떠맡을 수 있는지의 여부를 묻고 있다. 여기에는 수학적 상황 또는 수학화될 수 있는 상황의 분석, 이 상황에 대한 데이터의 산출, 추론 생성, 이 추론의 판정 등의 활동이 포함된다. 이렇게 풀어놓고 보면 컴퓨터가 과연 수학을 할 수 있는가 하는 의문에 대한 답은 단연 '아니요' 이다. 하지만 컴퓨터가 수학을 할 수 있는가 하는 의문은 흔히 위의 마지막 활동, 곧 어떤 수학적 명제의 타당성 또는 부당성을 증명할 수 있는지의 여부에 국한한다.

윌리엄 서스턴은 "현실적으로 수학자들은 사회적 맥락 속에서 정리들을 증명한다. 수학은 사회적으로 조건화된 지식과 기술의 집합체이다" 라고 말했다.[1] 갈수록 많은 수학자들이 수학은 (인간) 수학자들이 하는 것이라는 말에 동의하고 있다. 이 관점에 따르면 수학자들만이 수학을 할 수 있다고 말하는 것은 동어반복에 지나지 않는다. 아이러니컬하게도 수학에서 수학적 명제의 증명이 가진 역할에 대한 의문은 컴퓨터가 많은 수학자들의 일상적인 업무에 깊숙이 파고들어 크게 기여하게 되면서부터 심각하게 제기되었다.[2] 만일 수학이 단순히 증명을 만들어내는 활동에 그치지 않는다면 자동적인 기계지능에 의해 (이런 지능이 정말로 존재한다면) 발전한다고 보기는 어렵다. 따라서 컴퓨터와 수학의 관계에 대한 의문의 극단적인 형태는 그다지 근본적이라고 할 수 없다.

더 흥미로운 의문은 다음과 같다. "수학적 활동의 어떤 측면들을 컴퓨터로 복제할 수 있을까? 반면 (만일 있다면) 수학적 활동의 어떤 측면들은 컴퓨터로 복제할 수 없을까?" 이 측면들을 일부나마 분리해 내는 것은 중요하다고 할 수 있다. 그 답에는 "지성이 알고리듬적인가? 창의성은 무엇이고, 이것과 연역적 사고의 관계는 무엇인가? 더 나아가 마음의 본질은 무엇인가?" 등의 의문에 대한 암시가 담겨 있기 때문이다.

오늘날 마음에 대한 한 가지 강력한 견해에 따르면 마음은 컴퓨터이고 사고와 문제풀이 과정은 현재 또는 장래에 '생각하는 기계'에 의해 수행될 수 있다. 이 관점은 인공지능학계에 머물지 않고 인지과학의 전 분야에 폭넓게 퍼져 있다. 더욱 중요한 것은 사고라는 게 컴퓨터가 할 수 있거나 흉내낼 수 있다는 생각이 우리의 문화 전체에 깊숙이 스며들고 있다는 사실이다. 많은 사람들이 컴퓨터에는 무한한 가능성이 있다고 보며, 설령 현재는 못하는 게 있더라도 내일이나 모레나 가깝고 먼 장래에는 필연 할 수 있게 될 것이라고 여긴다. 사실 많은 사람들에게 이런 생각은 신앙에 가깝다.

이 책에서 나는 컴퓨터에 대해 우리가 오늘날 품고 있는 예상들이 형식주의나 더 오래된 '이성의 꿈'과 같은 것들로부터 어떻게 유래되었는지를 유의하면서 살펴보았다. 이는 고대 그리스로부터 전해 내려온 문화적 유산의 아주 기본적인 요소이므로 이와 맞서는 온갖 증거들에도 불구하고 우리 사회는 이를 선뜻 포기하고 싶어하지 않는다. 이 꿈을 단념한다는 것은 우리가 안고 있는 모든 문제들을 컴퓨터로 풀 수 있을 것이라는 희망을 접는 것과 같다. 어떤 의미에서 형식주의가 일구어낸 이 꿈은 오늘날 인공지능의 꿈으로 탈바꿈되었다고 말할 수 있다. 이 꿈들은 불명을 일소하는 게 가능하며, 따라서 인간 생활의 어떤 복잡성을 제거할 수 있을 것이라는 믿음을 공유하고 있다.

로저 펜로즈는 많은 인기를 끈 일련의 저술들을 통해 알고리듬적 사고의 가능성이 무한하다는 믿음에 대해 강한 이의를 제기했다.[3] 그가 보기에 수학적 활동에는 복잡한 계산 이외의 다른 것들이 있으며, 이는 알고리듬적 사고로 접근할 수 없는 수학적 진리의 측면들이다.

어떤 의미로 이 책은 수학적 사고, 따라서 더 확장하자면 모든 사고에 내포된 비계산적 요소에 대한 탐구이다.

'마음은 컴퓨터이다' 라는 아이디어는 위험하며 따라서 이를 논박하는 일은 중요하다. 하지만 이와 같은 반론은 쉽게 나오지 않는데 그 이유는 우리가 정보기술문화에 깊이 빠져 있으므로 거의 모든 것을 프로그램화할 수 있다는 생각은 현대적 신화라고 부를 수 있을 만큼 아주 매력적이고 강력한 꿈이기 때문이다. 그렇다면 왜 나는 컴퓨터의 활동에 기초한 모사사고가 위험하다고 주장할까? 이는 왜냐하면 그런 아이디어들은 쉽사리 자족적인 예언이 되기 때문이며, 그럴 경우 우리는 머지않아 사고를 컴퓨터 활동과 같은 것으로 규정하게 될 것이다. 예를 들어 유명한 인지과학자로 많은 인기를 끈 ≪마음은 어떻게 일하나≫(*How the Mind Works*)라는 책을 쓴 스티븐 핑커의 생각을 살펴보자. 이 책에서 그는 지성의 조건으로 두 가지를 제시했는데,[4] 첫째는 "어떤 규칙들에 의해 합리적인 결정을 내리는 것"이고 둘째는 "장애에 맞서 합리적인 진리준수규칙들을 근거로 원하는 목표를 이루는 능력"이다. 여기서 흥미로운 것은 핑커가 '합리적' 및 '규칙'이란 말을 되풀이하여 썼다는 점이다. 그는 지성을 수학적 증명이나 컴퓨터의 알고리듬에서 볼 수 있는 알고리듬적 합리성의 일종으로 규정하고 있다. 만일 이런 정의를 받아들인다면 "컴퓨터가 지성적인가?"라는 의문은 순환논리를 이루게 되고, 컴퓨터 사고는 인간 사고의 비유로 널리 통용될 것이다.

널리 통용되는 비유는 그 자체로 하나의 실체가 된다. "시간은 돈이다"라는 비유가 시간에 대한 우리의 인식을 좌우하는 것과 마찬가지로[5] "뇌는 컴퓨터이다"라는 비유는 인간의 마음을 바라보는 우리의 관점을 좌우하며, 심지어 이게 인간에게 어떤 의미를 갖는지에 대한 사고의 관점도 좌우한다. 컴퓨터가 우리의 모델이라는 생각에 탐닉하게 되면 우리는 마음을 사용하는 다른 방식을 잊게 될 위험에 빠지게 된다. 이 위험은 "인간이라는 게 무엇인가?"라는 심오한 측면에 대한 감각을 잃게 된다는 것이며, 이는 여기 논의의 주된 맥락이다.

컴퓨터는 프로그램으로 투입된 알고리듬에 따라 작업한다. 알고리듬적 사고의 존재 여부는 의문이지만 있다고 할 경우 인공지능의 이론적 능력에 대한 의문은 사실 이 사고의 본질과 한계에 대한 의문이다. 수학자들은 알고리듬적 사고에 대해 할 말이 많다. 실제로 내 논의의 목적에 비춰볼 때 '사고가 알고리듬적인가?' 라는 의문과 동등한 '컴퓨터가 생각할 수 있는가?' 라는 의문은 '컴퓨터가 수학을 할 수 있는가?' 또는 '수학은 알고리듬적인가?' 라는 의문과 대체할 수 있다. 우리 문화의 여러 부분들 가운데 수학은 알고리듬적 사고를 가장 체계적 및 근본적으로 파헤친 분야이다. 이 탐구의 결과는 인간 사고의 본질에 대한 오늘날의 논의에 대해 적절한 정보를 제공해줄 수 있을 것이다. 불행하게도 이런 의문을 제기한 사람들 가운데 많은 이들은 수학의 문화에 대해 잘 알지 못한다. 반면 수학자들은 대체로 자신들의 일상적인 연구로부터 가끔씩이나마 물러나 보려는 생각이 별로 없으며, 따라서 넓은 범위의 초의문은 자신들이 하는 연구의 본질에 비춰 암시적으로만 고려한다. 이 때문에 수학은 이런 의문들이 제기되는 문화적 맥락의 많은 부분을 제공하지만 정작 이런 의문들에 대해 수학이나 수학자들은 별다른 대답을 내놓지 않는다.

컴퓨터가 수학을 할 수 있다는 주장들의 대부분은 컴퓨터가 올바른 증명을 할 수 있다는 점을 뜻한다. 따라서 증명과 수학 사이의 관계도 잠시 살펴볼 필요가 있다. 증명의 가치는 무엇일까? 앞서 말했지만 여기서의 아이러니는 수학의 세계에서 핵심적인 지위를 차지하는 증명의 중요성에 의문을 제기한 것은 바로 컴퓨터의 계산 및 그래픽 능력이라는 사실이다. 그럼에도 불구하고 나는 컴퓨터가 형식적 증명으로 해석될 수 있는 일련의 출력을 배출해낼 수 없다고 논박하려는 뜻은 전혀 없다. 사실 우리가 형식주의자라면, 다시 말해서 수학에는 공리와 정의와 정리의 형식적인 체계 이외의 더 깊은 내용은 없다고 믿는다면 컴퓨터는 수학을 할 수 있다고 봐야 한다. 하지만 제8장의 논의에 따르면 수학에 대한 이런 관점에는 심각한 한계가 있다.

컴퓨터와 인간 수학자의 차이는 "형식적인 수학적 증명의 배경에 무엇이 있는가?"라는 의문을 생각해보면 잘 파악할 수 있다. 컴퓨터에게는 형식적 증명이 곧 수학이다. 하지만 수학자가 보기에 형식적 증명의 배경에는 광대한 직관과 이해의 우주가 펼쳐져 있다. 증명은, 더 정확하게 말하자면 증명의 근거가 되는 아이디어는, 이와 같은 수학의 비형식적 영역에서 유래한다. 하지만 컴퓨터에게는 이런 영역이 없다.

수학은 이해에 관한 것이다! 증명은 어떤 수학적 상황에 대한 이해를 넓혀주는 데에 도움을 주는 한도에서는 유용하다. 수학에서 컴퓨터는 증명을 만들어내는 측면은 흉내낼 수 있지만 이해는 할 수 없다. 컴퓨터가 흉내내는 것은 수학의 일차적 활동이 아니라 이차적 활동에 불과하다.

컴퓨터가 수학적으로 타당한 결론들을 생성해내는 데에 성공했다고 상상해보자. 컴퓨터는 그중 어떤 결과들이 더 중요한지, 앞으로 어떤 방향으로 나아갈 것인지 등을 어떤 기준으로 판단할 것인가? 수학은 카드놀이나 체스와 같은 게임이 아니다. 수학에는 분명한 시작도 없고 명확히 정해진 끝도 없다. 수학은 열린 탐구이다. 물리학과 달리 수학의 끝을 주장하는 사람은 없을 것이다. 수학은 생활의 주변에서 패턴을 식별하려는 인간의 요구와 긴밀하게 관련된 인간적 활동이다.[6] 그러므로 수학은 자연계와 우리 자신에 대한 이해를 북돋우는 개념적 지도를 그려내고자 하는 우리의 요구와 인간의 심적 특성에 관련되어 있다.

수학적 사고는 알고리듬적인가?

수학적 사고는 알고리듬적인가? 수학자들이 실제로 행하는 것을 대상으로 수학적 논의를 한다는 취지에 부응하기 위하여 나는 수학자들의 사적인 토론에서 널리 쓰이는 '심오한(deep)'과 '하찮은(trivial)'이라는 두 용어에 대한 논의를 통해 이 문제에 접근하기로 한다. 어떤 수학적 연구에 대해 수학자가 할 수 있는 최고의 찬사는 그것이 '심오하다'고 말하는 것이다. 대부분의 사람들은 수학에서(또는 다른 어떤 분야에서든) 심오함이란 게 정확히 무엇을 뜻하는지를 이해하기가 어렵겠지만 대다수의 훌륭한 수학자들은 어떤 특정한 결과를 피상적이거나 하찮은 것과 심오한 것으로 분류하는 데에 별다른 주저함이 없다. 사실 어떤 문제나 결과의 심오함을 간파하는 본능은 흔히 어떤 사람이 얼마나 뛰어난 수학자인지를 가름하는 기준으로 여겨진다. 탁월한 수학자는 심오한 문제를 연구하면서 심오한 결과를 창출해낸다.

사실 이 책 전체가 심오함에 대한 정의는 아니지만 심오함에 수반되거나 심지어 심오함을 창출할 조건에 대한 여러 가지 암시를 준다. 불명의 정의와 그 필수적 요소인 이중의 관점을 생각해보자. 쌍안경의 두 시야에 의해 시각적 깊이가 생성되는 것처럼, 이 이중성에 의해 심오함이 생성된다고 여길 수 있다. 개별적으로는 모순이 없지만 서로 동등하지 않은 두 시각적 관점은 함께 결합하여 통합된 하나의 관점을 만들어내는데, 그 내용은 본래의 개별적인 관점들의 내용보다 풍부하다. 이는 특정한 수학적 현상에 대한 피상적 감상으로부터 심오한 이해로 들어설 때 일어나는 것과 비슷하다. 이해는 심오함, 다차원 또는 다각적 관점의 감정을 동반하는 듯하다. 이런 뜻에서 불명에 대한 모든 논의는 심오함의 관념과 연결되어 있다.

나아가 어떤 특정한 아이디어의 심오함은 때로 불명의 다른 측면,

곧 본래의 두 기준계가 상충하는 정도와 관계되는 듯하다. 0, 무리수, 무한과 같이 이런 식으로 난해했던 개념들은 중요할 뿐 아니라 매우 풍부한 수학적 내용을 가진 것으로 드러났다. 역설적 상황의 해결은 의미 있는 수학적 아이디어를 개발하는 데에 달려 있다. 이는 지금껏 여러 번 이야기했던 다음의 결론으로 우리를 이끈다. "심오함은 불명에 내재하지만 단지 그 상황이 창의성의 활동에 의해 해소될 때에만 그렇다." 따라서 수학적 상황의 심오함은 그 탄생에 수반되는 창의성의 척도라고 말할 수 있다.

반면 하찮은 결과들은 전제들로부터 기계적으로 도출되는 결론들을 말한다. 이것들은 피상적이고 형식적이고 아이디어나[7] 이해의 작용을 요구하지 않는다. 나는 알고리듬적 사고가 하찮다고 여긴다. 수학을 사용하는 사람들은 알고리듬을 어느 정도 숙달하는 게 필요하다. 하지만 이러한 사고방식의 장점은 바로 기계적으로 활용될 수 있다는 것이다.

심오한 것과 하찮은 것의 차이는 우리가 품은 수학의 관념에 매우 중요하다. 여기서의 문제를 잘 파악했던 프랑스의 위대한 수학자 앙리 푸앵카레는 다음과 같이 말했다.

> 수리과학이라는 학문의 가능성 자체가 해결할 수 없는 모순인 듯하다. 이 과학이 겉보기로만 연역적이라면 다른 어느 분야도 맞서지 못하는 완벽한 엄밀성은 어디에서 유래할까? 반대로 수학이 선언하는 모든 명제들이 형식적 논리에 따라 차례대로 도출된다면 왜 수학은 단지 거대한 동어반복의 체계로 환원되지 않을까? 삼단논법은 본질적으로 새로운 것은 아무것도 말해주지 않는다. 만일 모든 게 동일률(principle of identity)로부터 유도될 수 있다면 다시 동일률로 환원될 수 있어야 한다. 그렇다면 우리는 방대한 책들

을 채우고 있는 정리들은 단지 'A는 A이다' 라는 명제를 둘러 말하고 있는 것에 불과하다고 인정해야 하지 않을까?[8]

푸앵카레는 수학이 동어반복에 지나지 않는다는 생각을 거부했으며, 나아가 그는 다음과 같이 말했다. "수학적 추론은 본래적으로 일종의 창의적 속성을 갖고 있으며, 따라서 삼단논법과 다르다는 점을 받아들여야 한다. 이 차이는 참으로 심원하다." 푸앵카레는 창의성을 삼단논법과 비교했고 나는 알고리듬적 사고와 비교했지만 요점은 같다. 수학에는 창의적 심오함이 있다. 이것은 수학의 미스터리로서 논리적 환원주의와 같은 것을 통해서는 이해할 수 없다.

'자명한' 수학 : '알지만 이해는 못하겠다!'

수학에 대한 접근법은 대략 두 가지로 나눌 수 있다. 첫째는 유용한 결론과 기술과 공식과 방정식 등의 총체라는 수단으로서의 접근법이며, 이것들은 타당하고 여러 가지 문제를 푸는 데에 사용될 수 있다고 가정된다. 예를 들어 공학자와 심리학자들이 통계학을 사용하는 게 이에 해당한다. 이 경우 우리는 이 기법들이 어떻게 도출되고 왜 잘 작용하는지에 대해 깊이 파고들지 않으며, 단지 이런 점들을 받아들이고 계속 활용해간다.

둘째 접근법은 수학이 왜 잘 작용하는지에 대해 공공연히 의문을 제기하고 나선다. '왜' 라는 의문에 대한 대답은 대개 이론수학이 내놓는데, 수학자들의 책이나 강의에서 이런 접근법을 볼 수 있다. "수학이 왜 옳은가?"라는 의문에 대한 대답은 이를 연역계에 투입하여 검토한다.

순수수학에 속하는 한 분야는 연역적인 공리적 접근법을 특징으로 한다. 유클리드 기하처럼 이 분야는 공리와 정의로부터 시작하여 이 가정들로부터 엄밀하게 도출되는 결론들을 체계화하는 방향으로 나아간다. 이런 작업은 연구할 계를 추상적으로 규정하는 것으로부터 시작한다. 다음의 예를 보자.

예 1: 군

(수학적) 군(群, group)은 어떤 연산 '*'에 대해 다음 조건을 만족하는 원소들의 집합 G를 가리킨다.[9]

(i) g와 h가 G의 원소이면 $g*h$도 G의 원소이다.
(ii) g와 h와 k가 G의 원소이면 $g*(h*k)=(g*h)*k$이다(결합법칙).
(iii) G의 어떤 원소 g에 대해서나 $g*e=e*g=g$가 성립하는 e가 G에 존재하며, 이를 본원(本元, identity)이라고 부른다.
(iv) G의 어떤 원소 g에 대해서나 $g*g^{-1}=g^{-1}*g=e$가 성립하는 g^{-1}가 G에 존재하며, 이를 역원(逆元, inverse)이라고 부른다.

군의 한 예로는 덧셈을 동반한 정수의 집합 $\{0, \pm1, \pm2, \pm3, \cdots\}$을 들 수 있다. 이 경우 본원은 0이고 임의의 정수 n의 역원은 $-n$이다.

곱셈을 동반한 0이 아닌 모든 분수도 군을 이룬다. 이 경우 본원은 1이고 임의의 분수 m/n의 역원은 n/m이다.

만일 G의 원소들 가운데 일부를 모은 H가 동일한 연산 아래에서 군을 이루면 H를 G의 부분군(subgroup)이라고 부른다. 예를 들어 덧셈을 동반한 정수 집합에 존재하는 2의 배수나 3의 배수 등의 집합들은 모두 부분군을 이룬다. 2의 배수의 집합, 곧 짝수집합이 군을 이룬다는 점은 다음과 같이 확인할 수 있다. (i) 임의의 두 짝수를 더하면 짝수가 된다. (ii) 짝수의 덧셈에서 결합법칙이 성립한다. (iii) 0은 짝수이며 이 집합의 본원이다. (iv) 임의의 짝수 n의 역원인 $-n$도 짝수이다.

이제 완전히 일반적인 군의 상황으로 돌아가면 예를 들어 다음과 같은 완전히 일반적이고 타당한 수학적 결론을 증명할 수 있다.

명제 : 두 부분군에 공통인 모든 원소들은 부분군을 이룬다.

이 증명은 아주 단순하다. 두 부분군 H와 K에 공통된 원소들의 집합은 흔히 $H \cap K$로 나타낸다. 우리가 할 일은 $H \cap K$의 원소들이 위의 (i)~(iv)를 충족한다는 점을 보이는 것이다. $H \cap K$의 임의의 두 원소를 h와 k라고 하자. h와 k는 H의 원소이므로 $h*k$도 H의 원소이다. 또 h와 k는 K의 원소이므로 $h*k$도 K의 원소이다. 그러므로 $h*k$는 $H \cap K$의 원소이며 이로써 (i)은 충족된다. 다음으로 (ii)는 G의 모든 원소에 대해 성립하므로 $H \cap K$의 원소에 대해서도 당연히 성립한다. 그리고 e는 H와 K에 모두 속하므로 $H \cap K$의 원소이기도 하며 이로써 (iii)도 충족된다. 끝으로 g가 $H \cap K$의 어떤 원소라면 이는 H와 K의 원소이므로 g의 역원도 마찬가지여서 (iv)도 충족된다. 그러므로 $H \cap K$는 G의 부분군이다. ■

논증은 이것으로 끝이다. 그런데 이 논증이 어렵다고 느껴지거나 아무것도 아닌 것에 공연한 법석을 떤다고 여겨지거나 너무 추상적이라고 여겨진다면 오히려 진짜 논점에 가까워진 것이다. 사실 나는 이 예를 통해 순수수학의 이론적 강의에서 수많은 학생들이 그랬듯 독자들이 흥미를 잃도록 하고자 했기 때문이다.

이 증명에서 무엇이 벌어지고 있는지를 이해하기는 어려운데 그 이유는 바로 이런 종류의 논증이 형식적이고 논리적인 수준에서 이루어지기 때문이다. 이 예를 든 취지는 우리가 주제의 내용에 대해서는 아무것도 모르더라도, 주제와 관련된 것들에 대해서는 아무런 경험도 하지 못했더라도, 따라서 주제에 대해 어떤 직관이나 느낌도 갖지 못하더라도 정의나 논증의 논리를 따라갈 수는 있다는 점을 보여주는 데에 있다. 이런 논증에 대해 내가 가르쳤던 한 학생은 "알기는 알겠는데 이해는 못하겠습니다!"라고 말했는데, 내가 말하고자 하는 게 바로 이것이다! 조금만 주의 깊게 노력하면 우리는 이 논증이 논리적으로 옳다는 점을 알 수 있다. 하지만 이와 관련된 아이디어나 맥락에 대한 감이 없다면 도대체 무엇이 벌어지고 있는지에 대해서는 도무지 이해하지 못하겠다고 느끼게 된다. 증명과 이해는 아주 다르다. 증명은 피상적이어서 사물의 겉면만 싸고돌며, 내가 '하찮다' 고 말한 것은 바로 이런 것들을 가리킨다.

어떤 수학적 아이디어를 중심으로 구축된 논증은 그 아이디어를 파악함으로써 이해할 수 있지만(제5장 참조) 위의 예와 같은 형식적 논증을 진정으로 이해할 수는 없는데, 그 이유는 어떤 의미에서 보자면 이해할 게 없기 때문이다. 이와 같은 논증으로 할 수 있는 것은 증명이며 컴퓨터도 이런 증명은 할 수 있다. 그리고 어떤 논증이 '하찮다' 는 것은 바로 이런 뜻이다!

앞서의 장들에서 논의했던 대부분의 주제들은 적어도 어떤 면들에서는 하찮지 않다. 하지만 위의 예와 잘 대조해보기 위하여 다시 아주 간단한 예를 살펴본다.

예 2: 정수 더하기

첫 n개의 정수를 더하는 것에 대한 다음 식을 보자.

$$1 + 2 + \cdots + n = \frac{n(n+1)}{2}$$

이 식은 다음과 같은 간단한 논증으로 밝힐 수 있다. 먼저 S를 다음과 같이 정의한다.

$$S = 1 + 2 + \cdots + (n-1) + n$$

순서를 바꾸어서 쓰면 S는 다음과 같다.

$$S = n + (n-1) + \cdots + 2 + 1$$

위의 두 식을 항들끼리 차례로 더하면 아래와 같이 n개의 $n+1$이 나옴을 알 수 있다.

$$2S = n(n+1)$$

그러므로 처음에 제시한 바와 같이 $S = n(n+1)/2$이다.

이 논증은 아주 단순하다. 하지만 항들의 순서를 뒤집어서 더한다는 아이디어를 담고 있다는 점에서 보자면 결코 하찮지는 않다. 이 아이디어는 이 식이 타당하다는 점뿐 아니라 왜 타당한지도 함께 알려준다. 따라서 이 식에 대한 우리의 이해는 앞서 보인 형식적 논증에 대한 이해와 같다고 볼 수 없다.

이런 이야기를 하는 주된 목적은 수학에서 심오한 것과 알고리듬적인 것을 구별하고자 하는 데에 있다. 그렇다면 우리는 어떻게 하찮은 사고와 복잡한 사고를 구별할 수 있을까? 위의 예들을 비교하면 잠정적으로는 '하찮음'과 '단순함'을 기준으로 나눌 수 있을 것 같다. 이에 따르면 전자는 하찮고 후자는 단순하다. 수학적 사고는 단순할 수도 있고 복잡할 수도 있지만 대부분 하찮지는 않다. 반면 컴퓨터 사고는 매우 길고 복잡하더라도 본질적으로 하찮다.

하찮은 것과 심오한 것을 가르는 게 어떤 가치가 있을까? 수학은 하찮을까, 중요할까? 과학은? 인간의 사고는 일반적으로 하찮지 않을까? 다른 모든 사고들은 알고리듬적이어서 모두 하찮은 것 아닐까? 수학의 경우 러셀과 화이트헤드는 1925년에 모든 수학은 논리로 환원될 수 있고, 따라서 수학은 하찮다는 점을 보이려는 유명한 시도를 한 적이 있었다. 괴델은 산술이 하찮지 않으며 따라서 러셀과 화이트헤드의 시도는 실패임을 밝혔다. 펜로즈는 이 때문에 괴델의 증명을 토대로 자신의 주장을 펼쳤다. 그는 수학이 하찮지 않다는 점을 마음속 깊이 깨닫고 있었다.[10]

수학은 하찮음과 심오함에 대한 의문을 논의할 훌륭한 관점을 갖고 있다. 잠시 체계적인 수학적 사고의 기원으로 돌아가 보자. 제2장에서 나는 고대 그리스의 문화에서 떠오른 '이성의 꿈'에 대해 이야기했다. 이에 대해 사람들은 영원한 객관적 진리에 다가설 잠재력을 가진 새로운 사고방식을 발견했다고 여겼으며, 오늘날에 이르도록 강력한 문화적 영향력을 갖고 있다. 제7장의 용어를 빌려 말하면 이는 '위대한 아이디어'의 하나인데, 거기서 나는 형식주의도 이런 아이디어의 한 예라고 말했다. 하지만 사실 형식주의는 훨씬 오래된 아이디어, 곧 이성이라는 아이디어 자체가 발전된 한 특수한 형태이다. 이는 우리 문명의 핵심적 아이디어로서, 수천 년 동안 인류와 그 문명, 인류 자신과 자연계에 대한 감정을 변화시켜 왔다.

정보기술의 시대가 동터오는 오늘날 우리는 이 핵심적 아이디어의 새롭고도 중요한 단계에 서 있다. 바뀐 것은 기술인데, 컴퓨터는 바로 이 위대한 아이디어가 담긴 도구이다. 모든 기술은 인간적 특성을 갖고 있으며 이것을 자동화하고 확장한다. 이 모든 기술적 진보 뒤에는 하나의 아이디어, 곧 사실 기계는 물리적 형태를 가졌을 뿐 이 아이디어 자체라는 생각이 자리잡고 있다. 망원경은 우리의 시각 작용, 전화는 발성 작용을 확장해주었다. 이에 비해 컴퓨터는 마음의 사용법을 확장해주었는데, 구체적으로 이성과 논리, 그리고 특히 내가 알고리듬적 사고라고 부르는 작용을 확장해주었다. 사실 컴퓨터는 위대한 아이디어의 모든 요소를 갖추고 있다. 이는 참으로 경이로운 진보이며, 우리 모두는 다소간에 이 위대한 아이디어의 탄생에 뒤따르는 열광에 휩싸여 있다. 하지만 위대한 아이디어는 완전한 보편성을 주장하고 나서면 자신을 지나치게 확장하게 되어 결국 오류에 빠지고 만다는 사실을 되새겨야 한다. 기술은 인간이 가진 잠재력의 일정한 부분만을 객관화할 수 있을 뿐이다. 따라서 필연적으로 어느 관점에서는 인간에 접근하지만 다른 관점에서는 멀어진다. 인간은 논리적 동물일 뿐 아니라 창의적 동물이다. 그러므로 컴퓨터로서 인간과 컴퓨터 사고로서 인간 사고라는 관념은 오늘날의 컴퓨터를 압도하는 성능을 가진 슈퍼컴퓨터가 출현하더라도 오류이다. 그럼에도 불구하고 이성의 꿈은 최신의 현대적 버전을 통해 자신의 이미지 속에서 현대 문화를 재편하고 있다. 하지만 어떤 의미로 볼 때 이 현대판 이성의 꿈은 사고가 하찮거나 하찮게 될 수 있음을 보여주는 꿈이라고 할 수 있다.

나는 수학적 사고에 하찮지 않은 게 운행되고 있다고 주장한다. 이 다른 요소는 무엇일까? 수학은 심오하다. 수학은 기본적으로 창의적 활동이다. 수학은 마음을 가장 심오하게 사용하는 하나의 방법이다. 이 책의 많은 부분은 수학의 어느 부분이 심오하다고 할 때 그 의미가 무엇인지 캐묻고 있다. 어떤 의미에서 이 책 전체는 수학적 사고 가운데 하찮은 것과 하찮지 않은 것의 구별에 관한 것이다. 하찮음과 심오함의 구별에 대한 의문은 매우 중요하다! 심오함은 질의 문제인가, 양의 문제인가? 인공지능의 지지자들은 양의 문제이므로 더 크고 더 빠른 기계가 나오면 인간의 사고는 결국 기계로 복제할 수 있을 것이라고 말할지 모른다. 하지만 나는 이 차이가 질적인 것이라고 본다.

수학의 가장 큰 미스터리 가운데 하나는 심오함의 본질이라는 의문에 담겨 있다. 이는 "어떤 예술 작품은 무엇 때문에 위대한가?"라는 의문과 비슷하다. 최고의 수학자들은 심오함이 뭔가 실체적인 것이라는 데에 동의하는데, 그게 정확히 무엇일까? 이는 수학에서 형식주의가 등장했을 때부터 중요한 문제로 떠올랐으며 컴퓨터가 출현하면서 더욱 그렇게 되었다. 컴퓨터를 프로그램하여 심오함과 하찮음을 구별하도록 할 수 있을까? 또는 심오함은 완전히 그렇게 여기는 사람의 마음속에만 자리잡고 있는 단순한 주관적 느낌이므로 객관적으로는 전혀 무의미한 것일까? 이는 매우 중요한 의문이며, 나는 사실 심오한 의문이라고 말하고 싶다. 불명이라는 아이디어를 도입한 이유는 이 의문에 대한 실마리를 얻고자 하는 데에 있다.

데이비스와 허시의 책 서문에서 지안 카를로 로타(Gian-Carlo Rota, 1932~1999)는 다음과 같이 썼다. "수학의 미스터리는 … 마음의 작용에서 유래하는 결론들이 경이로운 물리적 응용을 찾는다는 점이다." 실제로 이 놀라운 대응성 때문에 우리는 수학에서 무엇이 벌어지고 있는지에 대해 더 세밀히 살펴보게 된다. 앞서 인용했던 '자연과학 분야에 대한 불가사의할 정도로 놀라운 수학의 효용성'이라는 유명한 논문에서 위그너는 수학의 힘은 수학자들이 개발한 독창적인 정의들에서 유래한다고 주장했다. 그는 이 정의들이 실체의 어떤 심오한 측면들을 포착하고 있으며, 따라서 수학이 왜 그토록 잘 작용하는가 하는 비밀을 담고 있다고 여겼다. 이런 말들은 그 자체로 충분히 의미가 있지만 한편으로는 추가적인 설명을 호소한다. 무엇보다 먼저 이 독창적인 정의들의 본질은 무엇일까? 수학적 개념들을 그토록 유용하게 하는 것은 정확히 무엇일까?

심오함에 대한 실마리를 얻으려는 시도로부터 나는 수학적 추론을 우리에게 전해주는 바로 그것, 곧 이성의 신비 자체를 재고하는 게 필요하다는 사실을 깨달았다. 나는 불명의 관념을 도입함으로써 이를 실행했는데, 여러 가지의 모습으로 드러나는 불명은 수학의 논리적인 측면을 보완하는 다른 측면이다. 불명과 모순은 심오함과 하찮음을 구별하게 해주는 수학적 사고의 측면들이다. 하찮은 것들은 불명을 제거할 때 나타난다. 반면 심오한 것들은 불명과 모순의 상황을 성공적으로 해결하는 과정에서 떠오르는 것에서 볼 수 있는 복잡한 다차원성과 관련된다. 사실 이런 맥락에서 보자면 '해결'이라는 말에는 약간의 어폐가 있는데, 왜냐하면 통상적으로 이는 불명한 것들을 논리적이고 일차원적인 것으로 환원시키는 일을 가리키기 때문이다. 여기서 실제로 일어나는 일은 불명이 더 넓은 맥락을 낳는다는 것인데, 이는 본래의 상황에 내재하는 다양한 잠재력을 포괄하는 통합된 틀이다.

내가 서술한 수학은 예술의 한 형태이다. 불명과 비유라는 말들은 과학에서보다 예술에서 더 잘 받아들여질 수 있다. 하지만 불명과 비유는 궁극적인 불명, 곧 객관과 주관 그리고 자연계와 마음을 나누는 불명을 이어주는 메커니즘이다. 이것은 변수와 같은 아주 단순한 수학적 개념으로부터 끈이론의 수학에 이르기까지 모든 수준에서 똑같이 작용하는 메커니즘이다. 심지어 이 메커니즘은 수학의 전반에 대한 논의에도 적용될 수 있다.

복잡성으로서의 수학[11]

수학에서 가장 경이로운 것 가운데 하나는 우리가 이 세계의 의미를 파헤치는 데에 사용되는 모델과 비유를 제공해주는 방식이다. 유클리드 기하는 기하 자체로 중요한 데에 그치지 않고 수학의 다른 분야는 물론 인간 사고의 전반에 걸쳐 소중한 이성의 모델로서도 중요하다. 이는 과학적 이론과 비유의 두 가지 방식으로 작용한다. 미분방정식은 기계적 우주에 대한 현재 상태의 정보를 통해 아득한 과거와 머나먼 미래까지의 모든 상태를 절대적으로 결정한다. 그리고 이러한 목록은 계속 이어진다.

제7장에서 나는 카오스와 복잡성에 대한 현대적 이론을 간단히 논의했다. 이 이론들은 최근에 많은 논란을 불러일으켰는데, 이는 독창적이고 입증 가능한 예측을 내놓는 데에 성공했기 때문이라기보다 과학적 세계를 포함하는 전체적 세계에 대한 새로운 사고방식과 비유를 제시했기 때문이었다. 이런 관점에서 보면 카오스와 복잡성 이론은 자기지시적이라고 할 수 있다. 이 이론은 자연계의 여러 측면들을 기술할 뿐 아니라 그 일부를 구성하는 수학에 대한 관점도 내놓았기 때문이다. 어떤 의미에서 이 책은 이 새로운 사고방식의 일부이다. 다시 말해서 이 책은 수학에 대한 새로운 사고방식을 찾으려는 시도의 하나인데, 이를 통해 복잡성의 비유를 수학 자체에 적용했을 때 어떤 의미가 얻어질 것인지를 살펴보려고 한다.

복잡성으로서 수학에 대한 묘사는 어떤 모습일까? 아래의 단락들은 이 묘사에 포함될 몇 가지 특징들을 간략히 보여준다. 무엇보다 먼저 우리는 복잡(complexity)과 번잡(complication)을 구별해야 한다. 이 책에서 복잡은 질적인 측면, 번잡은 양적인 측면을 가리킨다. 이미 지적했다시피 논리적인 수학적 추론은 심오하지 않으면서도 번잡해질 수 있으며, 이때는 흥미로운 아이디어가 별로 없다. 복잡성은 우선적으로 수학적 통찰의 세계를 가리킨다. 이것은 실행으로서 수학과 지식 체계로서 수학을 함께 가리키는데, 심오한 직관과 정교한 추론의 경이로운 이 혼합은 수학 및 수학에서 사용되는 마음의 작용 방식을 특징짓는다. 수학은 복잡하고도 번잡한데, 이 가운데 어느 것을 수학의 핵심으로 삼을 것인지는 수학에 대한 우리의 태도에 달려 있다. 과연 이는 알고리듬적일까, 아니면 창의적일까?

카오스 이론은 비선형성의 연구에서 유래했는데 복잡성은 근본적으로 비선형적이다. 수학이 비선형적이라면 그 핵심은 알고리듬적 과정이나 선형적인 추론으로 포착될 수 없는데, 두 가지 모두 수학적 증명과 연역계의 특징적인 요소들이다. 수학은 역동적인 변화의 세계이며 극도로 복잡한 세계로 그 생태적 구조는 바로 여기에 근거한다. 이 세계에서는 새로운 개념들이 끊임없이 생성되고 부적절한 것들은 사라지는 과정이 되풀이된다. 그래서 지식은 새로운 사고방식과 관심에 비추어 계속 재평가되고 재구성된다. 비선형수학에 대한 한 가지 비유는 강물의 흐름과 같은 운동을 묘사하는 난류(亂流)이론에서 나온다. 난류의 상황에서는 안정적이지만 유체의 속도가 변하면 사라지는 소용돌이와 같은 것들이 나타난다. 이처럼 난류계는 유체의 흐름이 변함에 따라 계속 재구성된다. 마찬가지로 수학도 영원토록 절대적인 게 아니라 역동적인 재구성이 무한히 계속되는 상태로 생각할 수 있다. 예전에는 커다란 흥미를 끌었지만 지금은 시들해진 분야가 많으며 심지어 그중 어떤 분야는 기억되지도 않는다.

복잡계의 또 다른 특성은 열려 있다는 점이다. 예를 들어 생물계는 외부 환경을 비롯한 다른 계들과 끊임없이 상호작용을 한다. 따라서 인간처럼 다른 생물들도 잠정적으로만 고립시켜 생각할 수 있을 뿐 절대적인 실체로 볼 수는 없다. 기이하게 들리겠지만 수학적 이론들도 수학의 다른 부분이나 다른 과학, 컴퓨터 과학, 더 나아가 일반적으로 인류의 문화와 따로 떼어서 생각할 수 없다. 수학은 자연계와 인간이라는 생물체에 근거를 둔 인간적인 노력의 산물이다. 특히 수학은 변화하고 진화한다. 그런데도 수학은 흔히 절대적이고 영원한 것처럼 묘사되곤 한다.

복잡계는 필연적으로 우연과 불확실한 요소를 안게 된다. 제7장에서 말했듯 임의성은 오늘날 가장 심원한 두 가지의 과학 이론인 양자역학과 진화론의 토대를 이루고 있다. 경험상 알다시피 인간의 삶은 우연적이고 예측이 불가능한 요소들을 적절히 품고 있다. 그런데 수학에 대한 우리의 묘사에는 어디에 불확실한 게 있는가? 전통적으로 수학적 사고는 절대성과 확실성의 전형으로서, 불확실성의 반대명제로 여겨져 왔다. 나의 접근법에 따르면 수학의 불확실성은 수학의 핵심적 요소임과 동시에 수학이 세계를 바라보는 데에 있어 사뭇 특징적인 독특한 관점을 이루고 있다. 프랑스의 철학자 에드가 모랭(Edgar Morin, 1921~)은 다음과 같이 말했다. "논리실증주의는 우리가 오늘날 보아야만 하는 불확실하고 불명하고 모순적인 것들을 정확하게 보지 않도록 감시하는 인식론적 경찰의 역할을 저버리지 못할 것이다." 수학에서 논리실증주의의 역할은 보이지 않는 것들에 대해 수학의 필수적 측면을 이루는 불확실성과 불명의 특성을 부여하는 형식주의가 떠맡았다.

수학이 환경과 고립되어서는 정확히 표현되지 않는다면 수학에 대한 적절한 묘사는 수학을 창조하고 이해하는 과정도 함께 살펴봐야 할 것이다. 통상적인 관점은 한편으로 객관적인 수학적 이론의 집합체가 있고 다른 한편으로 이론들을 창조하는 수학자들과 이를 이용하는 사람들이 있다고 본다. 그런데 두 요소를 포괄하는 관점이 있을 수 있다고 보는 아이디어, 곧 인간적 요소를 도입하는 아이디어는 모든 것을 변화시킨다. 수학은 더 이상 엄격히 객관적인 이론이 아니다. 객관성은 단순히 수학의 한 차원을 가리킬 뿐이다. 다시 말해서 객관성은 실제로 일어나고 있는 것에 대한 어림에 불과하며, 유익한 한 관점이 될 수는 있지만 결정적인 것은 아니다.

수학이 수학자들을 포함한다면 지성은 수학의 필수적 요소라고 보는 게 합리적이다. 수학은 지성의 역동적인 모습이다. 따라서 이는 지성적 활동의 객관적인 결과일 뿐 아니라 지성의 본질 자체의 구현이며, 지성의 주된 활동 방식이다. 수학을 연구할 때 우리는 이미 결정된 사실들의 집합에 몰두하기보다 마음이 운행하는 방식, 곧 수학을 생산하는 방식에 대해 연구한다(여기서 나는 의식적으로 '수학'을 내용과 과정이라는 불명한 방식으로 말하고 있다).

지성의 핵심적 속성의 하나는 유연성이다. 어떤 분야에 전문가라는 것은 무엇을 뜻할까? 어떤 사람이 어떤 분야에 전문가라 함은 전혀 새로운 상황, 예를 들어 독창적인 문제를 해결할 때 이에 대응할 수 있는 능력이 있음을 뜻한다. 전문가는 엄청난 양의 지식을 갖고 이를 잘 다루는 존재에 그치지 않는다. 그런 사람은 인간 데이터뱅크에 불과하다. 전문가는 유연하게 대응할 수 있는 능력을 갖고 있으며, 이는 일종의 창의성이다. 그런데 이런 묘사는 이해의 관념에도 동일하게 적용되며, 따라서 이해는 전문성의 일종이다. 지성의 참된 척도는 이와 같은 독창적이고 유연한 대응 능력이다. 수학에서는 이런 유연성이 어떻게 나타날까? 앞서 말했다시피 알고리듬적 사고의 핵심은 주어진 어떤 사건에 대해 미리 결정된 대응 방식을 제시함으로써 유연성을 없애는 것이다. 많은 사람들은 진화적 의미에서 성공한 생물체들은 변화하는 환경에 적응할 유연성을 가졌다고 믿는다. 수학에서의 복잡한 사고도 일종의 유연성을 갖고 있으며 이는 지성에 대한 모든 합리적인 정의의 한 부분이다.

복잡성과 단순성 사이에는 근본적인 관계가 있다. 예를 들어 파국이론(catastrophe theory)을 널리 알린 저명한 수학자 에릭 지먼(Erik Zeeman, 1925~)은 "기술은 복잡성의 정복이고 창의성은 단순성의 정복이다"라고 말했다. 단순성이란 무엇일까? 수학의 어느 부분을 단순화하는 것은 무엇일까? 수학의 어느 부분을 이해하지 못하면 어렵지만 이해하고 나면 단순하게 보이는 것은 경험상 누구나 잘 알고 있다. 이것은 단순성에 대한 조크도 정의도 아니지만 이 말이 흔히 쓰이는 방식을 잘 보여준다. 이에 따르면 수학적 상황은 지성의 활동, 곧 이해를 통해서 단순화된다고 말할 수 있다. 그렇게 함으로써 '수학적 아이디어'를 다루었던 장들에서 이야기했던 수학의 그림이 떠오르는데, 이는 단순성의 위계를 나타내는 그림이다. 수학적 아이디어는 복잡하고 어렵게 보이는 데이터를 체계화할 뿐 아니라 심지어 단순하게 만들 수도 있다. 이처럼 대상을 단순화하는 아이디어는 어떤 절대적 의미에서 보더라도 객관적이지 않다. 이것들은 본래 상황에 내포된 잠재력의 최적화라고 말하는 게 더 타당하다. 이런 아이디어들은 때로 새로운 수학적 대상으로 구체화되는데, 이는 이후 더 새롭고 높은 수준의 아이디어에 의해 조직화될 자료가 되기도 한다. 복잡한 상황은 바로 이런 방식으로 발전한다. 수학적 사고의 과정과 결과는 이제 복잡계에서 통합되는데, 그 한편에는 정교한 구조가 자리잡고 있으며 다른 한편에서는 유연하고 역동적인 변화가 펼쳐진다. 한 차원에는 형식적인 연역계의 영원한 질서가 있고, 다른 차원은 불명과 모순, 통찰과 창의성, 그리고 변화를 향해 열려 있다.

인간은 하찮은가?

알고리듬 지능의 지지자들에 대한 의문은 다음과 같다. "내가 이 책 전체를 통해 논의한 마음의 창의적 용법이 미묘한 알고리듬적 과정에서 유래하는가, 아니면 이와 반대로 알고리듬적 과정이 그보다 더 근본적인 마음의 용법에서 유래하는가?" 이 책에서 나는 스티븐 핑커가 말한 '합리적인 진리준수규칙'으로 환원되지 않는 사고의 지성적 용법이 존재한다는 주장을 펼쳐왔다. 불명의 상황에서는 어떤 일이 일어날까? 어쩌면 한 묶음의 합리적인 규칙과 한 가지의 맥락이 우리를 한쪽으로 몰았다가 다음에는 다른 쪽으로 몰아갈 수 있다. 세상의 일들은 바로 이러한 합리적인 규칙의 수준에서 허물어진다. 한편 서로 충돌하고 상반된 상황에서 우리는 어떻게 행동할까? 그런 상황에서 지성은 침묵할까? 물론 그렇지 않다. 우리는 바로 이와 같은 상황에서 창의적 지성의 개입을 가장 절실히 바란다.

그러므로 알고리듬적 사고의 핵심과 관련된 더 넓은 의문은 가장 기본적 수준에서 이 세상이 질서 있고 합리적이고 알고리듬적이라고 믿는지의 여부에 달려 있다. 나는 이런 믿음을 인간의 마음에 대한 플라톤적 관점이라고 본다. 이 강력하고도 중요한 알고리듬적 관점에 대해서는 할 말이 많은데, 사실 이는 하나의 위대한 아이디어다. 오늘날 우리는 과장된 위대한 아이디어들의 시대에 살고 있으며, 이것들은 각자 자신들만으로 모든 것을 설명할 수 있다고 주장한다. 이에 대해 이 책은 다만 '마음을 사용하는 방법에는 그것만이 아니라 다른 길도 있다' 라고 말할 뿐이다. 다른 길, 다른 관점에서 보면 무질서와 갈등은 결코 완전히 배제되지 않는다. 사실 인간의 활동을 규칙에 근거한 알고리듬적 방식으로 설명하려는 시도 자체가 바로 내가 불명하고 모순되고 역설적이라고 부르는 문제가 많은 상황을 초래한다. 그 말썽 많은 측면들에 맞서서 이런 상황을 이해하려고 노력하는 과정에서 우리가 목격하는 질서를 만들어내는 지성과 창의성의 활동이 나타난다.

이 논의에 암시된 내용은 상당하다. 우선 가장 주된 것은 인간이라는 존재의 관념 자체이다. 사고가 하찮다고 말하는 것은 인간의 존재가 하찮다고 말하는 것과 같다. 내 견해에 따르면 인간이 하찮다고 보는 관점은 뭔가 매우 중요하고 이전의 모든 문명이 자명하다고 보았던 것을 놓치고 있다. 인간은 기계가 아니다! 인간은 하찮지 않다! 이 의문보다 더 중요한 게 무엇이 있을까? 수학은 컴퓨터 과학을 내놓았고 가장 긴밀한 관계를 맺고 있는데, 그런 수학이 알고리듬적인 것과 비알고리듬적인 것을 구별할 가장 탁월한 수단이라는 점은 일종의 아이러니라고 하겠다.

다른 문화권에서는 인간 마음의 본질에 대한 이런 의문을 종교적 암시까지 내포된 것으로 여길 수도 있다. 그리하여 신이나 정신이나 영혼 등을 동원하여 대답할 수도 있다. 한편 세속적인 우리 문화에서는 컴퓨터 과학자, 인지심리학자, 과학철학자 등이 이를 맡는다. 하지만 어쨌든 우리 자신이 내리는 인간의 정의라는 문제, 곧 우리가 우리 자신에게 말하는 인간의 본질이란 문제는 여전히 중요하다.

불명의 빛에 싸인 수학 — 위대한 아이디어

이제 처음으로 돌아가 지금까지 펼쳐온 관점을 요약하는 게 좋을 듯 여겨진다. 나는 인간의 본질을 근본적으로 창의적이라고 보는 위대한 아이디어의 토대를 다지려고 했다. 예를 들어 우리가 수학이라고 부르는 창의적 과정은 끝도 없고 궁극적 목적도 없으며, 따라서 영원토록 완성되지 못한다. 그 결과 불명하고 모순적인 문제적 상황들은 결코 완전히 배제되지 않는다. 사실 창의적 과정은 그런 상황에서 번성한다. 이제 그런 관점을 진지하게 고려하려면 이와 경쟁하는 위대한 아이디어, 곧 인간의 마음을 논리적 기계로 보는 아이디어에 한계를 설정하는 게 필요하다. 수학은 가장 큰 의미에서 볼 때 이 특별한 전투가 벌어지는 곳이지만, 이에 내포된 암시는 과학과 기술의 세계는 물론 이로 인해 펼쳐진 문화 전반에 적용된다.

어떤 의미에서 이 책에서 제기된 의문들은 삶과 죽음의 문제에도 관련된다. 다만 말 그대로의 의미가 아니라 생명 대 기계라는 비유적 의미에서 그렇다. 한편으로 생물학은 생명, 물리학은 무생명에 관한 것이다. 하지만 다른 한편으로 생물학, 물리학, 수학은 모두 살거나 죽을 수 있다. 이런 분야들이 모두 살아 숨쉬는 연구의 수준에서는 모든 게 자라고 변화한다. 과학이라는 학문이 실행되는 곳에서는 생물체의 특성들이 많이 눈에 띈다. 반면 이 학문이 완성되었다고 여겨져서 이론적인 진리에 아무것도 더해지거나 덜어지지 않는다면 발전을 멈추고 사경을 헤매게 된다. 따라서 이런 태도는 수학과 과학의 종말을 암시한다. 수학에 대한 어떤 서술이 나름의 가치를 지니려면 수학을 얼어붙은 게 아니라 살아 있고 자라나는 학문으로 그려야 한다.

창의성은 생물체의 특성 가운데 하나이다. 생명은 끊임없이 문제에 직면하고 이를 해결해야 한다. 삶과 예술과 과학에서 문제는 필수적이다. 문제는 피할 수 없을 뿐 아니라 발전하도록 자극하고 진화를 이끄는 원동력 그 자체이다. 이와 같은 문제적 상황에 대한 해답들은 본질적으로 예측이 불가능하다. 이런 문제들에 대한 해답은 때로 전혀 예측하지 못한 요소, 곧 창의적인 요소를 품고 있다. 창의적 해답은 기계적인 게 아니다. 따라서 이미 정해진 요소들을 이미 정해진 절차에 따라 처리하여 얻을 수는 없다. 창의적 해답은 본래의 상황을 독창적인 관점으로 볼 때 떠오른다. 새로운 관점은 흔히 애초에 본래의 상황을 문제적 상황으로 만들었던 상충하는 경향들 자체에서 창출되곤 한다. 이것이 생명의 본질이자 수학의 본질이다. 이 살아 있는 본질은 내가 '불명의 빛' 이라고 불러온 것과 긴밀하게 연결되어 있다. 수학의 본질은 수학이 하찮지 않고 창의적이고 살아 있다는 데에 있다.

참조

머리말 – 불 켜기

1. Singh (1997), p. xi.
2. Singh, p. 211.
3. Graham, Knuth, and Patashnik (1989).
4. Davies (1999).
5. Lightman (2005), pp. 10~11. 라이트먼은 인문과학과 자연과학을 넘나든다. 그는 소설가이자 물리학자여서 과학의 창의성에 대해 이야기할 예외적인 적임자이다.
6. 제1장에 나오는 쾨스틀러의 정의 참조.
7. Bernstein (1976), pp. 39~41.
8. 예를 들어 Dehaene (1997) 참조.
9. Wigner (1960).

제1장 수학과 불명

1. Davis and Hersh (1981), p. 34.
2. Thurston (1994).
3. Albers and Alexanderson (1985), p. 19.
4. Koestler (1964).

5. Uhlig (2002), p. 1.

6. Thurston (1990), p. 846.

7. Bodanis (2000), p. 26.

8. 어떤 문화, 따라서 어떤 언어는 사물, 곧 정적인 면에 더 기울어진 반면 다른 어떤 문화는 동적인 면에 더 기울어진 듯 보인다. 예를 들어 '나는 달리기를 하려 한다'는 말을 생각해보자. 여기서 '달리기'는 '달리다'라는 동사를 구상화한 명사형인데, 일반적으로 동사와 명사 가운데 어느 게 더 근본적일까? Boman (1960) 참조.

9. Shanks (2001), p. 126.

10. 같은 자료에 인용되어 있다.

11. Dunham (1991).

12. 나의 동료 안나 시어핀스카(Anna Sierpinska)는 하나의 맥락을 포기하더라도 창의적 수학에 이를 수 있음을 보여주는 예를 관찰했다.

13. Jackson (2004), p. 1051에 인용된 Grothendieck (1986) 참조.

14. 이런 종류의 학습 문제는 흔히 '인식론적 장애(epistemological obstacle)'라고 부른다. 더 자세한 내용은 제9장 참조.

15. 물론 역사적으로는 이렇게 일어나지 않았다. 이는 어떤 방정식의 비유적 잠재력이 애초에 그 방정식이 꾸며진 구조를 뛰어넘는 새로운 수학적 구조를 낳는다는 점을 강조하기 위하여 예시한 것이다.

16. Kline (1972), p. 338.

17. 예를 들어 원의 방정식 $x^2 + y^2 = 1$에서 어느 게 종속변수인가?

18. Kline (1972), p. 339.

19. 예를 들어 x가 유리수이면 $f(x)=0$이고 x가 무리수이면 $f(x)=1$이다.

20. Andrew Wiles (1995), pp. 443~551.

21. 사이먼 싱(Simon Singh)의 매혹적인 책 ≪페르마의 수수께끼≫(Fermat's Enigma, 1997)에 인용되어 있다.

22. 다비트 힐베르트(David Hilbert)는 1900년에 열린 제2차 국제수학자회의에서 행한 강연을 통해 19세기가 20세기에 해결하도록 넘긴 일

련의 핵심적인 문제들을 제시했다.

23. 마티야세비치(Matiyasevich, 1993)의 영역본 서문 참조.

24. Shanks, p. 2

25. Tomás Oliveira e Silva, "New Goldbach Conjecture Verification Limit", NMBRTHRY@ 1istserv.nodak.edu (February 2, 2005).

26. Ramaré (1995)

27. 제6장에 나오는 괴델(Gödel)의 불완전성 정리와 굿스타인(Goodstein)의 정리 참조.

28. Campbell (1949).

29. Herbert (1985), p. 33.

30. 전자기학과 타니야마 시무라 추측(Taniyama-Shimura conjecture) 사이의 관계는 사이먼 싱의 책에 잘 설명되어 있다.

31. Greene (2000), p. 3. 이 절에 뒤따라 나오는 인용문들도 여기서 따왔다.

32. Sfard (1989), p. 151.

33. Gray and Tall (1994), p. 121.

34. 같은 자료, pp. 120~121.

35. Sfard (1989, 1994); quote (1994), p. 53.

36. 같은 자료.

37. Dubinsky (1991).

38. Sfard (1994), p. 44.

39. Lakoff and Núnez (2000) (cf. Lakoff and Johnson 1980).

40. Lakoff and Núnez, p. 53.

41. Sfard (1994), p. 46.

42. Sfard, p. 48.

43. Koestler (1964), pp. 35~36.

44. Low (2002).

45. Bernstein (1976).

46. 같은 자료, p. 195.

47. 같은 자료, pp. 39~40.

48. 같은 자료, p. 107.

제2장 수학과 모순

1. Bohm (1980), p. 4.
2. Hersh (1997, 1998), Lakatos (1976).
3. Einstein (1930).
4. Dostoevsky (1864), p. 25.
5. Dunham (1990), p. 33에서 발췌.
6. Dunham, p. 35.
7. Lakatos (1976).
8. Smale (1967).
9. 이 절에 나오는 인용문들은 Barrow (2000), pp. 37~42에서 발췌.
10. 이 절의 역사적 내용들은 Kline (1972), pp. 426~434에서 발췌.
11. 더 정확하게 말하면 '0보다 큰 모든 ε에 대해 $x>N$이면 $\varepsilon>1/x$이 되는 N이 존재한다'는 뜻이다.

제3장 수학과 역설 : 무한과 실수

1. Becker (1973) 참조. 어떤 의미에서 이 책 전체는 죽음에 맞선 생명의 역설에 관한 것이다. 특히 키르케고르와 81쪽의 정상 신경증(normal neurosis)에 대한 논의는 주목할 만하다.
2. Wigner (1960).
3. Davis and Hersh (1981), p. 153.
4. Moore (1990), pp. 1~2.

5. Davis and Hersh (1981), p. 153.

6. Wagon (1985)

7. Heschel (1951), p. 4.

8. Davis and Hersh (1981), p. 108에 인용된 Weyl의 말 참조.

9. Cf. Aczel (2000).

10. Albers (2004), p. 9.

11. Dunham (1990)에 인용.

12. Russell (1926), p. 183.

13. 제논의 역설(Zeno's Paradoxes), 스탠퍼드 철학백과사전(Stanford Encyclopedia of Philosophy).

14. 제1장에서 논의했다시피 고대 그리스인들이 무리수의 존재에 대한 증명으로 초래된 위기에 대응하여 비율과 비례에 대한 자신들의 이론을 재구성하면서 이 방식에 매우 근접했다는 점은 흥미롭다.

15. '수렴한다'는 말은 수열에 나오는 수들이 어떤 수에 대한 어림값이 될 수 있다는 뜻이며, '발산한다'는 말은 수렴하지 않는다는 뜻임을 상기할 것.

16. Cf. Dunham (1990), Chapter 7.

17. $x_1, x_2, x_3, \cdots$라는 수열에서 m과 n이 N보다 클 때 0보다 큰 임의의 수 ε에 대해 언제나 $|x_m - x_n| < \varepsilon$이면 이 수열을 코시수열(Cauchy sequence)이라고 부른다.

18. Courant (1988).

제4장 무한의 다른 역설들 : 기하, 크기, 기타

1. 여기서 우리는 한 무리의 평행선들이 무한대에서 두 점이 아니라 한 점에서 만난다고 가정하고 있다.

2. 데자르그의 정리(Desargues' theorem)에 대한 일반적인 유용한 예는

Maor (1987), p. 112 참조.

3. 물론 이 쌍대성은 수학적 불명의 한 모습이다. 흥미롭게도 이는 점과 선을 더 높은 하나의 개념으로 통합하지는 않으며, 두 가지가 서로 다른 대상이라는 독자성을 인정하고 '점과 선은 동등하다' 라는 관점을 견지한다.
4. 같은 자료, p. 117.
5. Lakoff and Johnson (1980).
6. 뉴턴은 또한 절대적 시간이 일차원적 연속체로 존재한다고 믿었다.
7. 가장 최근의 천문학적 관측도 삼각형의 내각의 합이 180도라고 결론지음으로써 우주가 평평함을 암시했다는 점은 흥미롭다(Hu and White 2004).
8. Cf. Kline (1980).
9. Cf. Aczel(2000), p. 133. "크로네커는 무리수가 존재한다는 아이디어를 받아들일 수 없었다."
10. Randall (1976), p. 237에 인용.
11. William Blake, *Auguries of Innocence*.
12. 자기닮음은 그림 3.1과 7.2에서도 볼 수 있다.
13. 이 제안에 대해 허시 키실레프스키(Hershy Kisilevsky)에게 고마움을 전한다.
14. 이에 대한 자세한 논의는 제8장 참조.
15. Aczel, Chapter 8.
16. 이 절의 내용은 Davis and Hersh (1981)와 Tall (1980, 2001)의 두 논문을 많이 참조.
17. See Tall (1980).
18. 로빈슨에 대한 조지프 도벤(Joseph Dauben)의 전기 (1995)를 적극 추천한다.
19. Davis and Hersh (1981), p. 243와 비교.

제5장 조직원리로서의 아이디어

1. Ruelle (2004), p. 275.
2. Helena Verrill, "Monstrous Moonshine and Mirror Symmetry", http://www.mast.queensu.ca/~helena/seminar/seminar1.html
3. Cited in Briggs (1990).
4. Elliot (1957), p. 97.
5. Mazur (2004).
6. Devlin (1998), p. 3.
7. Davis and Hersh (1981), p. 97.
8. Plotinus, *Stanford Encyclopedia of Philosophy*, http: //plato.stanford.edu/contents.html
9. Low (2002), Chapter 1.
10. 이 점은 Maturana and Varela (1998)에 강조되어 있다.
11. Sacks (1996), "To See and Not See."
12. Pinker (1997).
13. Cf. Von Franz (1974).
14. Dehaene (1997).
15. Pinker, p. 13.
16. 이 점에 주목하도록 해준 조지프 오슬랜더(Joseph Auslander)에게 고마움을 전한다.
17. $x\mathbf{R}x$, 곧 모든 것은 자신과 동등하다는 아이디어도 진지하게 숙고해 볼 필요가 있다. 이는 수학적 대상들이 시간에 따라 변하지 않는다는 안정된 세계를 가정하고 있다. 이는 자연계는 물론 우리가 상정하는 수학적 세계의 특성과 부합하지 않는다. 하지만 이는 수학이라는 학문을 가능하게 하는 근본적 가정의 하나이다.
18. 예를 들어 0.5는 1.5, 2.5, 3.5, …와 관계지을 수 있으므로 0.5**R**2.5라고 쓸 수 있다.

19. 어떤 두 공간이 연속적으로 변형되어 서로 바뀔 수 있다면 위상동형이다. 늘이거나 비트는 것은 연속적 변형에 속하지만 찢는 것은 속하지 않는다. 이런 뜻에서 '⊂' 라는 기호는 선분, 커피 컵은 도넛과 위상동형이다. 더 정확히 말하면 X와 Y라는 두 공간이 있을 때 X에서 Y로의 연속사상이 일대일 대응이고 전사(全射, onto)이며, 그 역사상이 연속이면 X와 Y는 서로 위상동형이다.

20. 이 증명에서 우리는 소수의 개수가 어떤 유한한 수보다 더 크다는 점을 보인 것이므로 이 증명은 실무한이 아니라 가무한의 관념을 사용한 것임에 유의하기 바란다.

21. 복소수는 $z=x+iy$의 형태로 나타내며 여기서 x와 y는 실수이다. 보통의 실수함수는 실수 x를 복소수 z로 대치하여 복소함수로 바꿀 수 있다. 예를 들어 $f(x) = x^2$은 $f(z) = z^2$이 되는데, 여기서 $z^2 = (x + iy)^2 = (x^2 - y^2) + i(2xy)$이다.

22. Pólya (1954), p. 197.

23. Cf. figure 3.1.

24. 이런 함수의 예로는 $F(f) = f'$, 곧 보통의 함수를 그것의 도함수로 사상하는 함수를 들 수 있다.

25. 여기서도 우리는 도함수를 수와 (접)선이라는 두 가지의 표현으로 나타내고 있다.

26. Thurston (1994).

27. 여기의 결과에 대한 첫 증명은 Sarkovskii (1964)에 나와 있다. 그 결과 가운데 일부는 Li and Yorke (1975)에 의해 독립적으로 재발견되었으며, 이들은 카오스라는 용어를 이런 계의 특성에 대해 처음 사용했다. 내가 논의한 이 증명의 배경 아이디어는 Block, Guckenheimer, Misiurewicz, and Young (1980)의 논문에서 처음으로 분리되었다.

28. 끌개(attractor)에 대해서는 제7장에서 논의한다.

제6장 아이디어, 논리, 역설

1. Davis and Hersh (1981), pp. 139~140.
2. Albers and Alexanderson (1985), p. 19.
3. Thurston (1994).
4. Obituary Notices of Fellows of the Royal Soc., 4, 1044, pp. 547~553, quoted in Kline (1972), p. 1210.
5. 수학에서의 '진리'의 의미에 대해서는 다시 생각해볼 필요가 있다(제8장 참조).
6. Bohm (1980), p. 4.
7. Singh (1997), p. 174.
8. Kline (1974).
9. Arendt (1966), p. 439.
10. Davis and Hersh (1981), pp. 346~347.
11. Cauchy (1813), in Lakatos (1976), p. 7.
12. Lakatos, p. 13.
13. 예를 들어 Cf. Kauffman (1995) 참조.
14. Gödel (1940).
15. P. J. Cohen (1963, 1964).
16. Chaitin (2002b).
17. Nagel and Newman (1964), p. 61.
18. 같은 자료, p. 63.
19. 같은 자료, p. 78.
20. Penrose (1989), p. 106.
21. 이런 명제의 전형적인 한 예는 다음과 같다.

    $1+2+3+\cdots+k = k(k+1)/2$.
22. Penrose (1989), pp. 107~108.
23. Penrose (1997), app. 1.

24. Goodstein (1944).

25. Kirby and Paris (1982).

26. Penrose (1997), app. 1, p. 191.

27. 임의성에 대한 제7장의 논의와 비교.

28. Legarias (1966).

제7장 위대한 아이디어

1. Weil (1986), p. 260.
2. Gardner (2001).
3. Chaitin (2002b).
4. Thurston (1994).
5. 예를 들어 Herbert (1985)의 논의 참조.
6. Aczel (2000), p. 132.
7. Cohen, *Anthem in The Future*.
8. 수학이 발전해온 길에 대한 대화 도중에 수학 교육자이자 물리학자인 게리 골딘(Gerry Goldin)이 내게 이 예를 언급했다.
9. 복소수를 나타내는 데에는 관습적으로 'z'를 사용한다.
10. 대수의 기본정리(fundamental theorem of algebra)에 따르면 n차방정식은 n개의 근을 가진다. 예를 들어 $x^3 + x^2 + x + 1 = 0$의 근은 -1, i, $-i$이다.
11. 사원수(四元數, quaternion)는 $a + ib + jc + kd$와 같이 나타내는 사차원의 수를 말한다. 여기서 $i^2 = j^2 = k^2 = -1$이고 $ij = k$, $jk=i$, $ki=j$이다. 이런 수들의 곱셈은 비가환(noncom-mutative)이어서 결합법칙이 성립하지 않으므로 순서가 중요하다.
12. Stewart (1992), p. 11.
13. Stewart (1992), pp. 11~12.
14. Davis and Hersh (1981), p. 163.

15. Bennett (1998), p. 28.

16. Bennett (1998), p. 78.

17. Bennett (1998), pp. 3~5.

18. Bennett (1998), p. 9.

19. Devlin (1998), p. 3.

20. Peitgen and Richter (1986)

21. Beltrami (1999), pp. 66~81.

22. 이진법과 삼진법으로 수를 쓰는 방법에 대해서는 195~197쪽 참조.

23. Beltrami, p. 71.

24. 그러므로 점 x를 지나는 해가 $f_t(x)$라면 A의 이웃에 있는 모든 x에 대해 $t \to \infty$이면 $f_t(x) \to A$이다.

25. 예를 들어 로저 르윈(Roger Lewin)이 1992년에 펴낸 책의 제목은 ≪복잡성 : 카오스 경계의 생명≫(*Complexity: Life at the Edge of Chaos*)이며, 스튜어트 카우프만(Stuart Kauffman)이 1995년에 펴낸 책의 제목은 ≪우주 속의 집에서: 자기구성과 복잡성의 법칙을 찾아≫(*At Home in the Universe: The Search for the Laws of Self-Organization and Complexity*)이다.

26. 이 절의 내용은 Chaitin (1975), reprinted in Gregerson (2003)을 토대로 했다.

27. Chaitin (2002a).

28. Herbert (1885), pp. 66~67.

29. See the discussion in Cohen and Stewart (1994).

제8장 수학의 진리

1. Russell, *Portraits from Memory*, quoted in Davis and Hersh (1981), p. 333.

2. Quotes are from Koestler (1964), pp. 115~116; italics added.

3. 포스트모던주의자들은 객관적 실체는 없고 실체는 구성될 뿐이라고 주장할 수도 있다. 여기서 제시된 입장은 이런 관점과 공통되는 부분도 있다. 하지만 완전한 상대주의의 월권으로부터 우리를 구하는 것은 바로 창의적 확신임을 유의하기 바란다.
4. Banesh Hoffman with Helen Dukas (1972), p. 18.
5. Einstein (1954).
6. Koestler (1964), p. 103.
7. Bohm (1980), p. 4는 '이론은 기본적으로 통찰의 형태, 곧 세상을 보는 관점' 이라고 주장함으로써 대체로 같은 취지를 나타내고 있다.
8. Lakoff and Johnson (1980), chaps. 25～30.
9. Mlodinow (2001), p. 81.
10. Herbert (1985), pp. 161～162.
11. Penrose (1989), p.111.
12. Davis and Hersh (1981), p. 358.
13. 신비감은 아마 수학의 객관적/주관적 이중성에서 유래할 것이다. 신비감은 제9장에서 이야기할 심오함의 감정과 별로 다르지 않다. 심오함의 감정은 눈에 보이는 것보다 더 많은 것이 존재한다는 느낌으로, 수학의 가장 객관적인 해석에도 내재해있다. 신비감과 심오함의 감정은 수학의 깊이에 대한 우리의 주관적 반응이다.
14. Gödel (1964).
15. Thom (1971).
16. Penrose (1997), pp. 1～2.
17. Davis and Hersh (1981), p. 337.
18. Maturana (1988), p. 30.
19. von Glasersfeld (1991), p. 18.
20. Thurston (1994).
21. Bachelard (1938).
22. Sierpinska (1994), p. xi.

제9장 결론: 수학은 알고리듬적인가, 창의적인가?

1. Thurston (1994).
2. '증명의 죽음(The Death of Proof)'이라는 도발적인 제목을 가진 John Horgan (1993)의 논문을 참조.
3. Penrose (1989, 1994, 1997).
4. Pinker (1997), pp. 61~62.
5. Lakoff and Johnson (1980).
6. 참고자료에 예시된 Thurston과 Hersh의 논문들을 참조.
7. 제5장과 제6장에는 수학적 아이디어에 대한 논의가 나와 있다.
8. Poincaré (1952).
9. 우리의 목적상 '집합'은 어떤 대상들의 모음으로 볼 수 있는데, 대개 수나 기하적 점들을 상정한다.
10. Penrose (1989, 1994, 1997).
11. 프랑스 국립과학연구소(INRS, Institut National de Recherche Scientifique)의 명예 소장인 에드가 모랭(Edgar Morin, 1921~)은 복잡성을 주제로 많은 논문을 발표했다. 그는 "과학이란 개념 아래 우리가 이해하고 있는 것들을 긴급히 재편할 필요가 있다"고 강조했다.

참고자료

Aczel, Amir D. (2000). *The Mystery of the Aleph: Mathematics, the Kabbalah, and the Search for Infinity*. Pocket Books, Simon & Schuster, New York.

Albers, Don (2004). "In Touch with God: An Interview with Paul Halmos." *College Mathematics Journal* 35, no. 1: 1-14.

Albers, D. J., and G. L. Alexanderson (1985). *Mathematical People—Profiles and Interviews*. Contemporary Books, Chicago.

Arendt, Hannah (1966). *The Origins of Totalitarianism*. Harcourt Brace, New York.

Bachelard, G. (1938). *La formation de l'esprit scientifique*. Presses universitaires de France, Paris.

Barrow, John D. (1992). *Pi in the Sky: Counting, Thinking and Being*. Clarendon Press, Oxford.

—— (2000). *The Book of Nothing*. Vintage, Random House, London.

Becker, Ernest (1973). *The Denial of Death*. Free Press, New York.

Beltrami, Edward (1999). *What Is Random? Chance and Order in Mathematics and Life*. Springer-Verlag, New York.

Bennett, Deborah, J. (1998). *Randomness*. Harvard University Press, Cambridge, MA.

Bernstein, Leonard (1976). *The Unanswered Question: Six Talks at Harvard*.

Harvard University Press, Cambridge, MA.

Block, L., J. Guckenheimer, M. Misiurewicz, and L.-S. Young (1980). "Periodic Points and Topological Entropy of One Dimensional Maps." In *Global Theory of Dynamical Systems*, ed. Zbigniew Nitecki and R. Clark Robinson. Lecture Notes in Mathematics 819. Springer, New York, 18-34.

Bodanis, David (2000). *E* = *mc*²: A Biography of the World's Most Famous Equation. Anchor Books, Random House, New York.

Bohm, David (1980). *Wholeness and the Implicate Order*. Routledge, London.

Boman, Thorleif (1960). *Hebrew Thought Compared with Greek*. W.W. Norton, New York.

Briggs, John (1990). *Fire in the Crucible*. Jeremy Tarcher, Los Angeles.

Buber, Martin (1958). *I and Thou*. Scribner's, New York.

Byers, Bill (1983). *Beyond Structure: Some Thoughts on the Nature of Mathematics. Proceedings of PME-NA, Montreal*, 2, pp. 31-40.

—— (1984). "Dilemmas in Teaching and Learning Mathematics." *For the Learning of Mathematics* 4, no. 1: 35-39.

Byers, Bill (1999). "The Ambiguity of Mathematics." *Proceedings of the International Group for the Psychology of Mathematics Education, Haifa*.

Campbell, Joseph (1949). *The Hero with a Thousand Faces*. Bollingen Series 17. Princeton University Press, Princeton.

Cauchy, A. L. (1813). "Recherches sur les polyèdres." *Journal de l'École Polytechnique* 9: 68-86.

Chaitin, Gregory J. (1975). "Randomness and Mathematical Proof." *Scientific American* 232, no. 5: 47-52.

—— (2002a). "Paradoxes of Randomness." *Complexity* 7, no. 5: 14-21.

—— (2002b). "Computers, Paradoxes and the Foundations of Mathematics." *American Scientist* 90: 164-71.

Chinn, William G., and N. E. Steenrod (1966). *First Concepts of Topology: The Geometry of Mappings of Segments, Curves, Circles, and Disks*. Mathematical Association of America, Washington, DC.

Cohen, Jack, and Ian Stewart (1994). *The Collapse of Chaos: Discovering Simplicity in a Complex World*. Viking, New York.

Cohen, Paul J. (1963, 1964). "The Independence of the Continuum Hypothesis." *Proceedings of the National Academy of Sciences of* the U.S.A. 50: 1143-48; 51: 105-10.

Conway, John H. (1972). "Unpredictable Iterations." *Proceedings of the 1972 Number Theory Conference, University of Colorado, Boulder*, 49-52.

Courant, Richard (1988). *Differential and Integral Calculus*. Wiley Classics. John Wiley, New York.

Dauben, J. W. (1995). *Abraham Robinson: The Creation of Nonstandard Analysis, a Personal and Mathematical Odyssey*. Princeton University Press, Princeton.

Davies, Paul (1999). *The Fifth Miracle: The Search for the Origin and Meaning of Life*. Touchstone, Simon & Schuster, New York.

Davis, Philip J., and Reuben Hersh (1981). *The Mathematical Experience*. Birkhäuser, Boston.

Dehaene, Stanislas (1997). *The Number Sense: How the Mind Creates Mathematics*. Oxford University Press, London.

Devlin, Keith (1998). *The Language of Mathematics: Making the Invisible Visible*. W. H. Freeman, New York.

Dostoevsky, Fedor (1864). *Notes from the Underground*. Penguin Books, London.

Dubinsky, Ed (1991). "Reflective Abstraction in Advanced Mathematical Thinking." In *Advanced Mathematical Thinking*, ed. David Tall. Kluwer, Dordrecht, pp. 95-123.

Dunham, William (1990). *Journey Through Genius: The Great Theorems of Mathematics*. John Wiley, New York.

Ekeland, Ivar (1988). *Mathematics and the Unexpected*. University of Chicago Press, Chicago.

Einstein, Albert (1930). "Religion and Science." *New York Times Magazine*, November 9, 1-4.

Elliot, T. S. (1957). *On Poetry and the Poets*. Faber & Faber, London.

Gardner, Martin (2001). *The Colossal Book of Mathematics*. W. W. Norton, New York.

Gödel, Kurt (1940). *The Consistency of the Continuum Hypothesis*. Princeton University Press, Princeton.

—— (1964). "What Is Cantor's Continuum Problem?" In *Philosophy of Mathematics, Selected Readings*, ed. Paul Benacerraf and Hilary Putnam. Prentice-Hall, Englewood Cliffs, NJ, 258-73.

Goodstein, R. L. (1944). "On the Restricted Ordinal Theorem." *Journal of Symbolic Logic* 9: 33-41.

Graham, Ronald, Donald Knuth, and Owen Patashnik (1989). *Concrete Mathematics*. Addison Wesley, Reading, MA.

Gray, Eddie, and David Tall (1994). "Duality, Ambiguity and Flexibility: A 'Proceptual' View of Simple Arithmetic." *Journal for Research in Mathematics Education* 25, no. 2: 116-40.

Greene, Brian (2000). *The Elegant Universe: Superstrings, Hidden Dimensions, and the Quest for the Ultimate Theory*. Vintage Books, Random House, New York.

Grothendieck, Alexandre (1986), *Récoltes et semailles: Réflexions et témoinages sur un passé de mathématicien*. Université des Sciences et Techniques du Languedoc, Montpellier et Centre National de la Recherche Scientifique.

Herbert, Nick (1985). *Quantum Reality: Beyond the New Physics*. Anchor Books, Doubleday, New York.

Hersh, Reuben (1997). *What Is Mathematics Really*? Oxford University Press, New York.

—— (1998). "Some Proposals for Reviving the Philosophy of Mathematics." In *New Directions in the Philosophy of Mathematics*: An Anthology, ed. Thomas Tymoczko. Princeton University Press, Princeton.

Heschel, Abraham Joshua (1951). *Man Is Not Alone*. Farrar, Straus, and Giroux, New York.

Hilbert, David (1900). *Mathematical Problems*. http://alephO. clarku.edu/ ~djoyce/Hilbert/ problems.html

Hoffmann, Banesh, with Helen Dukas (1972). *Albert Einstein, Creator and Rebel*. Viking, New York.

Hofstadter, Douglas R. (1979). *Gödel, Escher, Bach: An Eternal Golden Braid*. Basic Books, New York.

Horgan, John (1993). "The Death of Proof." *Scientific American* 269, no. 4: 93-103.

Hu, Wayne, and Martin White (2004). "The Cosmic Symphony." *Scientific American*, 290, no. 2: 44-53.

Jackson, Allyn (2004). "Comme appelé du Néant-As if Summoned from the Void: The Life of Alexandre Grothenkieck." *Notices of the American Mathematical Society* 51, nos. 9, 10.

Kaplan, Robert (1999). *The Nothing That Is: A Natural History of Zero*. Oxford University Press, London.

Kauffman, Stuart (1995). *At Home in the Universe: The Search for the Laws of Self-Organization and Complexity*. Oxford University Press, London.

Kirby, L. A. S., and J. B. Paris (1982). "Accessible Independence Results for Peano Arithmetic." *Bulletin of the London Mathematical Society* 14: 285-93.

Kline, Morris (1972). *Mathematical Thought from Ancient to Modem Times*. Oxford University Press.

—— (1973). *Why Johnny Can't Add: The Failure of the New Math*. St. Martin's, New York.

—— (1980). *Mathematics, the Loss of Certainty*. Oxford University Press, New York.

Koestler, Arthur (1964). *The Act of Creation*. Picador Pan Books, London.

Kieren, C. (1981). "Concepts Associated with the Equality Symbol." *Educational Studies in Mathematics* 12: 317-26.

Lagarias, Jeffrey C. (1966). *The 3x+1 Problem and Its Generalizations*. AT&T Bell Laboratories, Murray Hill, NJ.

Lakatos, Imre (1976). *Proofs and Refutations: The Logic of Mathematical Discovery*. Cambridge University Press, New York.

Lakoff, George, and Mark Johnson (1980). *The Metaphors We Live By*. University of Chicago Press, Chicago.

Lakoff, George, and Rafael E. Núnez (2000). *Where Mathematics Comes From: How the Embodied Mind Brings Mathematics into Being*. Basic Books, New York.

Lewin, Roger (1992). *Complexity: Life at the Edge of Chaos*. Macmillan, New York.

Li, T. Y., and J. A. Yorke (1975). "Period Three Implies Chaos." *American Mathematical Monthly* 82: 985-92.

Lightman, Alan (2005). *A Sense of the Mysterious: Science and the Human Spirit*. Pantheon Books, New York.

Low, Albert (2002). *Creating Consciousness: A Study of Consciousness, Creativity, Evolution, and Violence*. White Cloud Press, Ashland, OR.

Maor, Eli (1987). *To Infinity and Beyond: A Cultural History of the Infinite*. Birkhäuser, Boston.

Matiyasevich, Yuri (1993). *Hilbert's Tenth Problem*. MIT Press, Cambridge, MA.

Maturana, Humberto R. (1988). "Reality: The Search for Objectivity or the Quest for a Compelling Argument." *Irish Journal of Psychology* 9, no. 11: 25-82.

Maturana, Humberto R., and Francisco J. Varela (1998). *The Tree of Knowledge: The Biological Roots of Human Understanding*. Shambhalas, Boston.

Mazur, Barry (2004). "Perturbations, Deformations, and Variations (and 'Near-Misses') in Geometry, Physics, and Number Theory." *Bulletin of the American Mathematical Society* 41, no. 3: 308.

Mlodinow, Leonard (2001). *Euclid's Window: The Story of Geometry from Parallel Lines to Hyperspace*. Simon & Schuster, New York.

Moore, A. W. (1990). *The Infinite*. Routledge, London.

Morin, Edgar, *On Complexity* (unpublished manuscript).

Nagel, Ernest, and James R. Newman (1964). *Gödel's Proof*. New York University Press, New York.

Peitgen, H.-O., and P. H. Richter (1986). *The Beauty of Fractals: Images of Complex Dynamical Systems*. Springer-Verlag, Berlin.

Penrose, Roger (1989). *The Emperor's New Mind: Concerning Computers, Minds, and the Laws of Physics*. Oxford University Press, London.

—— (1994). *Shadows of the Mind: A Search for the Missing Science of Consciousness*, Oxford University Press, London.

—— (1997). *The Large, the Small and the Human Mind*. Cambridge

University Press, Cambridge.

Pinker, Steven (1997). *How the Mind Works*. W. W. Norton, New York.

Poincaré, Henri. (1952). *Science and Hypothesis*. Dover, New York.

Pólya, George (1954). *Mathematics and Plausible Reasoning*. 2 vols. Princeton University Press, Princeton.

Ruelle, David (2004). "Application of Hyperbolic Dynamics to Physics: Some Problems and Conjectures." *Bulletin of the American Mathematical Society* 41, no. 3: 275.

Robinson, Abraham (1966). *Nonstandard Analysis*. North Holland, Amsterdam.

Russell, Bertrand (1926). *Our Knowledge of the External World*. Allen and Unwin, London.

Russell, Bertrand, and Alfred North Whitehead (1925). *Principia Mathematica*. Cambridge University Press, Cambridge.

Sacks, Oliver (1996). *An Anthropologist on Mars*. Vintage Books, New York.

—— (2001). *Uncle Tungsten: Memories of a Chemical Boyhood*. Alfred Knopf, New York.

Saramago, José (2003). *The Cave*. Harcourt, New York.

Searle, John R. (1992). *The Rediscovery of Mind*. MIT Press, Cambridge, MA.

Seife, Charles (2000). *Zero: The Biography of a Dangerous Idea*. Penguin, New York.

Sfard, Anna (1989). "Transition from Operational to Structural Conception: The Notion of Function Revisited." In *Proceedings of the Thirteenth Conference for the Psychology of Mathematics Education*, ed. G. Vergnaud, J. Rogalski, and M. Artigue. Centre National de la Recherche Scientifique, Paris, pp. 151-58.

—— (1994). "Reification as the Birth of Metaphor." *For the Learning of*

Mathematics 14, no. 1.

Shanks, Daniel (2001). *Solved and Unsolved Problems in Number Theory*. AMS Chelsea, Providence.

Sharkovskii, A. N. (1964). "Co-existence of the Cycles of a Continuous Mapping of the Line into Itself." *Ukrain. Math.* Z. 16: 61-71.

Sierpinska, Anna (1994). *Understanding in Mathematics*. Faber Press, London.

Singh, Simon (1997). *Fermat's Enigma: The Epic Quest to Solve the World's Greatest Mathematical Problem*. Penguin Books, New York.

Smale, Steven (1988). "The Newtonian Contribution to Our Understanding of the Computer." In *Newton's Dream*, ed. Marcia Sweet Stayer. McGill-Queen's Press, Montreal.

Stewart, Ian (1992). *The Problems of Mathematics*. 2nd ed. Oxford University Press, London.

Tall, David (1980). "The notion of infinite measuring number and its relevance in the intuition of infinity." *Educational Studies in Mathematics* 11: 271-84.

—— (2001). "Conceptual and Formal Infinities." *Educational Studies in Mathematics* 48: 199-238.

Thom, René (1971). "Modern Mathematics: An Educational and Philosophical Error?" *American Scientist* 59: 695-99.

Thurston, W. P. (1994). "On Proof and Progress in Mathematics." *Bulletin of the American Mathematical Society* 30, no. 2: 161-77.

—— (1990). "Mathematical Education." *Notices of the American Mathematical Society* 37: 844-50.

Uhlig, Frank (2002). *Transform Linear Algebra*. Prentice-Hall, Englewood Cliffs, NJ.

Verrill, Helena, *Monstrous Moonshine and Mirror Symmetry*.

http://www.mast.queensu.ca/~helena/seminar/seminar1.html

Von Franz, Marie-Louise (1974). *Number and Time: Reflections Leading toward a Unification of Depth Psychology and Physics*. Northwestern University Press, Evanston, IL.

Von Glasersfeld, Ernst (1991). "Knowing without Metaphysics: Aspects of the Radical Constructivist Position." In *Research and Reflexivity*, ed. Frederick Steier. Inquiries into Social Construction. London: Sage. Reprinted in Karl Jaspers Forum, http://douglashospital.qc.ca/kjf/17-TAGLA.htm

Wagon, Stan (1985). "Is Pi Normal?" *Mathematics Intelligencer* 7, no. 3: 65-67.

Weil, Simone (1986). *Simone Weil*: An Anthology. London: Virago.

Weyl, Hermann (1932). *God and the Universe: The Open World*. New Haven: Yale University Press.

—— (1949). *Philosophy of Mathematics and Natural Science*. Trans. Olaf Helmer. Princeton University Press, Princeton.

Wigner Eugene (1960). "The Unreasonable Effectiveness of Mathematics in the Natural Sciences." *Communications in Pure and Applied Mathematics* 13, no. 1.

Wiles, Andrew. *Nova* Interview.

http://www.pbs.org/wgbh/nova/ proof /wiles.html

—— (1995). "Modular Elliptic Curves and Fermat's Last Theorem." *Annals of Mathematics* 141, no. 3: 443-551.

찾아보기

ㄴ

ㅁ

ㅂ

ㅅ

ㅇ

ㅈ

ㅊ

ㅋ

ㅌ

ㅍ

ㅎ

깊고 그윽한 수학의 향기 경문수학산책

1. 수학의 위대한 순간들
Great Moments in Mathematics
하워드 이브스 지음 | 허민 · 오혜영 옮김 | 644쪽

"수학은 어떻게 생겼는가?"에 대한 깊은 통찰과 혜안. 호머 시대의 전설로 시작하는 이 책은 다양한 수학적 결과의 역사적 배경을 알기 쉽게 설명하며, 그와 연관된 수학자들에 대한 흥미로운 일화를 알려준다.

2. 수학: 새로운 황금시대(제2판)
Mathematics: The New Golden Age-2nd
키스 데블린 지음 | 허민 옮김 | 416쪽

1960~85년 동안 현대 수학에서 이루어진 발전에 초점을 맞추고 있다. 특히 각 장은 기본적인 내용을 미리 설명하고 역사적인 발전 과정을 통해 이야기하고자 하는 주제에 접근하기 때문에 일반 독자도 큰 어려움 없이 현대 수학의 묘미를 느낄 수 있다.

3. 수학의 천재들(개정판)
Journey Through Genius: The Great Theorems of Mathematics
윌리엄 던햄 지음 | 조정수 옮김 | 512쪽

인류 역사를 거슬러 오르는 수학의 걸작품. 수학의 역사에서 가장 중요하면서 독창적인 논리적 증명들을 탐구하고 이러한 증명의 정리들이 왜 수학사에서 중요성을 가지는지, 그리고 어떻게 수학자들이 절박한 논리적 쟁점들을 해결했는지 살펴본다.

4. 수학사
An Introduction to the History of Mathematics
하워드 이브스 지음 | 이우영 · 신항균 옮김 | 632쪽

수학의 역사적 발전 과정을 통해 실증적인 통찰력을 가지게 하고, 수학의 총체적 특성과 본질을 파악하는 데 중요한 단서를 제공한다. 수학사는 단순한 수학적 발견의 기록이나 미래를 예측하기 위한 수단으로써 가치보다는 수학 그 자체의 본질을 위한 도구로써 그 가치가 인정되고 다루어져야 한다는 사실을 일깨워준다.

5. 수학의 기초와 기본 개념
Foundations and Fundamental Concepts of Mathematics
하워드 이브스 지음 | 허민 · 오혜영 옮김 | 598쪽

수리철학 과목에 가장 근접한 교과서, 혹은 입문서의 역할을 하고도 남는 책. 수학의 사상과 그 변천 과정을 알아볼 수 있다. 수학의 기본 개념들을 학부 수학과 학생의 수준에 맞추어 저술했다.

6 · 7. 수학적 경험(상 · 하)
The Mathematical Experience
로이벤 허시 지음 | 양영오 · 허민 옮김 | 350쪽 내외

1996 우수학술도서상과 1983년 미국 도서상을 수상한 이 책에 대하여 한 저명한 수학 월간지는 "진정한 보석, 현대의 명작"이라며 극찬을 아끼지 않았다. 종교, 철학, 교육 등 여러 분야에서의 수학에 대한 논쟁을 탐구하는 저자의 풍부하고도 정교한 감각이 유난히 돋보인다.

깊고 그윽한 수학의 향기 경문수학산책

8. 수학: 양식의 과학

Mathematics: the Science of Patterns

키스 데블린 지음 | 허민 · 오혜영 옮김 | 468쪽

저자는 수학을 '양식의 과학'이라 정의하고, 이 정의를 핵심적인 주제로 선택해서 셈(자연수), 추론(언어, 논리학, 집합론), 운동(미적분학), 형태(기하학), 대칭(대수학), 위치(위상수학) 등으로 서술한다.

9. 인간적인, 너무나 인간적인 수학

Bridges to Infinity

마이클 길렌 지음 | 박영훈 옮김 | 238쪽

수학은 인간이 만든 아름답고도 깊은 세계이지만 많은 사람들은 단순한 기능이나 도구로만 여기면서 이를 외면해왔다. 저자는 일반인들이 가지는 수학불안증은 수학이 어떤 학문인지 잘 모르기 때문에 생긴다고 주장한다. 이 책에서는 기호를 사용하지 않고도 수학의 개념을 쉽게 전달하고 있다.

10. 20세기 수학의 다섯 가지 황금률

Five Golden Rules: Great Theories of 20th-Century Mathematics

존 캐스티 지음 | 한태식 · 권기호 · 김정헌 옮김 | 392쪽

1999 좋은책 100선(중앙일보 선정)

수학에 대한 전문 지식이 없는 일반 독자들에게 금세기에 이룩한 수학자들의 업적 중에서 가장 뛰어난 다섯 가지(게임이론, 위상수학, 특이점이론, 계산이론, 최적화이론)를 제시하고 이에 대한 현대적 감각에 어울리는 다양한 예제를 통해 흥미와 품위를 돋워준다.

11. 아름다운, 너무나 아름다운 수학

The Universe and the Teacup

K.C. 콜 지음 | 박영훈 옮김 | 278쪽

제19회 한국과학기술도서상 수상

많은 사람들이 가지고 있는 수학에 대한 두려움을 분석하고 이를 해소하기 위해 출간된 다른 책들과는 분명히 다르다. 이 책은 수학이 우리의 머리뿐만 아니라 가슴을 구성하는 부분이라는 것을 보여주고 있다. 저자의 폭넓고 특유의 재치와 거침없는 언변이 눈길을 끈다.

12. 수학세계 탐험기

All the Math That's Fit to Print

키스 데블린 지음 | 허민 · 오혜영 옮김 | 558쪽

1983~89년까지 영국의 가디언 지에 연재했던 수학과 컴퓨터에 관한 글을 모은 것으로, 수학세계에서 다루어지고 있는 광범위한 주제를 재치 있고 흥미로우며 읽기 쉽게 설명하고 있다. 수의 아름다운 양식, 소수, 원주율 등과 같은 수학의 전통적인 주제뿐만 아니라 팔팅스의 정리 및 리만의 추측과 같이 심오한 결과와 미해결 문제를 누구나 이해할 수 있도록 설명하고 있다.

13 · 14. 수학의 역사(상 · 하)

A History of Mathematics

칼 보이어 · 유타 메르츠바흐 지음 | 양영오 · 조윤동 옮김 | 570쪽 내외

제41회 한국백상문화상 출판상 수상

누구나 알기 쉬운 수학 역사 길잡이. 이집트로부터 20세기 중반까지 수학이 발달해온 과정을 연대순으로 폭넓게 개괄하여, 수학사에 대한 전반적인 이해를 가능하게 한다.

15. 물질, 정신 그리고 수학

Matier A Pense

장 피에르 상제 · 알랭 콘느 지음 | 강주헌 옮김 | 368쪽

파스퇴르 연구소 분자 신경생물학실장, 콜레주 드 프랑스의 세포 커뮤니케이션 연구소장인 장-피에르 상제와, 콜레주 드 프랑스의 분석기하학 연구소장이며 필즈상 수장자인 알랭 콘느가 수학과 자연, 현실과 이성, 인공지능, 수학과 진화론 등의 문제를 두고 격렬하고도 근사한 논쟁을 벌인다. 두 거장의 깊은 생각과 정확한 논리성이 독자를 경탄과 흥분으로 몰아넣는다.

16. 오일러가 사랑한 수 e

e : The Story of a Number

엘리 마오 지음 | 허민 옮김 | 368쪽

로그의 밑인 e에 대한 명쾌하고 정확한 해설과 여러 가지 여담과 역사적 사실을 흥미롭게 서술했다. 페트르 베크만의 《파이의 역사》와 견줄 만한 책이다.

17. 파이의 역사

A History of π

페트르 베크만 지음 | 박영훈 옮김 | 280쪽

1,900년 동안이나 타의 추종을 불허하는 방법으로 값을 발견하고자 한 아르키메데스의 이야기에서부터 악마의 수라 비난했던 중세 주교들의 이야기, 이미 4,000년 전에 이집트인들이 발견한 값을 책으로 출간하면서 야단법석을 떨었던 클리블랜드의 어떤 사업가 이야기에 이르기까지, 역사를 관통하며 펼쳐졌던 원주율 π에 관한 수많은 사건과 일화가 흥미롭게 전개된다.

18. 신의 베틀

The Loom of God: Mathematical Tapestries at the Edge of Time

클리퍼드 픽오버 지음 | 이상원 옮김 | 464쪽

수학과 종교는 분리된 것인가? 무한성을 이해하려는 수학적인 의문은 신을 이해하려는 종교적 시도와 여러 면으로 맞닿아 있다. 종교와 수학 모두 인간과 우주, 그리고 무한성 사이의 관계를 탐구한다. 양자 모두 비밀스러운 상징과 의식을 가지고 있으며 불가해한 언어를 보유한다. 우리 마음 속 깊숙한 곳에서 작용하면서 상상력을 자극한다는 점도 같다.

19. 수리철학의 기초

Introduction to Mathematical Philosophy

버트런드 러셀 지음 | 임정대 옮김 | 280쪽

1919년 처음 출판되어 수학의 기초론에 관한 철학적 사상의 결정적인 역할을 해온, 버트런드 러셀의 명저. 이 책은 1986년에 처음 번역되었지만 전면적으로 다시 번역하고, 수학기초론의 3대 입장인 논리주의, 직관주의, 형식주의의 개요를 소개하여 논리주의를 다른 두 사상과 비교하여 이해하는 데 도움이 되도록 덧붙였다.

20. 자연, 예술, 과학의 수학적 원형

A Beginner? Guide to Constructing the Universe: The Mathematical Archetypes of Nature, Art, and Sciences

마이클 슈나이더 지음 | 이충호 옮김 | 392쪽

2002년 문화관광부 우수학술도서 선정

꽃, 조가비, 결정, 식물, 인체에서 발견할 수 있고, 속담이나 동화, 신화, 종교, 마술, 건축의 상징 언어로 표현된 수학적 원리들을 탐구하기 위해 1에서 10까지의 수들을 살펴보는 철학적 여행. 우리가 학교에서 배우는 것과는 아주 다른 시각에서 바라본 것이지만, 우주를 통해 반복적으로 나타나고 인간사에 내재하는 패턴들을 포괄적으로 파악하게 해주는 안내자 역할을 한다.

21. 수학이란 무엇인가?

What is Mathematics? 2nd Ed.

리처드 쿠랑 · 버트 로빈스 지음 | 박평우 외 옮김 | 이언 스튜어트 개정 | 704쪽

번뜩이는 수학의 보석을 한데 모은 위대한 고전. 형식적 수학은 철자법이나 문법과 같다. 즉, 국지적인 법칙들을 올바르게 응용하는 문제이다. 의미 있는 수학은 저널리즘과 같다. 수학은 흥미로운 이야기를 들려준다. 어떤 저널리즘과는 달리 그 이야기는 참이어야만 한다. 최선의 수학은 문학과 비슷하다. 즉, 수학은 목전의 인생에 이야기를 공급하며, 그 이야기 속에 당신을 지적으로, 감성적으로 함몰시킨다.

22. 수학과 음악

Emblems of Mind: The Inner Life of Music and Mathematics

에드워드 로스스타인 지음 | 장석훈 옮김 | 284쪽

음악은 귀에 들리는 수, 수는 숨겨진 음악. 이 책은 수학과 음악을 비교하면서 제기되는 가설로 인해 흥미롭다. 저자가 의도했던 바는 실제로 이 양쪽 분야에 모두 발을 담그고 있는 것이 어떤 것인지 그리고 그것이 요구하는 속성이 무엇이며, 다른 가운데 비슷한 점이 무엇인지를 이해하는 것이다.

23. 20세기 수학의 다섯 가지 황금률 Ⅱ

Five More Golden Rule Ⅱ

존 캐스티 지음 | 한태식 · 권기호 · 김정헌 옮김 | 352쪽

매듭이론이 새로운 약품 개발에 어떻게 기여하는지, 천문학자들이 호프의 분기정리를 이용하여 행성의 움직임을 알아내는 법, 우주여행에 필요한 제어이론의 중요성에 대한 강조에 이르기까지 캐스티는 20세기 현대 수학의 흥미진진한 세계를 쉽게 이해할 수 있게 하며, 이러한 내용이 우주의 비밀을 풀어내는 데 어떻게 도움이 되는지를 알려준다.

24. 도대체 수학이란 무엇인가?

What is Mathematics, Really?

로이벤 허시 지음 | 허민 옮김 | 628쪽

2004년 대한민국학술원 우수학술도서

수학의 전통적인 견해에 대한 도전! 본격적인 인본주의 수리 철학서. 수리 철학에 대한 가장 철저하고 포괄적인 탐구서이며, 수학자와 철학자 모두의 필독서이다. 저자는 연구 수학자로서의 경험을 철학적으로 적절하고 날카로운 감각과 결합시켜서, 모든 철학자의 공헌(또는 결함)을 간결하고 예리하게 잘 제시하고 있다.

25. 허수 이야기

An Imaginary Tale: The Story of $\sqrt{1}$

폴 나힌 지음 | 허민 옮김 | 360쪽

상상의 수, 허수 i에 숨겨진 이야기. 고대 이집트의 파피루스와 1세기 알렉산드리아의 헤론까지 거슬러 올라가 허수 i의 숨겨진 역사를 추적한다. 그리고 그 뒤 $\sqrt{1}$이 이 세상에 등장해서 진정한 의미가 받아들여지고, 수학의 영광스러운 새로운 세계가 열린 과정을 흥미롭게 이야기한다.

26. 문화 속의 수학

Mathematics Elsewhere

마샤 애셔 지음 | 김이경 옮김 | 296쪽

수학을 통한 독특한 문화 체험. 지정학적으로 다양한 문화, 즉 아프리카의 보라나와 말라가시, 오세아니아의 통가나 마셜 제도, 남부 인도의 타밀, 서유럽의 바스트, 인도네시아의 발리족과 코디족의 생활에서 엿볼 수 있는 수학의 원리를 추적한다.

27. 수학, 천상의 학문

Pi in the Sky: Counting, Thinking, and Being

존 배로 지음 | 박병철 옮김 | 416쪽

인간은 수학을 발명했는가? 아니면 자연적으로 존재하던 수학이 어느 날 우리에게 발견된 것인가? 누구나 쉽게 떠올릴 수 있을 법한 질문이지만, 그 해답이 어느 쪽으로 내려지느냐에 따라 우리의 우주관과 인간관은 크게 달라진다. 플라톤의 이데아, 곧 천상의 세계에 존재하는 수학에 대한 궁극적인 질문과 해답.

28. 원의 역사

A History of The Circle

어니스트 지브로스키 지음 | 김창호 · 연윤정 옮김 | 300쪽

과학 기술, 문화, 역사, 그리고 자연과학에서 원에 대한 흥미로운 이야기. 고대 수학자로부터 20세기의 시공간에 대한 이론에 이르기까지, 지브로스키는 원의 연구가 자연계 일반에 대한 학문에 얼마나 막대한 공헌을 하였는가를 탐구한다.

29. 수학, 문명을 지배하다

Mathematics in Western Culture

모리스 클라인 지음 | 박영훈 옮김 | 664쪽

2006년 대한민국학술원 우수학술도서

수학을 매개로 짚어본 서양 철학사이자 과학사, 문화사. 모리스 클라인은 이 책을 통해 왜곡된 수학의 진정한 모습을 우리에게 보여주려는 시도를 하였다. 즉, 인류 문명, 특히 서양 문명의 형성 곳곳에 수학이 어떻게 자리 잡았는지 저자의 해박한 지식을 동원하여 설파함으로써 사람 냄새를 맡을 수 있는 수학의 모습을 보여준다.

30. 무한의 편린

Fragments of Infinity: A Kaleidoscope of Math and Art

이바스 피터슨 지음 | 김승욱 옮김 | 296쪽

수학과 예술이 만나서 펼치는 무한한 상상력의 세계. 미술관에 가서 수학적인 것과 마주치게 되리라고 기대하는 사람은 아마 거의 없을 것이다. 얼핏 생각해도 비록 수학과 미술이 다 같은 인간 지성의 산물이긴 하지만 두 사이에 어떤 공통점은 없을 듯하기 때문이다.
하지만 이 책을 통해 미술관에 전시된 예술품들을 수학적인 시각으로 보고 나면 미술을 전혀 다른 관점에서 재발견하게 될 것이다.

깊고 그윽한 수학의 향기 경문수학산책

31. 플래터랜드

FLATTERLAND: Like Flatland, Only More So

이언 스튜어트 지음 | 이한음 옮김 | 400쪽

1884년 에드윈 A. 애벗이 지은 《플랫랜드; 다양한 차원의 이야기》의 후속작으로 현대 수학의 가장 까다로운 개념들을 흥미롭고도 쉽게 접할 수 있게 했다. 독특한 주인공과 위트가 넘치는 색다른 줄거리를 통해서, 이 책은 우리가 현재 이해하고 있는 우주의 모양과 기원, 공간과 시간과 물질의 본질뿐 아니라 현대 기하학과 그것이 어디에 응용되는지를 탐구한다. 《이상한 나라의 앨리스》의 전통을 따라, 현실의 본질을 탐구하는 이 책은 현대 고전의 반열에 들 것이다.

32. 아프리카 수학

AFRICA COUNTS: Number and Pattern in African Cultures, 3rd

클라우디아 자슬라브스키 지음 |
김성희 · 김진호 · 박현미 · 안희진 · 유대현 옮김 | 378쪽

이 책은 아프리카 민족들이 수학이라는 학문에 끼친 공헌에 대해 기술하고 있다. 수체계의 발달 과정사, 수 이름, 시간 계산, 몸짓 수세기 등 다양한 민속수학을 조사하고, 연구하고, 정리하고, 분석한 결과가 이 책이다. 또한 아프리카인들이 주로 즐기는 '만카라'라는 게임에 내재되어 있는 수학, 아프리카판 '한붓그리기', 아프리카의 각 민족들의 생활용품에 담겨진 기하적 의미, 삶 속에 등장하는 수의 의미 등을 기록하고 있다.

33. 수학자 대 수학자

GREAT FEUDS IN MATHEMATICS

핼 헬먼 지음 | 노태복 옮김 | 378쪽

이 책은 수학자들의 불화와 다툼 그리고 반목에 관한 내용이다. 숭고한 논리와 비범한 창의력으로 절대적인 진리를 추구한다고 여겨지는 수학자들도 시기와 질투, 비방과 음모, 표절과 가로채기 그리고 승패를 둘러싼 다툼은 피할 수 없는 숙명이었다. 저자 헬먼은 다툼과 반목으로 얼룩진 수학사의 뒷골목을 면밀히 파헤쳐, 진리의 탐구자이기 이전에 인간일 수밖에 없는 그들의 모습을 있는 그대로 살려낸다. 지극히 객관적인 시선으로 때로는 자신의 느낌을 재치 있게 더하면서 저자는 독자들을 고상한 수학 레스토랑의 부엌 뒤쪽으로 안내한다.

34. 수학사대전

김용운 지음 | 734쪽

수학만을 아는 수학자란 있을 수 없다. 수학은 인간의 지적 활동의 핵으로서 문화 전반에 영향을 주었으며, 문화현상에서 끊임없는 자극을 받아왔다. 이 책은 수학에 대해 지적 호기심을 가지고 철학적인 사유를 즐기려는 사람, 수학을 통해 문화 현상을 상징적으로 파악하려는 사람들의 궁금증을 풀어준다. 수학사를 과거의 수학자들에 얽힌 한낱 '이야깃거리'와 수학상의 업적을 나열하고, 그 내용을 소개하는 '수학 연대기' 정도로 여기는 수학사에 대한 잘못된 선입견을 벗어나 인문학적 수학의 재미를 느끼게 될 것이다.

깊고 그윽한 수학의 향기 경문수학산책

35. 독일 수학 시간 여행
- 가우스에서 힐베르트까지 -

신동우 · 임완권 지음 | 616쪽

수학의 황금시대를 이끌었던 독일 수학

이 책은 현대수학에 절대적인 영향을 미친 19세기와 20세기 초반 독일 수학 연구의 흐름과 독일 수학자들에 의하여 발전된 이론의 간략한 생성 과정을 소개하고 있다. 독일의 저명한 대학들에서 활동했던 수학자들의 생애와 업적들을 특히 매 10년마다 나누어서 묘사함으로써 수학의 발전사를 가능하면 역동적으로 느껴질 수 있도록 구성하였다. 이 책을 준비하면서 저자들은 150여 년 간 가장 국력이 강했던 독일이란 국가의 흥망성쇠가 수학 발전의 속도에 얼마나 밀접하게 연결되어 있었는가를 전달하고자 했다.

36. 수학자는 어떻게 사고하는가
How Mathematicians Think

윌리엄 바이어 지음 | 고중숙 옮김 | 544쪽

수학은 인류가 영위하는 가장 엄밀한 학문이다. 그 논리는 극도로 정교하고 치밀하여 실낱같은 허점도 없다. 그리하여 인간 사고의 숭고한 전형으로 여겨지고 있다. 그런데 수학의 진정한 면모는 과연 이것뿐일까? 수학이 그렇다면 인간의 사고도 마냥 숨 막히도록 논리적이어야만 할까? 놀랍게도 그 답은 단연 "아니오"이다. 실로 수학은 자유와 논리의 놀라운 이중주이다. 윌리엄 바이어스 교수는 이 기이한 논리적 모순과 역설 속에서 꽃피는 인간 창의력의 본질을 바로 이러한 음률을 따라 펼쳐낸다. 수학은 물론 인간 사고의 전반에 깊은 관심을 가진 영혼들에게 이 책은 소중한 사색의 원천이 될 것이다.

37. 최상의 최소
When Least is Best

폴 나힌 지음 | 권오남 · 김성옥 · 주미경 · 오혜미 옮김 | 416쪽

우리 주변의 물리와 수학이 깊이 얽혀 있는 문제들

날아가는 총알의 사진을 찍는 가장 최선의 방법은 무엇일까? 왜 빛은 최소의 시간으로 유리를 통과할까? 도보여행자가 숲속에서 길을 잃지 않을 수 있는 방법은 무엇일까? 미래에 무지개의 모습은 지금과 같을까? 왜 비눗방울은 최소한의 넓이로 이루어져 있을까? 이 책은 수학사로 구성되었지만, 많은 수학자들의 단순한 전기(傳記)나 에세이는 아니다. 지난 20세기 동안 수많은 유명 수학자들이 극값을 주제로 연구한 것에 대한 기술적인 이야기이므로, 많은 수학이 들어 있다.

38. 추상대수학의 역사
A History of Abstract Algebra

이스라엘 클라이너 지음 | 김부윤 · 정영우 옮김 | 416쪽

이 책은 추상대수학의 입문서가 아니라 추상대수학의 많은 기본 개념과 결과, 그리고 이론들의 역사를 설명하고 있다. 이 책의 주된 테마는 '추상적인' 대수학의 개념들이 '구체적인' 몇몇 문제를 풀기 위한 시도로부터 어떻게 생겨났는가를 보여주는 것이며, 그래서 "고도의 추상화는 구체적인 사실에 대한 사고를 제어하는 진짜 무기이다."라고 하는 화이트헤드의 말을 입증하는 것이다. 다르게 말하면, "실제적인 것만큼 좋은 이론은 아무것도 없다."는 것을 보여주고 있다.

39. 휜, 비틀린, 꼬인 공간의 신비

THE SHAPE OF INNER SPACE: String Theory and The Geometry of The Universe's Hidden Dimensions

싱퉁 야우, 스티브 네이디스 지음 | 고중숙 옮김 | 552쪽

이 책은 물리와 기하가 어떻게 만나고 이로 인해 우주에 대한 새로운 그림이 어떻게 도출되었는지에 대한 이야기이다. 이는 흥미롭고, 도전적이고, 지금껏 한 번도 전해지지 않은 이야기이다.

40. 유클리드 데이터

Euclid's Data: The Importance of Being Given

크리스천 마리누스 테이즈벡 지음 | 서보억·김동근 옮김 | 424쪽

이 책의 원문은 파푸스가 밝힌 《분석의 보고》라는 책의 목록 중 맨 앞에 나오는 유클리드의 《자료론(The Data)》 이다. 오랫동안 《원론》의 보조도구로 사용되어 왔지만, 이 책에 담긴 '주어진'이란 의미는 세상에 알려지지 못했다. 수학 문제에서 '주어진 대상'은 문제해결에 가장 중요한 열쇠를 지니고 있다는 측면에서, 《자료론》에 대한 수학적 · 철학적 이해는 수학 교육에 중요한 가치를 지닐 것이다.

41. 평균의 함정

The Flaw of Averages

샘 L. 새비지 지음 | 김규태 옮김 | 552쪽

기업경영의 의사결정 분야, 정부정책의 의사결정 분야, 그리고 우리 개인의 일상생활에서 매일같이 이루어지고 있는 의사결정 영역 등에서 다양한 통계적 불확실성 문제가 발생하고 있다. 평균에 대한 예리한 관찰력을 토대로 매우 흥미롭게 기술된 샘 새비지의 이 책은 의사결정에 영향을 미치는 불확실성을 효과적으로 다룰 수 있는 통찰력과 실질적으로 현장에서 유용하게 사용될 수 있는 유용한 여러 기법들을 독자들에게 제공해 주고 있다.

42. 신의 존재에 대한 괴델의 수학적 증명

현우식 지음 | 248쪽

불완전성 정리로 수학적 진리에 대한 생각을 바꾸어 놓은 위대한 수학자 괴델. 그가 타계한 후 발견된 메모에서 신의 존재에 대한 증명이 발견된다. 괴델의 합리적 수학신학은 불완전성 정리와 존재론적 증명을 포함하고 있으며, 우리에게 다음과 같은 메시지를 남겨준다. "실재로서의 신은 존재한다. 그리고 신에 대한 우리의 인식은 불완전하다."

43. 우주의 모양

The Shape of Space, 2nd

제프리 R. 윅스 지음 | 홍갑주 옮김 | 336쪽

우주이 모양은 어떻게 생겼을까? 우주의 끝이 있다면 그 '너머'에는 무엇이 있을까? 아니 그 너머에 무엇이 있다면 끝은 사실 끝이 아니게 되지 않을까? 우주의 모양을 탐구하기 위한 이 책은 지식을 전달하기보다 독자가 수학적 상상과 사고를 한 단계 한 단계 직접 따라가도록 해준다.